Schönfeld · Digitale Regelung elektrischer Antriebe

Digitale Regelung elektrischer Antriebe

Prof. Dr.-Ing. habil. Rolf Schönfeld

2., bearbeitete Auflage

Hüthig Buch Verlag Heidelberg

Rolf Schönfeld, Jahrgang 1934, studierte von 1952 bis 1957 Elektrotechnik an der TH Dresden. Seit 1958 wissenschaftliche Tätigkeit auf dem Gebiet der Regelung elektrischer Antriebe bei Prof. Pommer, Institut für elektrische Maschinen und Antriebe, mehrjährige Industrietätigkeit und im Forschungszentrum des Werkzeugmaschinenbaus Karl-Marx-Stadt. 1968 Professor für Elektrotechnik der TU Dresden. Zur Zeit ist er Leiter des Wissenschaftsbereichs Elektrische Automatisierungstechnik und Inhaber des Lehrstuhls für Automatisierte Elektroantriebe.

CIP-Kurztitelaufnahme der Deutschen Bibliothek

Schönfeld, Rolf:

Digitale Regelung elektrischer Antriebe / Rolf Schönfeld. –
2., bearb. Aufl. – Heidelberg : Hüthig, 1990
ISBN 3-7785-1904-2

Mit 116 Bildern und 19 Tafeln

Ausgabe des Hüthig Buch Verlag, Heidelberg, 1990

Printed in Germany
Gesamtherstellung: Offizin Andersen Nexö Leipzig GmbH

Vorwort

Im Spannungsfeld zwischen den Anforderungen, die sich aus der Notwendigkeit der Automatisierung immer komplexerer Fertigungs- und Transportprozesse ergeben, und den wachsenden Möglichkeiten, die sich aus der raschen Entwicklung der Mikroelektronik und Leistungselektronik ableiten, unterliegt die Antriebstechnik zur Zeit einer sehr raschen Entwicklung. Während Antriebe mit digitaler Regelung um 1980 interessante Einzellösungen darstellten, bieten heute alle namhaften Hersteller Antriebe mit digitaler Regelung serienmäßig an. Die Forderungen automatisierter Fertigungsprozesse bezüglich

- der hohen Anzahl, der eindeutigen Reproduzierbarkeit und der hohen Verfügbarkeit der Bewegungsabläufe
- der Anpaßbarkeit der Antriebe an spezifische Anwenderforderungen bei vereinheitlichter Fertigung und vereinfachter Inbetriebnahme

sind heute nur mit digital geregelten Antrieben auf Rechnerbasis zu erfüllen. Digital geregelte Antriebe sind ein wichtiges Glied bei der Automatisierung technologischer Prozesse. An der Schnittstelle zwischen energetischem und informationellem Teilprozeß gelegen, bestimmen sie die Güteparameter des Systems ganz wesentlich mit. Sie gewinnen jedoch gleichermaßen Eingang in die Gerätetechnik, Konsumgütertechnik usw.
Die Aktualität des Gegenstands führte dazu, daß die erste Auflage meines Buches sehr rasch vergriffen war. Sie hat im In- und Ausland positive Aufnahme gefunden. Mir wurden jedoch auch Hinweise zu inhaltlichen Verbesserungen übermittelt, für die ich mich herzlich bedanke. In kurzer Zeit wurde die Vorbereitung der zweiten Auflage notwendig. Das gab die Möglichkeit, einige aktuelle Änderungen und Ergänzungen einzuarbeiten, von der ich gern Gebrauch machte. Natürlich wurden auch Druckfehler und kleinere Unstimmigkeiten beseitigt.
Auch bei der Ausarbeitung der zweiten Auflage stützte ich mich auf Erfahrungen in der Forschung, Aus- und Weiterbildung, die ich in meiner Arbeit an der Technischen Universität Dresden, Sektion Elektrotechnik, in sehr enger Zusammenarbeit mit der Elpro AG Berlin gewinnen und vertiefen konnte. Die Ergebnisse der Arbeiten einer großen Zahl von Mitarbeitern und Studenten bilden die Grundlage des Buches. Allen möchte ich hier für ihren Beitrag herzlich danken.
Das Buch wendet sich an Entwickler und Anwender elektrischer Antriebe. Es vermittelt

- Lösungsmöglichkeiten für die digitale Steuerung und Regelung von elektrischen Antrieben und von Bewegungsabläufen bis hin zu einfachen selbsteinstellenden Systemen
- Grundlagen für Entwurf und Dimensionierung digitaler Regelungen als Einheit von Hardware- und Softwareentwurf.

Beim Leser werden einige Grundkenntnisse der Mikroelektronik, Mikrorechentechnik, Antriebs- und Regelungstechnik vorausgesetzt, wie sie heute in guten Fachbüchern niedergelegt sind. Die gewählte Darstellung ist möglichst konkret und problembezogen, jedoch so weit abstrahiert, daß sie unabhängig von der sich rasch weiterentwickelnden Bauelementebasis gültig ist. Prinzipschaltungen, Signalflußpläne, Programmablaufpläne dienen der anschaulichen Erläuterung der Zusammenhänge. Lösungsvarianten werden gegenübergestellt und verglichen. Der allgemeine Text wird durch Entwurfs- und Berechnungsbeispiele ergänzt. Auch dabei war ich bemüht, typische Zusammenhänge darzustellen. Viele Details und Entwurfserfahrungen sind praktisch nicht darstellbar und können nur durch die eigene Erfahrung des Entwicklers gewonnen werden.
Ich hoffe, daß das Buch in der vorliegenden Form zur weiteren Entwicklung der Antriebstechnik beiträgt und weitere Arbeiten anregt. Sicher resultieren daraus auch Vorschläge und Anregungen für die Verbesserung und Weiterentwicklung des Buches selbst, für die ich jederzeit dankbar bin.

Es ist mir ein Bedürfnis, der Leitung der Sektion Elektrotechnik der TU Dresden für die Möglichkeit zu danken, eine solche sehr interessante, zusammenfassende Arbeit durchführen zu können.
Ich danke meiner Sekretärin, Frau *K. Zenkel*, für das sorgfältige Schreiben des Manuskripts und Herrn *Schüler* vom Verlag Technik für die gute Zusammenarbeit und die engagierte Mitwirkung bei der praktischen Realisierung des Titels.

Rolf Schönfeld

Inhaltsverzeichnis

Verzeichnis der Beispiele

Formelzeichenverzeichnis

Allgemeine Kennzeichen

$g(p)$	Größe im Laplace-Bereich
$g(t)$	Augenblickswert einer Größe als Zeitfunktion
g^*	abgetastete Größen
$\hat{g}$	Modellgrößen, Größen des Beobachters
g_d	Komponente der vektoriellen Größe $\boldsymbol{g}$ in Richtung d (Richtung der Polraddurchflutung bzw. Rotorflußverkettung)
g_q	Komponente der vektoriellen Größe $\boldsymbol{g}$ in Richtung q (senkrecht zur Richtung der Polraddurchflutung bzw. Rotorflußverkettung)
g_r	Rotorgröße
g_s	Statorgröße
$\boldsymbol{g}^k$	Vektor $\boldsymbol{g}$ im Koordinatensystem k (soweit eine spezielle Kennzeichnung notwendig ist)
$\boldsymbol{g}$	Größen mit Vektorcharakter
g_α	Wirkkomponente einer komplexen Größe $\boldsymbol{g}$
g_β	Blindkomponente einer komplexen Größe $\boldsymbol{g}$
G	Amplitude einer Größe (zeitlich konstant)
G_0	Bezugswert einer Größe
	Matrizen
Im { }	Imaginärteil des Ausdrucks in der Klammer
$\lvert\boldsymbol{q}\rvert$	Betrag einer vektoriellen Größe
Re { }	Realteil des Ausdrucks in der Klammer
$\mathfrak{z}\,(g(p))$	z-Transformierte der Funktion $g(p)$
$\mathfrak{L}\,(g(t))$	Laplace-Transformierte Funktion der Zeitfunktion $g(t)$
$\mathfrak{L}^{-1}\,g(p)$	Zeitfunktion entsprechend der Funktion $g(p)$ im Laplace-Bereich
ω_k	Umlaufwinkelgeschwindigkeit des Koordinatensystems
Δ	kennzeichnet kleine Abweichungen vom Arbeitspunkt (soweit spezielle Kennzeichnung erfolgt)

Formelzeichen

a	Beschleunigung
a	Koeffizienten
A	Regelfläche
$\boldsymbol{A}$	Systemmatrix
b	Koeffizienten
$\boldsymbol{B}$	Steuermatrix
C	Kapazität, Konstante
$\boldsymbol{C}$	Beobachtungsmatrix
D	Dämpfungsfaktor
$\boldsymbol{D}$	Durchgangsmatrix
f	Frequenz
f	Funktion
f_{sig}	Signalfrequenz
$f(t)$	Funktion im Zeitbereich
$F(p)$	Funktion im Laplace-Bereich
$g = 9{,}81\,\mathrm{m/s^2}$	Erdbeschleunigung

$g(t)$	Gewichtsfunktion
$G(p)$	Übertragungsfunktion, Frequenzgang
$G_g(p)$	Übertragungsfunktion des geschlossenen Kreises
$G_o(p)$	Übertragungsfunktion des offenen Kreises
$G_w(p)$	Führungsübertragungsfunktion
$G_z(p)$	Störungsübertragungsfunktion
$G_R(p)$	Übertragungsfunktion des Reglers
$G_S(p)$	Übertragungsfunktion der Regelstrecke
$h(t)$	Übergangsfunktion
i	Strom
i_f	Strom-Zeit-Fläche
i_M	Motorstrom
I_{St}	Stillstandsstrom
J	Trägheitsmoment
k	Abtastschritte
k	Konstante
k_p, k_I, k_D	Reglerkonstanten des Proportional-, Integral- und Differentialanteils
k_M	Motorkonstante
L	Induktivität
L_M	Motorinduktivität
L_σ	Streuinduktivität
m	Masse, Drehmoment
m_w	Widerstandsmoment
m_M	Motormoment
n	Zahlenfolge, Wortbreite eines Signals
N	Nennwert einer Größe
$N(X_e)$	Beschreibungsfunktion
p	Laplace-Operator
q	Zustandsgrößen
R	Regelfaktor, Widerstand
R_M	Motorwiderstand
s	Signal (allgemein)
s	Steuersignal
t	Zeit
T	Abtastperiode, Zeitkonstante
T_A	Zeitkonstante des Ankerkreises
T_I	Integrierzeit
T_L	Lastzeitkonstante
T_M	Meßzeit
T_M	elektromechanische Zeitkonstante
T_N	Nachstellzeit
T_R	Zeitkonstanten der Regeleinrichtung
T_S	Zeitkonstanten der Regelstrecke
T_V	Vorhaltezeit
T_Σ	Summenzeitkonstante, Summe der parasitären Zeitkonstanten
u	Spannung, Steuergrößen
u_d	Gleichspannung, Quellenspannung eines Stromrichters
u_M	Motorspannung
v	Geschwindigkeit
V	Geschwindigkeit
V	Verstärkungsfaktor
V_p	Proportionalverstärkung
V_{St}	Verstärkungsfaktor des Stellgliedes
w	Führungsgröße
x	Regelgröße

x	Ausgangsgröße, Weg
x_a	Ausgangsgröße
x_e	Eingangsgröße
x_w	Regelabweichung
y	Stellgröße
z	Störgröße
$z = e^{pT}$	Operator der z-Transformation
Z	komplexer Widerstand
α	Auflösungsvermögen
α	Anstiegsfaktor
α	Pendelwinkel
γ	Phasenreserve
δ	Dämpfungskonstante
δ_0	Einheitsimpuls zur Zeit $t = 0$
$\delta(t)$	Einheitsimpuls
Δ	Losebreite (bezogen auf den Symmetriepunkt)
ϑ	Umlaufwinkel des Rotors gegenüber dem Stator
ϱ	Dämpfungsfaktor
φ	Phasenwinkel, mechanischer Verdrehungswinkel
Φ	magnetischer Fluß
Φ_M	Motorfluß
ψ	Flußverkettungen
ω	Kreisfrequenz, Winkelgeschwindigkeit
ω_d	Durchtrittsfrequenz
ω_M	Motorwinkelgeschwindigkeit
Ω_p	Pulskreisfrequenz

1. Digitale Signalverarbeitung in elektrischen Antrieben

1.1. Quantisierung der Zeit und des Informationsparameters digitaler Signale

Digitale Signale sind diskontinuierlich-diskrete Signale, d. h., der Informationsparameter ist nur diskontinuierlich verfügbar und kann nur diskrete Werte annehmen. Ein idealer Signalwandler bildet das digitale Signal aus einem kontinuierlich-analogen Signal $u(t)$ durch Abtastung in den äquidistanten Zeitpunkten kT (Bild 1.1). Das abgetastete Signal $u^*(t)$ ist als eine Folge von Impulsen zu verstehen, deren Fläche dem Informationsparameter des ursprünglichen Signals $u(t)$ im Abtastzeitpunkt entspricht:

$$u^*(t) = u(t) \sum_{k=0}^{\infty} \delta_0 \, (t - kT); \tag{1.1}$$

$\delta_0(t)$ Einheitsimpuls zur Zeit $t = 0$.

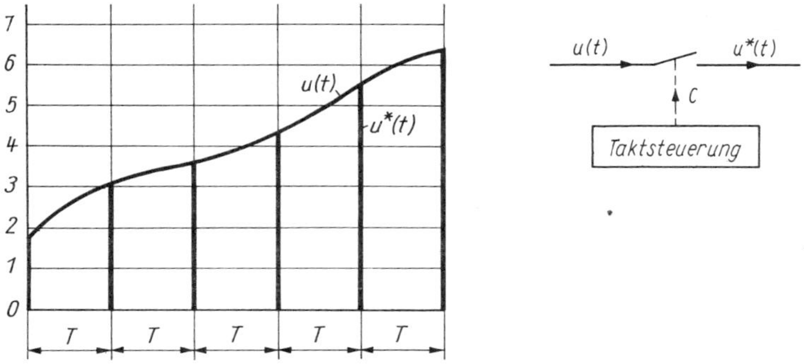

Bild 1.1. Abtastung eines kontinuierlich-analogen Signals $u(t)$ im Taktabstand T mit dem Taktsignal c

Der Informationsparameter des Signals ist nur in den Abtastzeitpunkten kT, d. h. diskontinuierlich, verfügbar und kann selbst nur diskrete, z. B. ganzzahlige Werte annehmen.
Gegenüber dem kontinuierlich-analogen Signal tritt ein Informationsverlust auf; der Informationsparameter des Signals $u(t)$ zwischen den Abtastpunkten bleibt unberücksichtigt. Man kann deshalb Gleichung (1.1) auch schreiben zu

$$u^*(t) = \sum_{k=0}^{\infty} u\,(kT)\, \delta_0\, (t - kT). \tag{1.2}$$

Nach *Shannon* gehen durch Abtastung mit einer Tastfrequenz $f_T = 1/T$ alle die Signalanteile verloren, die mit einer Signalfrequenz

$$f_{sig} \geqq \frac{1}{2} f_T \tag{1.3}$$

ablaufen. Digitale Systeme können also nur mit Signalfrequenzen entsprechend der Ungleichung (1.3) arbeiten. Daraus ergibt sich grundsätzlich eine Beschränkung der Schnelligkeit digitaler Regelungen, zugleich aber auch eine Unterdrückung höherfrequenter Störsignale.
Das abgetastete, diskontinuierlich verfügbare Signal wird im Unterbereich der Laplace-

Transformation beschrieben durch

$$u^*(p) = \sum_{k=0}^{\infty} u\,(kT)\,\mathrm{e}^{-kTp}. \tag{1.4}$$

Die zeitliche Verschiebung der Signalanteile wird durch den Verschiebungsoperator e^{-Tp} ausgedrückt.[1]) Setzt man zur Vereinfachung der Schreibweise

$$\mathrm{e}^{-Tp} = \frac{1}{z}, \tag{1.5}$$

dann ergibt sich mit z als neuer Veränderlicher

$$u(z) = \sum_{k=0}^{\infty} u\,(kT)\,z^{-k}. \tag{1.6}$$

Eine besondere Kennzeichnung des Signals $u(z)$ als diskontinuierlich verfügbar kann nun entfallen.

Die Taktsteuerung der Abtastung und Verarbeitung digitaler Signale erfolgt durch den Rechner. Die Taktzeiten sind konstant. Mit Rücksicht auf die Dynamik der Regelung elektrischer Antriebe und die Möglichkeiten des Rechners liegen die Taktzeiten in der Größenordnung $T = (0{,}1 \ldots 20)$ ms. Der Informationsparameter des digitalen Signals ist quantisiert, d. h. stets als ganzzahliges Vielfaches eines Elementarschrittes zu verstehen. Ordnet man dem Nennwert u_N des Signals N Elementarschritte zu, kann das Signal in N Schritte aufgelöst werden. Das Auflösungsvermögen ist

$$a = \frac{1}{N}.$$

Werte des Informationsparameters innerhalb des Elementarschrittes werden nicht erfaßt. Daraus ergibt sich eine Unbestimmtheit des digitalen Signals. Technisch muß die Zuordnung der Anzahl N von Elementarschritten zum Nennwert des Signals u_N so erfolgen, daß diese Unbestimmtheit hinreichend klein bleibt.

Die Quantisierung des Informationsparameters digitaler Signale bewirkt, daß in einem digitalen Regelkreis in der Nähe eines stationären Arbeitspunktes die Regelabweichung

$$x_w = w - x$$

nur den Wert null oder eins haben kann, der Regelkreis also in der Nähe dieses Arbeitspunktes als Zweipunktregelung arbeitet (Bild 1.2). Unter dem Einfluß einer Störgröße Δz, deren

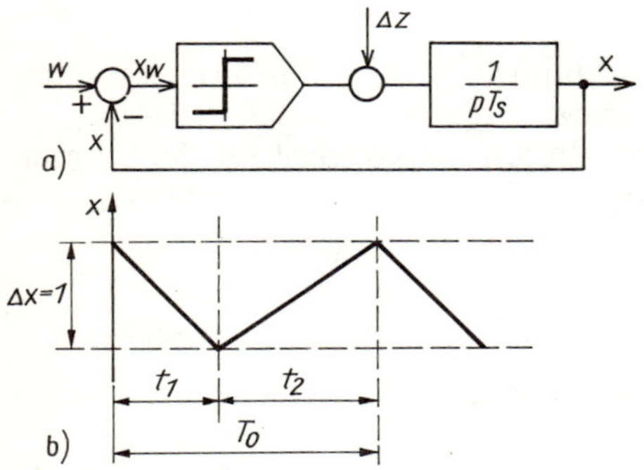

Bild 1.2. Grundregelkreis zur Untersuchung des Verhaltens digitaler Regelungen in der Nähe des Arbeitspunktes

a) Signalflußplan als Zweipunktregelung
b) Zeitverlauf der Regelgröße x

[1]) Vgl. Fußnote auf Seite 29.

Wert zwischen null und eins liegen soll, bewegt sich die Regelgröße x periodisch um $\Delta x = 1$. Die Periodendauer $T_0 = t_1 + t_2$ ist von $0 \leqq \Delta z \leqq 1$ abhängig und erreicht für eine I-Regelstrecke mit Zeitkonstante T_s ihr Minimum für $\Delta z = 1/2$ zu

$$T_{0\min} = 4T_s.$$

Für $\Delta z \approx 0$ bzw. $\Delta z \approx 1$ wird $T_0 \approx \infty$.
Die Regelgröße ist somit nur im Rahmen der durch das Auflösungsvermögen gegebenen Grenzen exakt einstellbar. Sie führt im übrigen periodische Dauerschwingungen aus, deren doppelte Amplitude einem Elementarschritt entspricht.

Beispiel 1.1. Digitale Drehzahlmessung

Die Drehzahl einer Motorwelle wird mit Hilfe einer geeigneten Meßeinrichtung im Abstand von $T = 0{,}02\,\mathrm{s}$ abgetastet und durch ein digitales Signal abgebildet. Dem Nennwert der Drehzahl $u_N = 1500\,\mathrm{min}^{-1}$ entsprechen $N = 1500$ Elementarschritte. Eine solche Meßeinrichtung gestattet nach (1.3) die Übertragung von Signalfrequenzen

$$f_{sig} \leqq \frac{1}{2} \cdot \frac{1}{T} = 25\,\frac{1}{\mathrm{s}}.$$

Die Durchtrittsfrequenz einer damit zu realisierenden Drehzahlregelung kann theoretisch maximal

$$\omega_d = 2\pi f_{sig} = 157\,\frac{1}{\mathrm{s}}$$

betragen und praktisch nicht über $75\,\mathrm{s}^{-1}$ gewählt werden (vgl. Abschn. 3.1).
Die Drehzahlmessung ist um 1/min, also, bezogen auf Nenndrehzahl, um 0,67‰ unsicher, d. h., unbeschadet einer sehr hohen Langzeitkonstanz der Drehzahl treten Schwankungen um 1/min auf. Die kleinste einstellbare Drehzahl ist 1/min. Tiefere mittlere Drehzahlen, gefordert z. B. durch eine überlagerte Lageregelung, werden durch periodische Schwankungen der Drehzahl zwischen 1/min und null realisiert.

1.2. Informationsdarstellung und -übertragung

Digitale Signale werden realisiert als ein Bündel von Binärkomponenten. Der Informationsparameter des digitalen Signals ergibt sich aus dem Informationsparameter dieser Komponenten unter Berücksichtigung ihrer Wertigkeit. Diese ist nach einem zu vereinbarenden Kode festzulegen. Digitale Signale tragen den Informationsparameter stets in kodierter Form (Tafel 1.1).
Für die interne Signalverarbeitung in Hardwareschaltungen und in programmierbaren Strukturen wird vorzugsweise der Dualkode verwendet. Die Wertigkeit der Signalkomponenten ist entsprechend dem Dualsystem festgelegt.
Der resultierende Informationsparameter ergibt sich zu

$$I = a_0 \cdot 2^0 + a_1 \cdot 2^1 + a_2 \cdot 2^2 + \ldots + a_n \cdot 2^n. \tag{1.7}$$

Die Komponenten des Signals

$$a_0,\ a_1,\ a_2,\ \ldots,\ a_n$$

bilden ein Signalwort. Die kleinste darstellbare Änderung des digitalen Signals entspricht 1 bit der Komponente mit der niedrigsten Wertigkeit. Der Gesamtvorrat an Elementarschritten des Signals N steht mit der Wortbreite in unmittelbaren Zusammenhang:

$$N = 2^0 + 2^1 + 2^2 + \ldots + 2^{(n-1)} = 2^n - 1. \tag{1.8}$$

Dadurch ist auch das Auflösungsvermögen $\alpha = 1/N$ festgelegt.

Tafel 1.1. Kodetabelle

Dezimalkode	Dualkode	Hexadezimalkode	BCD-Kode
0	0 0000	0	0000 0000
1	0 0001	1	0000 0001
2	0 0010	2	0000 0010
3	0 0011	3	0000 0011
4	0 0100	4	0000 0100
5	0 0101	5	0000 0101
6	0 0110	6	0000 0110
7	0 0111	7	0000 0111
8	0 1000	8	0000 1000
9	0 1001	9	0000 1001
10	0 1010	A	0001 0000
11	0 1011	B	0001 0001
12	0 1100	C	0001 0010
13	0 1101	D	0001 0011
14	0 1110	E	0001 0100
15	0 1111	F	0001 0101
16	1 0000	10	0001 0110
17	1 0001	11	0001 0111
18	1 0010	12	0001 1000
19	1 0011	13	0001 1001
20	1 0100	14	0010 0000
21	1 0101	15	0010 0001
22	1 0110	16	0010 0010
23	1 0111	17	0010 0011
24	1 1000	18	0010 0100
25	1 1001	19	0010 0101
26	1 1010	1A	0010 0110
27	1 1011	1B	0010 0111
28	1 1100	1C	0010 1000
29	1 1101	1D	0010 1001
30	1 1110	1E	0011 0000
31	1 1111	1F	0011 0001
32	10 0000	20	0011 0010
33	10 0001	21	0011 0011
34	10 0010	22	0011 0100
35	10 0011	23	0011 0101
36	10 0100	24	0011 0110

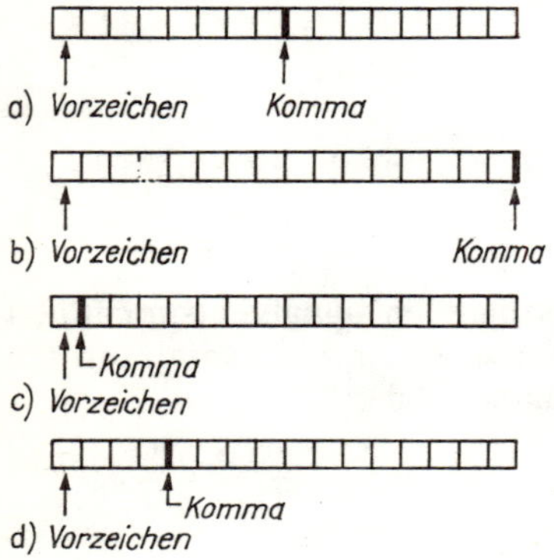

Bild 1.3
Informationsdarstellung im 16-Bit-Echtzeit-Rechner

a) Verstärkungsfaktor der Regeleinrichtung, darstellbar zwischen $V_R = 0{,}01 \dots 99{,}99$
b) Signaldarstellung
c) Verstärkungsfaktor der Regelstrecke
d) Darstellung der Polynomkoeffizienten für Strecke und Regeleinrichtung $d_v = 0{,}001 \dots 7{,}999$

Zur formalen Beschreibung des kodierten Signals sowie zur Ein- und Ausgabe dient der Hexadezimalkode (Tafel 1.1). Es werden jeweils vier Stellen des Signalworts formal zu einer Hexadezimalstelle zusammengefaßt und diese mit den Zeichen 0 bis 9, A bis F beschrieben.
Einen einfachen Übergang zum Dezimalkode ermöglicht der BCD-Kode, bei dem jeweils eine Stelle des Dezimalsystems durch vier Komponenten des digitalen Signals ausgedrückt wird. Dieser Kode wird vorzugsweise zur Kommunikation mit dem Menschen, d. h. für im Dezimalsystem arbeitende Eingabe- und Ausgabeeinrichtungen verwendet. Kodewandler, d. h. entsprechende integrierte Hardwareschaltungen oder Softwarebausteine, ermöglichen eine Kodeänderung des Signals bei Beibehaltung des Informationsparameters.
Verstärkungsfaktoren, Signale und Parameter werden im Rechner als Festkommazahl dargestellt und verarbeitet. Kommafestlegungen nach Bild 1.3 haben sich praktisch bewährt. Im Ergebnis einer 16 mal 16-Bit-Operation ergibt sich im Rechner ein 32-Bit-Wort. Das Ausgangssignal des Rechners wird auf 16 Bit begrenzt.

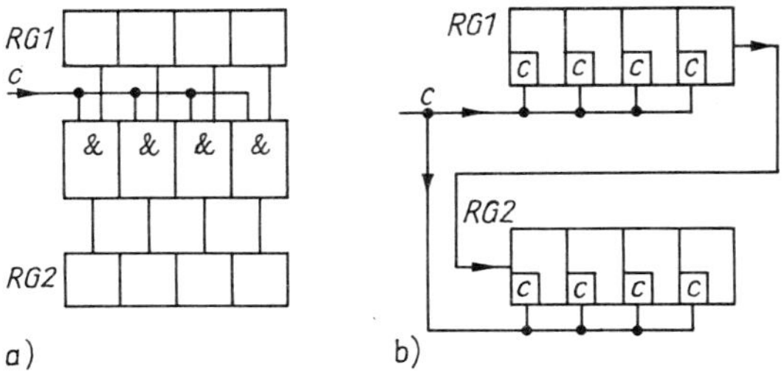

Bild 1.4. Parallele (a) oder serielle (b) Informationsübertragung

Die Übertragung digitaler Signale kann bitparallel oder bitseriell erfolgen (Bild 1.4). Parallele Signalübertragung ist schnell, erfordert jedoch eine größere Anzahl von Verbindungsleitungen, die mindestens gleich der Wortbreite des Signals sein muß. Praktisch wird ein Bus-System verwendet, das vorzugsweise innerhalb kompakter Geräte, d. h. für sehr kurze Entfernungen, Anwendung findet. Serielle Datenübertragung erfordert im Prinzip nur zwei Leitungen, bei höheren Übertragungsgeschwindigkeiten ausgeführt als Koaxialkabel. Sie eignet sich daher für die Verbindung von Geräten untereinander. Klassische serielle Schnittstellen (IFSS, V24) gestatten jedoch nur relativ geringe Datenübertragungsraten (Tafel 1.2). Für höhere Übertragungsraten sind Schnittstellen entsprechend den Festlegungen für lokale Netze erforderlich [1.14] [1.15].

Tafel 1.2. Parallele und serielle Übertragung digitaler Signale

Bezeichnung	Datenfluß	Übertragungsmedien	Entfernung
Parallelbus MMS 16 (IEC 47 B 19)	16 MBit/s	gedruckte Leiterkarte, z. B. Rückwand der Kassette	0,5 m innerhalb kompakter Geräte
Serielle Schnittstelle IFSS V24	9,6 KBit/s 9,6 KBit/s (asynchron) 20 KBit/s (synchron)	Kabel Kabel	< 0,5 km < 15 m
Lokalnetz-Anschluß	≦ 500 KBit/s 0,1 ... 10 MBit/s	Koaxialkabel	< 50 m 0,1 ... 10 km
Breitband übertragung	> 10 MBit/s	Breitband-koaxialkabel	< 0,1 km

Beispiel 1.2. Programm zur Konvertierung von
4 BCD-Stellen in duale Darstellung

```
GLOBAL KDEDU1 PROCEDURE
ENTRY
!Konvertierung von 4 BCD Stellen
 D:=S:= R1
 verwendete Register RØ,R1,R2
 Laufzeit: 36 Mikrosekunden
         LD      RØ,R1          ! Verdopplung
         RLDB    RHØ,RLØ
         LD      R2,RØ
         LD      RØ,R1          ! Verdopplung
         RLDB    RLØ,RHØ
         LDB     RHØ,RH2
         AND     RØ,#%ØFØF      ! Maske fuer hoehere Teile
         LD      R2,RØ
         ADD     RØ,RØ          ! Multiplikation mit 6
         ADD     RØ,R2
         ADD     RØ,RØ
         SUBB    RL1,RHØ        ! Ø. und 1. BCD Stelle
         SUBB    RH1,RLØ        ! 2. und 3. BCD Stelle
         LDB     RLØ,RH1
         LDB     RHØ,#Ø
         LDB     RH1,#2
KB1M1:   LD      R2,RØ          ! Schleife Mult. mit 1Ø
         ADD     RØ,RØ
         ADD     RØ,RØ
         ADD     RØ,R2
         ADD     RØ,RØ
         DBJNZ   RH1,KB1M1
         ADD     R1,RØ
         RET
END KDEDU1
GLOBAL DUMIKO PROCEDURE
ENTRY
!Duale Darstellung 16 Bit ohne Komma in duale Darstellung
 16 Bit mit Komma und Vorzeichen umrechnen
 S:=D:= R1
                 R2: Anzahl der dualen Kommastellen n
                     ( Ø <= R2 <= +15 )
                 R3: dezimaler Teiler bei Eingabe
                     (1,1Ø,1ØØ,1ØØØ,1ØØØØ)
                 RL4:Eingabevorzeichen (2BH,2DH)
 verwendete Register: RØ bis R4
 Laufzeit: ca. (44 + n) Mikrosekunden
         SUB     RØ,RØ          ! Null laden
         SDAL    RRØ,R2
         DIV     RRØ,R3
         ADD     RØ,RØ          ! Rest verdoppeln
         SUB     RØ,R3
         JR      C,DUMKM1
         INC     R1
DUMKM1:  CPB     RL4,#%2D       ! ASCII Minuskode ?
         RET     NZ
         NEG     R1
         RET
END DUMIKO
```

1.3. Digitale Messung mechanischer und elektrischer Größen

Mechanische und elektrische Größen in elektrischen Antrieben sind ihrem Wesen nach kontinuierlich veränderbare analoge Größen. Meßglieder, die diese Größen als digitales Signal abbilden, sind Analog-Digital-Wandler; sie bewirken eine Kodierung des Signals.

1.3.1. Digitale Lagemessung

Prinzipien zur Lagemessung sind in Tafel 1.3 zusammengestellt. Ein absolut kodierter Lage- oder Winkelmaßstab, vorzugsweise optisch abgetastet, stellt unmittelbar ein digitales Signal bereit, das den Absolutwert der Lage abbildet. Das Auflösungsvermögen der Messung wird durch den Maßstab bestimmt (Beispiel 1.3).
Ein inkrementaler Winkelkodierer trägt auf dem Umfang einer Scheibe eine größere Anzahl von Markierungen, praktisch 1000, 2500 oder 5400 Striche, die vorzugsweise optisch abgetastet und in Impulse umgesetzt werden. Die Impulse werden in einen Zähler eingezählt.

Tafel 1.3. Digitale Lagemessung

Absoluter Winkelkodierer	Inkrementaler Winkelkodierer	Resolver
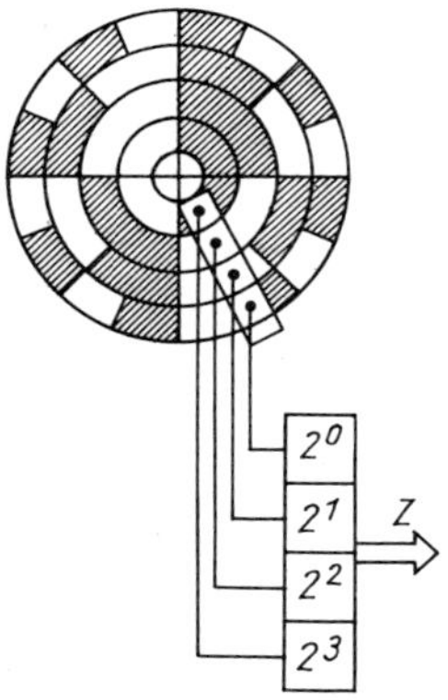	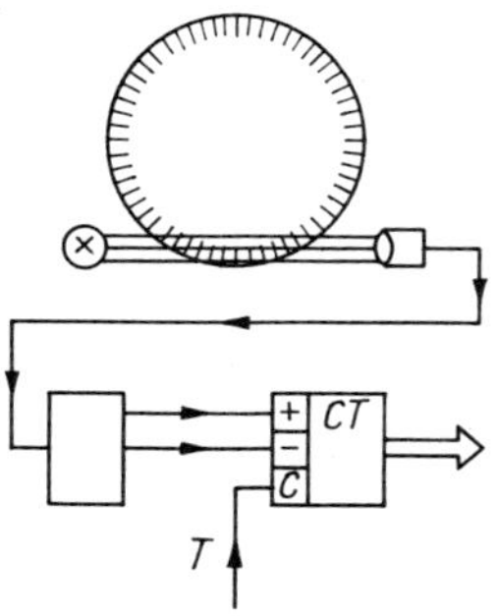	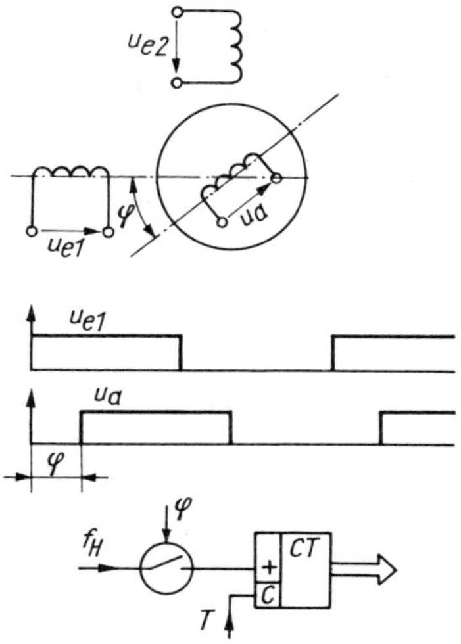
$I = a_0 2^0 + a_1 2^1 + a_2 2^2 + \ldots$	$I = k_m (\varphi_{(k)} - \varphi_{(k-1)})$	$T_H = \frac{1}{f_H} \ll T_{meß}$; $T = \frac{T_{meß}}{2}$ $I = k_m \frac{T_{meß}}{T_H} \frac{\varphi}{2}$

Zwischen den Abtastzeitpunkten $(k-1)$ und k, d.h. während der Zeit T, werden

$$z = k_m (\varphi(k) - \varphi(k-1))$$

k_m Maßstabsfaktor des Gebers

Impulse in den Zähler eingezählt. Die Impulszahl z repräsentiert die in der Zeit T erfolgte Winkeländerung. Mit Hilfe zweier, um 90° versetzter Abtastungen der Strichscheibe ist es möglich, eine elektronische Impulsvervierfachung zu realisieren und ein Drehrichtungssignal abzuleiten (vgl. Beispiel 1.5).

Ein Resolver als Meßglied ermöglicht die Lagemessung durch Auswertung der Phasendifferenz zwischen Eingangssignal u_1 und Ausgangssignal u_2 des Resolvers. Das Prinzip der phasenanalogen Messung wird genauer durch Bild 1.5 veranschaulicht. Die Phasenverschiebung zwischen einem binären Sollsignal f_w und einem binären Istsignal f_x wird mit Hilfe einer hohen Hilfsfrequenz f_h ausgezählt. Zählimpulse gelangen in den nachgeschalteten Zähler für

$$z = f_w f_x f_h \vee \overline{f_w} \overline{f_x} \overline{f_h}. \tag{1.9}$$

Außerdem wird das Vorzeichen der Phasenverschiebung ausgewertet. Maximal kann eine Phasenverschiebung von 180° gemessen werden. Dieser entspricht der maximale Zählerinhalt z_N. Am Ende jedes Einzählvorgangs ist der Zählerinhalt Δz dem Phasenverschiebungswinkel γ proportional:

$$\Delta z = \frac{z_N}{1800}. \tag{1.10}$$

Das Auflösungsvermögen der Winkelmessung ist

$$\alpha_\gamma = \frac{180°}{z_N} \tag{1.11}$$

mit

$$z_N = \frac{1}{2}\, T_{signal}\, f_{Hilf}, \tag{1.12}$$

wird also durch das Verhältnis Hilfsfrequenz zu Signalfrequenz bestimmt. Allgemein ist das phasenanaloge Verfahren durch ein sehr hohes Auflösungsvermögen gekennzeichnet.

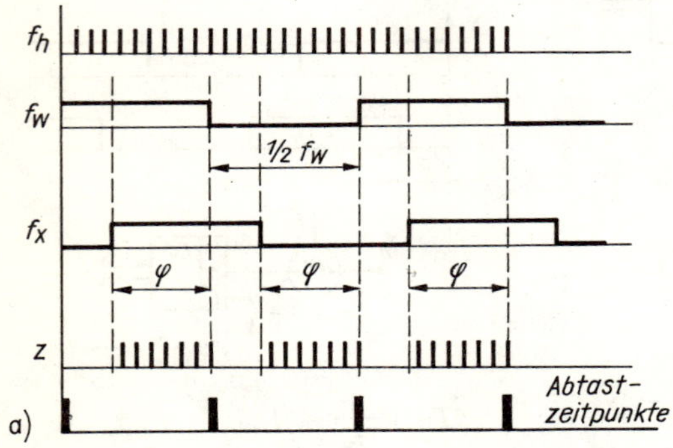

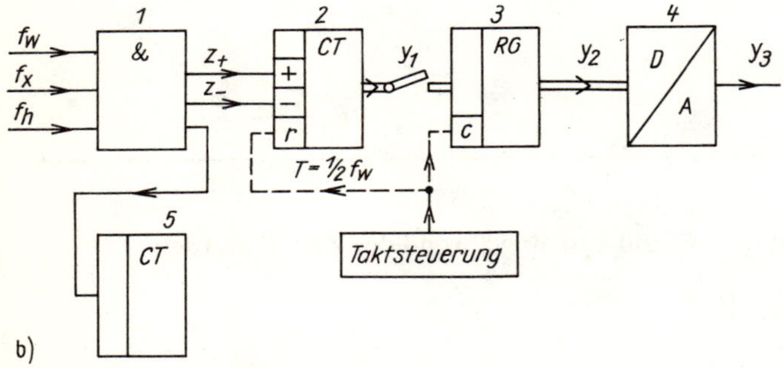

Bild 1.5. Prinzip der phasenanalogen Signalverarbeitung

a) Signalverläufe
f_h Hilfsfrequenz; f_w Führungsgröße;
f_x Regelgröße; z Zählimpulse
b) Prinzipschaltung
1 Summierschaltung; *2* Zähler;
3 Register; *4* D/A-Wandler;
5 Zählung der 180°-Phasenübergänge

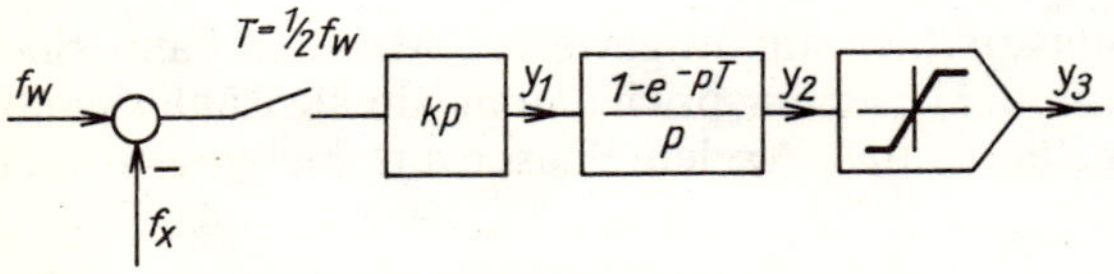

Bild 1.6. Signalflußplan der phasenanalogen Regelung nach Bild 1.5.

Wird während der Messung der Winkel von 180° überschritten, so wird dieser Phasenübergang in einem Grobzähler gezählt und die Feinzählung in der nächsten Halbwelle fortgesetzt. Die Grobzählung der 180°-Schritte entspricht dem frequenzanalogen Verfahren. Das Differenzsignal wird diskontinuierlich, einmal innerhalb einer halben Periode der Signalspannung jeweils am Ende des Zählvorgangs, angeboten. Es wird vom Zähler in ein nachgeschaltetes Register überschrieben und dort bis zum Eintreffen des folgenden Impulses gespeichert. Es kann über einen D/A-Wandler als analoges Signal ausgegeben oder digital weiterverarbeitet werden. Bild 1.6 zeigt den zusammengefaßten Signalflußplan.

Beispiel 1.3. Absolute Lagemessung eines Tisches

Zur absoluten Lagemessung eines Maschinentisches dient ein dual kodierter Maßstab entsprechend Bild 1.7. Es besteht die Aufgabe, eine Länge von 1 m auf 0,01 mm genau aufzulösen. Das geforderte Auflösungsvermögen ist also

$$\alpha = \frac{1}{10^5}.$$

Die Wortbreite des dazu notwendigen digitalen Signals sei n. Dann gilt

$$2^n = \frac{1}{\alpha} \qquad n \lg 2 = \lg \frac{1}{\alpha} \qquad n = \frac{5}{0{,}301} = 16{,}6.$$

Natürlich kann n nur ganzzahlig sein. Es ist also $n = 17$, d. h., der Maßstab muß 17 Spuren haben, denen die Wertigkeit $2^0 \dots 2^{16}$ zugeordnet wird. Die Wortbreite des Signals ist 17 Bit. Praktisch erfolgt eine Aufteilung des Maßstabs auf ein Grob- und ein Feinmeßsystem. Das Signal kann fortlaufend in einer Summierschaltung mit einem Führungssignal verglichen werden. Das Führungssignal wird mit einem Multiswitchpaket dekadisch vorgegeben. Benötigt werden fünf Dekaden, mit denen die Werte von 0,01 bis 999,99 mm eingestellt werden können.

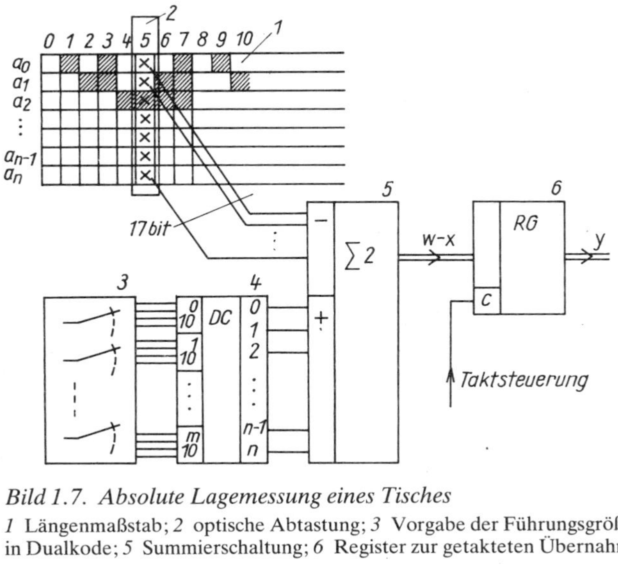

Bild 1.7. Absolute Lagemessung eines Tisches

1 Längenmaßstab; *2* optische Abtastung; *3* Vorgabe der Führungsgröße mit Multiswitch; *4* Kodewandler BCD-Kode in Dualkode; *5* Summierschaltung; *6* Register zur getakteten Übernahme des Differenzsignals $(w - x)$

Dem Multiswitchpaket nachgeschaltet wird ein Kodewandler, der das Signal in Dualkode wandelt. Der Vergleich des Meßwertes mit dem Führungssignal erfolgt im Dualkode. Das Differenzsignal $(w - x)$ ist ein diskretes, diskontinuierlich veränderbares Signal. Durch die getaktete Übernahme des Signals in ein Register *RG* erfolgt die Einordnung in ein Taktraster.

Beispiel 1.4. Lagemessung mit einem Resolver

Zur Lagemessung an einer Werkzeugmaschine dient ein Resolver, der mit dem Maschinentisch über Getriebe verbunden ist (Bild 1.8). Die räumlich um 90° versetzten Ständerwicklungen werden mit den Spannungen

$$u_{e1} = U \sin(2\pi f_{sig} t) \quad \text{und} \quad u_{e2} = U \sin\left(2\pi f_{sig} t - \frac{\pi}{2}\right)$$

gespeist. Die Signalfrequenz ist $f_{sig} = 2{,}5\,\text{kHz}$. An der Rotorwicklung wird die Spannung

$$u_a = U \sin(2\pi f_{sig} t - \varphi)$$

abgegriffen. Nach Umformung der Sinusspannungen in Binärsignale wird die Winkeldifferenz durch Auszählen mit einer 5-kHz-Hilfsfrequenz gewonnen. Der Zählvorgang wird gestartet beim 0-1-Übergang der Rotorspannung u_a und wird gestoppt beim 1-0-Übergang der Vergleichsspannung u_{e1}. Er wird weiterhin gestartet beim 1-0-Übergang der Rotorspannung u_a und gestoppt beim 0-1-Übergang der Vergleichsspannung u_{e1}. Damit steht alle

$$T_M = \frac{1}{2} \cdot \frac{1}{f_{sig}} = 0{,}2\,\text{ms}$$

ein Meßsignal zur Verfügung, das in einem nachgeschalteten Register gespeichert wird. Für viele Anwendungen kann dieses Signal als quasikontinuierlich angesehen werden. Das Auszählen der Winkeldifferenz führt auf maximal

$$z_N = 0{,}2\,\text{ms} \cdot 5\,\text{MHz} = 1000.$$

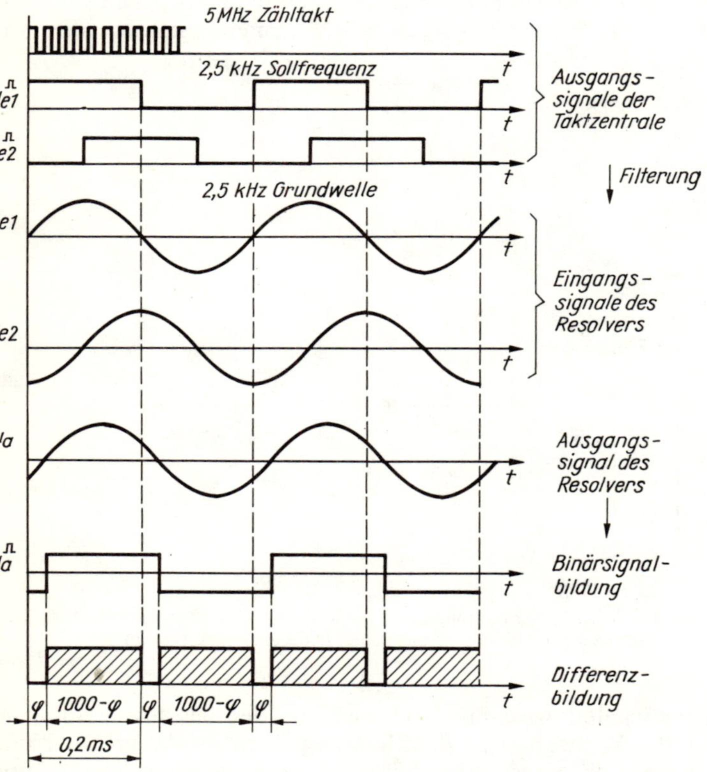

Bild 1.8. Verlauf der Signalspannungen bei phasenanaloger Winkelmessung mit Resolver

Zähler und Register sind dafür auszulegen. Sie benötigen eine Wortbreite von $n = 10$ Bit. Die kleinste meßbare Winkeldifferenz beträgt

$$180° \cdot \frac{1}{1000} = 0{,}18°$$

bei einem größten meßbaren Winkel von $\varphi = 180°$. Eine Vergrößerung des Meßbereichs ist durch Zählen der 180°-Übergänge möglich. Das Auflösungsvermögen der Winkelmessung wird durch Anwendung eines Resolvers mit Polpaarzahl größer als 1 oder durch Ankuppeln des Resolvers über ein Getriebe erhöht.

1.3.2. Digitale Drehzahlmessung

Die digitale Drehzahlmessung wird auf die Lagemessung zurückgeführt. Der inkrementale Geber gibt die Impulsfrequenz

$$f_{\mathrm{ist}} = k_{\mathrm{m}}\omega$$

k_{m} Maßstabsfaktor unter Berücksichtigung der Impulsvervierfachung

ab, das Einzählen in den Zähler während der Zeit T_{m} führt zur Impulsanzahl

$$z = \int_0^{T_{\mathrm{m}}} f_{\mathrm{ist}}\,\mathrm{d}t = k_{\mathrm{m}}\omega^* T_{\mathrm{m}}. \qquad (1.13)$$

Gemessen wird die mittlere Winkelgeschwindigkeit ω^*, die am Ende des Meßintervalls T_{m} zur Verfügung steht (Bild 1.9). Es ist

$$\omega^* T = \int_0^{T_{\mathrm{m}}} \omega\,\mathrm{d}t \qquad (1.14)$$

bzw. im Unterbereich der Laplacetransformation

$$\omega^*(p) = \frac{1}{pT_{\mathrm{m}}}\left(1 - \mathrm{e}^{-pT_{\mathrm{m}}}\right)\omega(p). \qquad (1.15)$$

Ist das Abtastintervall hinreichend klein gegenüber der Änderungsgeschwindigkeit des Signals, gilt einfach

$$\omega^* = \frac{\omega(k) + \omega\,(k-1)}{2} \qquad (1.16)$$

$$\omega^*(p) = \frac{1 + \mathrm{e}^{-pT_{\mathrm{m}}}}{2}\,\omega(p). \qquad (1.17)$$

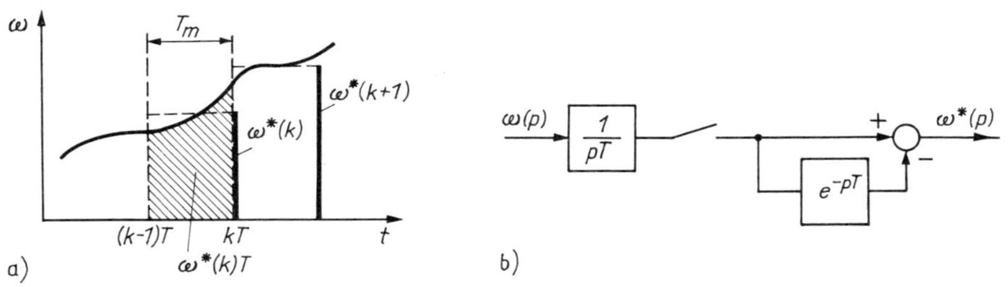

Bild 1.9. Digitale Drehzahlmessung

a) Prinzip

b) Signalflußplan

Die Anzahl z der im Meßintervall T_m in den Zähler eingezählten Impulse bestimmt das Auflösungsvermögen des Drehzahlsignals:

$$\alpha = \frac{1}{z_{\text{nenn}}} = \frac{1}{f_{\text{ist nenn}}} \frac{1}{T_m}; \tag{1.18}$$

$f_{\text{ist nenn}}$ Nennwert der Impulsfrequenz des Drehzahlgebers.

Die Meßzeit T_m soll aus Gründen der Dynamik möglichst klein, aus Gründen des Auflösungsvermögens möglichst groß gewählt werden. Vorzugsweise wird die Meßzeit gleich der Abtastzeit der Signalverarbeitung gewählt:

$$T_m = T.$$

Beispiel 1.5. Entwurf der Auswerteelektronik eines Drehzahlmeßgliedes als synchroner sequentieller Automat

Ein inkrementaler Drehzahlgeber gibt zwei um 90°el. versetzte Signale u_1 und u_2 ab, die direkt und negiert übertragen werden (Bild 1.10). Aus der relativen Lage der Signale u_1 und u_2 ist die Drehrichtung erkennbar. Aus dem Vergleich der Signale u_1 und $\overline{u}_1$ bzw. u_2 und $\overline{u}_2$ im Empfänger sind Übertragungsfehler erkennbar. Die Auswerteelektronik soll folgende Aufgaben erfüllen:

- Drehrichtungserkennung, z. B.
  Ausgabe von Impulsen auf Kanal c^+ = Drehrichtung 1
  Ausgabe von Impulsen auf Kanal c^- = Drehrichtung 2
- wahlweise Impuls-Frequenz-Vervielfachung um den Faktor 1, 2 oder 4
- Erkennung und Unterdrückung von Übertragungsfehlern
- Synchronisation der Ausgangsimpulsfolge mit dem Systemtakt ohne Impulsverlust.

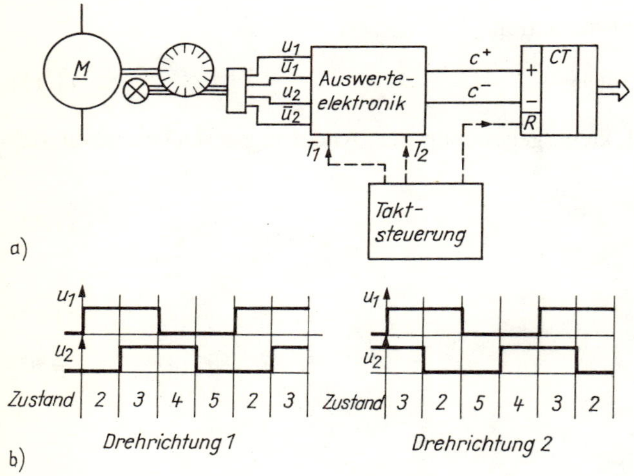

Bild 1.10. Drehzahlmessung mit inkrementalem Geber

a) Prinzipschaltung
b) Signale u_1 und u_2 für Drehrichtung *1* und Drehrichtung *2*

Die Drehrichtungserkennung erfordert den Vergleich des jeweiligen, durch u_1, u_2 gekennzeichneten Zustands des Impulsgebers mit dem vorhergegangenen Zustand. Die Auswerteschaltung muß also eine Zustandsspeicherung ermöglichen; sie ist als sequentieller Automat aufzubauen. Es sind vier Zustände des Impulsgebers zu berücksichtigen. Die Zustandsfolge bei Drehrichtung 1 und Drehrichtung 2 ist Bild 1.10 zu entnehmen.

Vervierfachung der Impulsfrequenz gegenüber dem Gebersignal erfordert, aus allen Impulsflanken einen Ausgangsimpuls abzuleiten, der synchron mit dem Systemtakt ausgegeben wird. Dazu sind zwei weitere Zustände, zugeordnet Drehrichtung 1 und Drehrichtung 2, notwendig. Wird nur eine Verdoppelung der Impulsfrequenz gefordert, darf nur jede zweite Impulsflanke in einen dieser Zustände führen. Die somit insgesamt sechs Systemzustände erfordern einen dreidimensionalen Zustandsvektor. Dieser ermöglicht acht unterscheidbare Zustände. Die verbleibenden zwei können, ausgehend vom Vergleich $u_1\overline{u}_1$ bzw. $u_2\overline{u}_2$, zur Erkennung und Unterdrückung von Übertragungsfehlern genutzt werden.
Im Bild 1.11 sind die Definition der Zustände und der Zustandsgraph für Frequenzvervierfachung angegeben. Jede Änderung des durch den Impulsgeber bestimmten Zustands q_2, q_3, q_4, q_5 führt je nach Drehrichtung in den Zustand q_0 oder q_1 und im folgenden Takt in den neuen, durch den Impulsgeber bestimmten Zustand. Für Frequenzverdoppelung oder für einfache Impulsfrequenz gelten andere Zustandsgraphen. Aus dem Zustandsgraphen läßt sich die Zustandstabelle unmittelbar ableiten. Die Ausgangssignale c^+; c^- wurden den Zuständen zugeordnet.

Zustand	q_1	q_2	q_3	Bedeutung
Z 0	0	0	0	Impuls Drehrichtung 1
Z 1	0	0	1	Impuls Drehrichtung 1
Z 2	0	1	0	$u_1\,\overline{u}_2$
Z 3	0	1	1	$\overline{u}_1\,u_2$
Z 4	1	0	0	$\overline{u}_1\,u_2$
Z 5	1	0	1	$\overline{u}_1\,\overline{u}_2$
Z 6	1	1	0	Fehler
Z 7	1	1	1	Fehler

a)

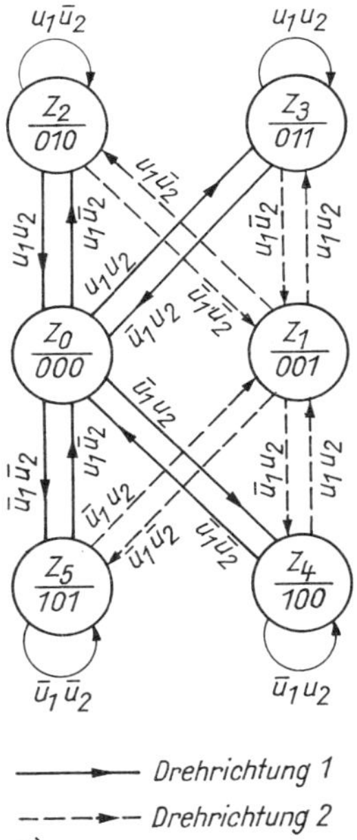

b)

Vorzustände	Eingänge $u_1\,\overline{u}_2$	$u_1\,u_2$	$\overline{u}_1\,u_2$	$\overline{u}_1\,\overline{u}_2$	Ausgabe c^+	c^-
Z 0	Z 2	Z 3	Z 4	Z 5	1	0
Z 1	Z 2	Z 3	Z 4	Z 5	0	1
Z 2	Z 2	Z 0		Z 1	0	0
Z 3	Z 1	Z 3	Z 0		0	0
Z 4		Z 1	Z 4	Z 0	0	0
Z 5	Z 0		Z 1	Z 5	0	0

c) Folgezustände

Bild 1.11. Zustandsdefinition (a), Zustandsgraph (b) und Zustandsübergangstabelle (c) der Auswerteelektronik nach Bild 1.10.

Eine technische Realisierung wird durch Bild 1.12 veranschaulicht. Die von einem Impulsgeber potentialfrei vorgegebenen Signale werden als direktes Signal u_1u_2 und als negiertes Signal $\overline{u}_1\overline{u}_2$ übertragen. Durch Vergleich des direkten und des negierten Signals erfolgt am Eingang der elektronischen Auswerteschaltung zunächst eine Störimpulsunterdrückung.
Nach dem Prinzip des sequentiellen Automaten bewirkt der Schaltkreis DL 374 als Mehrfach-D-Trigger eine Speicherung der Eingangssignale u_1* und u_2* sowie eine Speicherung der Zustandsgrößen q_1, q_2, q_3. Als Programmspeicher wirkt ein PROM 74188. Er bildet entsprechend der im Bild 1.11 angegebenen Zustandstabelle die Ausgangsgrößen C^+, C^-, $q_1(k+1)$, $q_2(k+1)$, $q_3(k+1)$ aus den Eingangsgrößen U_1*, U_2* und den Zustandsgrößen des Vorzustands $q_1(k)$, $q_2(k)$, $q_3(k)$. Die Taktsteuerung des Automaten erfolgt mit der halben Taktfre-

quenz des Mikrorechners $f_0/2 = 2\,\mathrm{MHz}$. Die Zählsignale C^+, C^- werden in einen programmierbaren Zähler eingezählt. Der Schaltkreis U 8036 ermöglicht die Buskopplung des Zähler-Ausgangssignals. Der Funktionsumfang wird heute als Gate-Array-Schaltkreis verwirklicht (vgl. Abschn. 2.2).

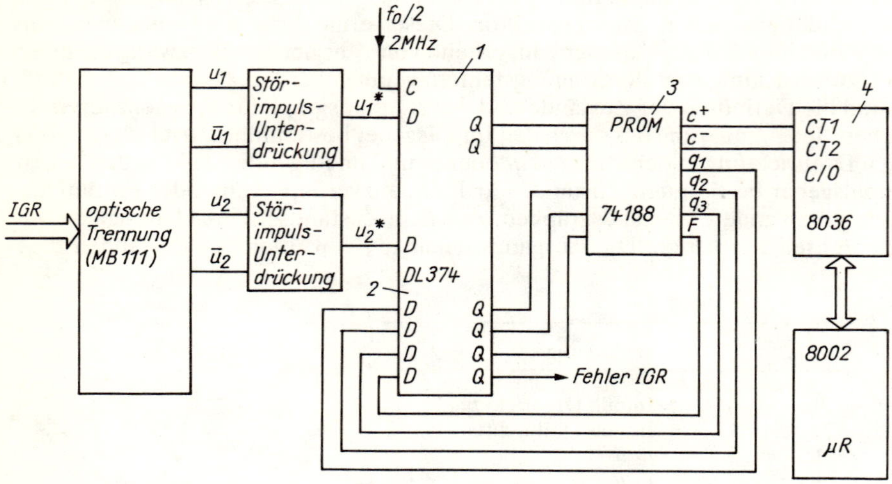

Bild 1.12. Auswerteschaltung zur inkrementalen Lagemessung und zur Drehzahlmessung

1 Eingangsspeicher; *2* Zustandsspeicher; *3* Programmspeicher; *4* Zähler

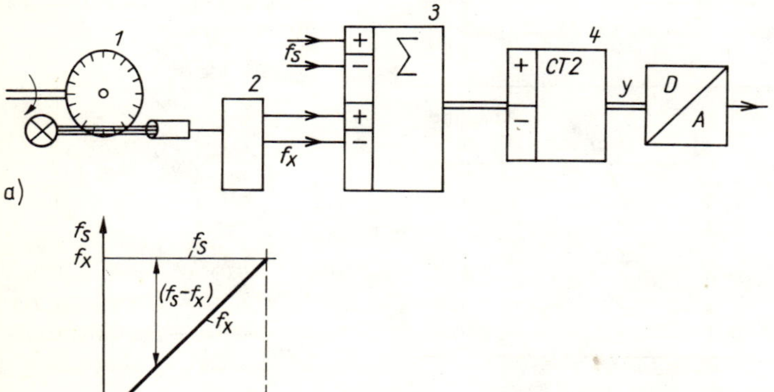

Bild 1.13. Drehzahlmessung mit einem inkrementalen Geber

a) Prinzipschaltung

b) Soll- und Istfrequenz während eines Anlaufvorgangs

1 inkrementaler Drehzahlgeber; *2* Impulsformer und Impulsvervielfacher; *3* Summierschaltung; *4* Differenzzähler

Beispiel 1.6. Drehzahlmessung mit einem inkrementalen Geber

Zur Drehzahl- und Lagemessung an einem Stellantrieb dient ein inkrementaler Geber, der nach elektronischer Impulsvervierfachung 4000 Impulse je Umdrehung vorgibt (Bild 1.13). Der Nenndrehzahl des Motors von $1500\,\mathrm{min}^{-1}$ entspricht eine Pulsfrequenz von

$$f_x = 4000 \cdot \frac{1500}{60}\,\mathrm{s}^{-1} = 100000\,\mathrm{s}^{-1}.$$

Dem Antrieb wird eine Führungsfrequenz $f_w = 100\,000\,\mathrm{s}^{-1}$ vorgegeben. Die der Differenz $(f_s - f_x)$ entsprechende Impulsfolge wird in einen Zähler eingezählt und dort aufintegriert. Das Ausgangssignal des Zählers y wird nach D/A-Wandlung als Stellsignal auf den Antrieb gegeben. Der Zählerinhalt entspricht dem Integral der Regelabweichung

$$z = \int (f_w - f_x)\,\mathrm{d}t.$$

Soll ein Winkelfehler zwischen Führungsgröße und Regelgröße vermieden werden, darf kein Impulsverlust auftreten, d. h., der Zähler ist so zu dimensionieren, daß er nicht „überläuft". Zur Abschätzung dient ein Anlaufvorgang. Zur Zeit $t = 0$ erhält der stillstehende Antrieb die Führungsgröße $f_s = 100\,000\,\mathrm{min}^{-1}$. Der Anlauf erfolgt in $t_{an} = 0{,}2\,\mathrm{s}$ mit konstanter Beschleunigung. Für die Istwertfrequenz gilt während des Anlaufs

$$f_x = \frac{100\,000\,\mathrm{s}^{-1}}{t_{an}}\,t.$$

Der Zählerinhalt am Ende des Anlaufs ist (Bild 1.13b)

$$z = \int_0^{t_{an}} (f_w - f_x)\,\mathrm{d}t = 10\,000.$$

Der Zähler ist entsprechend auszulegen. Eine Begrenzung des nachgeschalteten D/A-Wandlers, z. B. auf 10 Bit Wortbreite, hat keinen Impulsverlust zur Folge. Sie hat keinen Einfluß auf die Genauigkeit der Regelung, sondern begrenzt nur die Stellgröße.

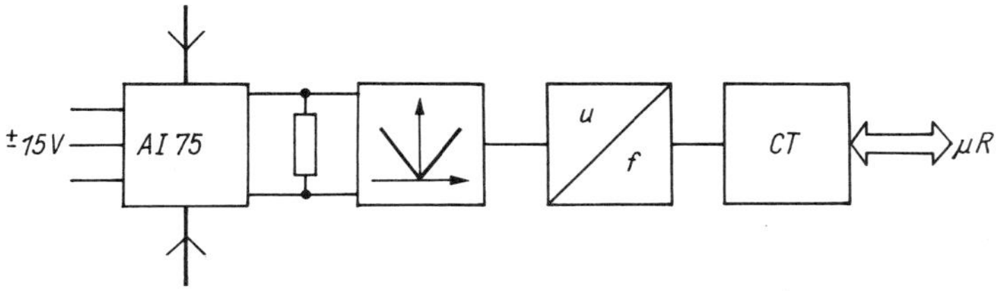

Bild 1.14
Prinzip der digitalen Strommessung

1.3.3. Digitale Strommessung

Der Strom muß ebenso wie die Spannung in elektrischen Antrieben potentialfrei erfaßt werden. Dazu dient ein Meßshunt mit nachgeschaltetem Potentialtrennverstärker oder, wie im Bild 1.14, ein magnetischer Allstromwandler. Um eine direkte Analog-Digital-Wandlung zu vermeiden, wird das Meßsignal nach Betragsbildung in einem Spannungs-Frequenz-Wandler in eine proportionale Frequenz umgesetzt. Diese wird während der Meßzeit T_m in einen Zähler eingezählt. Die Impulszahl z nach der Zeit T_m

$$z(k) = k_m \frac{1}{T_m} \int_0^{T_m} i\,\mathrm{d}t = i^* T_m k_m \tag{1.19}$$

k_m Maßstabsfaktor

ist proportional dem Mittelwert des Stroms i^* während der Meßzeit:

$$i^*(p) = \frac{1}{pT_m}\,(1 - \mathrm{e}^{-pT_m})\;i(p). \tag{1.20}$$

Wie bei der Drehzahlmessung besteht ein unmittelbarer Zusammenhang zwischen der Anzahl z der im Meßintervall T_m in den Zähler eingezählten Impulse und dem Auflösungsvermögen des Signals:

$$\alpha_i = \frac{1}{z_{nenn}} = \frac{1}{f_{ist\,nenn}}\,\frac{1}{T_m}; \tag{1.21}$$

$f_{ist\,nenn}$ Nennwert der Impulsfrequenz des Spannungs-Frequenz-Wandlers.

Die Strommessung wird mit der Signalverarbeitung im Stromregelkreis synchronisiert (vgl. Abschn. 5.4). Es ist dann Meßzeit gleich Abtastzeit:

$$T_m = T.$$

Beispiel 1.7. Digitale Strommeßeinrichtung

Ein Ausführungsbeispiel einer Strommeßeinrichtung für einen Gleichstromantrieb zeigt Bild 1.15.

Die Strommessung erfolgt unter Verwendung normaler Wechselstromwandler zweiphasig auf der Drehstromseite des Antriebs. Ein elektronischer Gleichrichter übernimmt die Gleichrichtung des potentialfreien Signals. Der nachgeschaltete Spannungs-Frequenz-Wandler Typ VFC32 gibt eine Ausgangsfrequenz von $f_{nenn} = 500\,kHz$ bei 10 V Eingangsspannung ab. Bei einer Meßzeit von 3,3 ms entspricht dem ein Auflösungsvermögen des Stroms, bezogen auf den Maximalwert, von $\alpha_i = 1/1650$. Der Zähler ist mit dem Schaltkreis U 8036 realisiert, der gleichzeitig die Buskopplung übernimmt. Über Komparatoren wird je ein Binärsignal für einen einstellbaren Maximalwert des Stroms und für den Stromnullwert abgeleitet. Es handelt sich dabei im Unterschied zum eigentlichen Strommeßsignal um Augenblickswerte.

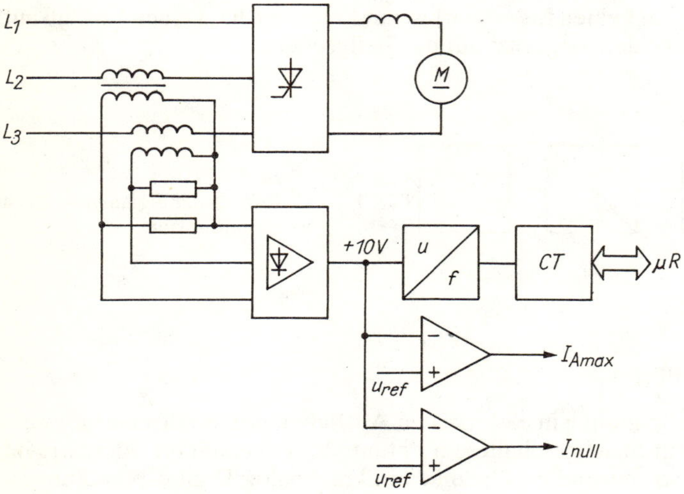

Bild 1.15. Technische Ausführung einer digitalen Strommeßeinrichtung mit netzseitiger Stromerfassung

1.4. Filterung digitaler Signale

Ein digitales Filter (Bild 1.16) wandelt ein Eingangssignal $u^*(t)$, d. h. eine Eingangspulsfolge, in ein Ausgangssignal, also eine Ausgangspulsfolge $x^*(t)$. Das Ausgangssignal x^* zum Zeitpunkt kT ist eine Funktion des Eingangssignals u^* zum Zeitpunkt kT sowie der Werte des Eingangs- und Ausgangssignals in den vorangegangenen Abtastzeitpunkten.

Der Zustand des Systems zum Zeitpunkt kT; $(k-1)\,T$ usw. wird dadurch implizit berücksichtigt.

Das digitale Filter befriedigt allgemein die Differenzengleichung

$$a_0x^*(k) + a_1x^*(k-1) + a_2x^*(k-2) + \ldots$$
$$= b_0u^*(k) + b_1u^*(k-1) + b_2u^*(k-2) + \ldots \qquad (1.22)$$

Durch Übergang in den Unterbereich der Laplace-Transformation erhält man unter Berücksichtigung des Verschiebungssatzes[1])

$$x^*(p)\,(a_0 + a_1\,e^{-pT} + a_2\,e^{-2pT} + \dots) = u^*(p)\,(b_0 + b_1\,e^{-pT} + b_2\,e^{-2pT} + \dots). \tag{1.23}$$

Für das digitale Filter kann damit die Pulsübertragungsfunktion

$$G^*(p) = \frac{x^*(p)}{u^*(p)} = \frac{b_0 + b_1\,e^{-pT} + b_2\,e^{-2pT} + \dots}{a_0 + a_1\,e^{-pT} + a_2\,e^{-2pT} + \dots} \tag{1.24}$$

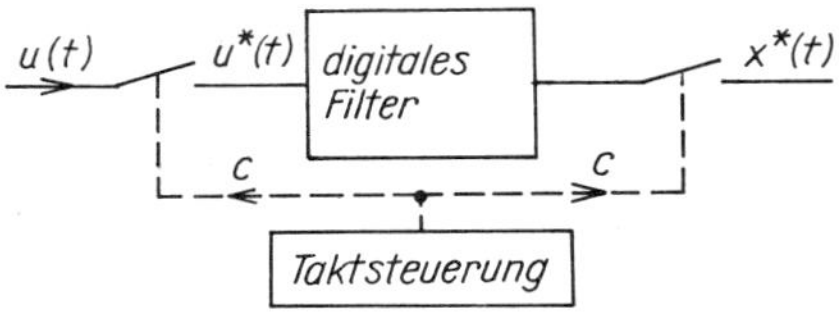

Bild 1.16
Zum Prinzip des digitalen Filters

angegeben werden bzw. nach Einführen des Operators z nach Gleichung (1.5)

$$G(z) = \frac{x(z)}{u(z)} = \frac{b_0 + b_1 z^{-1} + b_2 z^{-2} + \dots + b_m z^{-m}}{a_0 + a_1 z^{-1} + a_2 z^{-2} + \dots + a_n z^{-n}}. \tag{1.25}$$

Die Übergangsfunktion kennzeichnet das digitale Filter als einen sequentiellen Automaten, der in den Tastzeitpunkten die Ausgangsgröße als Funktion des aktuellen Wertes der Eingangsgröße und der Vergangenheitswerte von Ausgangsgröße und Eingangsgröße berechnet. Der allgemeine Signalflußplan des digitalen Filters ergibt sich durch Umformen der Übertragungsfunktion (1.25)

$$G(z) = \frac{x(z)}{u(z)} = \frac{\frac{1}{a_0}(b_0 + b_1 z^{-1} + \dots + b_m z^{-m})}{1 + \frac{1}{a_0}(a_1 z^{-1} + \dots + a_n z^{-n})} \tag{1.26}$$

und Einführen einer Hilfsvariablen $v(z)$, so daß gilt

$$\left.\begin{aligned} x(z) &= \frac{1}{a_0}\,(b_0 + b_1 z^{-1} + \dots + b_m z^{-m})\,v(z) \\ v(z) &= u(z) - v(z)\frac{1}{a_0}\,(a_1 z^{-1} + \dots + a_n z^{-n}), \end{aligned}\right\} \tag{1.27}$$

wie im Bild 1.17a dargestellt. Die Hilfsvariable $v(z)$ wird aus der Eingangsgröße und ihren eigenen Vergangenheitswerten unter Berücksichtigung von Bewertungsfaktoren gebildet. Die Ausgangsgröße $x(z)$ wird aus dem aktuellen Wert und aus Vergangenheitswerten der Hilfsva-

[1]) Entsprechend der Definition der Laplace-Transformierten $F_1(p)$ einer Funktion $f_1(t)$

$$F_1(p) = \int_0^\infty e^{-pT} f_1(t)\,dt$$

gilt für eine zeitlich um T verspätete Funktion $f_2(t)$

$$F_2(p) = \int_0^\infty e^{-pT} f_2(t)\,dt = \int_0^\infty e^{-pT} f_1(t - T)\,dt.$$

Durch Einführen einer neuen Zeitvariablen $t^* + T$ anstelle von t erhält man unter der Voraussetzung, daß die Funktion f_2 Null ist, für $t \leqq T$

$$F_2(p) = \int_0^\infty e^{-p(t^*+T)} f_1(t^*)\,dt = e^{-pT} F_1(p).$$

Vgl. auch [1.7].

riablen $v(z)$ ebenfalls unter Berücksichtigung von Bewertungsfaktoren gebildet. Bild 1.17b veranschaulicht prinzipiell die gerätemäßige Realisierung. Der aktuelle Wert und die Vergangenheitswerte der Variablen $v(z)$ werden in Registern gespeichert. Die jeweiligen Werte werden, gesteuert mit der Taktzeit T, weitergeschoben. Die Eingangsarithmetik bildet, praktisch unverzögert, die Hilfsvariable $v(z)$ in jedem Tastzeitpunkt. Die Ausgangsarithmetik bildet die Ausgangsgröße $x(z)$ in den Tastzeitpunkten. Die Breite der Register und der Arithmetikeinheiten ist entsprechend der Breite des Eingangs- und Ausgangssignals festzulegen, um unbeabsichtigte Signalbegrenzungen zu vermeiden.

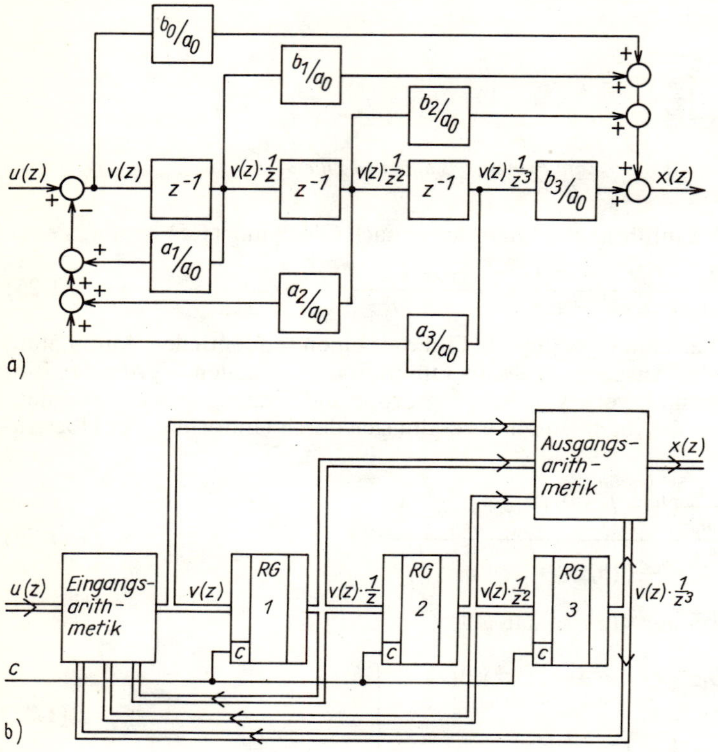

Bild 1.17. Allgemeines digitales Filter
a) Signalflußplan
b) prinzipielle gerätemäßige Realisierung

Deutlich wird, daß nur solche Übertragungsfunktionen $G(z)$ realisiert werden können, die neben den aktuellen Werten der Signale lediglich Vergangenheitswerte benötigen. Zukünftige Werte der Signale sind nicht verfügbar, d.h., in der Übertragungsfunktion $G(z)$ nach (1.25) darf z nicht mit positiven Exponenten auftreten.

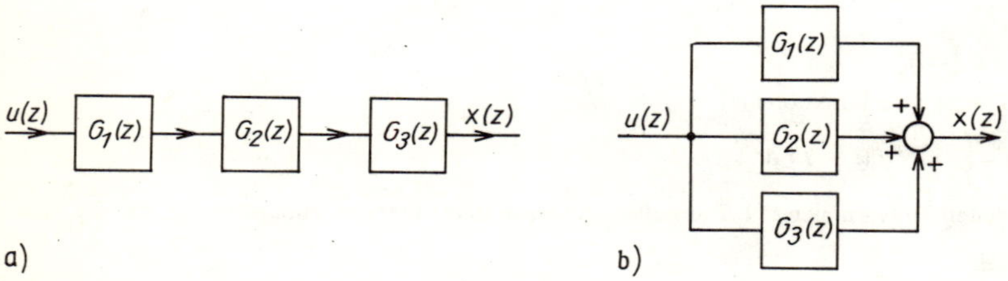

Bild 1.18. Zerlegung eines digitalen Filters
a) Reihenstruktur; b) Parallelstruktur

Zur praktischen Realisierung digitaler Filter ist es häufig vorteilhaft, die Übertragungsfunktion in Faktoren zu zerlegen

$$G(z) = G_1(z)\, G_2(z) \ldots G_m(z) \qquad (1.28)$$

oder in Summanden aufzuteilen

$$G(z) = G_1(z) + G_2(z) + \ldots + G_m(z). \qquad (1.29)$$

Dadurch ergibt sich für das Filter eine Reihen- bzw. Parallelstruktur nach Bild 1.18. Jedes Glied entspricht dabei prinzipiell einer Grundstruktur nach Bild 1.17.
Digitale Filter entsprechen analogen Filtern nur angenähert. Die Übereinstimmung ist gut, wenn die Abtastzeit T klein gegenüber den Eigenzeitkonstanten des Filters ist.

Beispiel 1.8. Digitales Filter zur Integration eines Signals

In modelladaptiven Regelungen (vgl. Abschn. 5) wird im Rechnerregler ein Modell der Regelstrecke gebildet. Im einfachsten Fall ist dieses Modell ein I-Glied. Einem zeitlich konstanten Eingangssignal $u(t) = U$ soll also ein zeitproportional ansteigendes Ausgangssignal $x(t) = U\alpha t$ entsprechen (Bild 1.19). Eingangssignal und Ausgangssignal digitaler Filter bestehen jedoch aus einer Folge von Impulsen. Auf der Basis der z-Transformation kann ein geschlossener Ausdruck für diese Pulsfolgen angegeben werden[1]):

$$u(z) = U \frac{z}{z-1}.$$

$$x(z) = U\alpha t \frac{z}{(z-1)^2}; \qquad \alpha T = T_{\mathrm{I}}.$$

Daraus ergibt sich die geforderte Übertragungsfunktion

$$G(z) = \frac{x(z)}{u(z)} = \frac{\alpha T}{(z-1)}. \qquad (1.30)$$

Diese entspricht der allgemeinen Übertragungsfunktion des digitalen Filters nach (1.25) für $b_0 = 0$, $b_1 = \alpha T$, $a_0 = 1$, $a_1 = -1$. Das Filter ist realisierbar.

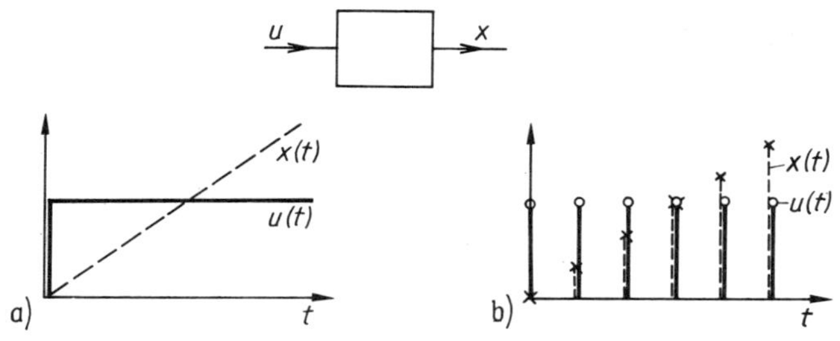

Bild 1.19. Integrationsfilter, Verlauf des Eingangs- und des Ausgangssignals
a) als kontinuierliches Signal
b) als Impulsfolge

Für $z = e^{pT}$ kann der Amplituden- und Phasenverlauf des so gewonnenen „diskreten Integrators" bestimmt werden (Bild 1.20). Er stimmt mit dem Amplituden- und Phasenverlauf eines kontinuierlichen Integrators nur für $\omega T \ll \pi$ überein.

[1]) Die Grundlagen der z-Transformation werden in allen Büchern der Steuerungs- und Regelungstechnik erläutert. Für die praktische Arbeit dient eine Korrespondenztabelle, die in Tafel 3.3 wiedergegeben wird.

Tatsächlich entspricht die durchgeführte Operation nur einer sehr groben „Rechtecknäherung" einer tatsächlichen Integration. Eine Betrachtung im Zeitbereich macht das deutlich (Bild 1.21). Aus der Übertragungsfunktion (1.30) folgt die Differenzengleichung

$$\frac{1}{\alpha}\,[x(k) - x(k-1)] = Tu(k-1). \tag{1.31}$$

Eine Verbesserung ermöglicht die sog. „Trapeznäherung"

$$\frac{1}{\alpha}\,[x(k) - x(k-1)] = \frac{T}{2}\,[u(k) + u(k-1)], \tag{1.32}$$

der folgende Übertragungsfunktion entspricht:

$$G(z) = \frac{x(z)}{u(z)} = \frac{\alpha T}{2}\,\frac{z+1}{z-1}. \tag{1.33}$$

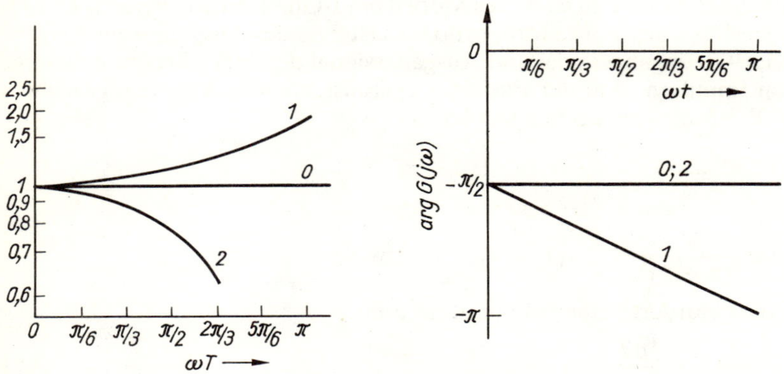

Bild 1.20. Bezogene Amplituden- und Phasenkennlinie eines diskreten Integrators
0 kontinuierlicher Integrator; *1* diskontinuierlicher Integrator, Rechtecknäherung (1.30); *2* diskontinuierlicher Integrator, Trapeznäherung (1.33)

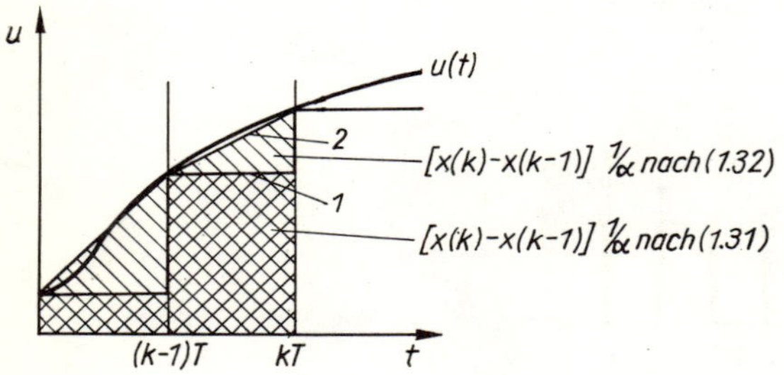

Bild 1.21
Zur Erläuterung der angenäherten Integration im Zeitbereich
1 Rechtecknäherung; *2* Trapeznäherung

Beispiel 1.9. Digitaler PID-Regler

Proportional-Integral- oder Proportional-Integral-Differential-Regler werden allgemein in der Antriebstechnik verwendet. Kontinuierliche Regler mit dem Eingangssignal u und dem Ausgangssignal x werden beschrieben durch die Differentialgleichung

$$x = V_p \left[u + \frac{1}{T_I} \int u\,dt + T_v \frac{du}{dt} \right]; \tag{1.34}$$

V_p Proportionalverstärkung
T_I Integrierzeit
T_v Vorhaltezeit.

Nach Differentiation ergibt sich

$$\frac{dx}{dt} = V_p \left[\frac{du}{dt} + \frac{1}{T_I} u + T_v \frac{d^2u}{dt^2} \right]. \tag{1.35}$$

Durch Übergang von den Differentialen zu endlichen Differenzen wird die Differentialgleichung in eine Differenzengleichung verwandelt:

$$\frac{\Delta x}{\Delta t} = V_p \left[\frac{\Delta u}{\Delta t} + \frac{u}{T_I} + T_v \frac{\Delta u_+ - \Delta u_-}{t^2} \right]. \tag{1.36}$$

Die Differenzengleichung wird zum Zeitpunkt kT betrachtet. Die Differenz wird zwischen den Signalen zum Zeitpunkt kT und den Signalen zum vorangegangenen Zeitpunkt $(k-1)\,T$ gebildet. Damit wird

$$t = kT - (k-1)\,T = T$$

$$\Delta x = x(k) - x(k-1)$$

$$u = u(k-1),$$

da die Änderung der Ausgangsgröße Δx von der Eingangsgröße am Beginn des betrachteten Intervalls bestimmt wird.

$$\begin{aligned} \Delta u_+ - \Delta u_- &= [u(k+1) - u(k)] - [u(k) - u(k-1)] \\ &= u(k+1) - 2u(k) + u(k-1). \end{aligned}$$

Diese Beziehung würde auf einen nicht realisierbaren Regler führen. Eine Differentiation ist exakt nicht realisierbar. Annähernd wird gesetzt

$$\Delta u_+ - \Delta u_- \approx u(k) - 2u(k-1) + u(k-2).$$

Für die Änderung der Ausgangsgröße gilt

$$x(k) - x(k-1) = V_p \left[u(k) - u(k-1) + \frac{T}{T_I} u(k-1) + \frac{T_v}{T} (u(k) - 2u(k-1) + u(k-2)) \right]. \tag{1.37}$$

Durch Übergang in den Unterbereich der Laplace-Transformation folgt daraus

$$\begin{aligned} x(k)\,(1 - e^{-pT}) &= V_p u(k)\,(1 - e^{-pT}) + V_p \frac{T}{T_I} u(k)\, e^{-pT} \\ &\quad + V_p \frac{T_v}{T} u(k)\,(1 - 2\,e^{-pT} + e^{-2pT}). \end{aligned} \tag{1.38}$$

Die Übertragungsfunktion

$$G(z) = \frac{x(z)}{u(z)} = \frac{V_p \left(1 - \frac{1}{z}\right) + V_p \frac{T}{T_i} \frac{1}{z} + V_p \frac{T_v}{T} \left(1 - \frac{2}{z} + \frac{1}{z^2}\right)}{\left(1 - \frac{1}{z}\right)} \tag{1.39}$$

entspricht der allgemeinen Übertragungsfunktion eines digitalen Filters nach (1.25) für

$$\begin{aligned} a_0 &= 1, \qquad a_1 = -1 \\ b_0 &= V_p \left(1 + \frac{T_v}{T}\right) \\ b_1 &= V_p \left(-1 + \frac{T}{T_I} - 2\frac{T_v}{T}\right) \\ b_2 &= V_p \frac{T_v}{T}. \end{aligned} \tag{1.40}$$

Das digitale Filter ist realisierbar.

1.5. Digital-Analog-Wandlung von Signalen

An den Schnittstellen zwischen den kontinuierlich-analog und den diskontinuierlich-diskret arbeitenden Teilen des Antriebssystems erfolgt eine Signalwandlung, die meist mit einer Filterung des Signals verbunden ist.

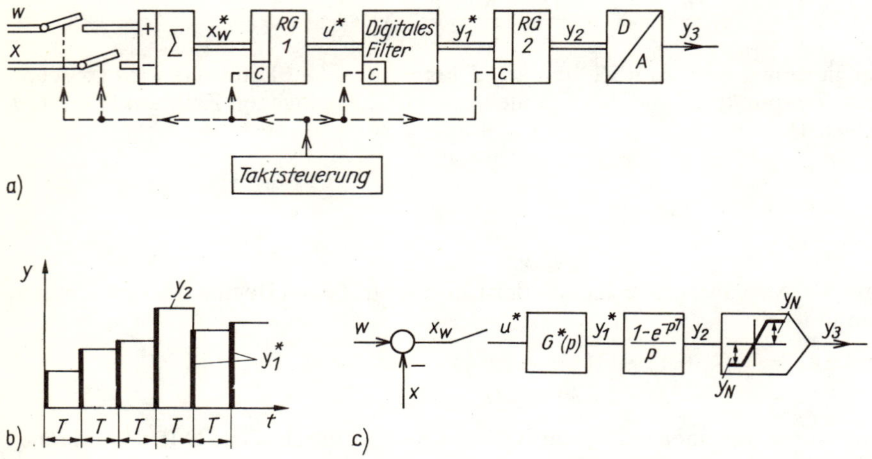

Bild 1.22. Digitale Regeleinrichtung mit anschließender D/A-Wandlung der Stellgröße
a) prinzipielle gerätemäßige Darstellung; b) Zeitverlauf der Stellsignale y; c) Signalflußplan

Das Ausgangssignal des diskontinuierlich-diskreten Systemteils, d.h. des digitalen Filters oder Reglers, wird in einem Ausgangsregister *RG2* gespeichert und von einem Digital-Analog-Wandler trägheitsfrei in ein kontinuierliches Signal umgesetzt (Bild 1.22). Das Register *RG2* speichert den jeweils aktuellen Impuls der Pulsfolge y_1^* bis zum Eintreffen des nächsten Pulses. Dadurch liegt am D/A-Wandler zu jedem Zeitpunkt ein Signal y_2 an. Das Register *RG2* arbeitet als Halteglied 0. Ordnung. Für den Zusammenhang zwischen Ausgangssignal y_2 und Eingangssignal y_1 gilt

$$y_2 = \int_{(k-1)T}^{kT} y_1 \, dt \tag{1.41}$$

entsprechend im Unterbereich der Laplace-Transformation

$$\frac{y_2(p)}{y_1(p)} = \frac{1 - e^{-pT}}{p}. \tag{1.42}$$

Der dem Register nachgeschaltete D/A-Wandler bewirkt eine Dekodierung des digitalen Signals. Er wertet den Registerinhalt entsprechend seiner Wortbreite aus, stellt also eine Signalbegrenzung auf seinen Nennwert y_N dar. Das Ausgangssignal ist eine Gleichspannung. Es hat aber den Charakter eines diskreten, diskontinuierlich veränderbaren Signals. Es besitzt dementsprechend ein definiertes Auflösungsvermögen

$$a_y = \frac{1}{y_N}.$$

In Antrieben mit durchgehend digitaler Signalverarbeitung wird die Funktion des Digital-Analog-Wandlers vom Stromrichter übernommen (vgl. Abschn. 5 bzw. 6).

1.6. Übertragung digitaler Signale durch kontinuierliche Übertragungsglieder

In einem Abtastregelkreis, etwa einer Drehzahlregelung, werden kontinuierliche Übertragungsglieder mit einem diskontinuierlichen Signal, insbesondere mit einer Impulsfolge, im Ergebnis der Abtastung beaufschlagt. Untersucht wird die Antwort kontinuierlicher Glieder auf eine Impulsfolge und daraus abgeleitet die Abtastübertragungsfunktion.

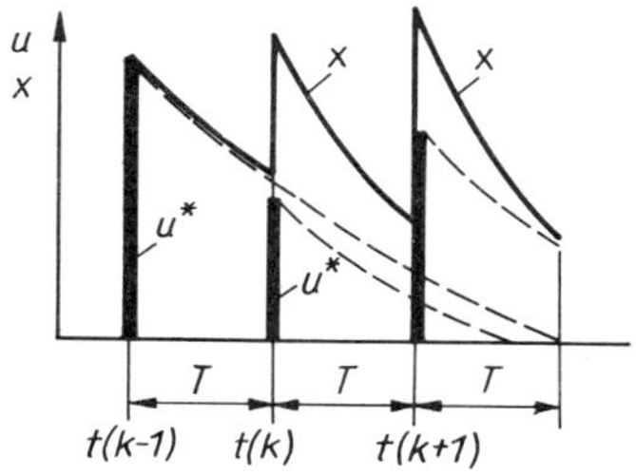

Bild 1.23. Pulsübertragungsfunktion kontinuierlicher Glieder am Beispiel eines Proportionalgliedes mit Verzögerung 1. Ordnung

I	Eingangsimpulsfolge $u^*(t)$
-----	Impulsantwort der Einzelimpulse
———	resultierendes Ausgangssignal, nicht abgetastet

Das Eingangssignal des Gliedes sei eine Impulsfolge

$$u^*(t) = \sum_{k=0}^{\infty} u\,(kT)\,\delta_0\,(t - kT) \tag{1.43}$$

(Bild 1.23). Das Übertragungsglied antwortet auf jeden Impuls mit seiner Impulsantwort. Die Impulsantworten aufeinanderfolgender Impulse überlagern sich und stehen am Ausgang als Summe zur Verfügung. Wird das Ausgangssignal zu den Zeitpunkten $t(k-1)$, $t(k)$; $t(k+1)$ abgetastet, so ergibt sich das abgetastete Ausgangssignal x^* aus der Summe des Eigenvorgangs des Übertragungsgliedes nach dem vorhergehenden Impuls zur Zeit $t = T$ und der Impulsantwort zur Zeit $t = 0$.

$$x(k+1) = x(k)\,(t)\,|_{t=T} + q(k+1)\,(t)\,|_{t=0}; \tag{1.44}$$

$x(k)\,(t)$ Ausgangssignal des Gliedes nach dem k-ten Impuls
$q(k+1)\,(t)$ Impulsantwort des Gliedes als Antwort auf den $(k+1)$-ten Impuls

Betrachtet wird beispielsweise ein Übertragungsglied mit der kontinuierlichen Übertragungsfunktion

$$G(p) = \frac{1}{1 + pT_1} \tag{1.45}$$

$$x(k)\,(t) = x(k)\,\mathrm{e}^{-t/T_1}\,|_{t=T} = x(k)\,\mathrm{e}^{-T/T_1} \tag{1.46}$$

$$q(k+1)\,(t) = u(k+1)\,\frac{1}{T_1}\,\mathrm{e}^{-t/T_1}\,|_{t=0} = u(k+1)\,\frac{1}{T_1} \tag{1.47}$$

$$x(k+1) = x(k)\,\mathrm{e}^{-T/T_1} + u(k+1)\,\frac{1}{T_1}. \tag{1.48}$$

Diese Differenzengleichung kann einer schrittweisen Berechnung des Ausgangssignals zugrunde gelegt werden. Berücksichtigt man, daß im Laplace-Unterbereich gilt

$$x(k)\,(p) = x\,(k+1)\,(p)\,\mathrm{e}^{-pT},$$

dann ergibt sich daraus die Pulsübertragungsfunktion

$$\frac{x(k+1)(p)}{u(k+1)(p)} = \frac{x(k)(p)}{u(k)(p)} = \frac{1}{T_1\,(1 - \mathrm{e}^{-pT}\,\mathrm{e}^{-T/T_1})} = G^*(p) \tag{1.49}$$

und, nach Einführen der Variablen z,

$$\frac{x(z)}{u(z)} = \frac{z}{T_1\,(z - \mathrm{e}^{-T/T_1})} = G(z). \tag{1.50}$$

Zugeordnet den Übertragungsfunktionen charakteristischer kontinuierlicher Übertragungsglieder wurden die Pulsübertragungsfunktionen dieser Glieder berechnet und in einer Korrespondenztabelle zusammengestellt (Tafel 3.3).
Generell kann jede kontinuierliche Übertragungsfunktion durch Partialbruchzerlegung in die Form

$$G(p) = \frac{C_1}{p - c_1} + \frac{C_2}{p - c_2} + \frac{C_3}{p - c_3} + \dots; \tag{1.51}$$

$c_1, c_2 \dots c_m$ Pole der kontinuierlichen Übertragungsfunktion
$C_1, C_2 \dots C_m$ Residuum, zugeordnet den Polen

gebracht werden. Die Pulsübertragungsfunktion ist daraus gliedweise zu bestimmen:

$$G^*(p) = \frac{C_1}{1 - \mathrm{e}^{-(p-c_1)T}} + \frac{C_2}{1 - \mathrm{e}^{-(p-c_2)T}} + \frac{C_3}{1 - \mathrm{e}^{-(p-c_3)T}} + \dots \tag{1.52}$$

und, nach Einführen der Variablen z,

$$G(z) = \frac{C_1 z}{z - \mathrm{e}^{c_1 T}} + \frac{C_2 z}{z - \mathrm{e}^{c_2 T}} + \frac{C_3 z}{z - \mathrm{e}^{c_3 T}} + \dots \tag{1.53}$$

Diese Beziehung kann zur allgemeinen Bestimmung der Pulsübertragungsfunktion benutzt werden.
Jedes Glied der Summe (1.51) kann in eine Summe von Partialbrüchen mit unendlicher Anzahl von Gliedern zerlegt werden. Damit erhält man schließlich die Pulsübertragungsfunktion in der Form

$$G^*(p) = \sum_{n=-\infty}^{+\infty} \left(\frac{C_1}{T} \frac{1}{p - c_1 + \mathrm{j}n\Omega} + \frac{C_2}{T} \frac{1}{p - c_2 + \mathrm{j}n\Omega} + \dots \right) \tag{1.54}$$

und durch Vergleich mit der kontinuierlichen Übertragungsfunktion (1.52)

$$G^*(p) = \frac{1}{T} \sum_{n=-\infty}^{+\infty} G\,(p + \mathrm{j}n\Omega); \tag{1.55}$$

$\Omega = \dfrac{2\pi}{T}$ Pulskreisfrequenz.

Damit ist ein allgemeiner Zusammenhang zwischen der Pulsübertragungsfunktion und der kontinuierlichen Übertragungsfunktion eines Übertragungsgliedes gegeben. Die Beziehung ermöglicht insbesondere für $p = \mathrm{j}\omega$ aus dem Frequenzgang für kontinuierliche Signale $G(\mathrm{j}\omega)$ den Frequenzgang für Pulsfolgen, den sog. Abtastfrequenzgang $G^*(\mathrm{j}\omega)$ eines Übertragungsgliedes, zu bestimmen:

$$G^*(\mathrm{j}\omega) = \frac{1}{T} \sum_{n=-\infty}^{+\infty} G\,(\mathrm{j}\omega + \mathrm{j}n\Omega). \tag{1.56}$$

Als Beispiel wurde im Bild 1.24 dem Frequenzgang eines IT_1-Gliedes für kontinuierliche Signale der Frequenzgang für Pulsfolgen gegenübergestellt. Dieser ist eine periodische Funktion. Von praktischer Bedeutung ist jedoch nur der Bereich $0 \leqq \omega \leqq \Omega/2$. Höhere Signalfrequenzen können von dem Taster nicht übertragen werden. Die praktische Berechnung des Frequenzgangs für Pulsfolgen wird durch die Anwendung der v-Transformation wesentlich erleichtert (vgl. Abschn. 3).

Bild 1.24. Normierter Frequenzgang des kontinuierlichen Übertragungsgliedes

$G\,(\mathrm{j}\omega) = \dfrac{1}{\mathrm{j}\omega T\,(1 + \mathrm{j}\omega T_1)}$ für $T_1/T = 0{,}2$; $T = 2\pi/\Omega$

ν — Frequenzgang für kontinuierliche Signale

$G\,(\mathrm{j}\omega) = \dfrac{x(\mathrm{j}\omega)}{u(\mathrm{j}\omega)}$

ν — Frequenzgang für Pulsfolgen (Abtastfrequenzgang)

$G^*(\mathrm{j}\omega)\,T = \dfrac{x^*(\mathrm{j}\omega)}{u^*(\mathrm{j}\omega)}\,T$

Konstruktion des Abtastfrequenzgangs aus dem kontinuierlichen Frequenzgang entsprechend (1.56) für $\nu = 0{,}5$ und $\nu = 0{,}2$

$\nu = \dfrac{\omega}{\Omega}$ auf Pulsfrequenz bezogene Signalfrequenz

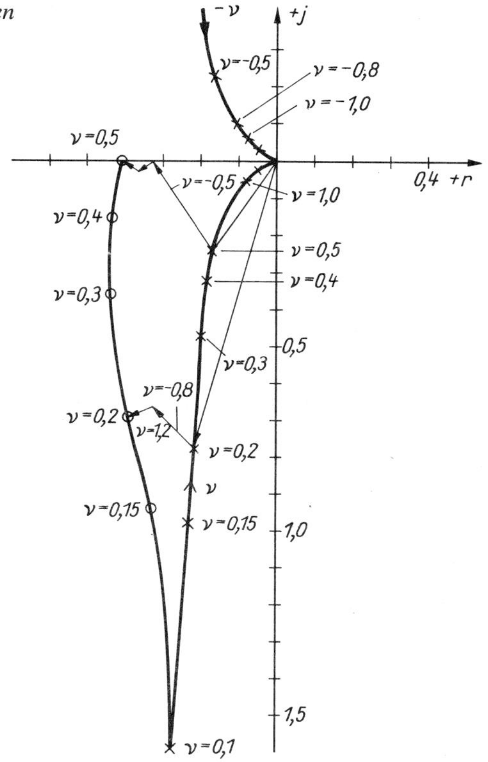

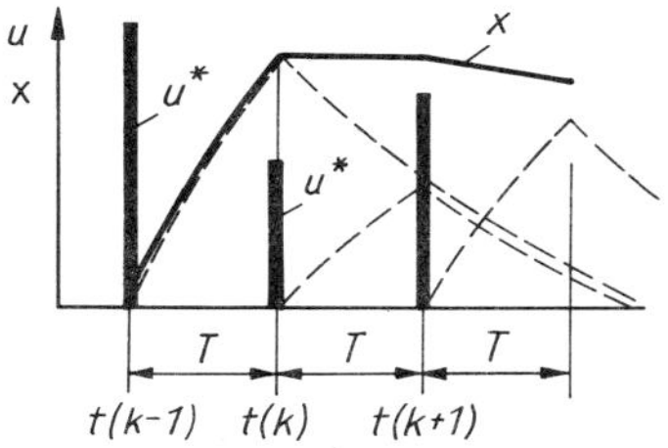

Bild 1.25. Zur Ableitung der Pulsübertragungsfunktion eines Halteglieds mit nachgeschaltetem pT_1-Glied

Beispiel 1.10. Berechnung der Pulsübertragungsfunktion eines Haltegliedes mit nachgeschaltetem pT_1-Glied

Die Kombination eines Haltegliedes mit einem nachgeschalteten kontinuierlichen Übertragungsglied ist typisch für digitale Regelungen. Es ist zu beachten, daß das Halteglied bezüglich des Faktors $(1 - \mathrm{e}^{-pT})$ als diskontinuierlich, aber bezüglich des Faktors $1/p$ als kontinuierlich wirkend aufzufassen ist.

$$G(p) = \frac{1 - \mathrm{e}^{-pT}}{p}\,\frac{1}{(1 + pT_1)} = (1 - \mathrm{e}^{-pT})\,\frac{1}{p(1 + pT_1)} \tag{1.57}$$

Bei der Berechnung der Pulsübertragungsfunktion bzw. bei Anwendung einer Korrespondenzentabelle müssen alle kontinuierlichen Übertragungsglieder zusammengefaßt behandelt werden. Unter Anwendung von Tafel 3.3 erhält man

$$\mathfrak{Z}\left(\frac{1}{p(1 + pT_1)}\right) = \frac{(1 - \mathrm{e}^{-T/T_1})\,z}{(z - 1)\,(z - \mathrm{e}^{-T/T_1})}. \tag{1.58}$$

Für das betrachtete Übertragungsglied folgt

$$G(z) = \frac{z - 1}{z}\,\frac{(1 - \mathrm{e}^{-T/T_1})\,z}{(z - 1)\,(z - \mathrm{e}^{-T/T_1})} = \frac{(1 - \mathrm{e}^{-T/T_1})}{(z - \mathrm{e}^{-T/T_1})}. \tag{1.59}$$

Zur Veranschaulichung wurde der Übergangsvorgang im Bild 1.25 dargestellt. Mit (3.46) berechnet man das Ausgangssignal zum Zeitpunkt $(k + 1)$ als Überlagerung des Ausgangssignals

$x(k)$ zur Zeit $t = T$ mit der Impulsantwort zur Zeit $(k + 1)$:

$$x(k+1) = x(k)\,(t)_{/t=T} + q(k+1)\,(t)_{/t=0}$$

$$x(k)\,(t) = x(k)\,\mathrm{e}^{-T/T_1} + u(k)\,(1 - \mathrm{e}^{-T/T_1})$$

$$q(k+1)\,(t) = u(k+1)\,(1 - \mathrm{e}^{-t/T_1})_{/t=0} = 0$$

$$x(k+1) = x(k)\,\mathrm{e}^{-T/T_1} + u(k)\,(1 - \mathrm{e}^{-T/T_1}).$$

Übergang in den Laplace-Unterbereich unter Nutzung des Verschiebungssatzes:

$$x(k)\,(p) = x(k+1)\,(p)\,\mathrm{e}^{-pT}$$

$$x(k)\,\mathrm{e}^{pt} = x(k)\,\mathrm{e}^{-T/T_1} + u(k)\,(1 - \mathrm{e}^{-T/T_1})$$

$$\frac{x(k)\,(p)}{u(k)\,(p)} = \frac{(1 - \mathrm{e}^{-T/T_1})}{(\mathrm{e}^{pt} - \mathrm{e}^{-T/T_1})}\,. \tag{1.60}$$

Übereinstimmung mit (1.59) für $\mathrm{e}^{pt} = z$.

Beispiel 1.11. Analyse einer diskontinuierlichen Drehzahlsteuerung

Betrachtet wird ein aufgeschnittener digitaler Drehzahlregelkreis, der eine Drehzahlmeßeinrichtung nach Bild 1.13 einschließt. Eingangsgröße ist die der Motordrehzahl proportionale Impulsfrequenz f_M des Drehzahlgebers. Diese wird abgetastet, der Mittelwert über eine Meßperiode gebildet, dieser in einem Ausgangsregister gehalten und über D/A-Wandler dekodiert. Der Mikrorechnerregler $G_R^*(p)$ reduziert sich also auf ein Proportionalglied. Das dekodierte Signal wird über ein Stellglied dem Motor zugeführt. Ausgangsgröße ist die Motordrehzahl (Bild 1.26). Da die kontinuierlichen Übertragungsglieder (D/A-Wandler, Leistungsstellglied, Motor) nicht durch Taster voneinander getrennt sind, findet ständig eine Signalübertragung zwischen diesen Gliedern statt. Deshalb ist es notwendig, zunächst die kontinuierlichen Übertragungsfunktionen aller kontinuierlichen Übertragungsglieder zu $G_K(p)$ zusammenzufassen und danach die gemeinsame Pulsübertragungsfunktion aller kontinuierlichen Übertragungsglieder $G_K(z)$ daraus zu entwickeln.

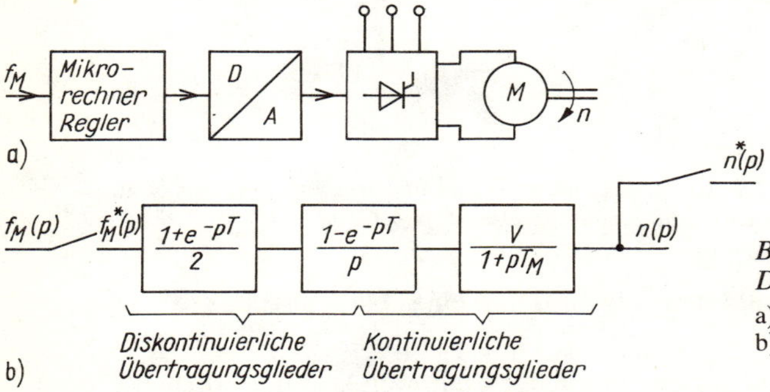

Bild 1.26
Digitale Drehzahlsteuerung
a) Blockschaltung;
b) Signalflußplan im P-Bereich

$$G_K(p) = \frac{V}{p(1 + pT_M)}$$

$$G_K(z) = \frac{Vz\,(1 - \mathrm{e}^{-T/T_M})}{(z-1)\,(z - \mathrm{e}^{-T/T_M})}$$

Für die diskontinuierlichen Übertragungsglieder existiert nur eine Pulsübertragungsfunktion, so daß lediglich formal der Übergang von der Variablen p zur Variablen z zu vollziehen ist:

$$G_D(p) = \frac{1}{2}\,(1 + \mathrm{e}^{-pT})\,(1 - \mathrm{e}^{-pT})$$

$$G_D(z) = \frac{1}{2}\,\frac{(z+1)\,(z-1)}{z^2}.$$

Das Halteglied ist teilweise den diskontinuierlichen, teilweise den kontinuierlichen Übertragungsgliedern zuzuordnen.
Die zusammengefaßte Pulsübertragungsfunktion lautet:

$$G_0(z) = \frac{n(z)}{f_M(z)} = G_D(z)\, G_K(z) = \frac{V}{2}\, \frac{(z+1)\,(1-e^{-T/T_M})}{z\,(z-e^{-T/T_M})}.$$

Das Eingangssignal wird als Rampenfunktion vorausgesetzt (vgl. Beispiel 3.4):

$$f_M(t) = \alpha t$$

$$f_M(z) = \alpha T \frac{z}{(z-1)^2},$$

daraus für die Ausgangsgröße

$$n(z) = \frac{\alpha T V}{2}\, \frac{(z+1)\,(1-e^{-T/T_M})}{(z-1)^2\,(z-e^{-T/T_M})}.$$

Zur Rücktransformation in den Zeitbereich wird Partialbruchzerlegung durchgeführt:

$$n(z) = \frac{\alpha T V}{2}\left[\frac{-z}{(z-1)\,(1-e^{-T/T_M})} + \frac{z}{(z-1)^2} + \frac{z}{(z-e^{-T/T_M})\,(1-e^{-T/T_M})}\right] \times \left(1+\frac{1}{z}\right).$$

Die mit $1/z$ multiplizierten Summanden führen im Zeitbereich zu Funktionen, die gegenüber der ursprünglichen Funktion um die Taktzeit T verschoben sind (Verschiebungssatz). Mit Tafel 3.3 wird

$$u^*(t) = \frac{V\alpha T}{2}\left[-\frac{1}{(1-e^{-T/T_M})} + \frac{t}{T} + \frac{1}{(1-e^{-T/T_M})}\, e^{-t/T_M} - \frac{1-\delta(t)}{(1-e^{-T/T_M})} + \frac{(t-T)}{T} + \frac{1}{(1-e^{-T/T_M})}\, e^{-(t-T)/T_M}\right];$$

$\delta(t)$ Einheitsimpuls zur Zeit $t = 0$.

Die Abtastzeit T ist in der Regel kleiner als die Zeitkonstante T_M. Deshalb ist

$$(1-e^{-T/T_M}) \approx T/T_M$$

$$u^*(t) = \frac{V\alpha}{2}\,[-T_M + t + T_M\, e^{-t/T_M} - T_M\,(1-\delta(t)) + (t-T) + T_M\, e^{-(t-T)/T_M}]$$

(Darstellung im Bild 1.27).

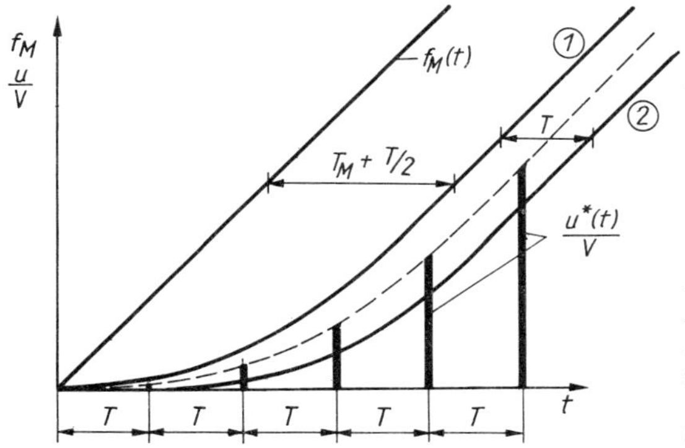

Bild 1.27
Rampenantwort der digitalen Drehzahlsteuerung für $T_M = 2T$
① unverschobene Komponente, Grenzfall für $T \ll T_M$
② um T verschobene Komponente

Für $T \ll T_M$ ist auch die durch die Mittelwertbildung bedingte Impulsverschiebung zu vernachlässigen.

$$u^*(t) = V\alpha\,[-T_M + t + T_M\,e^{-t/T_M}].$$

Es ist zu beachten, daß die Funktion $u^*(t)$ nur in den Abtastzeitpunkten gültig ist. Sie unterscheidet sich dadurch grundsätzlich von der Rampenantwort kontinuierlicher Übertragungsglieder, auch wenn eine formale Analogie durchaus erkennbar ist.

2. Programmierbare Steuer- und Regeleinrichtungen

2.1. Der Mikrorechner als programmierbares digitales Filter

Mikrorechner entsprechen in ihrer sequentiellen Arbeitsweise grundsätzlich einem digitalen Filter. Die zentrale Verarbeitungseinheit *CPU* übernimmt die gesamte logische und arithmetische Signalverarbeitung im Rechner (Bild 2.1) [2.8]. Sie arbeitet über einen Daten- und Adreßbus mit peripheren Speichern, Zählern, Eingabe- und Ausgabegliedern zusammen. Die Möglichkeiten der inneren Datenmanipulation werden durch Anzahl und Wortbreite der inneren Register der *CPU* sowie durch die Art der inneren Steuerung bestimmt.

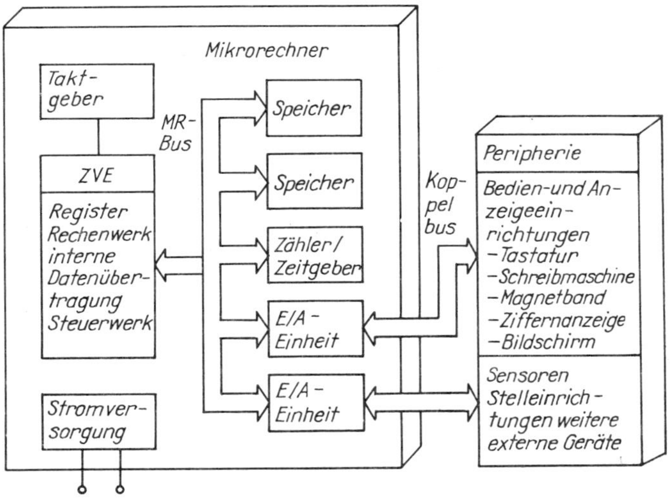

Bild 2.1
Arbeitsprinzip und Funktionseinheiten eines Mikrorechners

Der aus der *CPU* und peripheren Speichern, Zählern, Eingabe-Ausgabegliedern aufgebaute Mikrorechner wird gekennzeichnet durch

- die Wortbreite der Signalverarbeitung
- die Kapazität der Schreib-Lese-Speicher und der Festwertspeicher
- die Taktfrequenz
- die Anzahl der Operationen pro Sekunde
- die Anzahl der Instruktionen pro Sekunde
- die Befehlsstruktur
- Anzahl und Organisation der Eingabe- und Ausgabekanäle
- Anzahl und Organisation der Zählkanäle.

In der Regel ist für die Signalverarbeitung in elektrischen Antrieben eine 16-Bit-Wortbreite notwendig. Als Speicher sind etwa 1 ... 4k stat. RAM und 8 ... 32k EPROM erforderlich. Der Mikrorechner arbeitet im Echtzeitbetrieb, d. h., die Algorithmen müssen in sehr kurzer Zeit abgearbeitet werden. Als Zeitmaßstab dient die Abtastzeit des Stromrichters bzw. die Abtastzeit der Signalverarbeitung. Der gesamte Steuer- und Regelalgorithmus muß prinzipiell innerhalb dieser Zeit abgearbeitet werden. Aus dieser Sicht sind Mikrorechner hoher Taktfrequenz erforderlich (4 MHz). Höhere Programmiersprachen können allgemein nicht angewendet werden. Die notwendigen Algorithmen sind mit Festkommaarithmetik zu programmieren.

2.1.1. Realisierung arithmetischer Operationen

Die Übertragungsfunktion eines linearen digitalen Filters läßt sich auf eine Folge arithmetischer Operationen zurückführen. Ein allgemeines digitales Filter mit der Übertragungsfunktion

$$G(z) = \frac{x(z)}{u(z)} = \frac{\sum_{j=0}^{n} b_j z^{-j}}{1 + \sum_{j=1}^{n} a_j z^{-j}}; \qquad a_0 = 1 \tag{2.1}$$

wird betrachtet. Es entspricht einer Struktur nach Bild 2.2a oder b.

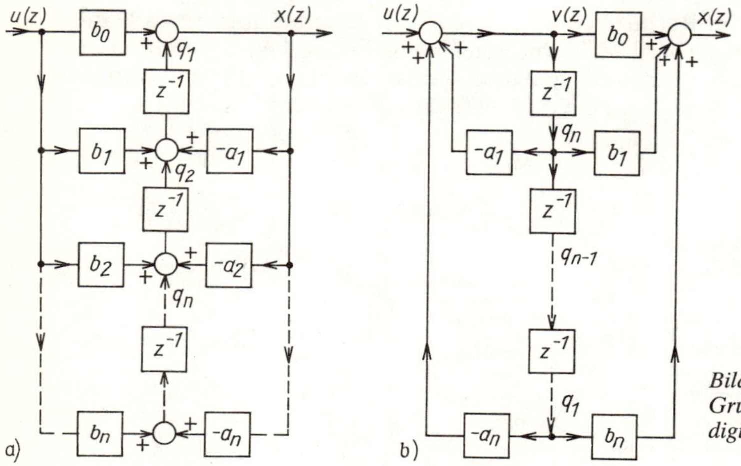

Bild 2.2 Grundstrukturen digitaler Filter

Die Berechnung des Ausgangssignals $x(k)$ des Filters aus der Eingangsgröße $u(k)$ und den Ausgangs- und Eingangsgrößen der vorangegangenen Takte erfolgt im Zeitbereich mit einer Differenzengleichung, die sich aus der Übertragungsfunktion (2.1) ergibt. Für eine Realisierung nach Struktur a gilt

$$x(k) = \sum_{j=0}^{n} b_j u\,(k-j) - \sum_{j=1}^{n} a_j x\,(k-j). \tag{2.2}$$

Für eine Realisierung nach Struktur b gilt

$$x(k) = \sum_{j=0}^{n} b_j v\,(k-j) \tag{2.3}$$

mit der Hilfsvariablen

$$v(k) = u(k) - \sum_{j=1}^{n} a_j v\,(k-j). \tag{2.4}$$

Klassische Mikrorechner werden auf der Basis dieser Differenzengleichungen programmiert. Eine vorherige Berechnung der durch diese Gleichungen beschriebenen Zeitverläufe kann mit einem programmierbaren Taschenrechner erfolgen. Dabei kann auch geprüft werden, ob alle Parameter in einer günstigen Größenordnung liegen, ob stabiles Verhalten vorliegt usw. (Beispiel 2.1).

Signalprozessoren, die in ihrem hardwaremäßigen Aufbau an die Abarbeitung von Filteralgorithmen besonders angepaßt sind, sind auf der Basis der vektoriellen Zustandsgleichungen des Filters zu programmieren. Der Zustand des Filters wird gekennzeichnet durch den Inhalt seiner Elementarspeicher. Mit dem Zustandsvektor

$$\boldsymbol{q}\ (q_1, q_2 \ldots q_n)$$

lassen sich die Zustandsgleichungen des Filters n-ter Ordnung schreiben zu

$$\begin{vmatrix} q_1 \\ q_2 \\ \vdots \\ \\ q_n \end{vmatrix}_{(k+1)} = \begin{vmatrix} -a_1 & 1 & 0 \dots \\ -a_2 & 0 & 1 \dots \\ \vdots & & \\ & & 1 \\ -a_n & & 0 \end{vmatrix} \cdot \begin{vmatrix} q_1 \\ q_2 \\ \vdots \\ \\ q_n \end{vmatrix}_k + \begin{vmatrix} b_1 - b_0 a_1 \\ b_2 - b_0 a_2 \\ \vdots \\ \\ b_n - b_0 a_n \end{vmatrix} u(k) \tag{2.5}$$

Die Ausgabegleichung ist für Struktur a im Bild 2.2

$$x(k) = |1 \quad 0 \dots 0| \begin{vmatrix} q_1 \\ q_2 \\ \vdots \\ q_n \end{vmatrix}_k + b_0 u(k) \tag{2.6}$$

Entsprechend gilt für Struktur b nach Bild 2.2

$$\begin{vmatrix} q_1 \\ q_2 \\ \vdots \\ q_n \end{vmatrix}_{(k+1)} = \begin{vmatrix} 0 & 1 & 0 \dots 0 \\ \vdots & & \\ \vdots & & \\ -a_n & \dots\dots & -a_1 \end{vmatrix} \cdot \begin{vmatrix} q_1 \\ q_2 \\ \vdots \\ q_n \end{vmatrix}_{(k)} + \begin{vmatrix} 0 \\ \vdots \\ \vdots \\ 1 \end{vmatrix} u(k) \tag{2.7}$$

mit der Ausgabegleichung

$$x(k) = |b_n - b_{(n-1)} a_n \dots b_1 - b_0 a_1| \begin{vmatrix} q_1 \\ \vdots \\ q_n \end{vmatrix} + b_0 u(k) \tag{2.8}$$

Die Auswahl der Filterstruktur erfolgt mit dem Ziel eines möglichst schnell abarbeitbaren Algorithmus, einer günstigen Parameter- und Signalrepräsentation mit Festkommaarithmetik, einer günstigen Zahl zu verändernder Parameter bei adaptiven Reglern.

Neben einer direkten Realisierung der Filtergleichungen auf der Basis der Strukturen *a* oder *b* im Bild 2.2 besteht die Möglichkeit der Zerlegung der Übertragungsfunktion in elementare Blöcke. Die Übertragungsfunktion (2.1) ist in Faktoren zerlegbar:

$$G(z) = \frac{x(z)}{u(z)} = \beta_0 G_1(z) \dots G_l(z); \qquad 1 \leqq l \leqq n.$$

wobei nur Glieder 1. Ordnung

$$G_l(z) = \frac{1 + \beta_l z^{-1}}{1 + \alpha_l z^{-1}}$$

oder 2. Ordnung

$$G_l(z) = \frac{1 + \beta_l z^{-1} + \beta_{l+1} z^{-2}}{1 + \alpha_l z^{-1} + \alpha_{l+1} z^{-2}}$$

auftreten. Daraus ergibt sich die Kaskadenstruktur nach Bild 2.3a. Andererseits kann die Übertragungsfunktion in Summanden zerlegt werden:

$$G(z) = \frac{x(z)}{u(z)} = \gamma_0 + G_1(z) + G_2(z) + \dots + G_l(z); \qquad 1 < l < n. \tag{2.9}$$

Dabei treten nur Glieder 1. Ordnung

$$G_l(z) = \frac{\gamma_1}{1 + \alpha_1 z^{-1}}$$

oder 2. Ordnung

$$G_l(z) = \frac{\gamma_{l0} + \gamma_{l1} z^{-1}}{1 + \alpha_{l1} z^{-1} + \alpha_{l2} z^{-2}}$$

auf. Daraus ergibt sich die Parallelstruktur nach Bild 2.3b. In beiden Fällen ist eine Beschreibung des Filters mit Differenzengleichungen als Grundlage für die Programmerarbeitung erforderlich.

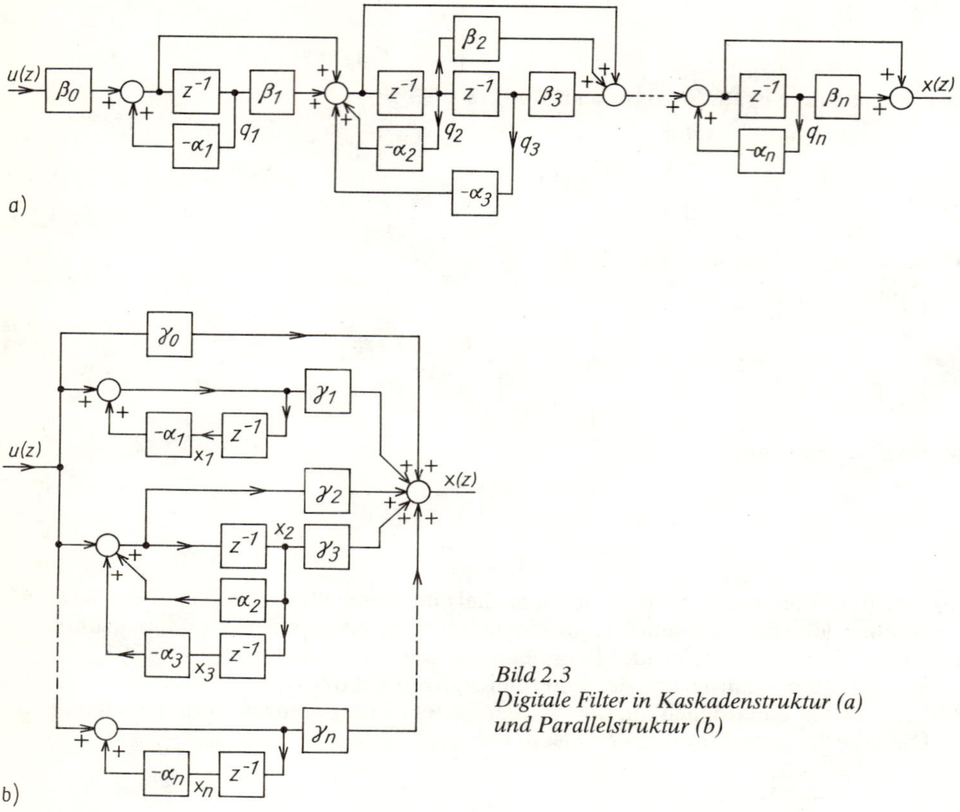

Bild 2.3
Digitale Filter in Kaskadenstruktur (a) und Parallelstruktur (b)

2.1.2. Realisierung logischer Operationen

Die Zustandsfolge einer Schrittsteuerung läßt sich auf eine Folge logischer Operationen zurückführen. Der dem Zustand $\boldsymbol{q}(k)$ zugeordnete Steuervektor $\boldsymbol{s}(k)$ ist eine Funktion des Eingangsvektors $\boldsymbol{u}(k)$, der die Gesamtheit der Eingangsgrößen beschreibt, die extern vorgegeben sind im Fall u_e (Tastatureingabe, Istwertmessung der Regelstrecke), oder intern aus dem Prozeß der Berechnung arithmetischer Funktionen im Rechner abgeleitet werden im Fall $\boldsymbol{u}_p$:

$$\boldsymbol{s}(k) = \boldsymbol{c} \cdot \boldsymbol{q}(k) + \boldsymbol{D}_e \cdot \boldsymbol{u}_e + \boldsymbol{D}_p \cdot \boldsymbol{u}_p. \tag{2.10}$$

Der Zustandsvektor für den folgenden Schritt $q\,(k+1)$ wird aus dem aktuellen Zustand $q(k)$ unter Berücksichtigung des Eingangsvektors berechnet.

$$\boldsymbol{q}\,(k+1) = \boldsymbol{A} \cdot \boldsymbol{q}(k) + \boldsymbol{B}_e \cdot \boldsymbol{u}_e + \boldsymbol{B}_p \cdot \boldsymbol{u}_p. \tag{2.11}$$

Die Arbeitsweise der Schrittsteuerung entspricht einem sequentiellen Automaten (Bild 2.4). Der Zustandsgraph ermöglicht eine graphische Beschreibung.
Digitale Regler sind durch eine enge Verknüpfung arithmetischer und logischer Operationen gekennzeichnet. Die hohe Flexibilität dieser Regler in Bezug auf unterschiedliche Anwenderforderungen begründet sich gerade dadurch. Die logischen Signale

$$\boldsymbol{s}\,(s_1;\, s_2;\, \ldots;\, s_n)$$

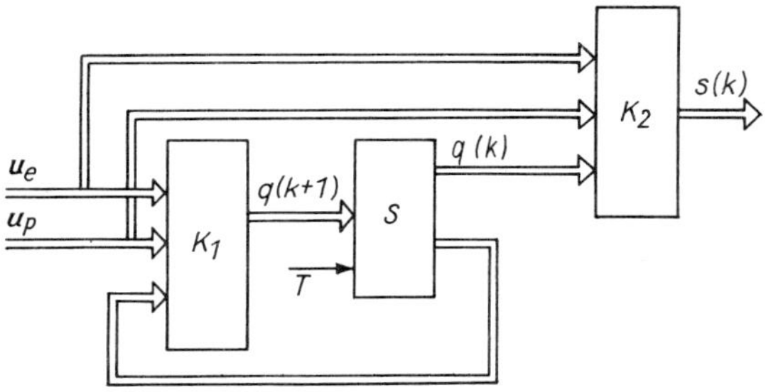

Bild 2.4
Grundstruktur des sequentiellen Automaten
K_1 Eingangslogik
S Speicherblock
K_2 Ausgabelogik

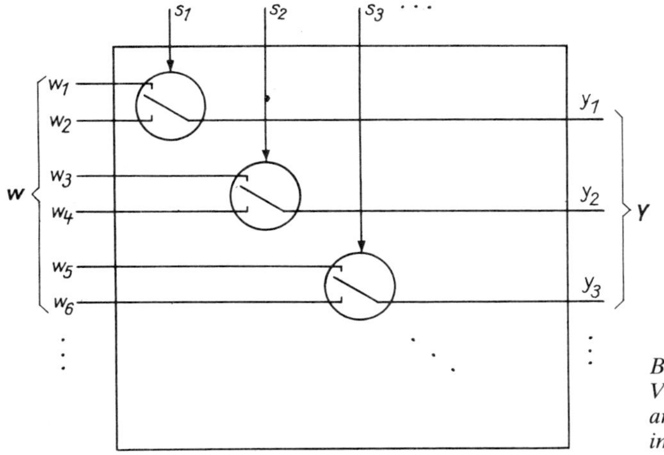

Bild 2.5
Verknüpfung logischer und arithmetischer Operationen im Rechner über ein Schalterfeld

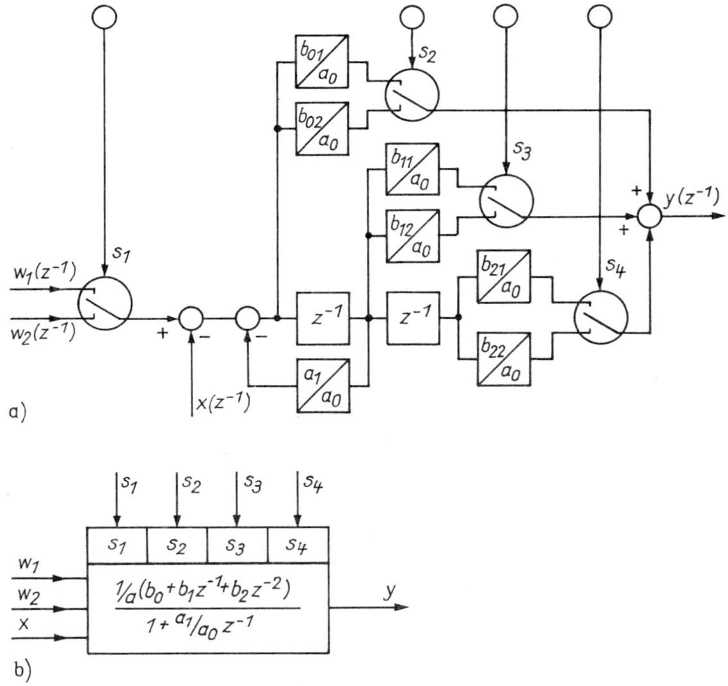

Bild 2.6. Regler mit Strukturumschaltung, ausführliche Darstellung (a) und zusammengefaßte Darstellung (b)

wirken auf Softwareschalter ein und bewirken eine Signalumschaltung im Verlauf der arithmetischen Abarbeitung des Filteralgorithmus. Anschaulich wird dieser Sachverhalt durch ein Schalterfeld beschrieben (Bild 2.5).
Der Stellgrößenvektor

$$\boldsymbol{y}\ (y_1;\ y_2;\ \ldots;\ y_n)$$

ergibt sich aus dem Führungsgrößenvektor

$$\boldsymbol{w}\ (w_1;\ w_2;\ \ldots;\ w_{\mathrm{m}})$$

vermittels einer Steuermatrix $\boldsymbol{E}$, deren Elemente die binäre Wertigkeit 0 oder 1 haben können und vom Steuervektor $\boldsymbol{s}$ angesteuert werden:

$$\begin{vmatrix} y_1 \\ y_2 \\ \vdots \\ y_n \end{vmatrix} = \begin{vmatrix} e_{11} & e_{12} & \ldots & e_{1m} \\ e_{21} & & & \cdot \\ \vdots & & & \vdots \\ e_{n\mathrm{l}} & & & e_{nn\mathrm{l}} \end{vmatrix} \cdot \begin{vmatrix} w_1 \\ w_2 \\ \vdots \\ w_m \end{vmatrix}. \tag{2.12}$$

Bild 2.6 veranschaulicht das Zusammenwirken arithmetischer und logischer Funktionen in einem digitalen Regler. Die logischen Signale s_1 bis s_4 werden auf Speicherplätze geführt und steuern von da die Abarbeitung der arithmetischen Operationen.
Der Vektor der logischen Signale

$$\boldsymbol{s}\ (s_1,\ s_2,\ \ldots,\ s_n)$$

ist vom Zustand des Systems abhängig. Er kann in einem Zustandsgraph (Petrinetz) in Abhängigkeit von äußeren oder inneren Bedingungen des Systems anschaulich beschrieben werden (Bild 2.7). Den Zusammenhang zwischen Zustandsgraph und Signalflußplan vermittelt eine Kodetabelle.

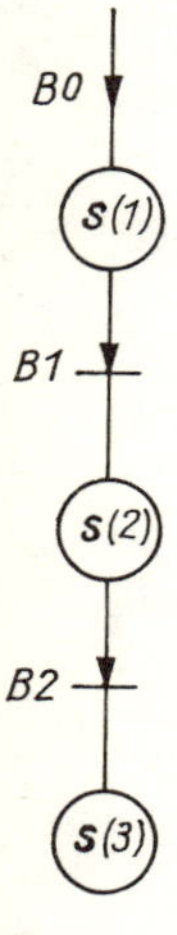

B0 Ein-Kommando
B1 Führungsgröße Umschalten
B2 Filteralgorithmus umschalten

	s_1	s_2	s_3	s_4
$s(1)$	0	0	0	0
$s(2)$	1	0	0	0
$s(3)$	1	1	1	1

Bild 2.7
Zustandsgraph des Steuervektors und Kodetabelle für einen umschaltbaren Regler nach Bild 2.4

Eine vollständige Funktionsbeschreibung einer digitalen Regeleinrichtung umfaßt also
- Signalflußplan zur Darstellung arithmetischer Operationen
- Zustandsgraph zur Darstellung logischer Operationen
- Kodetabelle zur Verknüpfung beider.

2.1.3. Parallelbearbeitung von Programmabläufen

Der Rechner kann seinem Wirkprinzip entsprechend in jedem Zeitpunkt nur eine Operation ausführen. Alle Programmteile werden nacheinander ausgeführt. Um bestimmte Funktionsabläufe gegenüber anderen zeitlich zu priorisieren, d. h. eine scheinbare Parallelarbeit zu realisieren, wird die Interruptsteuerung des Prozessors genutzt. Ein Interruptsignal i_1 unterbricht die Bearbeitung des laufenden Programms Q_n, die dafür benötigten Daten und Zwischenresultate werden gespeichert („gerettet"), und es wird das zugeordnete Interruptprogramm Q_1 gestartet. Nach Abarbeiten des Interruptprogramms Q_1 springt der Rechner in das Hintergrundprogramm zurück und setzt dessen Abarbeitung fort. Entsprechend Bild 2.8 können mehrere Interrupts unterschiedlicher Priorität ausgelöst werden.

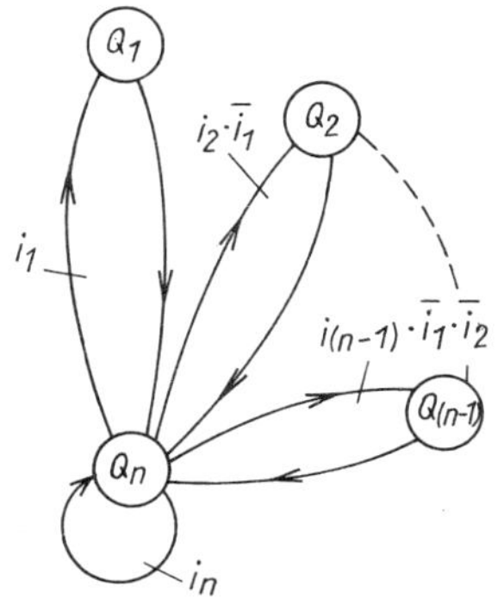

Bild 2.8
Zustandsgraph der Interruptsteuerung

$Q_1; Q_2; \ldots; Q_{(n-1)}$	Abarbeiten des Interruptprogramms 1; 2; …; $(n-1)$
$Q(n)$	Abarbeiten des dispatchergesteuerten Hintergrundprogramms
$i_1; i_2; \ldots; i_{(n-1)}$	Interruptkommandos, die die Bearbeitung der jeweiligen Interruptprogramme bewirken
$i_{(n)}$	Interruptkommando, das im Takt T periodisch das Hintergrundprogramm neu startet

Beispiel 2.1. Test eines Regelalgorithmus durch schrittweises Lösen der Differenzengleichung

Betrachtet wird ein Regelkreis nach Bild 2.9. Die Regelstrecke besteht aus einem Halteglied mit nachgeschaltetem Proportionalglied mit Verzögerung 2. Ordnung. Sie hat die kontinuierliche Übertragungsfunktion

$$G_S(p) = \frac{x(p)}{y(p)} = \frac{1 - e^{-pT}}{p} \frac{V_S}{(1 + pT_1)(1 + pT_2)} \tag{2.13}$$

und daraus abgeleitet die diskontinuierliche Übertragungsfunktion

$$G_S(z) = \frac{x(z)}{y(z)} = \frac{V_S a z^{-1} (1 + u_1 z^{-1})}{1 + m_1 z^{-1} + m_2 z^{-2}}. \tag{2.14}$$

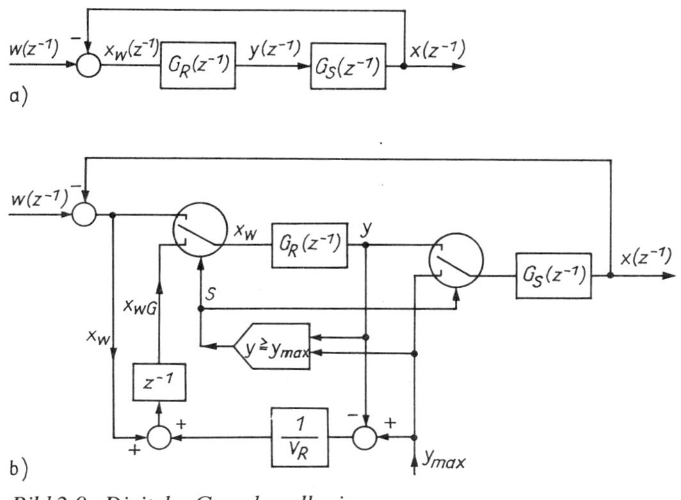

Bild 2.9. Digitaler Grundregelkreis

a) linearer Regler

b) Regler mit Stellgrößenbegrenzung

Für die natürlichen Parameter

$$V_S = 2; \qquad T_1/T_2 = 5; \qquad T_2/T = 10$$

erhält man $V_S a = 0{,}018$
$u_1 = 0{,}905$
$m_1 = -1{,}73$
$m_2 = 0{,}73$

(vgl. Abschn. 1.6 bzw. [1.7]).

Auf der Grundlage eines Optimierungsansatzes wird die Übertragungsfunktion des digitalen Reglers bestimmt zu

$$G_R(z^{-1}) = \frac{V_R\,(1 + m_1 z^{-1} + m_2 z^{-2})}{(1 - z^{-1})\,(1 + C_1 z^{-1})} \tag{2.15}$$

mit $C_1 = V_R V_S a u_1 = \dfrac{u_1}{1 + u_1} = 0{,}475$

(vgl. Abschn. 3.4).

Im geschlossenen Kreis gelten die Übertragungsfunktionen

$$\frac{x(z^{-1})}{w(z^{-1})} = \frac{G_R(z^{-1})\,G_S(z^{-1})}{1 + G_R(z^{-1})\,G_S(z^{-1})} = \frac{1}{1 + u_1}\,z^{-1} + \frac{u_1}{1 + u_1}\,z^{-2} \tag{2.16}$$

$$\frac{x_w(z^{-1})}{w(z^{-1})} = \frac{1}{1 + G_R(z^{-1})\,G_S(z^{-1})} = 1 - \frac{1}{1 + u_1}\,z^{-1} - \frac{u_1}{1 + u_1}\,z^{-2} \tag{2.17}$$

$$\frac{y(z^{-1})}{w(z^{-1})} = \frac{G_R(z^{-1})}{1 + G_R(z^{-1})\,G_S(z^{-1})} = V_R\,(1 + m_1 z^{-1} + m_2 z^{-2}). \tag{2.18}$$

Zur Kontrolle des Regelalgorithmus wird der Verlauf der Größen $x(k)$, $x_w(k)$, $y(k)$ nach sprungförmiger Änderung der Führungsgröße $w(k)$ zur Zeit $t = 0$, d. h. für $k = 0$, berechnet. Dazu wird zunächst $x(z^{-1})$, $x_w(z^{-1})$, $y(z^{-1})$ angegeben:

$$x(z^{-1}) = \left(\frac{1}{1 + u_1}\,z^{-1} + \frac{u_1}{1 + u_1}\,z^{-2}\right) w(z^{-1}) \tag{2.19}$$

$$x_w(z^{-1}) = \left(1 - \frac{1}{1 + u_1}\,z^{-1} - \frac{u_1}{1 + u_1}\,z^{-1}\right) w(z^{-1}) \tag{2.20}$$

$$y(z^{-1}) = V_R\,(1 + m_1 z^{-1} + m_2 z^{-2})\,w(z^{-1}). \tag{2.21}$$

Durch Rücktransformation in den Zeitbereich ergeben sich daraus die Differenzengleichungen

$$x(k) = \frac{1}{1 + u_1}\,w\,(k - 1) + \frac{u_1}{1 + u_1}\,w\,(k - 2) \tag{2.22}$$

$$x_w(k) = w(k) - \frac{1}{1 + u_1}\,w\,(k - 1) - \frac{u_1}{1 + u_1}\,w\,(k - 2) \tag{2.23}$$

$$y(k) = V_R\,[w(k) + m_1\,w\,(k - 1) + m_2\,w\,(k - 2)]. \tag{2.24}$$

Ein einfaches Rechenprogramm liefert die nachfolgende Wertetabelle:

k	$w(k)$	$x(k)$	$x_w(k)$	$y(k)$	$x\,(k + 1)$
0	1	0	1	29,2	0,525
1	1	0,525	0,475	−21,2	1,00
2	1	1,00	0	0,0	1,00
3	1	1,00	0	0,0	1,00

Der Verlauf der Größen ist im Bild 2.10 dargestellt. Allerdings erreicht die Stellgröße eine relativ große Amplitude, die vielfach nicht technisch realisiert werden kann.

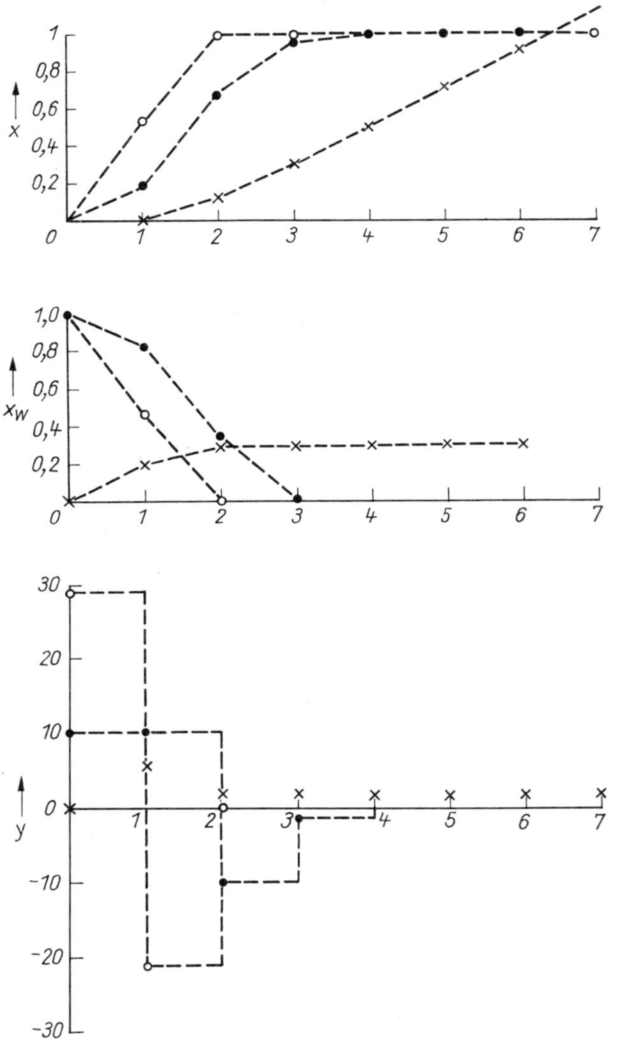

Bild 2.10
Zeitlicher Verlauf der Signale im Grundregelkreis nach Bild 2.9

o---o sprungförmiger Verlauf der Führungsgröße, keine Signalbegrenzung
×---× rampenförmiger Verlauf der Führungsgröße
•---• sprungförmiger Verlauf der Führungsgröße, Begrenzung der Stellgröße
gültig sind nur die Werte in den Abtastzeitpunkten

Setzt man, übereinstimmend mit der Praxis, voraus, daß die Führungsgröße nach einem rampenförmigen Eingangssignal verläuft,

$$w(t) = \alpha t; \qquad \alpha = 0{,}2/T$$

$$w(z) = \frac{\alpha T z^{-1}}{(1 - z^{-1})^2},$$

wird die Stellgrößenamplitude wesentlich vermindert. Es ergibt sich eine bleibende Regelabweichung x_w.

Es wird nun der Fall betrachtet, daß bei sprunghafter Änderung der Führungsgröße die Stellgröße auf $y = y_{max} = 10$ begrenzt wird. Es wird ein Regler mit Strukturumschaltung vorausgesetzt. Für $y(k) = y_{max}$ wird für die Berechnung des nächsten Schrittes statt $x_w(k)$ nun

$$x_{WG}(k) = x_w(k) + \frac{y_{max} - y(k)}{V_R} \tag{2.25}$$

als Vergangenheitswert in den Regler eingegeben (Bild 2.9b). Die schrittweise Lösung der Differenzengleichung führt auf die Wertetabelle

k	$w(k)$	$x(k)$	$x_w(k)$	$y(k)$	$y(k)_{Aus}$	$x_{WG}(k)$	$x(k+1)$
0	1	0	1	29,2	10	0,34	0,18
1	1	0,18	0,82	12,01	10	0,75	0,654
2	1	0,658	0,346	−10,54	−10,54	–	0,973
3	1	0,973	0,027	− 1,49	− 1,49	–	1,0073

$y(k)_{Aus}$ Ausgabewert der Stellgröße.

Die Zeitverläufe der Größen sind ebenfalls im Bild 2.10 angegeben. Die Übereinstimmung von Führungsgröße und Regelgröße wird bei wirksamer Stellgrößenbegrenzung nach vier Schritten erreicht.

2.2. Prinzipien des Hardwareaufbaus

2.2.1. Universalprozessoren und Rechner

Universalprozessoren mit einem komplexen Befehlssatz (CISC-Struktur) sind das Grundelement programmierbarer Steuer- und Regeleinrichtungen. Zusammen mit einer Familie von Speicherschaltkreisen, Zähl/Zeitgeber-Schaltkreisen und Eingabe/Ausgabe-Schaltkreisen ermöglichen sie den Aufbau von Rechnern für die unterschiedlichen Anwendungen (Tafel 2.1).

Tafel 2.1. Vergleich typischer Universalprozessoren, Arithmetikprozessoren und Signalprozessoren

Typ	Datenwortbreite	Taktfrequenz	Rechenzeit für 16 × 16 Bit	Anmerkungen
Z80/U880	8 Bit	4 MHz	> 200 µs	
Z8/U882	8 Bit	4 MHz	320 µs	Einchiprechner
Z8000/U8002	16 Bit	4 MHz	18 µs	
I8086	16 Bit	10 MHz	< 13,9 µs	
I80186	16 Bit	10 MHz	< 13,9 µs	
I80286	16 Bit	4; 6; 8; 10 MHz	1,6 … 2,6 µs	
I80386	32 Bit	16 MHz	0,6 … 2,6 µs (32 × 32 Bit)	
I8087	16 Bit	10 MHz	< 13,8 µs	Arithmetikprozessor
I80287	16 Bit	10 MHz	< 13,8 µs	Arithmetikprozessor
TMS 32020	16/32 Bit	20 MHz	200 ns	Signalprozessor
NEC 7720	16 Bit	8 MHz	250 ns	Signalprozessor

Standard für Antriebsregelungen sind 16-Bit-Prozessoren. Der Prozessor U 8002 bzw. Z 8000 (Bild 2.11) ist von seiner Struktur her für diese Anwendungen gut geeignet. Vorteilhaft ist seine symmetrische Registerstruktur und sein orthogonaler Befehlssatz. 8-Bit-Prozessoren sind für Aufgaben geringeren Umfangs einsetzbar, wenn sie Doppelwortverarbeitung zulassen. Einchiprechner sind für periphere Aufgaben geeignet bzw. für Einfachlösungen im Konsumgüterbereich.

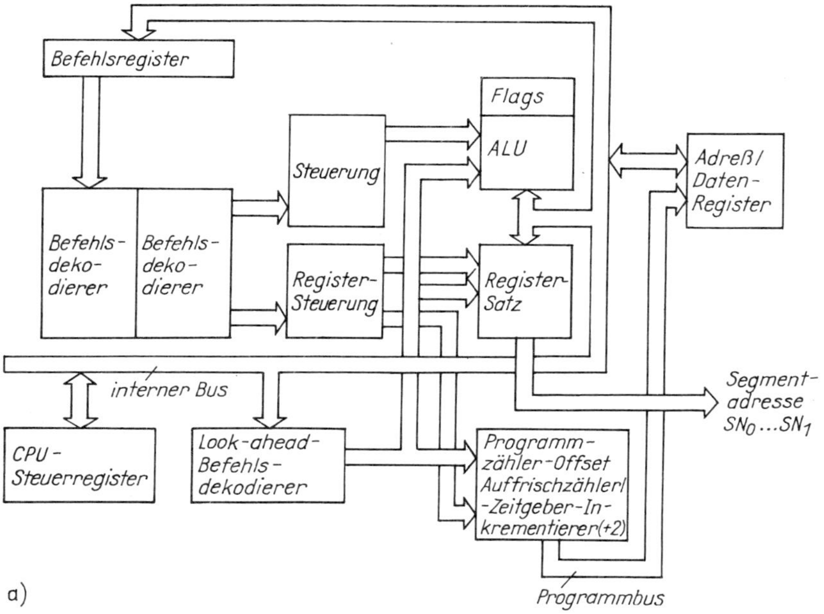

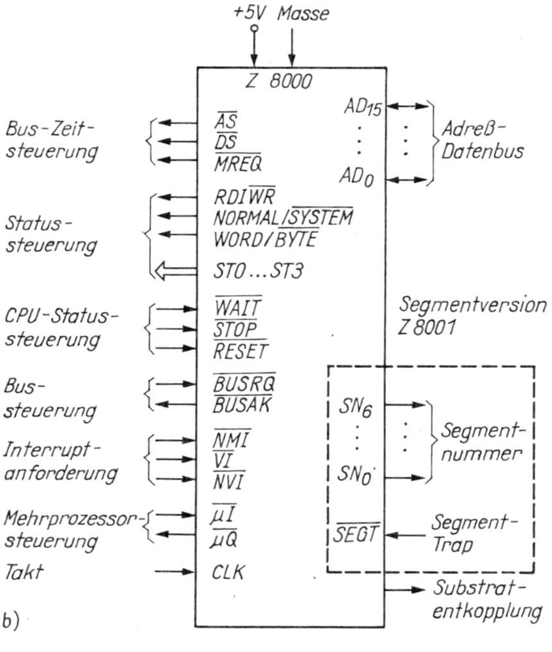

Bild 2.11. 16-Bit-Mikroprozessor U8001 (Z8000)

a) Blockschaltbild

b) Anschlußbelegung

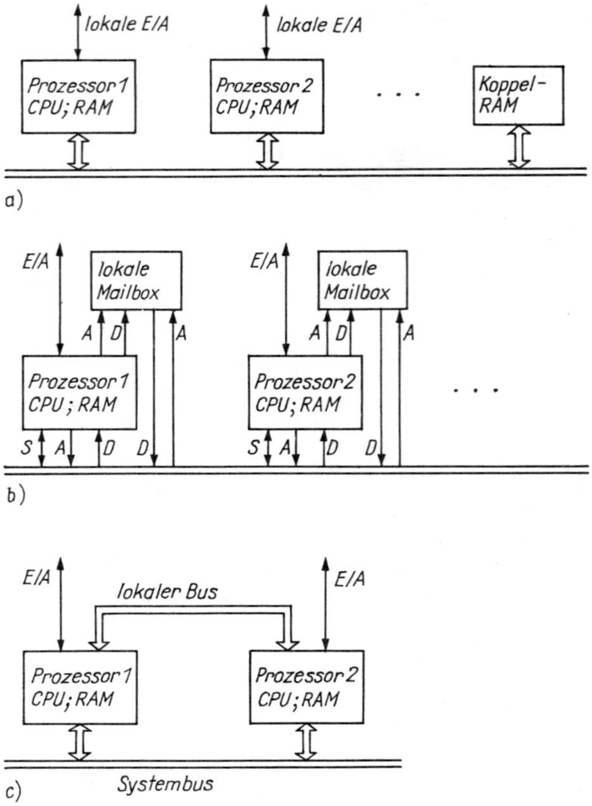

Tafel 2.2. Multi-Mikroprozessor-Systeme

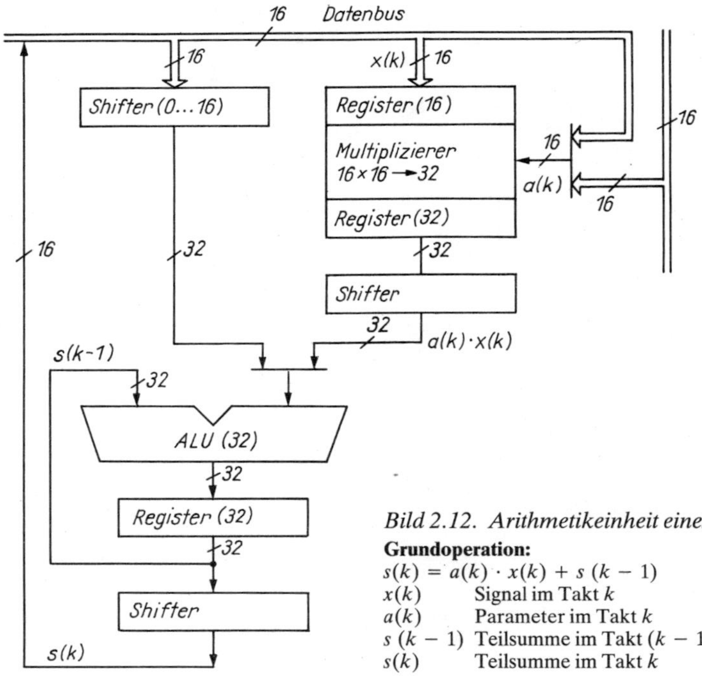

Bild 2.12. Arithmetikeinheit eines Signalprozessors

Grundoperation:

$s(k) = a(k) \cdot x(k) + s(k-1)$

$x(k)$	Signal im Takt k
$a(k)$	Parameter im Takt k
$s(k-1)$	Teilsumme im Takt $(k-1)$
$s(k)$	Teilsumme im Takt k

2.2.2. Mehrrechnerstrukturen

Der geforderte Funktionsumfang digitaler Regler und die Notwendigkeit einer funktionsgerechten Strukturierung führt zu Mehrrechnerstrukturen (Tafel 2.2). Die Teilrechner sind für sich funktionsfähig, erfüllen selbständig die ihnen zugeordneten Teilaufgaben und sind über einen Systembus gekoppelt. Der Kopplung dient ein gemeinsamer RAM-Bereich (Koppel-RAM), auf den die Rechner gleichberechtigt über Interrupt zugreifen können (a). Eine höhere Datenübertragungsrate ermöglicht das Mailbox-Prinzip. Eine lokale Mailbox wird vom Rechner mit Daten geladen. Der Mailboxinhalt kann über den Systembus abgefragt werden (b).
Eine schnelle Kommunikation zwischen Rechnern ermöglicht ein lokaler Parallelbus (c). Die Rechner sind mit einem Dual-Port-RAM ausgerüstet, der einen gleichberechtigten Zugriff über den eigenen Rechner bzw. über den lokalen Bus ermöglicht.

2.2.3. Arithmetikprozessoren und Signalprozessoren

Arithmetikprozessoren und Signalprozessoren haben gegenüber Universalprozessoren einen eingeschränkten Befehlssatz. Sie sind in ihrer Struktur zugeschnitten auf typische Verarbeitungsaufgaben (RISC-Struktur). Sie sind in der Regel für die schnelle Abarbeitung arithmetischer Operationen ausgelegt und enthalten dazu ein schnelles 16×16-Bit-Hardwaremultiplizierwerk auf dem Chip.
Arithmetikprozessoren arbeiten in der Regel als Coprozessor mit einem Universalprozessor zusammen; Signalprozessoren sind allein arbeitsfähig, werden praktisch jedoch im System auch in Verbindung mit einem Universalprozessor eingesetzt (Tafel 2.1).
Arithmetische Operationen (vgl. Abschn. 2.1.1) lassen sich auf die wiederholte Abarbeitung der Gleichung

$$s(k) = a(k)\,x(k) + s\,(k-1) \tag{2.26}$$

$s\,(k-1)$ Teilsumme im Zyklus $(k-1)$
$x(k)$ Signal im Takt k
$a(k)$ Parameter im Takt k
$s(k)$ Teilsumme im Takt k

zurückführen. Bild 2.12 zeigt eine dieser Aufgabe angepaßte Grundstruktur.
Signalprozessoren werden vorzugsweise für hochdynamische Regelungen, zur feldorientierten Regelung von Drehfeldmaschinen (vgl. Abschn. 7) bzw. zur adaptiven Regelung von Bewegungsabläufen in Robotern (vgl. Abschn. 9) eingesetzt.

2.2.4. Anwendungsspezifische Schaltkreise

Anwendungsspezifische Schaltkreise (ASICs) bestehen aus einem beim IC-Entwurf programmierbaren Prozessorkern mit wahlweise angeschlossenen Funktionsmodulen.
Während Full Custom ICs nur für sehr große Stückzahlen sinnvoll eingesetzt werden können und deshalb vorzugsweise für die Konsumgütertechnik interessant sind, ermöglichen Schaltkreise, die in der Gate-Array-Technik auf Basis anwendungsspezifisch zu strukturierender, universell vorgefertigter Siliziumscheiben hergestellt werden, effektive Anwendungen auch in der Antriebstechnik. Zellenkonzeptbausteine werden auf der Basis eines Zellenkatalogs, d. h. ohne halbleiterspezifische Kenntnisse, aus Zellen wie RAM, ROM, PLA, Prozessorkernen aufgebaut. Sie ermöglichen die preisgünstige Realisierung komplexer Lösungen (Bild 2.13).
Anwendungsspezifische Schaltkreise werden zunehmend für die Lösung solcher peripherer Aufgaben eingesetzt, bei denen eine Umprogrammierung nicht notwendig ist, wie Meßwertvorverarbeitung (vgl. Abschn. 1.3) oder Zündsignalgenerierung (vgl. Abschn. 5).

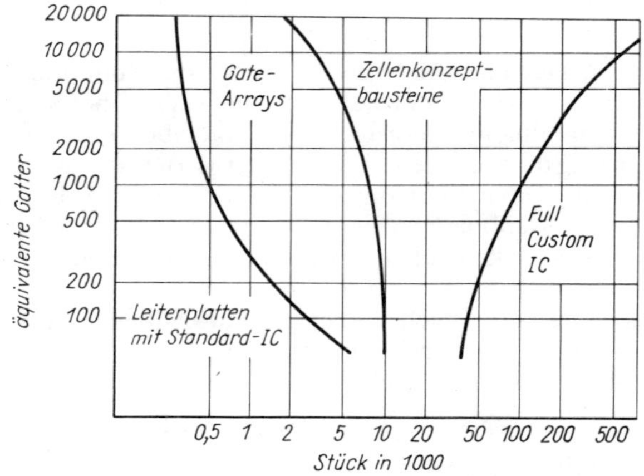

Bild 2.13
Anwendungsspezifische integrierte Schaltkreise, Anwendungsbereiche

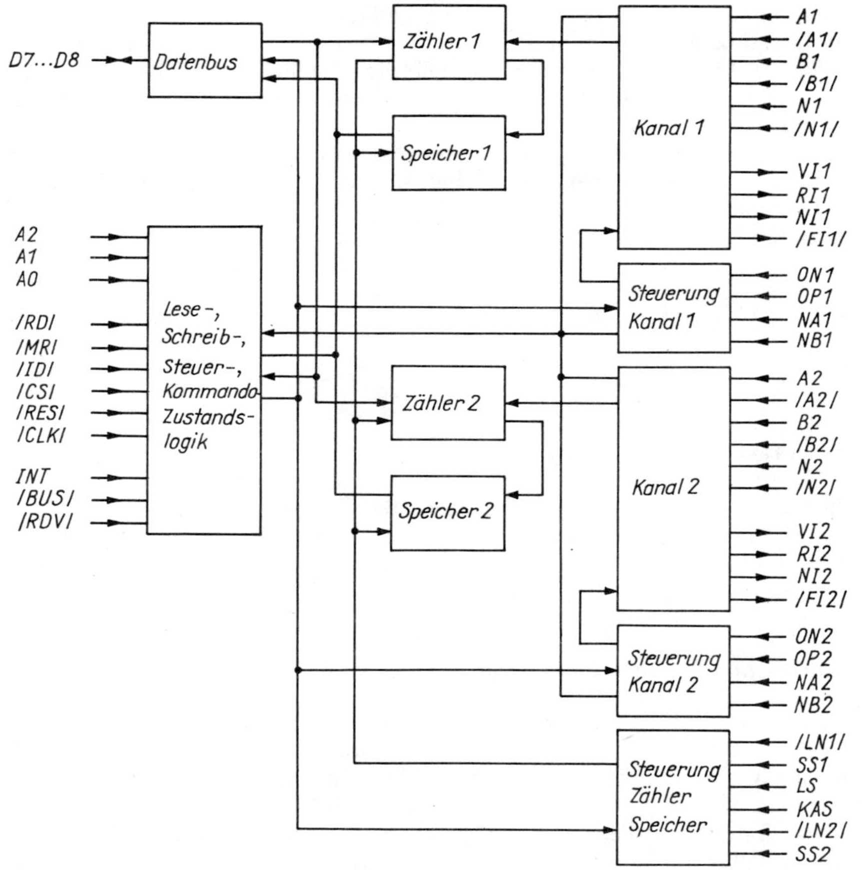

Bild 2.14. Auswertelogik für inkrementale Wegmeßsysteme (Gate-Array U5201 PC–501), Funktionsübersicht

Leitung *A* Zählimpulsfolge *A*
Leitung /*A*/ zu *A* negierte Zählimpulsfolge
Leitung *B* zu *A* um 90° phasenverschobene Zählimpulsfolge
Leitung /*B*/ zu *B* negierte Zählimpulsfolge
Leitung *N* Nullimpulsfolge
Leitung /*N*/ zu *N* negierte Nullimpulsfolge

Beispiel 2.2. Auswertelogik für inkrementale Weg- und Winkelmeßsysteme

Die Auswerteelektronik für inkrementale Winkelgeber liegt als Gate-Array-Schaltkreis vor. Der Schaltkreis U5201 PC-501 (Bild 2.14) ermöglicht die Auswertung der Zählimpulse von zwei inkrementalen Gebern (Kanal 1; Kanal 2). Die Impulse werden in je einen 16-Bit-Vorwärts-Rückwärts-Zähler eingezählt und taktgesteuert in je einen Speicher überschrieben. Der Schaltkreis ist zum Direktanschluß an 8- oder 16-Bit-Prozessoren vorgesehen. Der Schaltkreis ist intern umschaltbar und ermöglicht wahlweise die 1-, 2- oder 4-Flankenauswertung der Zählimpulse.

2.3. Softwarerealisierung der Regeleinrichtung

Der Funktionsumfang der Regeleinrichtung wird durch Programmieren des Rechners realisiert. Die Software ist „hardwarenah", muß in Echtzeit abgearbeitet werden und wird deshalb im Assemblerkode geschrieben. Sie realisiert die Gesamtheit der arithmetischen und logischen Funktionen.

Zur Struktur- und Parameterumschaltung dienen „Softwareschalter", die von entsprechenden Steuersignalen S betätigt werden. Das Programm soll

- übersichtlich aufgebaut
- modular strukturiert
- robust gegenüber Fehlern
- klar und verständlich dokumentiert

sein. Die Robustheit des Programms schließt die Fähigkeit ein, trotz auftretender Fehler (Hard- und Softwarefehler) sinnvoll zu reagieren.

Ein Softwareregler nach Bild 2.15 beinhaltet die Funktionen

- digitales Filter mit umschaltbarer Struktur und Parametersteuerung
- Begrenzung des Anstiegs del$y$ der Stellgröße y, einstellbar
- Begrenzung des Absolutwertes der Stellgröße y auf Y_{Gr+} bzw. Y_{Gr-}, einstellbar
- Berechnung eines Begrenzungsmodus entsprechend der Aufgabe auswählbar (Begrenzungsrückrechnung, vgl. Abschn. 3.5).

Die Teilfunktionen werden als Softwaremodule nacheinander abgearbeitet. Bestimmte zeitliche Prioritäten werden dabei berücksichtigt. Die Durchrechnung des gesamten Algorithmus muß innerhalb einer Abtastperiode der Regelung erfolgen, d.h. in 1 ... 3 ms.

Zur Softwarekonzeption der gesamten Regeleinrichtung vgl. Abschn. 10.4.

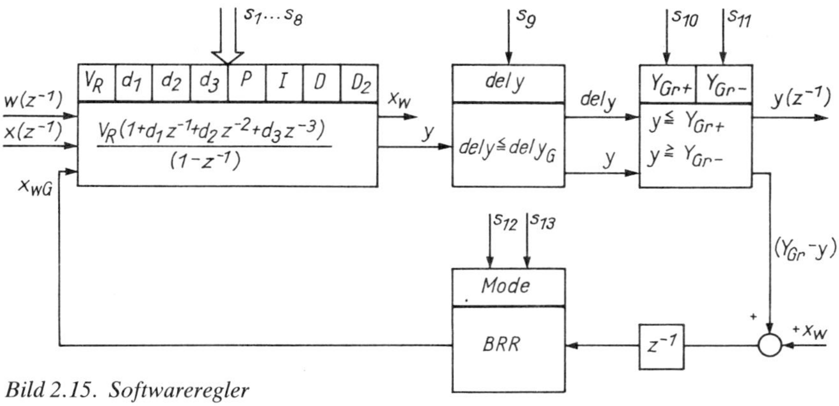

Bild 2.15. Softwareregler

1 digitales Filter mit umschaltbarer Struktur und einstellbaren Parametern
2 Begrenzung des Anstiegs der Stellgröße
3 Begrenzung der Amplitude der Stellgröße
4 Begrenzungsrückrechnung
$s_1 \dots s_{13}$ Komponenten des Steuervektors

Beispiel 2.3. Programmdokumentation eines Reglers

```
Z8000BREG MODULE

$SECTION Z8000BREG_P

!Stand: 05.08.88
 Bearbeiter:     Dr.Geitner (BAA) Sektion Elektrotechnik TU Dresden
                 Mommsenstr. 13
                 8027 DRESDEN

 Digitaler BOD-Regler fuer Z8001/2 bzw U8001/2
 mit Aufteilung in zeitkritischen und -unkritischen Teil.
 Die abwechselnde Bearbeitung der beiden Teile wird ueber die
 Ausfuehrungszelle kontrolliert.Bei Ausfall des zeitkritischen
 Teils (Fehlerzelle FABRK gesetzt) wird erneut der zeitunkri-
 tische Teil bearbeitet.Der Ausfall des zeitunkritischen Teils
 (Fehlerzelle FABRU gesetzt) fuehrt zum Abbruch des zeitkritischen
 Teils - der Regler wird nicht mehr bearbeitet.
 Es wird ein definiertes Speicherfeld vorausgesetzt.
 Im Gegensatz zu AREG arbeitet der Integrator mit begrenzter
 Genauigkeit und es ist keine Umschaltung von Parameter- oder
 Begrenzungssatz moeglich.Wie bei AREG kann eine variable
 absolute obere und untere Begrenzung des Reglerausganges sowie
 der Betrag der maximalen Aenderung des Reglerausganges pro
 Abtastschritt vorgegeben werden.
 Die absoluten Begrenzungen duerfen die arithmetische Begrenzung
 nicht ueberschreiten,d.h. muessen innerhalb 14 Bit Betrag liegen.
 Im Unterschied zu AREG existiert eine Zelle Reglertyp.Die Ordnung
 des Zaehlerpolynoms ist nicht expliziet vorzugeben.Moegliche Verein-
 barungen fuer Reglertyp sind:

         P    :=  0 1 0 0
         I    :=  0 0 1 0                       D    :=  0 0 0 1
         PI   :=  0 1 1 1                       PD   :=  0 1 0 1
         PID  :=  0 1 1 2                       PD2  :=  0 1 0 2
         PID2:=   0 1 1 3                       PD3:=    0 1 0 3

A C H T U N G
=============
        -HISPEI wird doppelt genutzt
        -Die Begrenzungsverrechnung erfolgt erst im Folgeintervall im
         zeitunkritischen Teil des Regelalgorithmus.Hierfuer ist zusaetz-
         lich Register R6 mit dem nichtrealisierten Sollwert des unterla-
         gerten Regelkreises zu laden.Liegt keine Kaskadenstruktur vor
         ist Null zu laden.Bei Kaskadenstruktur mit unterschiedlichen
         Abtastzeiten muss das Regleraufrufprogramm fuer BREGU1 den
         Mittelwert des nicht realisierten Sollwertes uebergeben.
        -Der nichtrealisierte Sollwert wird aufintegriert fuer den ueber-
         lagerten Regler zur Verfuegung gestellt.Das Aufrufprogramm fuer
         BREGU1 des ueberlagerten Reglers muss den Integrator ruecksetzen
         Auf diese Weise koennen Abtastzeitunterschiede beruecksichtigt
         werden.

 Es werden folgende Parameterdarstellungen vorausgesetzt:

 1: Reglerverstaerkung VR          : VZ7VK,8NK
 2: Polynomkoeffizienten dx,bx     : VZ3VK,12NK
 3: Sollwert w , Istwert x         : VZ15VK,0
 4: Stellgroesse y                 : VZ15VK,0
```

```
          ***       Speicherfeldbelegung           ***
(+0)      Sollwert            (2)      (+30)    BEG-Mode          (2)
(+2)      Istwert             (2)      (+32)    Delta yzul.       (2)
(+4)      SS(n-1)             (4)      (+34)    + ygr.            (2)
(+8)      HISPEI              (4)      (+36)    - ygr.            (2)
(+12)     APVRXW              (4)      (+38)    Reglertyp         (2)
(+16)     xw(n)               (2)      (+40)    d1                (2)
(+18)     xw(n-1)             (2)      (+42)    d2                (2)
(+20)     xw(n-2)             (2)      (+44)    d3                (2)
(+22)     xw(n-3)             (2)      (+46)    VR                (2)
(+24)     xw(n-4)             (2)      (+48)    FABRK             (2)
(+26)     y(n) -Uebergabe     (2)      (+50)    FABRU             (2)
(+28)     Ausfuehrung         (2)      (+52)    FBMBR             (2)
           (AW: 7FFF )                 (+54)    DELSOL            (2)
                                         .
          ***                 ****              ****

Begrenzungsmodi:
          Mode A   :          Manipulierung von VR(n)*xw(n) und xw(n),
                              entspricht reglerinterner Sollwertsteuerung
                              (guenstig bei Fuehrungsoptimierung)
          Mode C   :          keine reglerinternen Veraenderungen,
                              nur y(n)-Uebergabezelle wird begrenzt
                              (guenstig bei Stoeroptimierung)
          Mode X   :          jede andere Kodierung fuehrt zum Setzen der
                              Fehlerzelle FBMBR

 Die angegebenen Laufzeiten stellen Maximalwerte bezogen auf
 4 MHz Taktfrequenz dar:
a: Laufzeiten mit Ansprechen aller Fehler,Begrenzungen und
   Begrenzungsverrechnung:
          P:        177 mikrosek,    i>0 ohne IANT:   (274+36*i) mikrosek
          D:        183 mikrosek,           i=3           382    mikrosek
          I:        211 mikrosek,    i>0 mit  IANT:   (294+36*i) mikrosek
                                            i=3           402    mikrosek
b: Laufzeiten ohne Ansprechen von Fehlern und Begrenzungen,keine
   Begrenzungsverrechnung:
          P:        109 mikrosek,    i>0 ohne IANT:   (207+31*i) mikrosek
          D:        116 mikrosek,           i=3           300    mikrosek
          I:        138 mikrosek,    i>0 mit  IANT:   (215+31*i) mikrosek
                                            i=3           308    mikrosek

 Damit ermoeglicht BREG gegenueber AREG schnellere P-,D- und I-Ueber-
 tragungsfunktionen,sowie Einsparungen im Speicherfeld ohne Verzicht
 auf Vorteile wie:
          -relative Adressierung
          -universelle Begrenzungsvorgabe
          -Moeglichkeit der Begrenzungsverrechnung
 Die begrenzte Integrationsbreite wirkt sich erst bei i>0 aus.

 Reihenfolge der vorhandenen Prozeduren:

          BREGU1   BREGK1   BREGK2

END Z8000BREG
```

3. Entwurf und Optimierung digitaler Regelungen

3.1. Einschleifige Regelstrukturen und ihre Berechnung

Digitale Regelungen sind aus kontinuierlichen und diskontinuierlichen Übertragungsgliedern aufgebaut. Sie sind dadurch gekennzeichnet, daß mindestens die Berechnung der Regelabweichung digital erfolgt. Die Regelabweichung wird diskontinuierlich mit der Taktperiode T aus dem abgetasteten Signal der Führungsgröße und der Regelgröße gebildet.

$$x_w^* = w^* - x^* \tag{3.1}$$

Digitale Regelungen enthalten also mindestens einen Taster. Die tatsächlich vorliegende Abtastung der Führungsgröße und der Regelgröße wird zusammengefaßt und als Abtastung der Regelabweichung dargestellt (Bild 3.1a). Das abgetastete Signal x_w^* wird in einem Register ge-

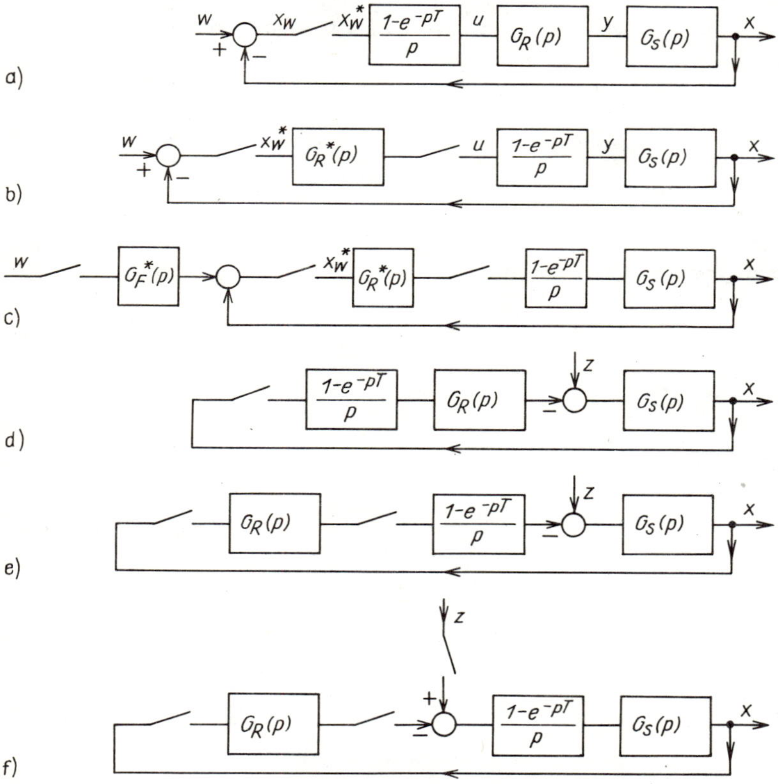

Bild 3.1. Grundstrukturen digitaler Regelungen

halten und über D/A-Wandler als quasikontinuierliche Steuergröße u ausgegeben. Regelstrecke und Regler werden zunächst als kontinuierlich wirkend vorausgesetzt und durch die kontinuierlichen Übertragungsfunktionen $G_s(p)$ bzw. $G_R(p)$ beschrieben. Dabei kann $G_s(p)$ auch unterlagerte Regelschleifen einschließen.

Die digitale Regelung wird durch ihre diskontinuierliche Übertragungsfunktion

$$G_g(z) = \frac{x(z)}{w(z)} \tag{3.2}$$

gekennzeichnet. Zur Berechnung dieser Übertragungsfunktion sind die in Tafel 3.1 zusammengestellten Umformungsregeln zu beachten. Insbesondere müssen alle nicht durch Taster getrennten kontinuierlichen Übertragungsglieder zunächst zusammengefaßt werden. Das schließt auch die Integration des Haltegliedes ein. Von der resultierenden kontinuierlichen Übertragungsfunktion

$$G(p) = \frac{G_R(p)\ G_s(p)}{p} \tag{3.3}$$

Tafel 3.1. Regeln zur Zusammenfassung und Umformung diskontinuierlicher Übertragungsfunktionen

1. Reihenschaltung durch Taster getrennter Glieder

$$G(z) = G_1(z)\ G_2(z) = Z\ \{G_1(p)\}\ Z\ \{G_2(p)\}$$

2. Reihenschaltung kontinuierlich verbundener Glieder

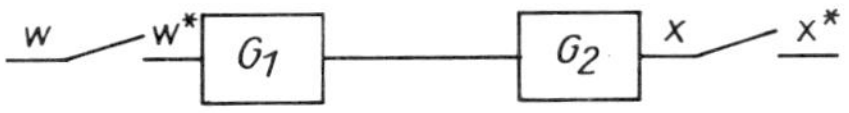

$$G(z) = Z\ \{G_1(p)\ G_2(p)\}$$

3. Parallelschaltung

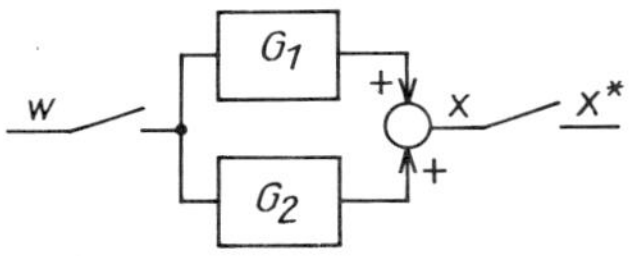

$$G(z) = G_1(z) + G_2(z) = Z\ \{G_1(p)\} + Z\ \{G_2(p)\} = Z\ \{G_1(p) + G_2(p)\}$$

4. Kreisschaltung durch Taster getrennter Glieder

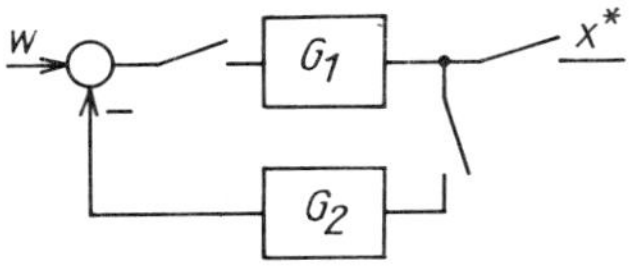

$$G(z) = \frac{G_1(z)}{1 + G_1(z)\ G_2(z)}$$

5. Kreisschaltung nur teilweise durch Taster getrennter Glieder

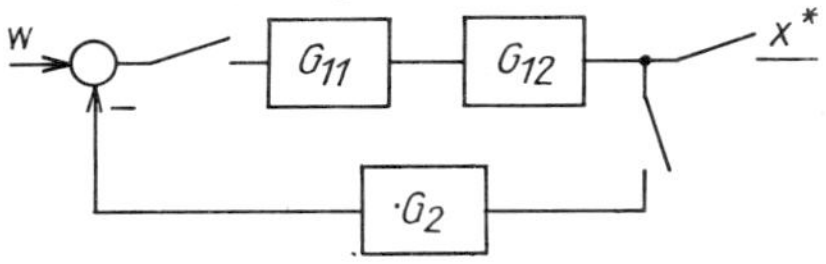

$$G(z) = \frac{Z\ \{G_{11}(p)\ G_{12}(p)\}}{1 + Z\ \{G_{11}(p)\ G_{12}(p)\}\ G_2(z)}$$

6. Kreisschaltung mit kontinuierlichem Eingangssignal

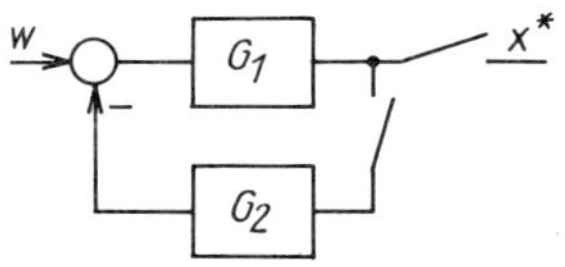

$$x(z) = \frac{Z\ \{w(p)\ G_1(p)\}}{1 + Z\ \{G_1(p)\ G_2(p)\}}$$

[1]) Alle Taster arbeiten synchron; an Verzweigungs- und Mischstellen ist eine Zusammenfassung der Taster möglich.
[2]) Zwischen diskontinuierlichen Übertragungsgliedern, deren Signal nur in den Abtastzeitpunkten existiert, muß der Taster nicht explizit gezeichnet werden.
[3]) x^* ist das abgetastete Signal zu x. Im z-Bereich werden alle Signale als abgetastet verstanden.

wird die diskontinuierliche Übertragungsfunktion

$$G(z) = \mathfrak{Z}\left\{\frac{G_R(p)\,G_s(p)}{p}\right\} \tag{3.4}$$

gebildet. Damit ist die Übertragungsfunktion des offenen Kreises

$$G_0(z) = \left(1 - \frac{1}{z}\right) \mathfrak{Z}\left\{\frac{G_R(p)\,G_s(p)}{p}\right\} \tag{3.5}$$

und des geschlossenen Kreises

$$G_g(z) = \frac{G_0(z)}{1 + G_0(z)} = \frac{\left(1 - \frac{1}{z}\right) \mathfrak{Z}\left\{\frac{G_R(p)\,G_s(p)}{p}\right\}}{1 + \left(1 - \frac{1}{z}\right) \mathfrak{Z}\left\{\frac{G_R(p)\,G_s(p)}{p}\right\}}. \tag{3.6}$$

Weiterentwickelte digitale Regelungen bilden nicht nur die Regelabweichung digital, sondern verwenden auch ein digitales Filter als Regler. Damit ergibt sich die im Bild 3.1b angegebene Struktur. Das digitale Filter bildet als Funktion der Regelabweichung x_w^* diskontinuierlich die Stellgröße y^*. Diese wird in einem Ausgangsregister gehalten und über D/A-Wandler als quasikontinuierliche Stellgröße y ausgegeben. Für grundsätzliche Überlegungen wird vorausgesetzt, daß das digitale Filter unverzögert arbeitet. Das digitale Filter wird durch eine diskontinuierliche Übertragungsfunktion beschrieben. Es gilt für den offenen Kreis

$$G_0(z) = \left(1 - \frac{1}{z}\right) G_R(z)\, \mathfrak{Z}\left\{\frac{G_s(p)}{p}\right\} \tag{3.7}$$

und für den geschlossenen Kreis

$$G_g(z) = \frac{\left(1 - \frac{1}{z}\right) G_R(z)\, \mathfrak{Z}\left\{\frac{G_s(p)}{p}\right\}}{1 + \left(1 - \frac{1}{z}\right) G_R(z)\, \mathfrak{Z}\left\{\frac{G_s(p)}{p}\right\}}. \tag{3.8}$$

In Struktur 3.1c ist dem digitalen Rechner zusätzlich ein digitales Filter vorgeschaltet. Es gilt dann die Führungsübertragungsfunktion

$$G_w(z) = \frac{x(z)}{w(z)} = G_F(z)\, \frac{\left(1 - \frac{1}{z}\right) G_R(z)\, \mathfrak{Z}\left\{\frac{G_s(p)}{p}\right\}}{1 + \left(1 - \frac{1}{z}\right) G_R(z)\, \mathfrak{Z}\left\{\frac{G_s(p)}{p}\right\}}. \tag{3.9}$$

Zur Untersuchung des Störungsverhaltens wird vorausgesetzt, daß eine Störgröße z am Eingang der Regelstrecke angreift. Es handelt sich dabei um ein kontinuierliches analoges Signal, das auf ein kontinuierliches Übertragungsglied wirkt. Die dadurch verursachten Änderungen der Regelgröße x haben ebenfalls den Charakter eines kontinuierlich-analogen Signals; x kann also jeden beliebigen Wert annehmen. Erst die nachfolgende Digitalisierung der Regelgröße führt zu einer Quantisierung des Informationsparameters und der Zeit. Dementsprechend kann für die Strukturen nach Bild 3.1d und e keine geschlossene diskontinuierliche Übertragungsfunktion angegeben werden. Für die Regelgröße als diskontinuierliches Signal gilt

$$x(z) = \frac{\mathfrak{Z}\{G_s(p)\,z(p)\}}{1 + \left(1 - \frac{1}{z}\right) \mathfrak{Z}\left\{\frac{G_R(p)\,G_s(p)}{p}\right\}} \tag{3.10}$$

für Struktur d und

$$x(z) = \frac{\mathfrak{Z}\,\{G_s(p)\,z(p)\}}{1 + G_R(z)\left(1 - \frac{1}{z}\right)\mathfrak{Z}\left\{\frac{G_s(p)}{p}\right\}} \tag{3.11}$$

für Struktur e.
Es wird also zunächst die Übertragung der Störgröße auf die Regelgröße im kontinuierlichen Bereich berechnet, und danach erfolgt der Übergang zum diskontinuierlichen Signal.
Um eine geschlossene Störgrößenübertragungsfunktion angeben zu können, die als Grundlage für Optimierungsrechnungen benötigt wird, muß die Störgröße annähernd als diskontinuierlich-diskretes Signal beschrieben werden. Unter dieser Annahme geht Struktur e in Struktur f über. Dafür gilt die Übertragungsfunktion des geschlossenen Kreises

$$G_z(z) = \frac{x(z)}{z(z)} = \frac{\left(1 - \frac{1}{z}\right)\mathfrak{Z}\left\{\frac{G_s(p)}{p}\right\}}{1 + \left(1 - \frac{1}{z}\right)G_R(z)\,\mathfrak{Z}\left\{\frac{G_s(p)}{p}\right\}}. \tag{3.12}$$

3.2. Regleroptimierung auf der Basis einer quasikontinuierlichen Regelkreisbetrachtung

Die Abtastung eines Signals $u(t)$ der Signalfrequenz ω mit einem Taster der Abtastkreisfrequenz $\Omega_p = 2\pi/T$ kann als Modulation verstanden werden. Im abgetasteten Signal u^* treten neben der Signalfrequenz ω Summen- und Differenzfrequenzen $\omega \pm n\Omega_p$; $n = 1, 2, 3, \ldots$ auf. Dementsprechend läßt sich zeigen, daß der Übertragungsfunktion

$$G(p) = \frac{C_1}{p - c_1} + \frac{C_2}{p - c_2} + \frac{C_3}{p - c_3} + \ldots \tag{3.13}$$

eines kontinuierlichen Übertragungsgliedes die Pulsübertragungsfunktion

$$G^*(p) = \sum_{n=-\infty}^{+\infty}\left(\frac{C_1}{T}\,\frac{1}{p - c_1 + \mathrm{j}n\Omega_p} + \frac{C_2}{T}\,\frac{1}{p - c_2 + \mathrm{j}n\Omega_p} + \ldots\right) \tag{3.14}$$

entspricht.[1]) Allgemein gilt für die Pulsübertragungsfunktion

$$G^*(p) = \frac{1}{T}\sum_{n=-\infty}^{+\infty} G\,(p + \mathrm{j}n\Omega_p). \tag{3.15}$$

Für den Sonderfall $p = \mathrm{j}\omega$ kann man einen Abtastfrequenzgang $G^*(\mathrm{j}\omega)$ angeben, für den man aus dem kontinuierlichen Frequenzgang $G(\mathrm{j}\omega)$ des Übertragungsgliedes erhält:

$$G^*(\mathrm{j}\omega) = \frac{1}{T}\sum_{n=-\infty}^{+\infty} G\,(\mathrm{j}\omega + \mathrm{j}n\Omega_p). \tag{3.16}$$

Durch eine geometrische Konstruktion kann der Abtastfrequenzgang des Übertragungsgliedes gebildet werden. Bild 1.25 im Abschnitt 1.6 veranschaulicht das für ein PI-Glied mit dem kontinuierlichen Frequenzgang

$$G(\mathrm{j}\omega) = \frac{1}{\mathrm{j}\omega T_0\,(1 + \mathrm{j}\omega T_1)}. \tag{3.17}$$

Ist die Signalfrequenz hinreichend klein gegenüber der Pulsfrequenz, dann ist wegen der Tiefpaßeigenschaft des Übertragungsgliedes für alle n

$$G\,(\mathrm{j}\omega + \mathrm{j}n\Omega) \ll G(\mathrm{j}\omega), \tag{3.18}$$

[1]) Zum Beweis vgl. z. B. [1.7]

und es gilt als Näherung

$$G^*(\mathrm{j}\omega) \approx \frac{1}{T} G(\mathrm{j}\omega). \tag{3.19}$$

Betrachtet wird nun der Frequenzgang $G_0(\mathrm{j}\omega)$ des offenen Kreises einer Struktur nach Bild 3.1a. Dabei ist $G_H(\mathrm{j}\omega)$ der Frequenzgang des Haltegliedes, $G_R(\mathrm{j}\omega)$ der Frequenzgang des Reglers und $G_s(\mathrm{j}\omega)$ der Frequenzgang der Regelstrecke:

$$G_0(\mathrm{j}\omega) = G_H(\mathrm{j}\omega)\, G_R(\mathrm{j}\omega)\, G_s(\mathrm{j}\omega). \tag{3.20}$$

Für tiefe Signalfrequenzen, $\omega \ll \Omega_p$, gilt

$$G_H(\mathrm{j}\omega) = \frac{1 - e^{-\mathrm{j}\omega T}}{\mathrm{j}\omega} = \frac{e^{-\mathrm{j}\omega T/2}\left(e^{\mathrm{j}\omega T/2} - e^{-\mathrm{j}\omega T/2}\right)}{\mathrm{j}\omega} = e^{-\mathrm{j}\omega T/2}\, \frac{2 \sin \omega T/2}{\omega} \approx T e^{-\mathrm{j}\omega T/2}, \tag{3.21}$$

so daß schließlich der Abtastfrequenzgang des offenen Kreises lautet:

$$G_0^*(\mathrm{j}\omega) = e^{-\mathrm{j}\omega T/2}\, G_R(\mathrm{j}\omega)\, G_s(\mathrm{j}\omega). \tag{3.22}$$

Er ist gleich dem kontinuierlichen Frequenzgang des offenen Kreises, multipliziert mit einem Laufzeitglied der Laufzeit gleich der halben Tastperiode. Das Laufzeitglied berücksichtigt annähernd die abtastende Arbeitsweise des Systems. Die Näherung ist gültig für Systeme mit Halteglied für Signalfrequenzen

$$\frac{\omega}{\Omega_p} \leqq \frac{1}{6}. \tag{3.23}$$

Für Systeme ohne Halteglied ist sie nicht anwendbar. Bild 3.2 veranschaulicht qualitativ, daß das Abtasten und Halten des Signals x im Mittel einer zeitlichen Verschiebung des Signals um $T/2$ entspricht.

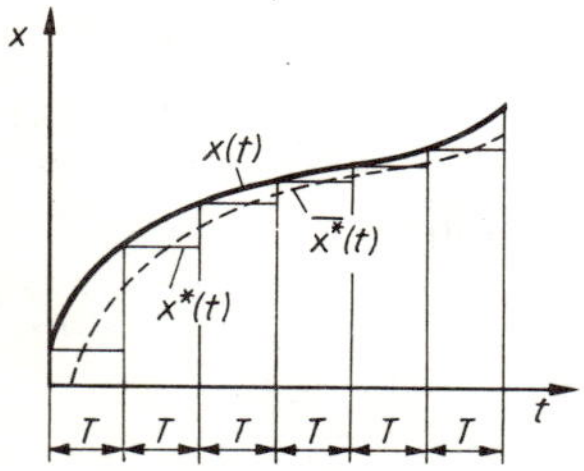

Bild 3.2
Zur Laufzeitnäherung des Abtast-Halte-Vorgangs
$x(t)$ kontinuierliches Signal
$x^*(t)$ abgetastetes und gehaltenes Signal
$\bar{x}^*(t)$ Mittelwert des abgetasteten und gehaltenen Signals

Im Gültigkeitsbereich der Näherung (3.23) erfolgt die Berechnung und Optimierung digitaler Regelungen nach den klassischen, aus der Analogtechnik bekannten Verfahren, z. B. dem Betragsoptimum. Dabei wird der Frequenzgang des offenen Kreises nach (3.22) berücksichtigt. Die diskontinuierliche Arbeitsweise der digitalen Regelung führt gegenüber einer kontinuierlichen Regelung grundsätzlich zu einer Verschlechterung der Dynamik. Diese ist um so ausgeprägter, je größer die Abtastzeit T ist. Aus dieser Sicht besteht das Ziel, die Abtastzeit möglichst klein zu halten.

Gilt für den resultierenden Frequenzgang des Reglers und der Regelstrecke in der Nähe der Durchtrittsfrequenz

$$G_R(\mathrm{j}\omega)\, G_s(\mathrm{j}\omega) = \frac{1}{\mathrm{j}\omega T_0 (1 + \mathrm{j}\omega T_\Sigma)}$$

mit der Durchtrittsfrequenz

$$\omega_d \approx 1/2T_\Sigma$$

entsprechend dem Betragsoptimum, dann muß die Abtastzeit

$$T \leqq 2T_\Sigma \tag{3.24}$$

sein, damit die Näherung (3.23) gültig ist.

Beispiel 3.1. Digitale Drehzahlregelung eines Motors I

Für eine digitale Drehzahlregelung entsprechend Struktur a im Bild 3.1 gilt der im Bild 3.3 dargestellte Signalflußplan. Die Regelabweichung wird digital gebildet und mit einer Abtastzeit von $T = 6\,\mathrm{ms}$ abgetastet. Sie wird in einem Register gehalten und über einen D/A-Wandler

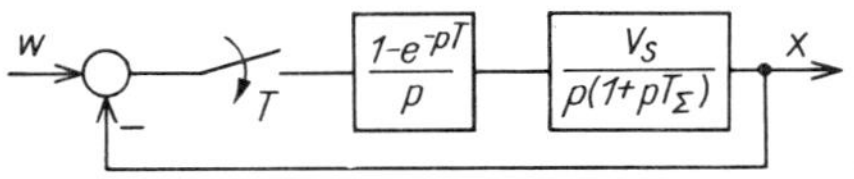

Bild 3.3
Signalflußplan einer digitalen Drehzahlregelung

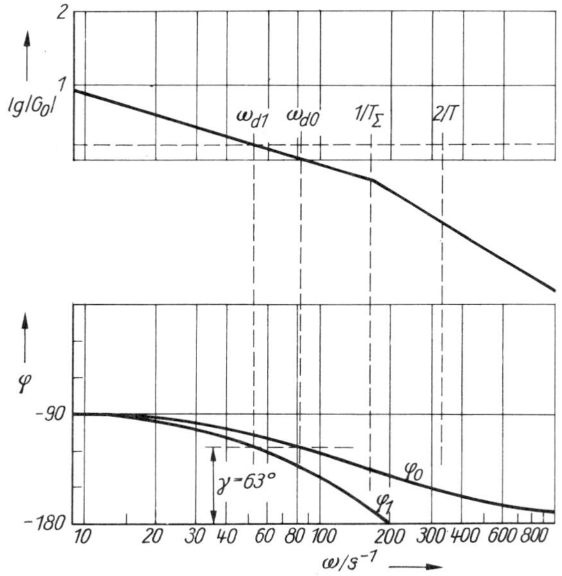

Bild 3.4
Frequenzkennlinien der digitalen Drehzahlregelung im Beispiel 3.1; $T = 6\,\mathrm{ms}$

$\lg[G_0]$, φ_0 Amplituden- und Phasenverlauf des kontinuierlichen offenen Kreises

φ_1 Phasenverlauf unter Berücksichtigung des Laufzeitgliedes

als Analogsignal ausgegeben. Die dynamische Korrektur wird mit analogen Mitteln verwirklicht. Die Übertragungsfunktion $V_S/p\,(1 + pT)$ berücksichtigt die Regelstrecke und den betragsoptimal ausgelegten Regler. Sie schließt unterlagerte Regelkreise ein. Die unkompensierte Zeitkonstante ist $T_\Sigma = 6\,\mathrm{ms}$. Der Verstärkungsfaktor wurde entsprechend dem Betragsoptimum für kontinuierliche Systeme zunächst zu $V_S = 1/2T = 83{,}3\,\mathrm{s}^{-1}$ festgelegt. Wegen $T = T_\Sigma$ kann das Halteglied annähernd als Laufzeitglied berücksichtigt werden. Nach 3.21 ist die Laufzeit $T_L = T/2 = 3\,\mathrm{ms}$. Im Bild 3.4 wurden die Frequenzkennlinien zunächst für die kontinuierliche Übertragungsfunktion eingetragen. Es gilt der Phasenverlauf φ_0 und die Durchtrittsfrequenz für 63° Phasenreserve $\omega_{d0} = 83{,}3\,\mathrm{s}^{-1}$. Die Phasenkennlinie φ_1 berücksichtigt außerdem das Laufzeitglied. Gegenüber der kontinuierlichen Regelung muß die Durchtrittsfrequenz bei gleicher Phasenreserve auf $\omega_{d1} = 52\,\mathrm{s}^{-1}$ herabgesetzt werden.

3.3. Entwurf und Optimierung mit dem Abtastfrequenzgang

Die digitale Berechnung des Abtastfrequenzgangs nach Gleichung 3.16 ist unanschaulich und nur mit programmierbaren Rechnern effektiv durchführbar. Man bedient sich deshalb einer Hilfskonstruktion, die von der bilinearen Transformation

$$z = e^{pT} = \frac{1 + wT/2}{1 - wT/2} \tag{3.25}$$

ausgeht. Beschränkt man sich auf Frequenzgangsuntersuchungen, dann geht p in $\mathrm{j}\omega$ und w in $\mathrm{j}\nu$ über. Die Transformationsgleichung lautet:

$$z = \mathrm{e}^{\mathrm{j}\omega T} = \frac{1 + \mathrm{j}\nu T/2}{1 - \mathrm{j}\nu T/2}. \tag{3.26}$$

Dabei hat ν den Charakter einer Frequenz. Der Zusammenhang zwischen dieser „Hilfsfrequenz" und der physikalisch realen Frequenz ω kann unter Nutzung des mathematischen Ansatzes

$$\arctan x = \frac{1}{2\mathrm{j}} \ln \frac{1 + \mathrm{j}x}{1 - \mathrm{j}x}$$

auch geschrieben werden als

$$\arctan \nu T/2 = \omega T/2. \tag{3.27}$$

Für $\nu T/2 \ll 1$ geht die Hilfsfrequenz ν in die reale Frequenz ω über. Der Zusammenhang zwischen $\nu T/2$ und $\omega T/2$ wird durch ein Diagramm wiedergegeben (Tafel 3.2). Dieses ermöglicht grafisch den Übergang aus dem ν-Bereich in den ω-Bereich und umgekehrt.
Mit Hilfe der Transformationsbeziehung (3.26) können die z-Übertragungsfunktionen der Übertragungsglieder in den ν-Bereich umgerechnet werden (Tafel 3.3). Die z-Übertragungsfunktionen gestatten die Konstruktion von „Frequenzkennlinien" nach den für reale ω-Frequenzgänge gültigen Regeln.

Tafel 3.2. Diagramm zur Transformation des Abtastfrequenzgangs aus dem ν- in den ω-Bereich und umgekehrt

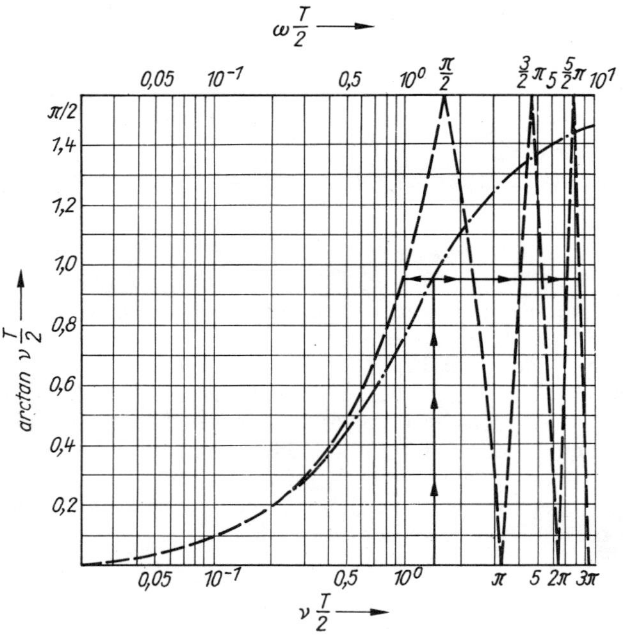

Beispiel: Für $\nu T/2 = 1{,}4$ ist $\arctan \nu T/2 = 0{,}95$ und aufgrund der Mehrdeutigkeit der arctan-Funktion: $\omega T/2 = 0{,}97$; 2,3; 4,0,; 5,2.
Für praktische Berechnung ist nur von Bedeutung: $\omega T/2 = 0{,}97$.

Es ist im ν-Bereich anschaulich möglich, die Regeleinrichtung an die Regelstrecke anzupassen. Nach Bestimmung der Frequenzkennlinien des Reglers und des offenen Kreises in der ν-Ebene können die Frequenzkennlinien in der ω-Ebene daraus mit Hilfe des in Tafel 3.2 dargestellten Diagramms bestimmt werden. Für

$$\nu T/2 \leqq 0{,}5$$

Tafel 3.3. Korrespondenzen der p-, z- und ν-Transformation

$G(p)$	$G(z)$	$G\left(j\nu \frac{T}{2}\right)$
$\frac{1}{p}$	$\frac{z}{z-1}$	$\dfrac{1 + j\nu \frac{T}{2}}{2j \frac{T}{2}}$
$\frac{1}{p^2}$	$\frac{Tz}{(z-1)^2}$	$\dfrac{T\left(1 + j\nu \frac{T}{2}\right)\left(1 - j\nu \frac{T}{2}\right)}{\left(2j\nu \frac{T}{2}\right)^2}$
$\frac{1}{p+a}$	$\frac{z}{z - e^{-aT}}$	$\dfrac{1 + j\nu \frac{T}{2}}{(1 - e^{-aT})\left(1 + j\nu \frac{T}{2} T^*\right)}$
$\frac{1}{(p+a)^2}$	$\frac{Tz\, e^{-aT}}{(z - e^{-aT})^2}$	$\dfrac{Te^{-aT}\left(1 + j\nu \frac{T}{2}\right)\left(1 - j\nu \frac{T}{2}\right)}{(1 - e^{-aT})^2\left(1 + j\nu \frac{T}{2} T^*\right)^2}$
$\frac{a}{p\,(p+a)}$	$\frac{(1 - e^{-aT})\, z}{(z-1)\,(z - e^{-aT})}$	$\dfrac{\left(1 + j\nu \frac{T}{2}\right)\left(1 - j\nu \frac{T}{2}\right)}{zj\nu \frac{T}{2}\left(1 + j\nu \frac{T}{2} T^*\right)}$
		$T^* = \dfrac{1 + e^{-aT}}{1 - e^{-aT}}$

gilt praktisch $\nu = \omega$; der ν-Frequenzgang stimmt mit dem physikalisch realen ω-Frequenzgang überein.

Ausgehend von der Forderung nach optimalem Verlauf des Frequenzgangs können wie für kontinuierliche Systeme auch für diskontinuierliche Systeme Regeln für die Festlegung der Struktur und die Wahl der Parameter des Reglers angegeben werden [3.11] [3.13]. Es wird dazu eine Regelkreisstruktur nach Bild 3.5 vorausgesetzt. Die Übertragungsfunktion $G_s(p)$ der Regelstrecke schließt das Halteglied am Ausgang des Reglers ein. Bild 3.5 entspricht also einer Struktur nach Bild 3.1c bis f. Die Übertragungsfunktion der Regelstrecke kann folgende Elementarglieder in beliebiger Kombination enthalten:

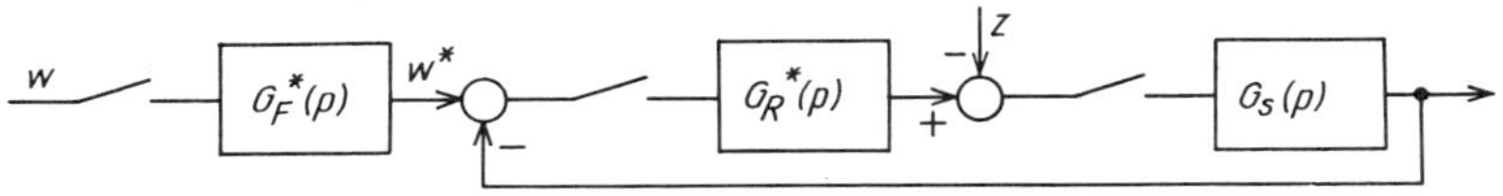

Bild 3.5. Grundstruktur zur Optimierung diskontinuierlicher Regelungen

– Verzögerungsglieder

$$G_{s1}(p) = \frac{V_S}{(1 + pT_1)(1 + pT_2) \dots (1 + pT_n)(1 + pT_\Sigma)} \tag{3.28}$$

– Laufzeitglieder

$$G_{s2}(p) = \mathrm{e}^{-npT} \tag{3.29}$$

– mittelwertbildende Glieder

$$G_{s3}(p) = \frac{1}{pT}(1 - \mathrm{e}^{-pT}). \tag{3.30}$$

Sie wird als Glied einer diskontinuierlichen Regelung durch die Impulsübertragungsfunktion

$$G_s(z) = \frac{Z_s(z)}{N_s(z)} \tag{3.31}$$

charakterisiert. Tafel 3.4 enthält für typische Regelstrecken die kontinuierliche Übertragungsfunktion $G(p)$ und die zugehörige Impulsübertragungsfunktion $G(z)$.
Der diskontinuierliche Regler hat die allgemeine Übertragungsfunktion

$$G_R(z) = \frac{Z_R(z)}{N_R(z)} = \frac{V_R\,(z - \tau_1)(z - \tau_2) \dots (z - \tau_m)}{z^{(m-1)}(z - 1)}. \tag{3.32}$$

Es ist ein I-Regler, gekennzeichnet durch das Glied $1/(z - 1)$, der durch die Linearfaktoren $(z - \tau_1) \dots (z - \tau_m)$ im Zähler die Möglichkeit der Kompensation entsprechender Linearfaktoren im Nenner des Regelstreckenpolynoms bietet. Ein realisierbarer Regler darf z im Zähler nicht in höherer Potenz enthalten als im Nenner. Deshalb muß im Nenner noch das Glied $z^{(m-1)}$ hinzugefügt werden.
Als Filtergleichung wird der reziproke Zähler des Reglers gewählt. Zur Vermeidung von Totzeiten wird der Zähler der Übertragungsfunktion des Filters durch genau so viel Potenzen von z ergänzt, daß das digitale Filter realisierbar ist. Die Verstärkung V_F des Filters wird so bestimmt, daß die Übertragungsfunktion des Filters für $\omega \to 0$ zu 1 wird.

$$G_F(z) = \frac{Z_F(z)}{N_F(z)} = \frac{V_F z^m}{(z - \tau_1)(z - \tau_2) \dots (z - \tau_m)} \tag{3.33}$$

Das Führungsverhalten der betrachteten Struktur wird beschrieben durch die Übertragungsfunktion

$$G_f(z) = \frac{Z_F(z)}{N_F(z)} \frac{Z_R(z)\,Z_S(z)}{N_R(z)\,N_S(z) + Z_R(z)\,Z_S(z)}. \tag{3.34}$$

Für das Störungsverhalten gilt entsprechend

$$G_s(z) = \frac{Z_S(z)\,N_R(z)}{N_R(z)\,N_S(z) + Z_R(z)\,Z_S(z)}. \tag{3.35}$$

Für

$$z = \mathrm{e}^{\mathrm{j}\omega T} = \cos \omega T + \mathrm{j} \sin \omega T \tag{3.36}$$

ergibt sich daraus der Frequenzgang. Das Führungsverhalten ist optimal, wenn der Betrag des Frequenzgangs, von $\omega = 0$ ausgehend, für einen möglichst großen Frequenzbereich gleich 1 ist:

$$\lim_{\omega \to 0} |G_f(\mathrm{j}\omega)|^2 = 1. \tag{3.37}$$

Das Störungsverhalten ist optimal, wenn der Betrag des Frequenzgangs, von $\omega = 0$ ausgehend, für einen möglichst großen Frequenzbereich gleich 0 ist:

$$\lim_{\omega \to 0} |G_s(\mathrm{j}\omega)|^2 = 0. \tag{3.38}$$

Nach *Taylor* sind diese Forderungen dann erfüllt, wenn möglichst viele Ableitungen der Funktion im Punkt $\omega = 0$ zu Null gemacht werden, d. h. für

$$\lim_{\omega \to 0} \frac{\mathrm{d}}{\mathrm{d}\omega} |G_g(\mathrm{j}\omega)| = 0 \tag{3.39}$$

$$\lim_{\omega \to 0} \frac{\mathrm{d}^2}{\mathrm{d}\omega^2} |G_g(\mathrm{j}\omega)| = 0$$

$$\vdots$$

Hieraus sind Bestimmungsgleichungen für die frei wählbaren Parameter abzuleiten [3.11]. Man erhält so ein Betragsoptimum für diskontinuierliche Systeme. Optimales Führungsverhalten des Kreises für ungefilterte Führungsgrößen, d. h. für $G_F(z) = 1$, ergibt sich, wenn die Linearfaktoren im Nenner der Regelstrecke $(z - \mathrm{e}^{-T/T_1}) \dots (z - \mathrm{e}^{-T/T_m})$ durch entsprechende Faktoren $(z - \tau_1) \dots (z - \tau_m)$ im Zähler der Übertragungsfunktion des Reglers kompensiert werden.

Tafel 3.4. Optimierung des Führungsverhaltens

$G_S(p)$	$G_S(z)$	$G_R(z)$	$V_S\, V_{R\,opt}$
$\frac{(1 - \mathrm{e}^{-pT})}{p} \frac{V_S}{(1 + pT_1)}$	$\frac{V_S a}{(z - \mathrm{e}^{-T/T_1})}$ [1]	$\frac{V_R (z - \mathrm{e}^{-T/T_1})}{(z - 1)}$	$\frac{1}{a}$
$\frac{(1 - \mathrm{e}^{-pT})}{p} \frac{V_S}{(1 + pT_1)} \mathrm{e}^{-pT}$	$\frac{V_S a}{z (z - \mathrm{e}^{-T/T_1})}$ [1]	$\frac{V_R (z - \mathrm{e}^{-T/T_1})}{(z - 1)}$	$\frac{1}{3a}$
$\frac{(1 - \mathrm{e}^{-pT})}{p} \frac{V_S}{(1 + pT_1)(1 + pT_2)}$	$\frac{V_S (az + b)}{(z - \mathrm{e}^{-T/T_1})(z - \mathrm{e}^{-T/T_2})}$ [2]	$\frac{V_R (z - \mathrm{e}^{-T/T_1})(z - \mathrm{e}^{-T/T_2})}{z (z - 1)}$	$\frac{1}{a + 3b}$
$\frac{(1 - \mathrm{e}^{-pT})}{p} \frac{V_S}{(1 + pT_1)(1 + pT_2)} \mathrm{e}^{-pT}$	$\frac{V_S (az + b)}{z (z - \mathrm{e}^{-T/T_1})(z - \mathrm{e}^{-T/T_2})}$ [2]	$\frac{V_R (z - \mathrm{e}^{-T/T_1})(z - \mathrm{e}^{-T/T_2})}{z (z - 1)}$	$\frac{1}{3a + 5b}$
$\frac{(1 - \mathrm{e}^{-pT})^2}{p^2 T} \frac{V_S}{(1 + pT_1)}$	$\frac{V_S (az + b)}{z (z - \mathrm{e}^{-T/T_1})}$ [3]	$\frac{V_R (z - \mathrm{e}^{-T/T_1})}{(z - 1)}$	$\frac{1}{a + 3b}$
$\frac{(1 - \mathrm{e}^{-pT})^2}{p^2 T} \frac{V_S}{(1 + pT_1)} \mathrm{e}^{-pT}$	$\frac{V_S (az + b)}{z^2 (z - \mathrm{e}^{-T/T_1})}$ [3]	$\frac{V_R (z - \mathrm{e}^{-T/T_1})}{(z - 1)}$	$\frac{1}{3a + 5b}$

[1] $a = (1 - \mathrm{e}^{-T/T_1})$

[1] $a = 1 + \frac{T_1}{T_2 - T_1} \mathrm{e}^{-T/T_1} - \frac{T_2}{T_2 - T_1} \mathrm{e}^{-T/T_2}$; $b = \mathrm{e}^{-T/T_1} \mathrm{e}^{-T/T_2} + \frac{T_1}{T_2 - T_1} \mathrm{e}^{-T/T_2}$

[3] $a = 1 - {}^{T_1/T} (1 - \mathrm{e}^{-T/T_1})$; $b = {}^{T_1/T} (1 - \mathrm{e}^{-T/T_1}) - \mathrm{e}^{-T/T_1}$

Für einige typische Regelstrecken enthält Tafel 3.4 die Zuordnung der Reglerübertragungsfunktion und den berechneten optimalen Verstärkungsfaktor.
Allgemein ist einer Regelstrecke der Übertragungsfunktion [3.14]

$$G_s(z^{-1}) = \frac{n_0}{m_0} \frac{(1 + n_1 z^{-1} + \dots + n_N z^{-N})\, z^{-k_t}}{(1 + m_1 z^{-1} + \dots + m_M z^{-M})} \tag{3.40}$$

ein Regler der Übertragungsfunktion

$$G_R(z^{-1}) = \frac{V_R (1 + d_1 z^{-1} + \dots + d_p z^{-p})}{(1 - z^{-1})(1 + b_1 z^{-1} + \dots + b_q z^{-q})} \tag{3.41}$$

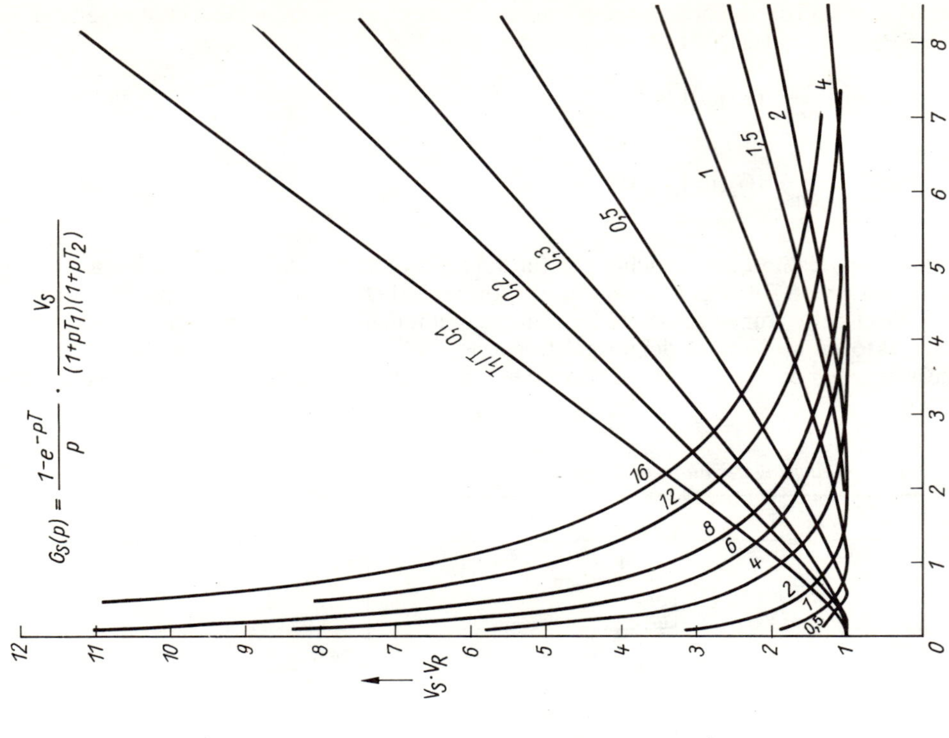

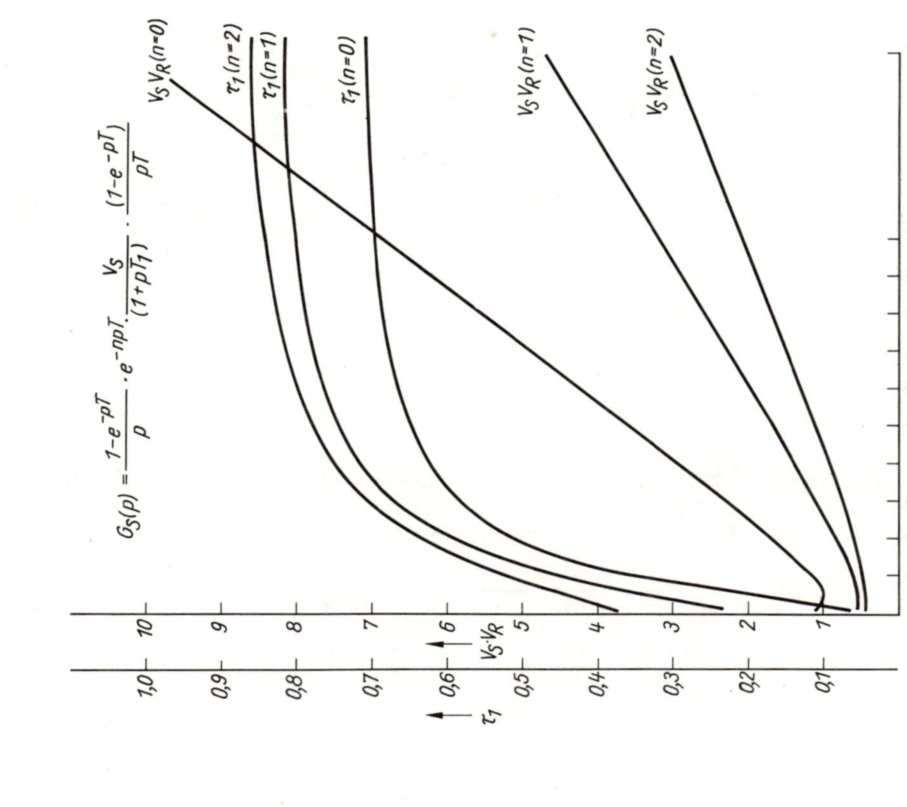

Tafel 3.5. Diagramme zur Bestimmung der Reglerparameter für Störungsoptimierung

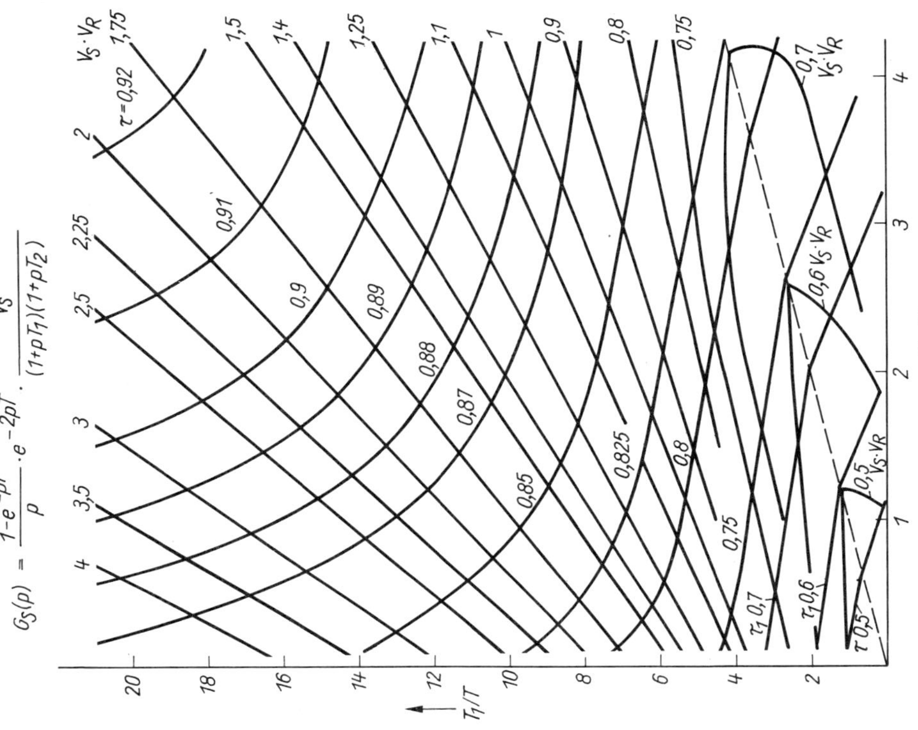
$G_S(p) = \frac{1-e^{-pT}}{p} \cdot e^{-2pT} \cdot \frac{V_S}{(1+pT_1)(1+pT_2)}$
T_1/T
T_2/T
$V_S \cdot V_R$

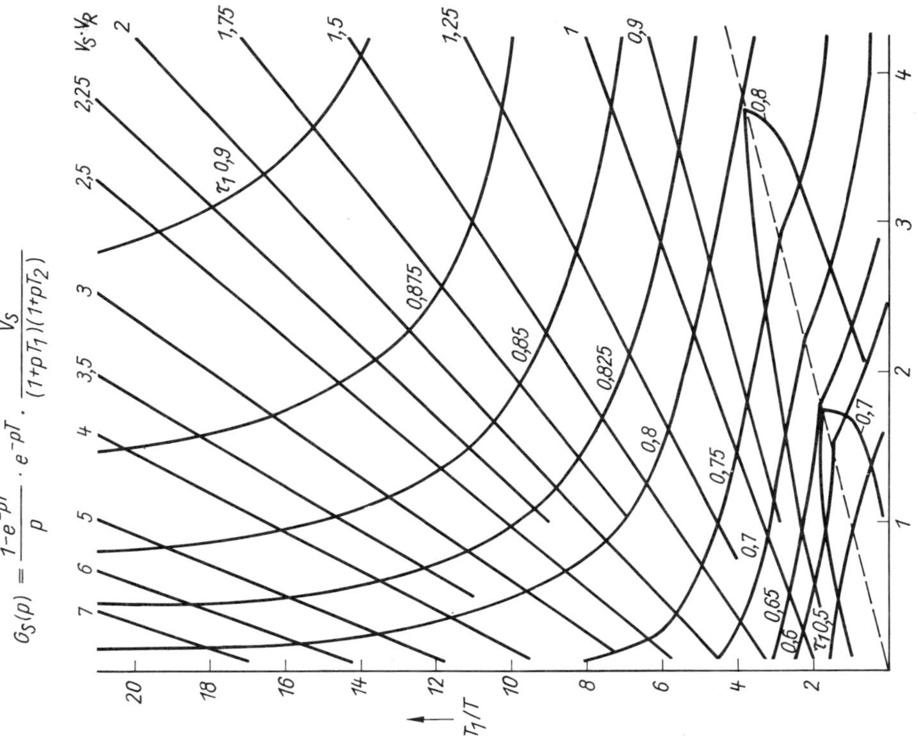
$G_S(p) = \frac{1-e^{-pT}}{p} \cdot e^{-pT} \cdot \frac{V_S}{(1+pT_1)(1+pT_2)}$
T_1/T
T_2/T
$V_S \cdot V_R$

zuzuordnen. Nach den Regeln des Betragsoptimums ergibt sich

$$b_1 = b_2 = \ldots = b_q = 0 \tag{3.42}$$

$$d_j = m_j \quad \text{mit} \quad 0 \leqq j \leqq M \tag{3.43}$$

(technisch sinnvoll für $M \leqq 3$)

$$V_\mathrm{R} = \frac{m_0}{n_0} \frac{1}{\left(k_0 + \sum_{\nu=1}^{N} k_\nu n_\nu\right)}; \qquad 0 \leqq \nu \leqq N \tag{3.44}$$

$$k_\nu = \{[2\,(\nu + k_\mathrm{t}) - 1] + [2\,(\nu + k_\mathrm{t}) - 3]\,x\}. \tag{3.45}$$

Wird die kleinste Zeitkonstante der Regelstrecke, T_M, nicht kompensiert, schreibt man die Regelstrecke in der Form

$$G_\mathrm{S}(z^{-1}) = \frac{n_0}{m_0} \frac{(1 + n_1 z^{-1} + \ldots + n_N z^{-N})\, z^{-k_\mathrm{t}}}{(1 + m z^{-1} + \ldots + \overline{m}_{M-1} z^{-(M-1)})\,(1 + \overline{m}_M z^{-M})}. \tag{3.46}$$

Der Regler entspricht (3.41) mit

$$b_1 = b_2 = \ldots = b_q = 0 \tag{3.47}$$

$$d_j = \overline{m}_j \quad \text{mit} \quad 0 \leqq j \leqq M \tag{3.48}$$

(technisch sinnvoll für $M \leqq 4$)

$$V_\mathrm{R} = \frac{m_0}{n_0} \frac{(1+x)^2}{\left(k_0 + \sum_{\nu=1}^{N} k_\nu n_\nu\right)}; \qquad 0 \leqq \nu \leqq N \tag{3.49}$$

mit $x = \overline{m}_\mathrm{M} = -\mathrm{e}^{-T/T_M}$ und k_ν nach (3.45).

Die genannten Reglereinstellungen ergeben schwach überschwingende Übergangsfunktionen des geschlossenen Kreises (Bild 3.6). Die Analogie zu kontinuierlichen Regelungen mit betragsoptimaler Reglereinstellung ist offensichtlich. Bei gleicher Reglereinstellung ist das Störverhalten relativ ungünstig (Bild 3.7). Der Regler reagiert zu langsam auf Störgrößenänderungen.

Optimierungsregeln für Störgrößenänderungen können nur für einfache Fälle angegeben werden. Angenommen wurde ein Regler

$$G_\mathrm{R}(z) = \frac{V_\mathrm{R}\,(z - \tau_1)}{(z - 1)} \tag{3.50}$$

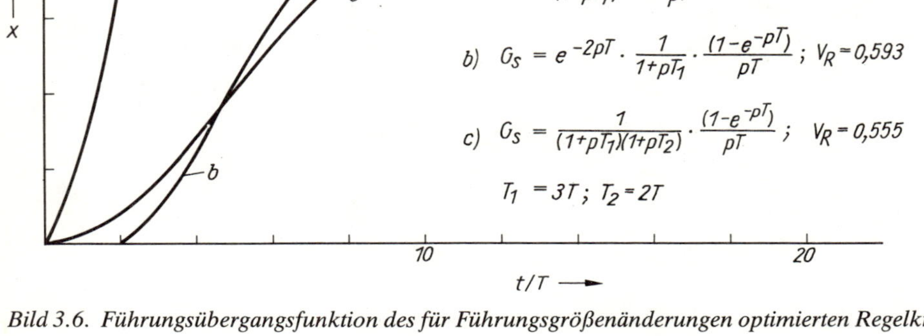

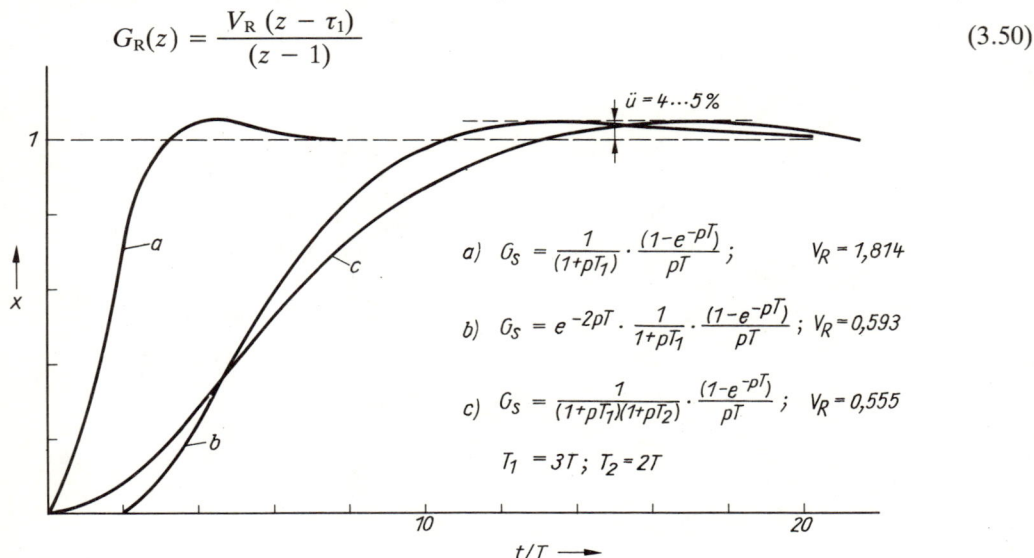

Bild 3.6. Führungsübergangsfunktion des für Führungsgrößenänderungen optimierten Regelkreises

mit einem vorgeschalteten Führungsgrößenfilter

$$G_F(z) = \frac{(1 - \tau_1)\, z}{(z - \tau_1)}. \tag{3.51}$$

Für zwei charakteristische Regelstrecken wurden die Reglerparameter berechnet und in Tafel 3.5 dargestellt. Für die Regelstrecke

$$G_S(p) = \frac{1 - e^{-pT}}{p}\, e^{-npT}\, \frac{V_S}{(1 + pT_1)\,(1 + pT_2)} \tag{3.52}$$

ist das Störungsverhalten im Bild 3.8 und das Führungsverhalten unter Berücksichtigung eines vorgeschalteten Filters für $n = 0; 1; 2$ im Bild 3.9 dargestellt (vgl. Bild 3.5). Das Führungsverhalten störungsoptimierter Kreise ohne Führungsgrößenfilter ist unbefriedigend.

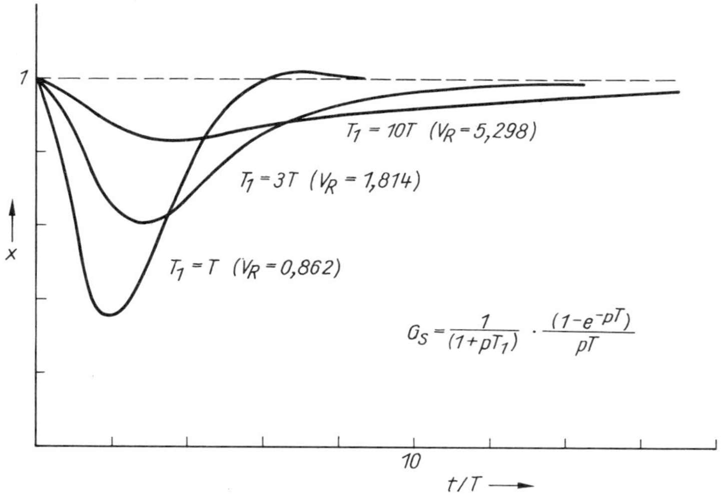

Bild 3.7. Störungsübergangsfunktionen des für Führungsgrößenänderungen optimierten Regelkreises

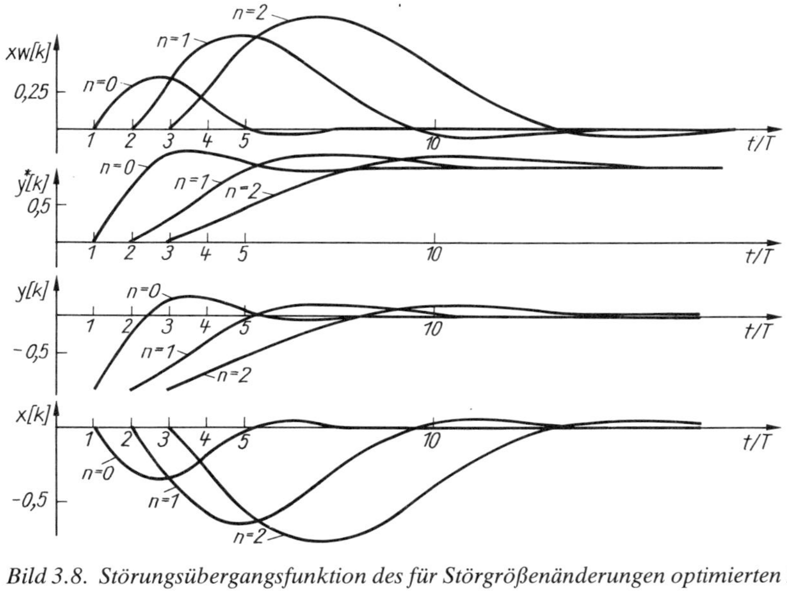

Bild 3.8. Störungsübergangsfunktion des für Störgrößenänderungen optimierten Regelkreises

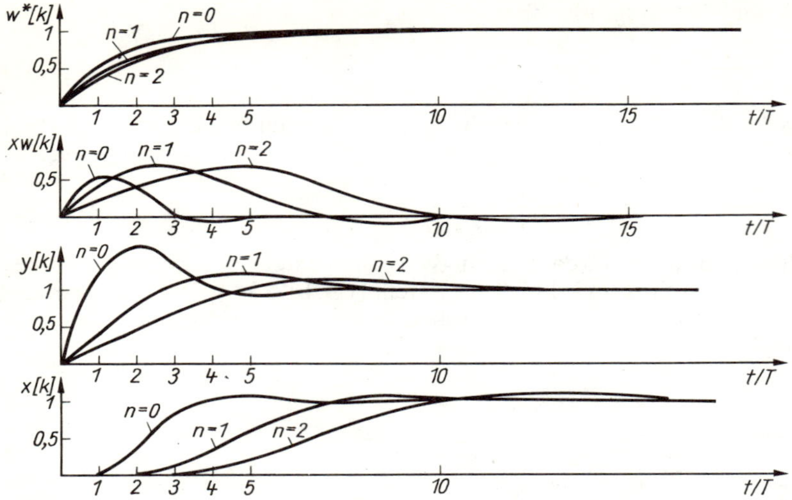

Bild 3.9. Führungsübergangsfunktion bei für Störgrößenänderungen optimiertem Regelkreis mit Führungsgrößenfilter

Beispiel 3.2. Digitale Drehzahlregelung eines Motors II

Es wird die im Beispiel 3.1 behandelte Regelung betrachtet. Die Abtastzeit wird jetzt mit Rücksicht auf eine leichte gerätemäßige Realisierbarkeit zu $T = 20\,\mathrm{ms}$ gewählt. Die Berechnung erfolgt mit dem Abtastfrequenzgang. Die z-Übertragungsfunktion des offenen Kreises lautet

$$G_0(z) = \left(1 - \frac{1}{z}\right) \mathfrak{Z} \left\{\frac{V_S}{p^2\,(1 + pT_\Sigma)}\right\}$$

$$= \frac{V_S T_\Sigma\,(z-1)\,(\lambda - 1) + V_S T\,(z - \lambda)}{(z-1)\,(z-\lambda)} \quad \text{mit} \quad \lambda = \mathrm{e}^{-T/T_\Sigma}. \tag{3.53}$$

Durch Einführen der Transformation (3.26) entsteht daraus der Frequenzgang in der ν-Ebene:

$$G_0(\mathrm{j}\nu) = \frac{V_S T\left[1 + \left(\frac{1+\lambda}{1-\lambda} - \frac{2T_\Sigma}{T}\right)\mathrm{j}\nu\,\frac{T}{2}\right]\left(1 - \mathrm{j}\nu\,\frac{T}{2}\right)}{2\mathrm{j}\nu\,\frac{T}{2}\left[1 + \mathrm{j}\nu\,\frac{T}{2}\,\frac{1+\lambda}{1-\lambda}\right]}. \tag{3.54}$$

Unter Benutzung der Asymptotenkonstruktion wurde dieser Frequenzgang im Bild 3.10 dargestellt. Die abtastende Arbeitsweise der Regelung führt zu einer wesentlichen Phasenrückdrehung; der Einfluß der Zeitkonstante T_Σ ist demgegenüber gering. Für eine Phasenreserve $\gamma = 63°$ ergibt sich $\nu_d T/2 = 0{,}3$.
Mit (3.27) berechnet sich daraus die echte Durchtrittsfrequenz $\omega_d T/2$ zu 0,3, d. h. $\omega_d = 30\,\mathrm{s}^{-1}$. Die Verstärkung des Kreises muß entsprechend herabgesetzt werden. Um diese Aussage zu gewinnen, ist es nicht notwendig, den Frequenzgang aus der ν-Ebene in die physikalisch reale ω-Ebene zu transformieren. Zum genaueren Verständnis wurde das aber unter Benutzung von Tafel 3.2 punktweise durchgeführt und das Ergebnis im Bild 3.11 dargestellt. Der gesamte $\nu T/2$-Bereich wird auf den Frequenzbereich $0 \leqq \omega T/2 \leqq \pi/2$ zusammengedrängt. Unabhängig von den konkreten Parametern erreicht das System für $\omega T/2 = \pi/2$ die Stabilitätsgrenze. Die Signalfrequenz ist dabei gleich der halben Abtastfrequenz. Auf Grund der Mehrdeutigkeit der

arctan-Funktion erhält man auch für höhere Frequenzen Amplituden- und Phasenwerte, denen aber keine praktische Bedeutung zukommt. Im Bereich $\omega T/2 \leqq 0{,}5$ stimmt der ν-Frequenzgang mit dem ω-Frequenzgang überein. Auch in diesem Bereich hat die abtastende Arbeitsweise wesentlichen Einfluß auf das Systemverhalten, kann aber annähernd durch die Laufzeitnäherung nach (3.21) berücksichtigt werden.

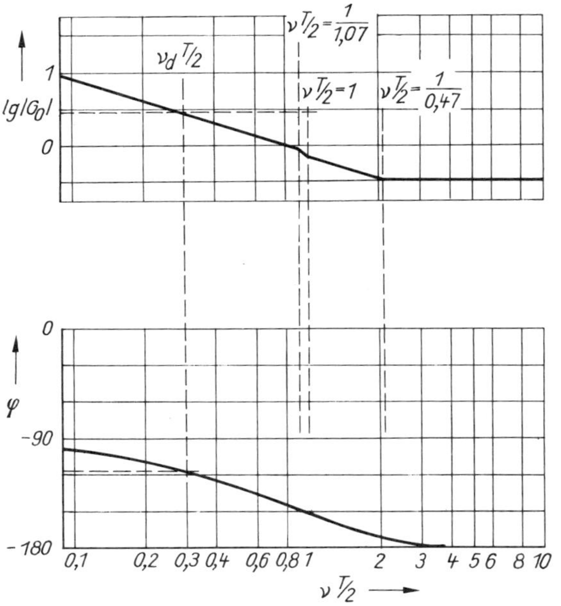

Bild 3.10
Abtastfrequenzgang der digitalen Drehzahlregelung im ν-Bereich; $T = 20\,ms$

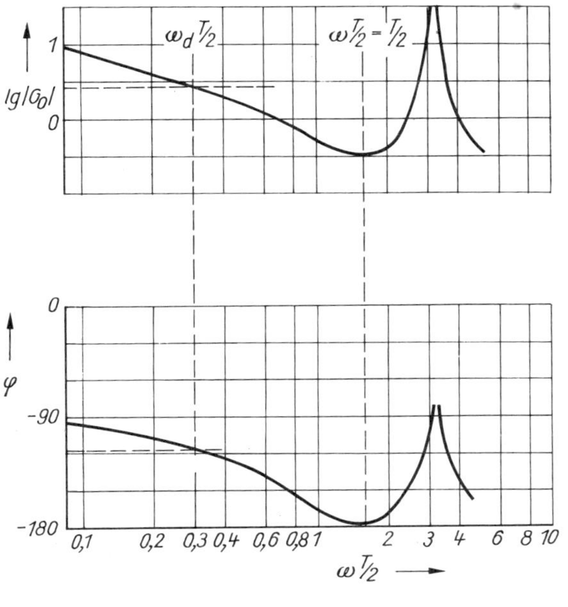

Bild 3.11
Abtastfrequenzgang der digitalen Drehzahlregelung im ω-Bereich; $T = 20\,ms$

Beispiel 3.3. Regleroptimierung nach dem Betragsoptimum für diskontinuierliche Systeme

Es wird eine Regelstruktur nach Bild 3.5 betrachtet. Die Regelstrecke ist ein Verzögerungsglied 2. Ordnung mit einem vorgeschalteten Halteglied.

$$G_S(p) = \frac{1 - e^{-pT}}{p} \frac{V_S}{(1 + pT_1)(1 + pT_2)} \tag{3.55}$$

Die Zeitkonstanten, bezogen auf die Abtastzeit T, sind $T_1 = 10\,T$, $T_2 = T$. Der Verstärkungsfaktor beträgt $V_S = 2$.
Die Impulsübertragungsfunktion der Regelstrecke ergibt sich aus Tafel 3.4 zu

$$G_S(z) = \frac{V_S\,(az + b)}{(z - e^{-T/T_1})(z - e^{-T/T_2})} \tag{3.56}$$

mit $a = 0{,}0355$, $b = 0{,}0247$.
Es wird zunächst ein Regler gewählt, der die große Zeitkonstante T_1 kompensiert.

$$G_R(z) = \frac{V_R\,(z - e^{-T/T_1})}{(z - 1)} \tag{3.57}$$

Der Tafel 3.4 entnimmt man dafür

$$(V_S V_R)_{\text{optimal}} = 3{,}522$$
$$V_R = 1{,}761.$$

Zur Veranschaulichung des Ergebnisses wurden die ν-Frequenzgänge der Regelstrecke und des Reglers im Bild 3.12 normiert dargestellt. Erkennbar ist die Kompensation der großen Zeitkonstante der Regelstrecke durch den Regler für den berechneten Verstärkungsfaktor bei Durchtrittsfrequenz von $\gamma = 63°$. Das entspricht dem Betragsoptimum für kontinuierliche Regelungen. Für die Durchtrittsfrequenz erhält man

$$\nu_d \frac{T}{2} = \omega_d \frac{T}{2} = 0{,}165.$$

Mit dem Ziel einer höheren Durchtrittsfrequenz wird nun ein Regler gewählt, der beide Zeitkonstanten der Regelstrecke kompensiert:

$$G_R(z) = \frac{V_R\,(z - e^{-T/T_1})(z - e^{-T/T_2})}{z\,(z - 1)}. \tag{3.58}$$

Aus Tafel 3.4 entnimmt man dafür

$$(V_S V_R)_{\text{optimal}} = 9{,}136$$
$$V_R = 4{,}568.$$

Im Bild 3.13 wurden dafür die Frequenzkennlinien normiert dargestellt. Die Zeitkonstanten der Regelstrecke werden durch den Regler kompensiert. Die Frequenzkennlinien kennzeichnen den offenen Kreis als I-Glied mit nachgeschaltetem Allpaßglied und einem sehr kleinen D-Anteil.

$$G_0\left(j\nu \frac{T}{2}\right) = \frac{0{,}273}{j\nu \frac{T}{2}} \frac{1 - j\nu \frac{T}{2}}{1 + j\nu \frac{T}{2}} \left(1 + 0{,}180 j\nu \frac{T}{2}\right).$$

Für den ermittelten optimalen Verstärkungsfaktor ergibt sich die Durchtrittsfrequenz zu

$$\nu_d \frac{T}{2} = \omega_d \frac{T}{2} = 0{,}275.$$

Die Phasenreserve bei Durchtrittsfrequenz beträgt auch hier $\gamma = 63°$.

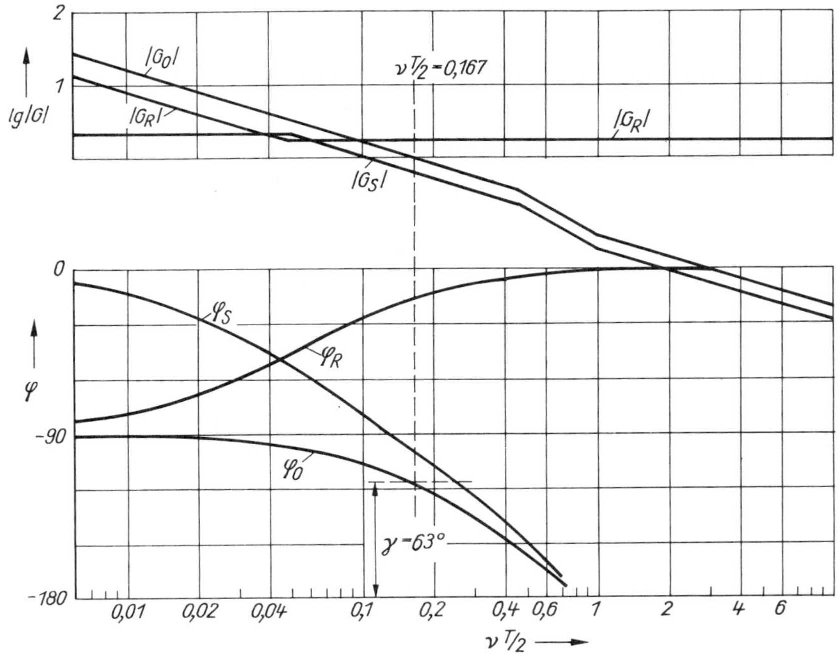

Bild 3.12. Veranschaulichung der betragsoptimalen Regleranpassung – Kompensation einer Zeitkonstanten

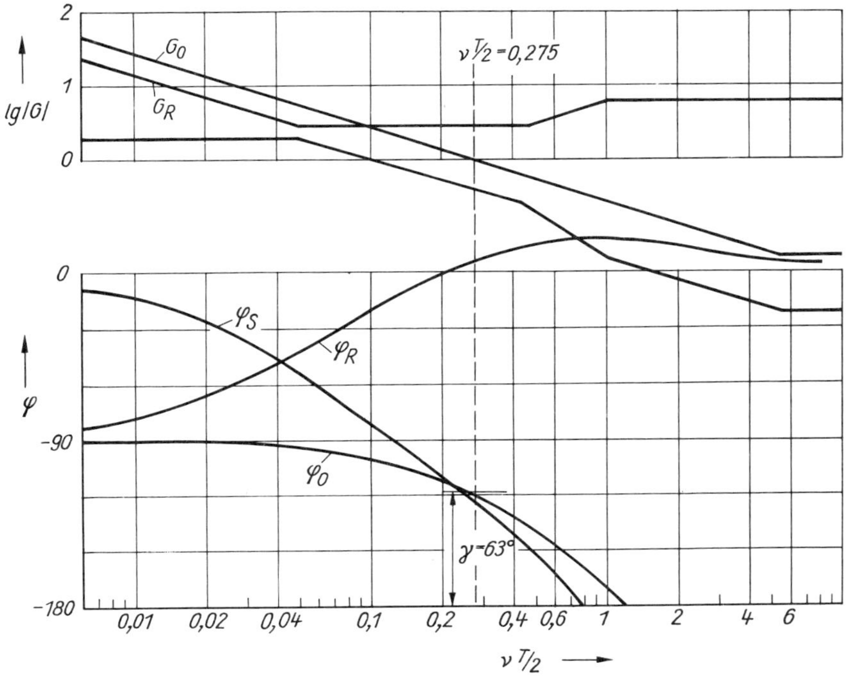

Bild 3.13. Veranschaulichung der betragsoptimalen Regleranpassung – Kompensation zweier Zeitkonstanten

3.4. Entwurf und Optimierung auf endliche Einstellzeit

Während mit kontinuierlichen Reglern eine vollständige Übereinstimmung zwischen Führungsgröße und Regelgröße theoretisch erst nach unendlich langer Zeit erreicht werden kann, ermöglichen diskontinuierliche Regler die vollständige Übereinstimmung von Führungsgröße und Regelgröße nach einer endlichen Anzahl von Schritten. Für die Regelabweichung kann mit dem Ansatz

$$x_w(z^{-1}) = w(z^{-1}) - x(z^{-1}) = \sum_{\nu=0}^{m-1} c_\nu z^{-\nu}; \tag{3.59}$$

m Anzahl der Anregelschritte (m ist endlich)

ein beliebiger Verlauf vorgegeben werden (Bild 3.14). Setzt man eine sprungförmige Änderung der Führungsgröße als charakteristisch voraus

$$w(z^{-1}) = \frac{1}{1 - z^{-1}}, \tag{3.60}$$

erhält man für die allgemeine Regelstrecke

$$G_s(z^{-1}) = \frac{Z_s(z^{-1})}{N_s(z^{-1})}; \tag{3.61}$$

$Z_s(z^{-1})$ Zählerpolynom der Regelstrecke
$N_s(z^{-1})$ Nennerpolynom der Regelstrecke

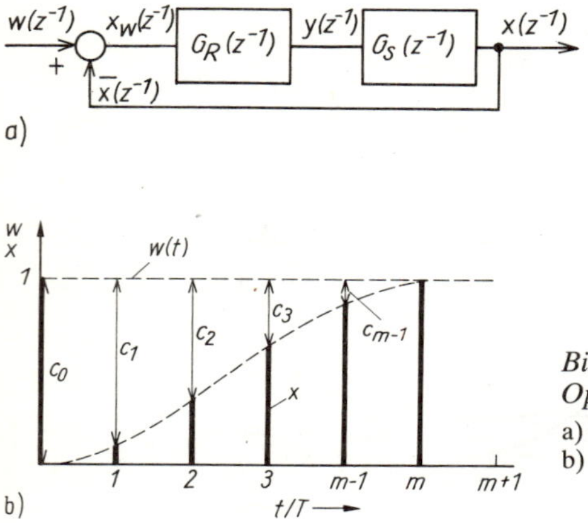

Bild 3.14
Optimierung auf endliche Einstellzeit
a) Signalflußplan des Regelkreises
b) Zeitverlauf von Führungsgröße und Regelgröße

die Reglergleichung

$$G_R(z^{-1}) = \frac{y(z^{-1})}{x_w(z^{-1})} = \frac{1 - (1 - z^{-1}) \sum_{\nu=0}^{m-1} c_\nu z^{-\nu}}{(1 - z^{-1}) \sum_{\nu=0}^{m-1} c_\nu z^{-\nu}} \; \frac{N_s(z^{-1})}{Z_s(z^{-1})}$$

$$= \frac{b_0 + b_1 z^{-1} + b_2 z^{-2} + \ldots + b_m z^{-m}}{a_0 + a_1 z^{-1} + a_2 z^{-2} + \ldots + a_n z^{-n}}. \tag{3.62}$$

Der Regler ist ein digitales Filter (vgl. Abschn. 1.4). Er ist realisierbar, solange in der Übertragungsfunktion keine positiven Exponenten von z auftreten. Ist $b_0 \neq 0$, darf nicht $a_0 = 0$ sein. Ein Sonderfall des Reglers nach (3.62) ist der sog. Dead-beat-Regler für einen Anregelschritt.

Dieser gewährleistet, daß bereits nach einem Schritt Führungsgröße und Regelgröße vollständig übereinstimmen.

$$c_0 = 1, \qquad c_1 \dots c_\infty = 0.$$

Er hat die Übertragungsfunktion

$$G_{\mathrm{RDB}}(z^{-1}) = \frac{z^{-1}}{1 - z^{-1}} \frac{1}{G_s(z^{-1})} = \frac{z^{-1}}{1 - z^{-1}} \frac{N_s(z^{-1})}{Z_s(z^{-1})}. \tag{3.63}$$

Er ist realisierbar, solange aus dem Zählerpolynom $Z_s(z^{-1})$ der Faktor z^{-1} höchstens in einfacher Potenz ausgeklammert werden kann. Das ist bei allen Regelstrecken ohne Laufzeitglied gegeben. Hat die Regelstrecke ein Laufzeitglied mit n-facher Abtastzeit ($n > 0$), werden $n + 1$ Abtastschritte bis zur vollständigen Übereinstimmung von Führungsgröße und Regelgröße benötigt, d. h., der Regler kann nicht die Laufzeit der Regelstrecke kompensieren.
Zur Berechnung der Stellgröße ergibt sich aus (3.62) mit (3.59)

$$y(z^{-1}) = x(z^{-1}) \frac{N_s(z^{-1})}{Z_s(z^{-1})} = \frac{1 - (1 - z^{-1}) \sum\limits_{\nu=0}^{m-1} c_\nu z^{-\nu}}{(1 - z^{-1})} = \frac{N_s(z^{-1})}{Z_s(z^{-1})}. \tag{3.64}$$

Von einem praktikablen Regler ist zu fordern, daß, nachdem die Regelgröße $x(z^{-1})$ ihren Endwert erreicht hat, die Stellgröße $y(z^{-1})$ nicht mehr schwingt. Das ist nur dann der Fall, wenn die Koeffizienten c_ν so bestimmt werden, daß das Polynom $Z_s(z^{-1})$ gekürzt werden kann. Für den Dead-beat-Regler mit $c_0 = 1, c_1 \dots c_\infty = 0$ muß $Z(z^{-1}) = V_s z^{-1}$ sein, um ein praktisch brauchbares Reglerverhalten zu erreichen. Das ist beispielsweise bei einer Regelstrecke mit einer Zeitkonstante und Halteglied sowie bei einer Regelstrecke mit zwei Zeitkonstanten ohne Halteglied möglich. An komplizierten Regelstrecken kann der Dead-beat-Regler nach (3.63) nicht eingesetzt werden. Auch ein Regler, der mehrere zeitlich verschobene Dead-beat-Algorithmen verwirklicht, führt zu Stellgrößenschwingungen und ist deshalb praktisch nicht brauchbar.
Für einen technisch brauchbaren Regler ohne Stellgliedschwingungen muß gelten

$$1 - (1 - z^{-1}) \sum_{\nu=0}^{m-1} c_\nu z^{-\nu} = V_R Z_s\,(z^{-1}); \tag{3.65}$$

V_R Verstärkungsfaktor des Reglers.

Für den Regler ergibt sich damit die Minimalfunktion

$$G_R(z^{-1}) = \frac{V_R N_S\,(z^{-1})}{(1 - z^{-1}) \sum\limits_{\nu=0}^{m-1} c_\nu z^{-\nu}}, \tag{3.66}$$

wobei die Koeffizienten c_ν als Funktion des Zählerpolynoms der Regelstrecke nach (3.65) zu bestimmen sind. Die minimal mögliche Anzahl von Anregelschritten entspricht damit dem Grad des Zählerpolynoms der Regelstrecke.
Der allgemeine Regler für endliche Einstellzeit realisiert die vollständige Übereinstimmung von Führungsgröße und Regelgröße in einer beliebig wählbaren Schrittzahl durch zeitlich versetzte Überlagerung von Minimalformalgorithmen. Sollen Δm mehr Schritte als minimal notwendig vorgesehen werden, so ergibt sich die Übertragungsfunktion des allgemeinen Reglers zu

$$G_R = \frac{V_R N_S\,(z^{-1}) \sum\limits_{\nu=0}^{\Delta m} d_\nu z^{-\nu}}{(1 - z^{-1}) \sum\limits_{\nu=0}^{m-1} c_\nu z^{-v}}. \tag{3.67}$$

Beispiel 3.4. Reglereinstellung auf endliche Einstellzeit

Es wird eine Grundstruktur nach Bild 3.14 betrachtet. Die Regelstrecke besteht aus einem Halteglied und einem I-Glied mit Verzögerung 1. Ordnung. Sie hat die Übertragungsfunktion

$$G_s(z) = \left(1 - \frac{1}{z}\right) \mathfrak{Z} \left[\frac{V_s}{p^2 (1 + pT_\Sigma)}\right] = \frac{V_s T_\Sigma (z-1)(\lambda - 1) + V_s T (z - \lambda)}{(z-1)(z-\lambda)}$$

$$= \frac{\frac{1}{z}\left[V_s T_\Sigma \left(1 - \frac{1}{z}\right)(\lambda - 1) + V_s T \left(1 - \frac{\lambda}{z}\right)\right]}{\left(1 - \frac{1}{z}\right)\left(1 - \frac{\lambda}{z}\right)} = \frac{Z_s\left(\frac{1}{z}\right)}{N_s\left(\frac{1}{z}\right)};$$

$$\lambda = e^{-T/T_\Sigma}.$$

Übereinstimmung zwischen Führungsgröße und Regelgröße des geschlossenen Kreises wird bereits nach einem Abtastschritt erreicht mit Hilfe eines Dead-beat-Reglers. Er hat mit (3.63) die Übertragungsfunktion

$$G_{RDB}(z^{-1}) = \frac{z^{-1}}{1 - z^{-1}} \frac{(1 - z^{-1})(1 - \lambda z^{-1})}{z^{-1}\left[V_s T_\Sigma (1 - z^{-1})(\lambda - 1) + V_s T (1 - \lambda z^{-1})\right]}$$

$$= \frac{1 - \lambda \frac{1}{z}}{V_s T_\Sigma (\lambda - 1)\left(1 - \frac{1}{z}\right) + V_s T \left(1 - \frac{\lambda}{z}\right)}.$$

Der Regler entspricht der Normalform

$$G_R(z^{-1}) = \frac{b_0 + b_1 \frac{1}{z}}{a_0 + a_1 \frac{1}{z}}$$

mit

$$b_0 = 1, \qquad b_1 = -\lambda$$
$$a_0 = V_s T_\Sigma (\lambda - 1) + V_s T$$
$$a_1 = -V_s T_\Sigma (\lambda - 1) - V_s T.$$

Er ist realisierbar; sein Signalflußplan ist im Bild 3.15 dargestellt.
Für $T_\Sigma = T = 0{,}006\,\text{s}$, $V_s = 83{,}3\,\text{s}^{-1}$ ergeben sich die Reglerparameter bei $\lambda = e^{-T/T_\Sigma} = 0{,}37$ zu

$$b_0 = 1, \qquad b_1 = -0{,}37$$
$$a_0 = 0{,}185, \qquad a_1 = 0{,}13.$$

Die charakteristischen Signalverläufe im Regelkreis sind aus den Differentialgleichungen leicht berechenbar. Wegen

$$G_s\left(\frac{1}{z}\right) G_R\left(\frac{1}{z}\right) = \frac{\frac{1}{z}}{1 - \frac{1}{z}} = G_0\left(\frac{1}{z}\right)$$

ist bei Anwendung eines Dead-beat-Reglers stets

$$G_g\left(\frac{1}{z}\right) = \frac{1}{z} = \frac{x\left(\frac{1}{z}\right)}{w\left(\frac{1}{z}\right)}.$$

Durch Rücktransformation erhält man die Differenzengleichung

$$x(k) = w(k - 1).$$

Aus der Grundbeziehung des Regelkreises folgt

$$x_w(k) = w(k) - x(k).$$

Die Ausgangsgröße des Reglers ergibt sich schließlich mit (3.64) zu

$$y(k) = -\frac{a_1}{a_0}\, y\,(k-1) + \frac{b_0}{a_0}\, x_w(k) + \frac{b_1}{a_0}\, x_w\,(k-1).$$

Für die gegebenen Parameter wurden die Signalverläufe berechnet und im Bild 3.16 dargestellt. Es wird zwar innerhalb eines Abtastschrittes die Gleichheit von Regelgröße und Führungsgröße erreicht; es ergibt sich aber eine stark schwingende Stellgröße, die maximal die Amplitude 5,8 erreicht. Eine solche Reglereinstellung ist wegen der daraus resultierenden Beanspruchung des Reglers und des Stellgliedes praktisch nicht brauchbar.

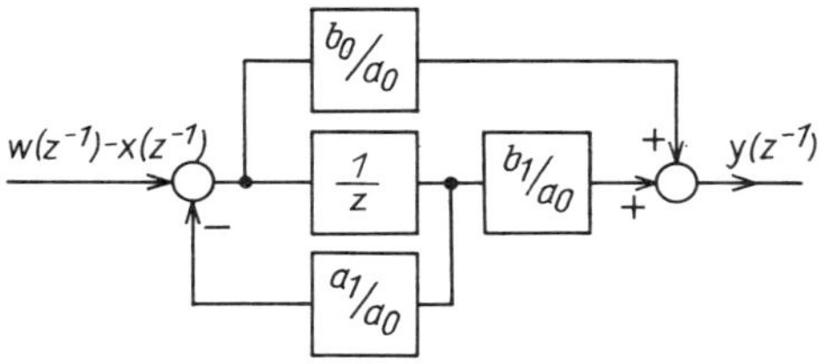

Bild 3.15. Signalflußplan des Reglers nach Beispiel 3.4

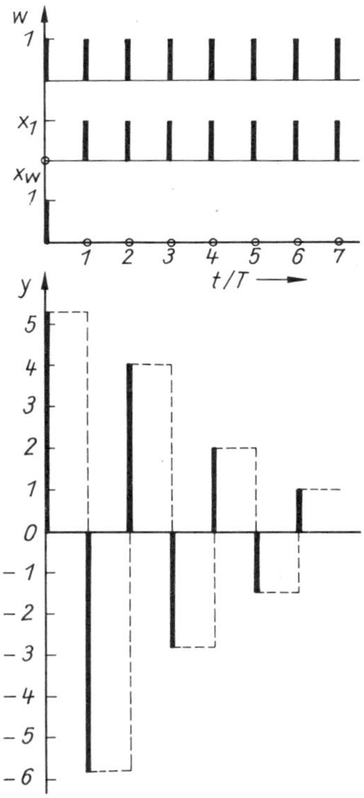

Bild 3.16. Verlauf der Regelabweichung $(w - x)$ und der Stellgröße y eines Dead-beat-Reglers

Berücksichtigt man beim Reglerentwurf die Forderung, daß die Stellgröße nicht schwingen soll, nachdem Gleichheit von Führungsgröße und Regelgröße erreicht wurde, werden nach (3.65) zwei Abtastschritte benötigt. Es ergibt sich

$c_0 = 1$ (grundsätzlich immer für nicht sprungfähige Regelstrecken)

$$c_1 = \frac{1 - 2\lambda}{1 - \lambda} = 0{,}41$$

$$V_R = \frac{1}{V_s T\,(1 - \lambda)} = 3{,}18.$$

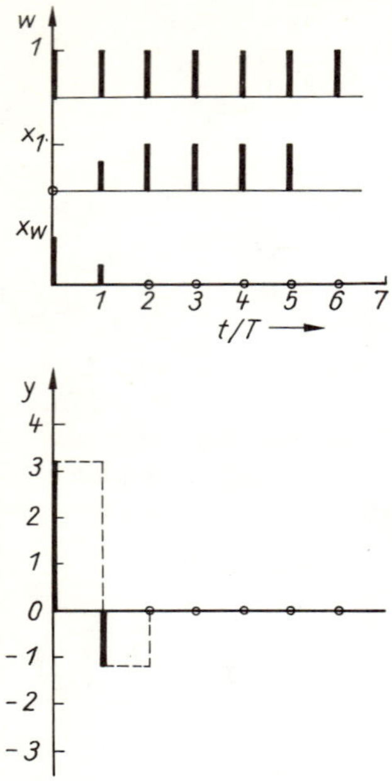

Bild 3.17
Verlauf der Regelabweichung (w − x) und der Stellgröße y eines Reglers entsprechend der Minimalform für endliche Einstellzeit

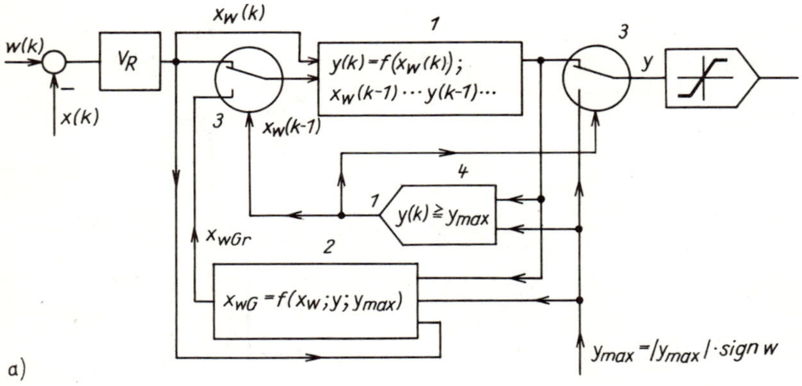

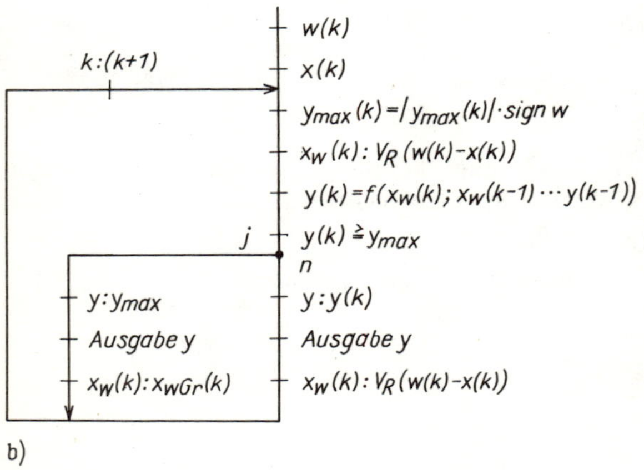

Bild 3.18
Strukturumschaltbarer Regler mit Stellgrößenbegrenzung
a) Blockdarstellung
b) Programmablaufplan

Die Minimalform des Reglers ergibt sich damit zu

$$G_R(z^{-1}) = \frac{V_R\left(1 - \frac{1}{z}\right)\left(1 - \frac{\lambda}{z}\right)}{(1 - z^{-1})\,(c_0 + c_1 z^{-1})}.$$

Auch dieser Regler entspricht der Normalform (3.62) und wird durch Bild 3.15 beschrieben. Die Koeffizienten sind

$$b_0 = 1, \qquad b_1 = -\lambda = -0{,}37$$
$$a_0 = V_s T\,(1 - \lambda) = 0{,}315$$
$$a_1 = V_s T\,(1 - 2\lambda) = 0{,}13.$$

Der zeitliche Verlauf der charakteristischen Signale wurde im Bild 3.17 angegeben. Die Stellgröße hat nur eine positive und eine negative Amplitude. Sie wird für $w = x$, d.h. nach zwei Abtastschritten, zu Null. Die maximale Amplitude beträgt 3,2. Diese Reglereinstellung ist sehr günstig. Eine weitere Verlangsamung des Regelvorgangs durch Einführen weiterer Schritte Δm erscheint nicht notwendig.

3.5. Reglerentwurf unter Berücksichtigung einer Stellgrößenbegrenzung

Das dem Regler nachgeschaltete Stellglied bzw. der nachgeschaltete D/A-Wandler hat einen begrenzten Proportionalbereich. Bei großen Änderungen des Eingangssignals bestimmt die Stellgrößenbegrenzung die Dynamik des Systems. Minimale Einstellzeit bei maximaler Ausnutzung des zulässigen Stellbereichs gewährleistet ein Regler mit umschaltbarer Struktur (Bild 3.18). Die Übertragungsfunktion des linearen Reglers entspricht einem allgemeinen Regler für endliche Einstellzeit entsprechend Abschnitt 3.4.

$$G_R(z) = \frac{y(z^{-1})}{w(z) - x(z)} = \frac{V_R\,(1 + b_1 z^{-1} + \ldots + b_p z^{-p})}{(1 - z^{-1})\,(1 + c_1 z^{-1} + c \ldots + c_q z^{-q})} \tag{3.68}$$

Der Mikrorechner realisiert die Gleichungen

$$x_w(k) = V_R\,(w(k) - x(k)) \tag{3.69}$$

$$y(k) = -c_1 y\,(k-1) + \ldots - c_q y\,(k-q) + x_w(k) + S(k). \tag{3.70}$$

Zur Vereinfachung des zu berechnenden Algorithmus wird die Differenz $w(k) - x(k)$ bereits mit dem Verstärkungsfaktor des Reglers multipliziert. $S(k)$ ist eine Hilfsfunktion, die als interne Summe gebildet wird

$$S(k) = S\,(k-1) + (1 + b_1)\,x_w\,(k-1) + b_2 x_w\,(k-2) + \ldots + b_p x_w\,(k-p). \tag{3.71}$$

Dem Rechner wird ferner ein einseitiger Grenzwert $y_{max} = |y_{max}|$ sign w vorgegeben, der der Begrenzung des nachgeschalteten Stellgliedes entspricht. Die Begrenzung kann arbeitspunktabhängig gesteuert werden.

Solange die Ausgangsgröße des Reglers $y(k)$ kleiner als der Grenzwert y_{max} ist, wird $y(k)$ ausgegeben; der Regler arbeitet auf endliche Einstellzeit. Erreicht $y(k) = y_{max}$, erfolgt eine Strukturumschaltung. Als Ausgangsgröße wird y_{max} ausgegeben. Um ein unzulässiges Überschwingen von $y(k)$ zu vermeiden, das die Ausregelzeit unerwünscht verlängern würde, erfolgt auch eine Umschaltung der bewerteten Regelabweichung x_w. Als Eingangsgröße des Reglers wirkt jetzt

$$x_{w\,grenz}(k) = x_w(k) + y_{max} - y(k). \tag{3.72}$$

Wird nun, von größeren Werten kommend, $y(k) = y_{max}$, dann ist auch $x_{w\,grenz}(k) = x_w(k)$, und alle inneren Register des Reglers haben einen dementsprechenden Wert. Deshalb schließt sich an den Abschnitt mit begrenzter Stellgröße ein Abschnitt an, in dem die Regelabweichung in endlicher Einstellzeit zu Null wird. Bild 2.10 veranschaulicht den Verlauf charakteristischer Signale. Die Übergangsfunktion der Regelgröße x verläuft sowohl im linearen Bereich des Reglers als auch im Bereich mit Stellgrößenbegrenzung zeitoptimal.

3.6. Berechnung und Entwurf mehrschleifiger Regelstrukturen

Die bekannte Kaskadenstruktur der Regelung wird wegen ihrer Übersichtlichkeit und wegen ihrer guten Eigenschaften bei kleinen und großen Signaländerungen auch für digitale Regelungen vorzugsweise eingesetzt. In jeder Regelschleife erfolgt eine Abtastung der Führungsgröße und der Regelgröße bzw. zusammengefaßt eine Abtastung der Regelabweichung. Bei einigen Anwendungen stellt das Stellglied einen weiteren Taster im System dar. Die Arbeitsweise der Taster bestimmt das Verhalten der Regelung.
Ordnungsgemäße Arbeit der Signalverarbeitung ist nur gewährleistet, wenn alle Taster synchron arbeiten (Bild 3.19a). Unter Beachtung der Umformungsregeln für Signalflußpläne kann die Struktur auf eine einschleifige zurückgeführt werden.

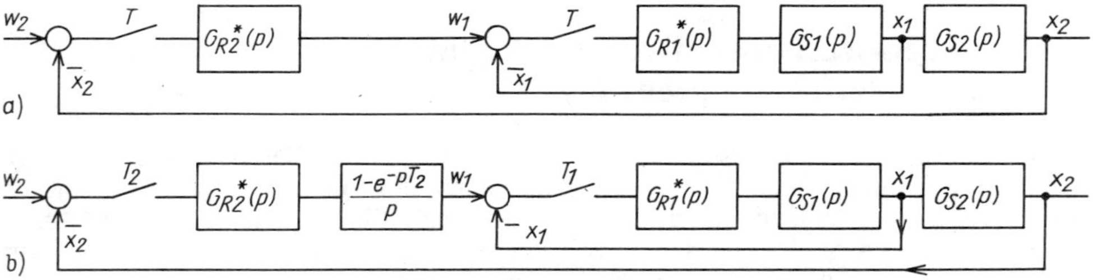

Bild 3.19. Kaskadenstruktur der Regelung
a) synchrone Arbeitsweise der Regler ($T_1 = T_2 = T$)
b) asynchrone Arbeitsweise der Regler ($T_1 = T_2$)

Sind die Regelschleifen durch ein Register entkoppelt, können die Taster der einzelnen Schleifen asynchron und auch mit unterschiedlicher Tastfrequenz arbeiten. Das Register arbeitet als Halteglied und stellt der unterlagerten Regelschleife zu jedem Zeitpunkt ein Führungssignal zur Verfügung (Bild 3.19b). Erfolgt die Abtastung synchron und mit gleicher Frequenz, hat das Halteglied die Übertragungsfunktion eins; die Struktur geht in die Variante a über. Allgemein sind die Abtastfrequenzen unterschiedlich; die innere Schleife arbeitet schneller als die überlagerte Schleife. Die relative Lage der Tastzeitpunkte unterliegt statistischen Gesetzmäßigkeiten; eine direkte Zusammenfassung der Regelschleifen ist nicht möglich. Die geschlossene innere Schleife stellt ein Glied der überlagerten Schleife dar; sie kann annähernd als Laufzeitglied mit der Laufzeit $T_L = mT_1$; $m = 1, 2, 3 \ldots$ betrachtet werden. Die Näherung, wonach die Laufzeit gleich der Abtastzeit der überlagerten Schleife ist ($T_L = T_2$), erfaßt meist den ungünstigsten Fall und ermöglicht eine einfache Berechnung der überlagerten Schleife.

4. Steuerung von Bewegungsabläufen mit kontinuierlichen und diskontinuierlichen Antrieben

4.1. Steuerung und digitale Drehzahlregelung analog-kontinuierlicher Antriebe

Stellantriebe für Werkzeugmaschinen und Roboter in der metallurgischen Industrie und für andere Aufgaben der Automatisierungstechnik sind vorzugsweise Gleichstromantriebe, die mit einem Thyristor- oder Transistorsteller in Verbindung mit einer analogen Strom- und Drehzahlregelung eine kompakte Funktionseinheit bilden. Eine überlagerte digitale Lage- und Drehzahlregelung ermöglicht die Führung des Bewegungsablaufs mit der geforderten Genauigkeit und eindeutigen Reproduzierbarkeit entsprechend einer vorgegebenen Führungsgröße (Bild 4.1).

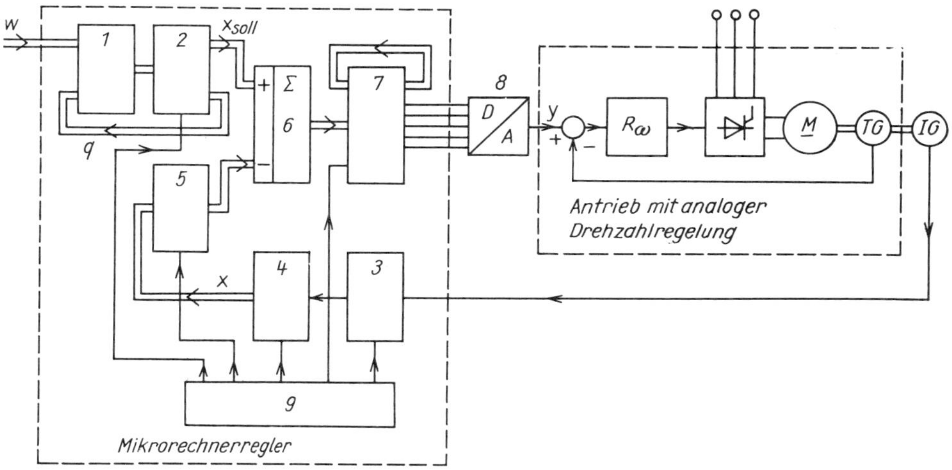

Bild 4.1. Digitale Regelung eines Antriebs mit unterlagerter analoger Drehzahlregelung

1 Programmspeicher; *2* Programmsteuerung; *3* Auswerteelektronik zum Impulsgeber; *4* Impulszähler; *5* Istwertregister; *6* Summierschaltung; *7* Integrationsregister; *8* Digital-Analog-Wandler; *9* Taktsteuerung

Der aktuelle Wert der Führungsgröße x_{soll} wird von einem Programmgeber (*1*) in Verbindung mit einer Programmsteuerung (*2*) vorgegeben. Er ist eine Funktion der externen Führungsgröße w und des vorangegangenen Zustands q der Führungsgrößenvorgabe (sequentieller Automat). Er wird gesteuert in Abhängigkeit von der Zeit oder auch in Abhängigkeit von Grenzwerten der Regelgröße oder Stellgröße.
Der aktuelle Wert der Regelgröße x wird von einem Impulsgeber erfaßt und, über eine Auswerteelektronik (*3*) und einen Impulszähler (*4*) getaktet, als digitales Signal angeboten (vgl. Abschn. 1) und in einem Istwertregister (*5*) gespeichert. Ein Rechner bildet im Taktrhythmus T die Regelabweichung $x_w(k) = x_{soll}(k) - x(k)$. Anschließend wird die Stellgröße y aus der Regelabweichung x_w berechnet. Im einfachsten Fall erfolgt ein Aufsummieren der Regelabweichung unter Berücksichtigung eines Bewertungsfaktors k_x

$$y(k) = y\,(k-1) + k_x\,(x_s(k) - x(k)). \tag{4.1}$$

Die Regelung hat dann den Charakter einer Proportionalregelung der Lage bzw. den Charakter einer Integralregelung der Drehzahl. Die Stellgröße y wird in einem Ausgangsregister gehalten und über einen Digital-Analog-Wandler ausgegeben. Sie dient als Führungsgröße der analogen Drehzahlregelung. Die Breite des Ausgangsregisters ist so festzulegen, daß in jedem Fall das Integral der Regelabweichung aufgenommen werden kann. Ein „Überlaufen“ des Registers würde bei Lageregelungen einen bleibenden Lagefehler zur Folge haben. Die auszugebende Stellgröße muß entsprechend der Breite des D/A-Wandlers auf y_{max} begrenzt werden. Der Programmablaufplan im Bild 4.2 beschreibt die Arbeitsweise des digitalen Reglers. Regelstrecke der digitalen Regelschleife ist der geschlossene analoge Drehzahlregelkreis, dem annähernd die kontinuierliche Übertragungsfunktion

$$G_{g\omega} = \frac{k_s}{1 + pT_s} \tag{4.2}$$

zuzuordnen ist. Allgemein wird es möglich sein, die Abtastzeit der digitalen Regelung so klein zu wählen, daß

$$T < 2T_s \tag{4.3}$$

gilt. Unter dieser Voraussetzung kann auch die digitale Schleife als quasikontinuierlich wirkend berechnet werden. Berücksichtigt man die abtastende Arbeitsweise durch die Laufzeit $T/2$ (vgl. Abschn. 3.1), tritt im Kreis die wirksame Summenzeitkonstante

$$T_\Sigma = T_s + T/2 \tag{4.4}$$

auf, die formal der Regelstrecke zugeordnet wird. Man kann dann den Signalflußplan nach Bild 4.3 für Winkelregelung bzw. für Drehzahlregelung angeben.

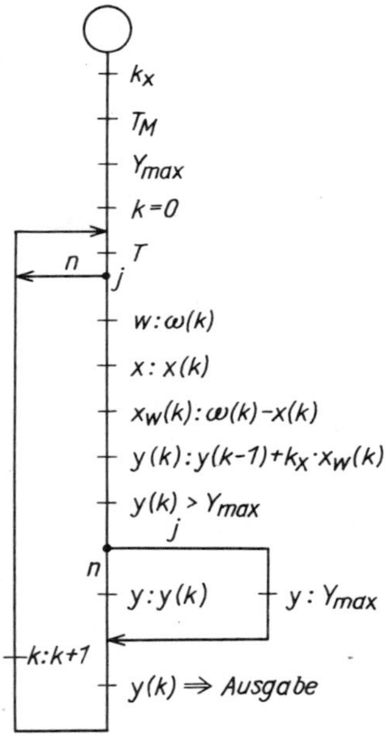

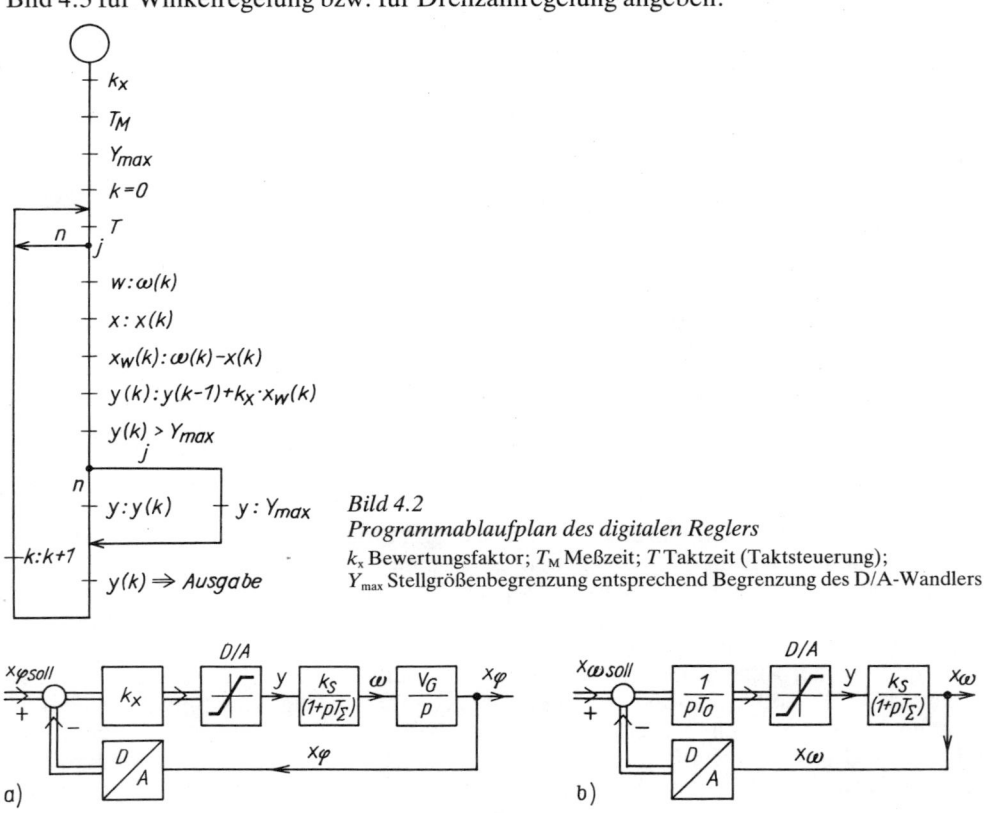

Bild 4.2
Programmablaufplan des digitalen Reglers
k_x Bewertungsfaktor; T_M Meßzeit; T Taktzeit (Taktsteuerung); Y_{max} Stellgrößenbegrenzung entsprechend Begrenzung des D/A-Wandlers

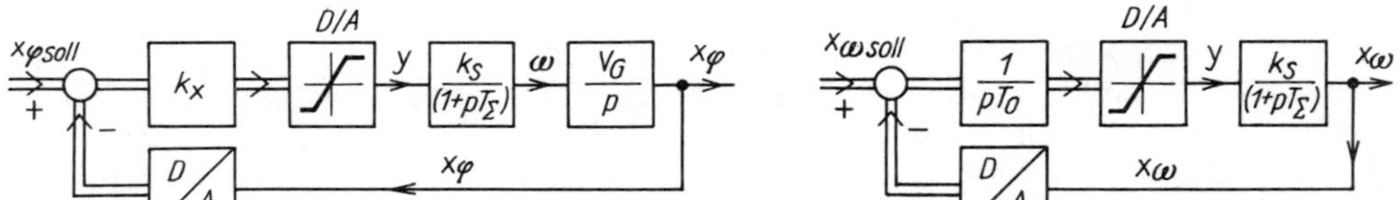

Bild 4.3. Signalflußplan der digitalen Regelung bei quasikontinuierlicher Betrachtung
a) Lageregelung; b) Drehzahlregelung

Der Verstärkungsfaktor des proportional wirkenden Lagereglers ergibt sich zu

$$k_x = \frac{\Delta y}{\Delta x_\varphi}, \tag{4.5}$$

wobei Δy und Δx_φ entweder als Impulsanzahl über eine Zeit T oder, dann unter Einschluß des D/A- und A/D-Wandlers, als entsprechende analoge Größe zu verstehen sind.
Die Zeitkonstante des integral wirkenden Drehzahlreglers ergibt sich für den Algorithmus nach (4.1) zu

$$T_0 = \frac{\Delta x_\omega}{\mathrm{d}y/\mathrm{d}t} \; \frac{\Delta x_\omega}{\dfrac{y(k) - y(k-1)}{T}} = \frac{\Delta x_\omega}{\dfrac{k_x \Delta x_\omega}{T}} = \frac{T}{k_x}. \tag{4.6}$$

Der Bewertungsfaktor k_x ist im Rechner zu programmieren.
Das Großsignalverhalten der Regelung wird durch die dominierende Begrenzung, meist die Begrenzung der vom D/A-Wandler ausgegebenen Stellgröße y auf $Y_{\max}$, bestimmt. Der Grenzwert der Stellgröße entspricht dem Maximalwert der Winkelgeschwindigkeit $\Omega_{\max}$ bzw. der maximal möglichen Verstellgeschwindigkeit des Winkels.
Das stationäre Verhalten der Regelung wird durch die Quantisierung des Informationsparameters der digitalen Signale bestimmt. Grundsätzlich entspricht die Quantisierung der Ausgangsgröße des analogen Drehzahlregelkreises der Quantisierung der Stellgröße. Es ist also das Auflösungsvermögen

$$\alpha_\omega = \alpha_y. \tag{4.7}$$

Es ist ferner der Istwert der Drehzahlregelung durch das Meßglied nur begrenzt auflösbar, gekennzeichnet durch das Auflösungsvermögen α_x. Das Systemverhalten wird dominierend durch die Quantisierung des gröber aufgelösten Signals bestimmt.
Die folgenden Überlegungen gehen davon aus, daß die Stellgröße y grob aufgelöst ist, die Messung der Regelgröße demgegenüber als analog zu betrachten ist. Es gilt dann der im Bild 4.4a angegebene Signalflußplan. Man erhält jedoch auch dieselben Ergebnisse für eine grob aufgelöste Istwertmessung und praktisch analog einstellbare Stellgröße.

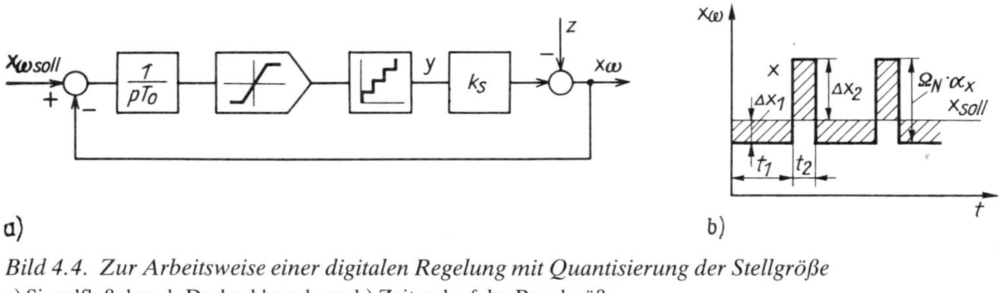

Bild 4.4. Zur Arbeitsweise einer digitalen Regelung mit Quantisierung der Stellgröße
a) Signalflußplan als Drehzahlregelung; b) Zeitverlauf der Regelgröße

Im Fall einer störgrößenfreien Regelung entspricht die Regelgröße x_ω genau der Stellgröße y und ist in den gleichen Stufen verstellbar. Tritt eine von der unterlagerten analogen Schleife nicht vollständig unterdrückte Reststörgröße z auf, weicht die Regelgröße x von der Führungsgröße x_{soll} ab, ist z.B. um Δx_1 zu klein. Diese Abweichung führt über den integrierenden Regler nach der Zeit t_1 dazu, daß die Stellgröße y um einen Schritt ansteigt und damit auch die Regelgröße x um einen Schritt $\Omega_N \alpha_x$ ansteigt. Dadurch ist nun die Regelgröße um Δx_2 zu groß. Nach der Zeit t_2 ändert sich die Regelgröße um $\alpha_x \Omega_N$ im umgekehrten Sinne. Es ergeben sich periodische Schwankungen der Regelgröße. Die doppelte Amplitude ist $\alpha_x \Omega_N$, wird also durch das Auflösungsvermögen der Stellgröße $\alpha_y = \alpha_x$ bestimmt. Der Mittelwert der Regelgröße entspricht exakt der Führungsgröße. Die Periodendauer $T = t_1 + t_2$ hängt von der Störgröße z ab. Sie erreicht ihr Minimum für

$$\Delta x_1 = \Delta x_2 = 1/2\alpha_x \Omega_N \tag{4.8}$$

und beträgt dann

$$T = 4T_0.$$

Die Wahl des Auflösungsvermögens der Stellgröße und der Regelgröße hängt von der konkreten Aufgabenstellung ab. Im allgemeinen ist $\alpha_y = \alpha_x = 1/1000 \ldots 1/4000$ als ausreichend anzusehen. Bei Positionierantrieben ist zu bedenken, daß sich die Drehzahlschwankungen unmittelbar als Ungleichförmigkeit der Positionierbewegung auswirken. Von daher kann ein höheres Auflösungsvermögen notwendig sein. Allgemein werden Drehzahlregelungen mit 16-Bit-Wortbreite realisiert. Nutzt man 14 Bit für die Darstellung des Informationsparameters (dazu ein Richtungsbit und ein Kontrollbit), ist das Auflösungsvermögen im Normalfall ausreichend. Ein entsprechend hoch auflösender Digital-Analog-Wandler für die Stellgröße ist notwendig.
Die Positioniergenauigkeit der Lageregelung wird zunächst durch das Auflösungsvermögen der Lagemessung bestimmt. Der Regler wird etwa entsprechend dem aperiodischen Grenzfall eingestellt, so daß kein Überschwingen auftritt. Verfälschungen des Positioniervorganges treten auf, wenn die dem Motor nachgeschalteten mechanischen Übertragungsglieder spielbehaftet sind. Durch Aufschalten einer drehrichtungsabhängigen Korrekturgröße kann softwaremäßig eine einstellbare Spielkompensation realisiert werden [4.10].

Beispiel 4.1. Dimensionierung einer digitalen Zusatzregelung

Eine digitale Zusatzregelung nach Bild 4.1 arbeitet sowohl als Lage- wie auch als hochgenaue Drehzahlregelung. Eine Führungsgrößensteuerung gibt, getaktet mit einer Abtastzeit von $T = 6\,\text{ms}$, den Drehzahl-Sollwert $x_{\Omega\text{soll}}(t)$ vor. Das zeitliche Integral des Drehzahl-Sollwertes ist als Winkel-Sollwert zu verstehen.

$$x_{\varphi\text{soll}}(t) = \int_t x_{\Omega\text{soll}}(t)\,\mathrm{d}t = \sum_t x^*_{\Omega\text{soll}}(t)\;T \tag{4.9}$$

Als Meßglied dient ein Impulsgeber, der in Verbindung mit einer Auswerteelektronik 10000 Impulse je Umdrehung abgibt. Diese werden in einen Zähler eingezählt und ebenfalls mit einer Abtastzeit $T = 6\,\text{ms}$ abgetastet. Es ist also die Abtastzeit T gleich der Meßzeit T_M. Ein Impulsverlust tritt in der Schaltung nicht auf. Dementsprechend ist die Summe der abgetasteten Drehzahl-Istwerte gleich dem Lage-Istwert

$$x_\varphi(t) = \int_t x_\Omega(t)\,\mathrm{d}t = \sum_t x^*_\Omega(t)\;T. \tag{4.10}$$

Die Nenndrehzahl des Motors ist $n_N = 1500\,\text{min}^{-1}$.
Das Istwertsignal hat bei Nenndrehzahl eine Pulsfrequenz von

$$10000 \cdot \frac{1500\,\dfrac{1}{\text{min}}}{60\,\dfrac{\text{s}}{\text{min}}} = 250000\,\text{s}^{-1}.$$

Die Auswerteelektronik ist dafür auszulegen. Dem entspricht ein Nennwert des Drehzahl-Istwertes

$$x_{\omega N} = 250000 \cdot 1/\text{s} \cdot 6 \cdot 10^{-3}\,\text{s} = 1500.$$

Das Auflösungsvermögen der Drehzahl ist

$$\alpha_N = \frac{1}{1500}.$$

Die Drehzahl kann also auf eine Umdrehung je Minute aufgelöst werden. Unter Berücksichtigung von Störeinflüssen ist die Drehzahl um eine Umdrehung je Minute unsicher. Die Führungsgröße der Drehzahl muß mit gleichem Auflösungsvermögen vorgegeben werden:

$$\alpha_{\omega\,\mathrm{soll}} = \frac{1}{1500}.$$

Die Stellgröße y als Führungsgröße des unterlagerten analogen Kreises muß mindestens mit diesem Auflösungsvermögen vorgegeben werden. Ein D/A-Wandler mit 10-Bit-Wortbreite am Ausgang des digitalen Reglers ist nicht ausreichend. Es wird ein D/A-Wandler mit 12-Bit-Wortbreite eingesetzt. Die Stellgröße y ist dann gegenüber der Meßgröße x_Ω hoch aufgelöst. Der Nennwert der Stellgröße y_N (z. B. 10 V) entspricht dem Nennwert des Drehzahl-Istwertes Ω_N.

Die Positioniergenauigkeit ergibt sich aus dem Auflösungsvermögen des Lagemeßglieds. Sie ist im vorliegenden Beispiel 1/10000 Umdrehung, d. h. 0,036 Winkelgrad, bezogen auf die Welle des Meßglieds. Das Anfahren der Zielposition erfolgt mit einer Geschwindigkeit, die, in Abhängigkeit von stochastischen Störeinflüssen, um eine Umdrehung je Minute schwankt.

Für die Regelung gilt der Signalflußplan nach Bild 4.3. Nimmt man an, daß der unterlagerte analoge Drehzahlregelkreis durch eine Restzeitkonstante $T_\mathrm{s} = 7\,\mathrm{ms}$ gekennzeichnet ist, beträgt die wirksame Summenzeitkonstante mit (4.4)

$$T_\Sigma = 10\,\mathrm{ms}.$$

Bei Anwendung eines 12-Bit-D/A-Wandlers ist der Nennwert der Stellgröße

$$y_\mathrm{N} = 2^{12} = 4096.$$

Dem entspricht der Nennwert der Regelgröße

$$x_{\omega\mathrm{N}} = 1500.$$

Der Verstärkungsfaktor der Regelstrecke unter Einschluß des A/D- und D/A-Wandlers ist damit

$$k_\mathrm{s} = \frac{1500}{4096} = 0{,}366.$$

Entsprechend dem Betragsoptimum ist

$$T_0 = 2 T_\Sigma k_\mathrm{s} = 0{,}00733\,\mathrm{s}.$$

Mit (4.6) folgt daraus der Verstärkungsfaktor des Reglers zu

$$k_x = \frac{T}{T_0} = \frac{0{,}006}{0{,}00733} = 0{,}82.$$

Dieser Wert muß im Programmablaufplan nach Bild 4.2 vorgegeben werden. Praktisch ist eine Einstellbarkeit des Parameters k_x vorzusehen. Die endgültige Einstellung erfolgt bei der Inbetriebnahme unter Berücksichtigung der realen Eigenschaften der Regelstrecke.

Zur Bestimmung der notwendigen Breite des Ausgangsregisters des digitalen Reglers dient folgende Abschätzung: Während des Anlaufs des drehzahlgeregelten Antriebs steht die Führungsgröße entsprechend der Nenndrehzahl ständig an: $x_\mathrm{SN} = 1500$. Die Regelgröße steigt während der Anlaufzeit $T_\mathrm{A} = 3\,\mathrm{s}$ zeitproportional von Null bis auf x_N an. Ohne Begrenzung der Stellgröße y mit Rücksicht auf den nachgeschalteten D/A-Wandler erhält man am Ende des Anlaufvorgangs

$$y = k_x \sum_{k=0}^{T_\mathrm{A}/T} [x_\mathrm{s}(k) - x(k)] = k_x \sum_{k=0}^{T_\mathrm{A}/T} x_\mathrm{SN} \left[1 - \frac{k}{T_\mathrm{A} T}\right] = x_\mathrm{SN} \frac{T_\mathrm{A}}{T} \cdot \frac{1}{2} k_x \tag{4.11}$$

$$y = 0{,}82 \cdot 1500 \cdot 500 \cdot \frac{1}{2} = 310000 \lessapprox 2^{19}.$$

Das Ausgangsregister bzw. alle nach der Integration gelegenen Register müßten eine Wortbreite von 19 Bit, praktisch also von 32 Bit haben, damit kein Impulsverlust während des nichtstationären Betriebs auftritt. Für die Darstellung des Führungsgrößen- und Regelgrößensignals und für die Differenzbildung genügen 16-Bit-Wörter (einschließlich Vorzeichenbit und Prüfbit). Das gilt auch für inkrementale Lageregelungen. Absolute Lageregelungen mit einem hoch aufgelösten großen Verstellweg erfordern eine größere Wortbreite.

4.2. Steuerung von Schrittantrieben

Schrittantriebe ermöglichen die unmittelbare Umsetzung elektrischer Impulse in Winkelinkremente. Unter Berücksichtigung des Vorzeichensignals sign Δx werden die Eingangsimpulse c von einem sequentiellen Automaten, der als Impulsverteiler arbeitet, so in Ansteuersignale für die Wicklungsstränge des Motors umgesetzt, daß jedem elektrischen Impuls genau ein Winkelschritt entspricht. Der Schrittantrieb arbeitet inkremental, d. h., er realisiert Lageänderungen gegenüber einer Ausgangsposition. Die jeweils geforderte Lageänderung x_{soll} wird von einer Programmsteuerung (Bild 4.5) aus einem Programmspeicher abgeleitet. Sie wird vorzeichenrichtig in eine Zählstufe (*3*) eingeschrieben. Nach erfolgtem Startsignal werden Zählimpulse c so in den Zähler eingezählt, daß dieser auf Null zurückgestellt wird. Die Impulse c dienen gleichzeitig der Ansteuerung des Schrittantriebs und bewirken die Lageänderung x_i. Für $x_s = x_i$ stimmt der tatsächlich verstellte Weg mit der geforderten Sollwertverstellung überein. Der Einzählvorgang wird beendet und ein Stopsignal an die Programmsteuerung übergeben (Bild 4.6).

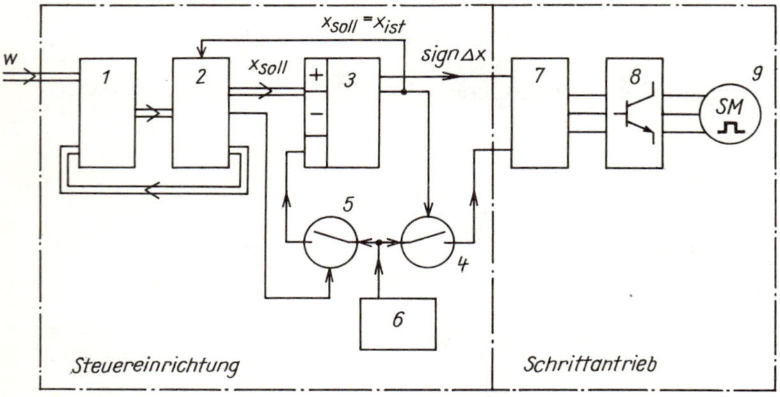

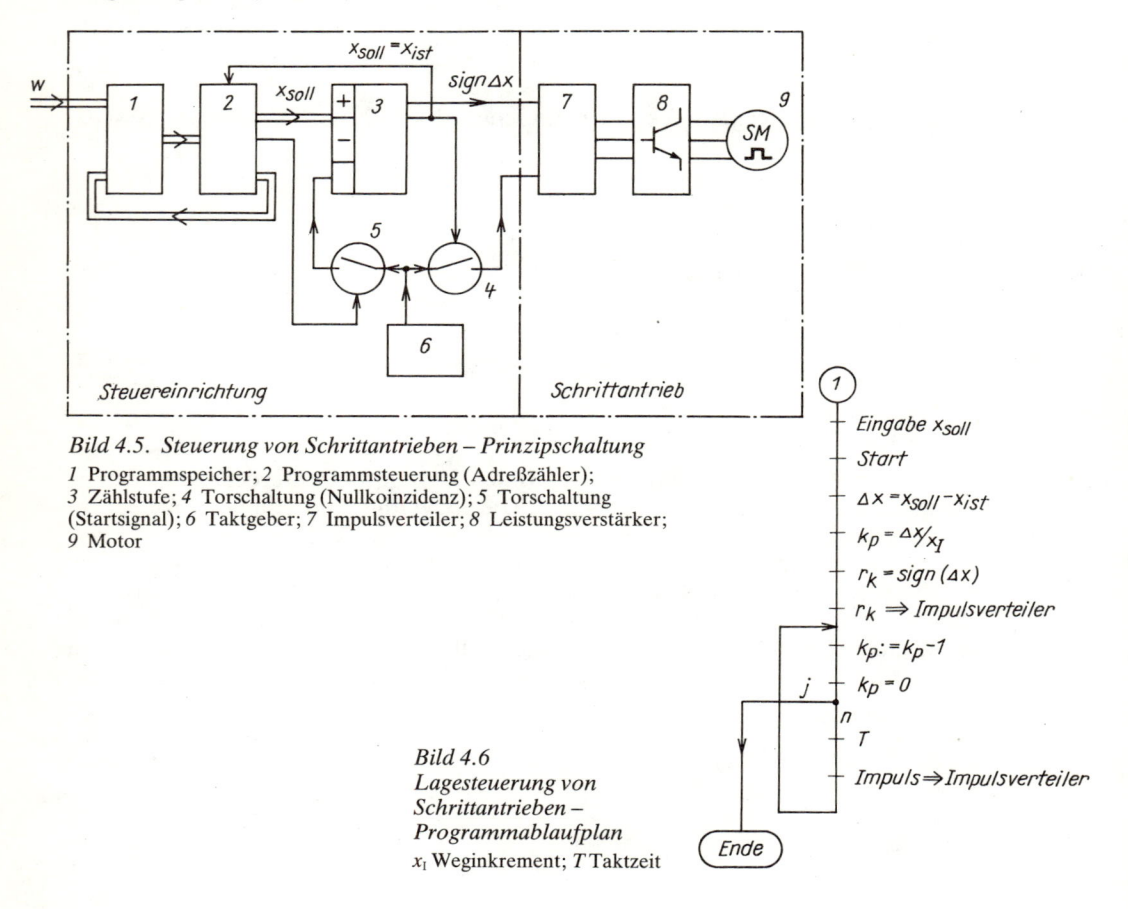

Bild 4.5. Steuerung von Schrittantrieben – Prinzipschaltung
1 Programmspeicher; *2* Programmsteuerung (Adreßzähler); *3* Zählstufe; *4* Torschaltung (Nullkoinzidenz); *5* Torschaltung (Startsignal); *6* Taktgeber; *7* Impulsverteiler; *8* Leistungsverstärker; *9* Motor

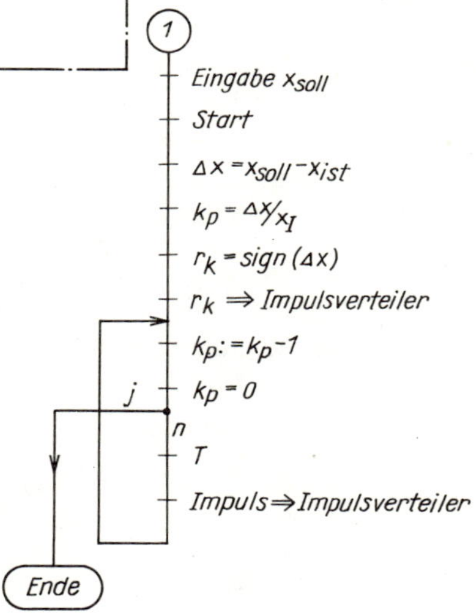

Bild 4.6
Lagesteuerung von Schrittantrieben – Programmablaufplan
x_I Weginkrement; T Taktzeit

Die Lagesteuerung hat den Charakter einer offenen Steuerkette. Bei richtiger Dimensionierung tritt kein Impulsverlust auf; ein Lagemeßglied ist nicht erforderlich. Wegen des einfachen Aufbaus und wegen der einfachen Steuerbarkeit stellen Schrittantriebe verglichen mit kontinuierlichen Stellantrieben ökonomisch günstige Lösungen dar. Jedoch unterliegen die technischen Parameter bestimmten Einschränkungen:

– Schrittmotoren sind für Drehmomente bis 50 ... 100 N · cm sinnvoll herstellbar. Für größere Drehmomente ergibt sich ein ungünstiges Masse-Leistungs-Verhältnis verglichen mit kontinuierlichen Antrieben.
– Schrittmotoren sind für Schrittwinkel von 1,8° bis 22,5° sinnvoll herstellbar. Für kleinere Schrittwinkel steigt der technologische Aufwand sehr stark an. Damit ergibt sich eine Auflösung von 200 Schritten, mit zusätzlicher elektronischer Schritteilung von 2000 bis 20000 Schritten je Umdrehung. Mit einem hochwertigen Lagemeßglied kann mit kontinuierlichen Gleichstromantrieben eine Auflösung von 10000 Inkrementen und mehr je Umdrehung erreicht werden.

Um elektromagnetische Ausgleichsvorgänge zu unterdrücken, werden Schrittmotoren vorzugsweise mit Stromeinprägung betrieben. Trotzdem sind die ohne Schrittverluste zu realisierenden Schrittfrequenzen begrenzt. Sie sind abhängig von der Beschleunigung des Motors und während des Anlauf- bzw. Bremsvorgangs wesentlich niedriger als im stationären Betrieb. Für

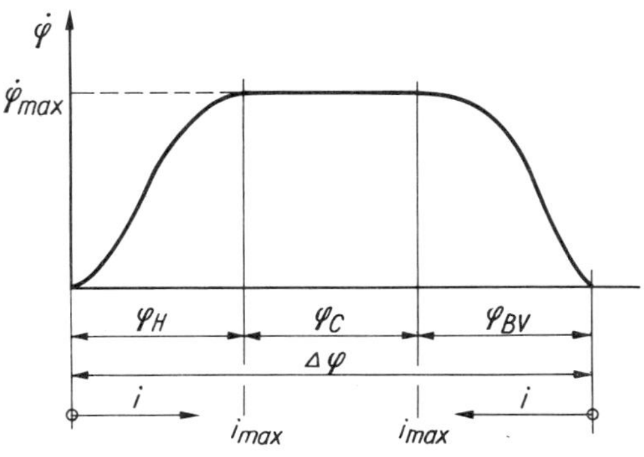

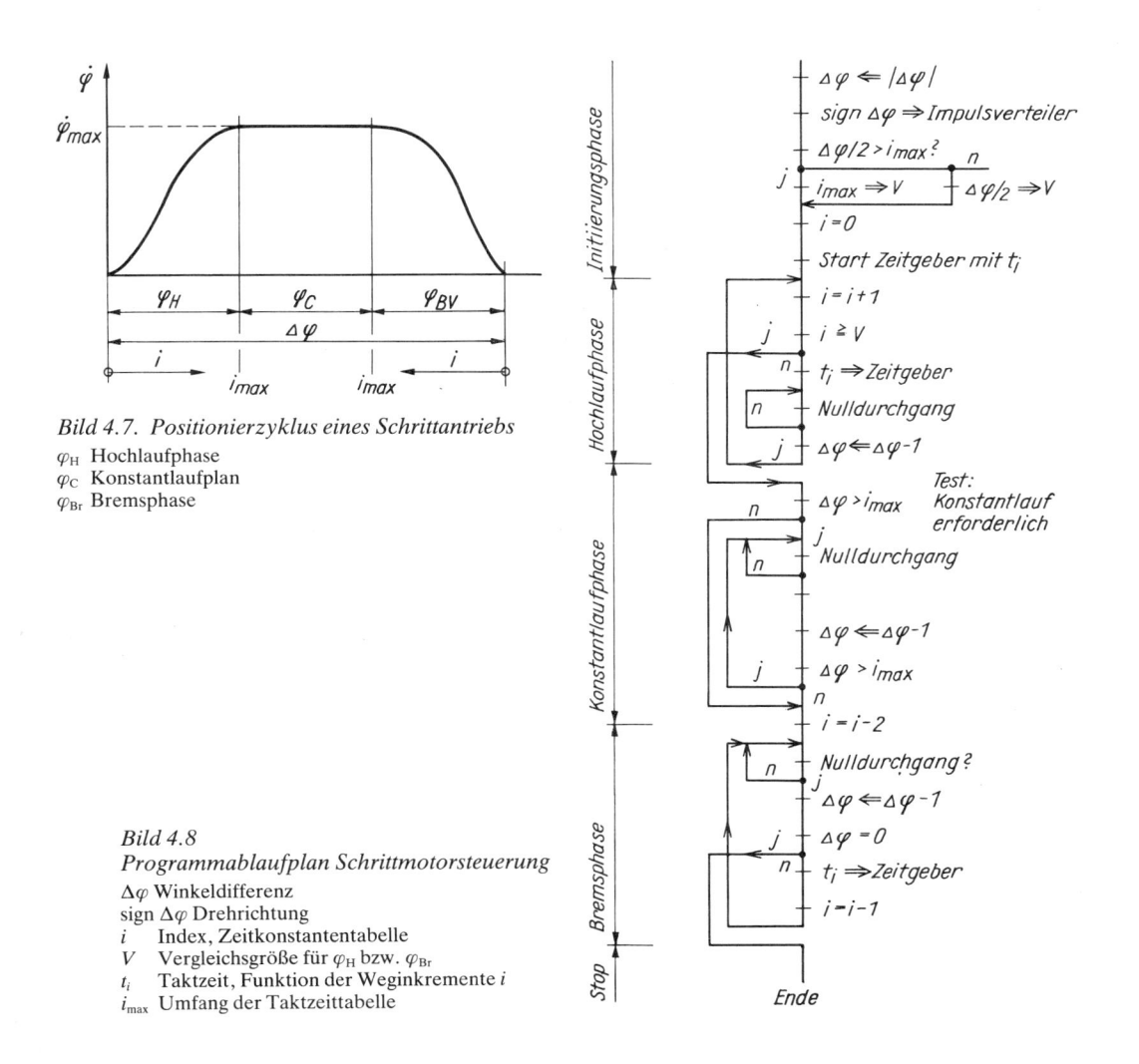

Bild 4.7. Positionierzyklus eines Schrittantriebs

φ_H Hochlaufphase
φ_C Konstantlaufplan
φ_{Br} Bremsphase

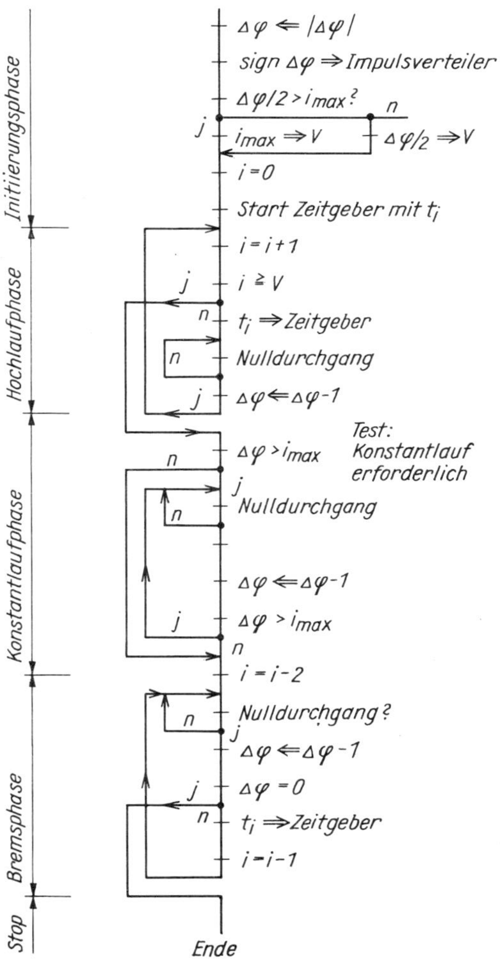

Bild 4.8
Programmablaufplan Schrittmotorsteuerung

$\Delta\varphi$ Winkeldifferenz
sign $\Delta\varphi$ Drehrichtung
i Index, Zeitkonstantentabelle
V Vergleichsgröße für φ_H bzw. φ_{Br}
t_i Taktzeit, Funktion der Weginkremente i
i_{max} Umfang der Taktzeittabelle

das Produkt aus Schrittfrequenz und Schrittwinkel wird nahezu unabhängig von der Baugröße angegeben
- für den stationären Betrieb 20000 Hz · grad
- für den Start-Stop-Betrieb 5000 Hz · grad.

Daraus kann abgeleitet werden, daß die maximale Stellgeschwindigkeit lagegeregelter Gleichstromantriebe bei gleicher Auflösung rund 5fach höher gegenüber Schrittantrieben ist. Schrittantriebe werden vorzugsweise im Bereich kleiner Drehmomente bei begrenzten Forderungen an Dynamik und Auflösungsvermögen eingesetzt [4.6]. Die Leistungsfähigkeit des Motors wird voll ausgenutzt, wenn die Schrittfrequenz (Taktfrequenz c) beschleunigungsabhängig, entsprechend den für den Motor zulässigen Werten, vorgegeben wird. Einfacher zu realisieren ist eine wegabhängige Frequenzsteuerung. Die Taktzeit $T = 1/c$ wird mit Hilfe eines programmierbaren Zeitgebers wegabhängig vorgegeben. Bild 4.7 veranschaulicht einen Positionierzyklus, bestehend aus Hochlaufphase, Stationärlaufphase und Bremsphase. Bild 4.8 zeigt den zugehörigen Programmablaufplan.

Beispiel 4.2. Spindelantrieb eines Kreuztisches

Ein Schrittmotor mit einer Winkelauflösung von 48 Schritten je Umdrehung treibt über eine Gewindespindel mit einer Steigerung $S = 1{,}2\,\text{mm/Umdrehung}$ die Achse eines Kreuztisches an. Die Wegverstellung kann auf

$$x_i = \frac{1{,}2\,\text{mm/Umdr.}}{48\,\text{Schritte/Umdr.}} = 0{,}025\,\text{mm/Schritt}$$

aufgelöst werden. Um einen maximalen Verfahrweg von 100 mm zu realisieren, sind 4000 Schritte notwendig. Der Schrittmotor hat eine maximale Start-Stop-Frequenz von 150 Hz. Die maximale Betriebsfrequenz beträgt 2000 Hz. Der Start-Stop-Frequenz entspricht eine maximale Verstellgeschwindigkeit von

$$V_{\max} = 0{,}025\,\frac{\text{mm}}{\text{Schritt}} \cdot 150\,\frac{\text{Schritte}}{\text{s}} = 3{,}75\,\frac{\text{mm}}{\text{s}}.$$

Auf die Ausnutzung der höheren Betriebsfrequenz wird im vorliegenden Beispiel verzichtet.

Die Führungsgröße für die Positionierung einer Achse muß mit einer Wortbreite von 12 Bit vorgegeben werden ($2^{12} = 4096$). Zusätzlich sind 1 Bit für das Start-Stop-Kommando und 1 Bit für die Richtungsvorgabe notwendig. Der Programmspeicher muß also eine Wortbreite von 14 Bit je Achse bereitstellen. Die Programmsteuerung, deren Kernstück ein Programmzähler ist, gewährleistet den Aufruf der jeweils benötigten Führungsgröße in Abhängigkeit vom erreichten Systemzustand ($x_{\text{soll}} = x_{\text{ist}}$). Die Umwandlung der Führungsgröße in eine Impulsfolge erfolgt durch eine Zählstufe (*3* im Bild 4.5). Die des Zählers muß 12 Bit betragen. Die Impulsfrequenz (maximal 150 Hz) wird vom Taktgeber *6* vorgegeben. Würde eine Erhöhung der Impulsfrequenz im stationären Betrieb gefordert, müßte die Impulsfrequenz des Taktgebers weg- oder zeitabhängig verstellt werden.

Eine Rechnerlösung der Ansteuerung führt gegenüber einer Hardwarelösung zu einer wesentlichen Einsparung an Bauelementen, Kontaktstellen, Bauvolumen und Energie.

4.3. Optimale Steuerung von Stellantrieben

Stellantriebe in Be- und Verarbeitungsmaschinen, in Robotern, zur Betätigung von Schiebern und Ventilen in chemischen Prozessen usw. haben die Aufgabe, bestimmte Aggregate aus einer Position x_0 in eine Position x_1 zu bewegen. Der als eindimensional vorausgesetzte Positioniervorgang soll optimal in bezug auf ein vorzugebendes Kriterium unter Beachtung systemeigener Begrenzungen verlaufen (Bild 4.9). Gefordert werden kann, einen Verstellweg $\Delta x = x_1 - x_0$ zu realisieren
- in kürzestmöglicher Zeit

- mit minimalen Verlusten im Leistungskreis
- mit minimaler Beanspruchung des mechanischen Übertragungssystems.

In Tafel 4.1 sind charakteristische Steuergesetze für Stellantriebe zusammengestellt und durch

$$\begin{aligned} &\text{die Beschleunigung } a(t), \\ &\text{die Geschwindigkeit } \quad v(t) = \int_t a(t)\,\mathrm{d}t \\ &\text{und den Weg} \quad x(t) = \int_t v(t)\,\mathrm{d}t \end{aligned} \tag{4.12}$$

gekennzeichnet. Es wurde einheitlich eine Zeit T zur Realisierung eines bestimmten Verstellweges Δx vorausgesetzt. Die Bewegung erfolgt zeitoptimal, d.h. in kürzestmöglicher Zeit bei

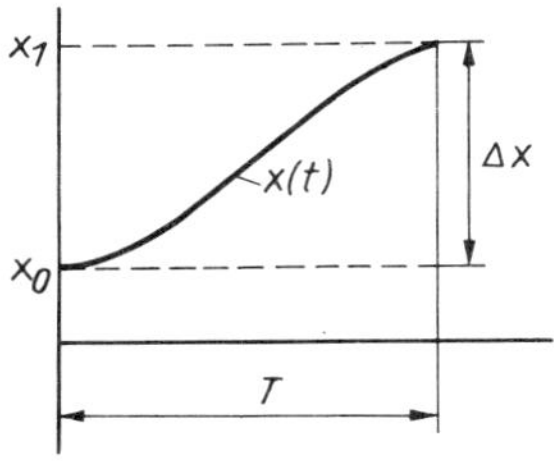

Bild 4.9
Eindimensionaler Positioniervorgang

gegebener Grenzbeschleunigung a_{max}, wenn der Antrieb bis zum Erreichen des halben Verstellweges $\Delta x/2$ maximal beschleunigt ($a = +a_{max}$), anschließend maximal verzögert wird (Spalte 1).[1])

$$\begin{aligned} a &= \pm a_{max} \\ v &= at \\ s &= at^2/2 \end{aligned} \tag{4.13}$$

In Tafel 4.1 sind die maximale Beschleunigung a_{max}, die Verlustarbeit bei einem Positioniervorgang Q, die maximale Änderung der Beschleunigung $\frac{\mathrm{d}a}{\mathrm{d}t}$/max und die maximale Geschwindigkeit V_{max} als bezogene Werte angegeben. Dabei dienen die Parameter des zeitoptimalen Bewegungsablaufs als Bezugswerte.

Ein verlustoptimaler Bewegungsablauf (Spalte 2) ergibt sich für

$$\begin{aligned} a &= a_{max}\,\frac{T-2t}{T} \;{}^{1)} \\ v &= a_{max}t - a_{max}\,\frac{t^2}{T} \\ s &= a_{max}\,\frac{t^2}{2} - a_{max}\,\frac{t^3}{T}\cdot\frac{1}{3}. \end{aligned} \tag{4.14}$$

Es tritt die 1,5fache Maximalbeschleunigung verglichen mit Fall 1 auf. Die Verlustarbeit sinkt auf 75%.

Einen Kompromiß zwischen zeitoptimaler und verlustoptimaler Steuerung stellt der Bewegungsablauf nach einer harmonischen Sinoide dar (Spalte 3). Es gilt

$$\begin{aligned} a &= a_{max}\cos\pi\,\frac{t}{T} \\ v &= a_{max}\,\frac{T}{\pi}\sin\pi\,\frac{t}{T} \\ s &= a_{max}\,\frac{T^2}{\pi^2}\left(1-\cos\pi\,\frac{t}{T}\right). \end{aligned} \tag{4.15}$$

[1]) Diese Ergebnisse können mathematisch mit Hilfe einer Extremwertrechnung gewonnen werden.

Tafel 4.1. Steuergesetze für Stellantriebe

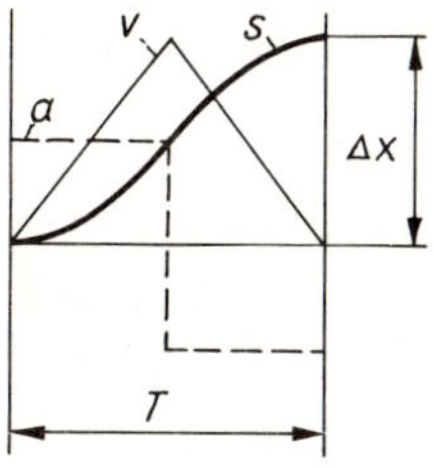	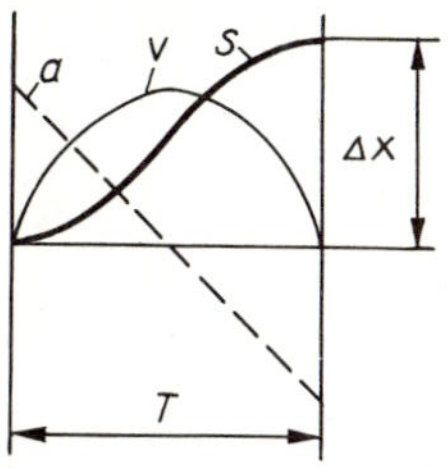	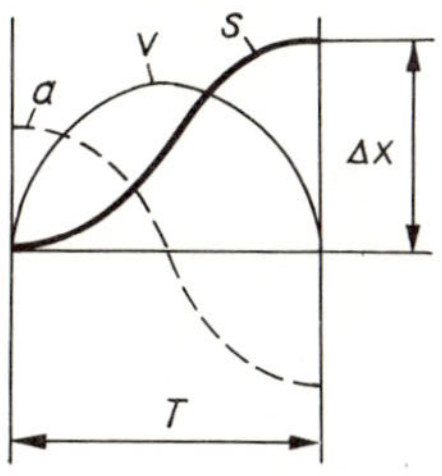	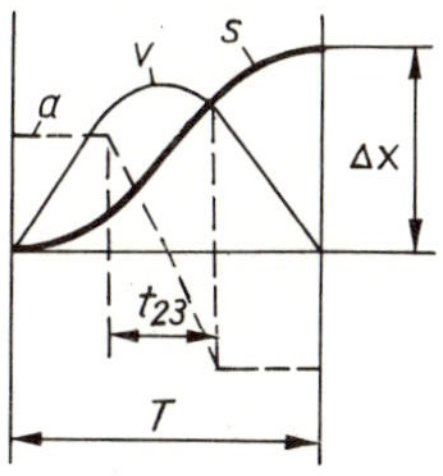	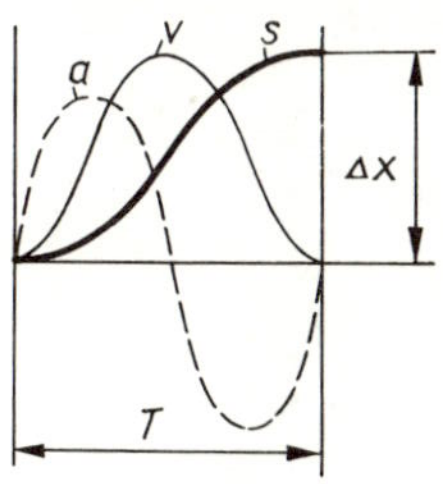	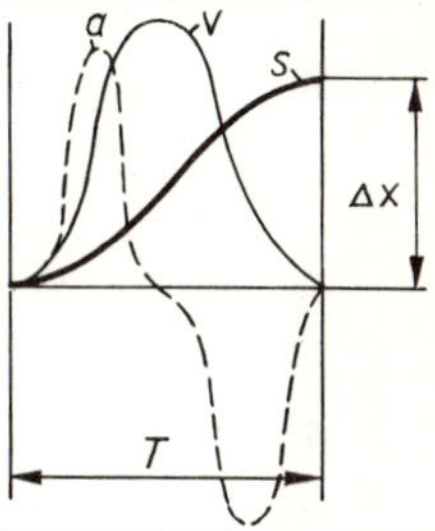
$\frac{a_{max}}{a_1} = 1$	$\frac{a_{max}}{a_1} = 1{,}5$	$\frac{a_{max}}{a_1} = 1{,}23$	$\frac{a_{max}}{a_1} = 1{,}05$	$\frac{a_{max}}{a_1} = 1{,}57$	$\frac{a_{max}}{a_1} = 2{,}31$
$\frac{Q}{Q_1} = 1$	$\frac{Q}{Q_1} = 0{,}75$	$\frac{Q}{Q_1} = 0{,}85$	$\frac{Q}{Q_1} = 0{,}82$	$\frac{Q}{Q_1} = 1{,}23$	
$\frac{\mathrm{d}a}{\mathrm{d}t/\max} = \infty$	$\frac{\mathrm{d}a}{\mathrm{d}t/\max} = \infty$	$\frac{\mathrm{d}a}{\mathrm{d}t/\max} = \infty$	$\frac{\mathrm{d}a}{\mathrm{d}t/\max} = \infty$	$\frac{\mathrm{d}a}{\mathrm{d}t/\max} =$ endlich	$\frac{\mathrm{d}^2a}{\mathrm{d}t^2/\max} =$ endlich
$\frac{V_{max}}{V_1} = 1$	$\frac{V_{max}}{V_1} = 0{,}75$	$\frac{V_{max}}{V_1} = 0{,}78$	$\frac{V_{max}}{V_1} = 0{,}85$	$\frac{V_{max}}{V_1} = 1$	$\frac{V_{max}}{V_1} = 1{,}23$
zeitoptimal bei gegebenem a_{max} und V_{max}	verlustoptimal	harmonische Sinoide, Kompromiß zwischen 1 und 2	Trapezverlauf, ähnlich 3	Bestehorn-Sinoide	Biharmonische

Ähnlich, aber mit dem Rechner leichter zu realisieren, ist die Steuerung des Bewegungsablaufs nach einem Trapezgesetz. Die Beschleunigung wird zunächst konstant gehalten, im mittleren Abschnitt des Bewegungsablaufs zeitproportional verkleinert und schließlich auf dem negativen Grenzwert konstant gehalten. In Tafel 4.1 (Spalte 4) wurde dieser mittlere Abschnitt beispielsweise zu

$$t_{23}/T = 0{,}4$$

gewählt.
Alle bisher angegebenen Bewegungsabläufe schließen eine sprunghafte Änderung der Beschleunigung ein. Das erfordert eine sprunghafte Änderung des Drehmoments. Daraus ergeben sich hohe Beanspruchungen für das mechanische Übertragungssystem; ein elastisches mechanisches Übertragungssystem wird zu Schwingungen angeregt. Die Steuerung des Bewegungsablaufs nach einer Bestehorn-Sinoide vermeidet diesen Nachteil (Spalte 5). Es gilt

$$\begin{aligned} a &= a_{\max} \sin 2\pi t/T \\ v &= a_{\max} \frac{T}{2\pi} (1 - \cos 2\pi t/T) \\ s &= a_{\max} \frac{T}{2\pi} \left(t - \frac{T}{2\pi} \sin 2\pi \frac{t}{T}\right). \end{aligned} \tag{4.16}$$

Die Änderung der Beschleunigung $\mathrm{d}a/\mathrm{d}t$ ist stets endlich. Die Bewegung erfolgt ruckfrei. Der gesteuerte Bewegungsablauf ist gekennzeichnet durch die Frequenz $\omega_s = 2\pi/T$. Wenn die Eigenfrequenzen ω_e des mechanischen Systems mit dem Abstand höher sind als die Steuerfrequenz, d. h. für $\omega_e > \omega_s$, erfolgt keine Schwingungsanregung.
Dynamisch noch günstiger ist die Steuerung des Bewegungsablaufs nach einer biharmonischen Sinoide (Spalte 6) nach dem Gesetz

$$a = \frac{a_{\max}}{2} \left(1 - \cos \pi \cdot 4 \frac{t}{T}\right).$$

Die Änderung der Beschleunigung hat den endlichen Wert

$$\frac{\mathrm{d}a}{\mathrm{d}t} = a_{\max} \frac{2\pi}{T} \sin 4\pi \frac{t}{T},$$

der Ruck $\mathrm{d}a/\mathrm{d}t$ zur Zeit $t = 0$ ist 0. Nachteilig ist die hohe Maximalbeschleunigung, was einer schlechten Ausnutzung des Antriebs gleichkommt.

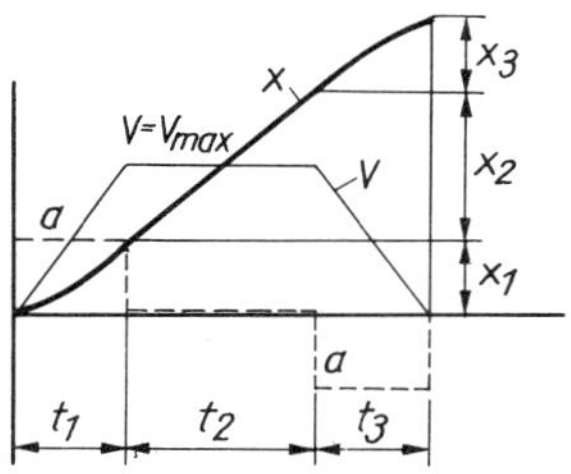

Bild 4.10
Zusammengesetzter Positioniervorgang mit zeitoptimaler Steuerung im Anfahr- und Bremsabschnitt

Zur Realisierung veränderlicher Verstellwege werden Anfahr- und Bremsabschnitte entsprechend den genannten optimalen Gesetzen mit einem Abschnitt konstanter Geschwindigkeit $V_{\max}$ kombiniert (Bild 4.10). Die Umschaltung des Steuergesetzes an den Bereichsgrenzen erfolgt in Abhängigkeit vom noch zu verstellenden Weg bzw. in Abhängigkeit von der Geschwindigkeit.
Der Rechnerregler hat die Aufgabe, die Stellgröße y der Regelstrecke als Funktion der Führungsgröße w so zu berechnen, daß der Bewegungsablauf entsprechend dem vorgesehenen optimalen Gesetz und unter Berücksichtigung der Begrenzungen der Regelstrecke gesteuert wird. Die den Zustand der Regelstrecke kennzeichnenden Größen, d. h. die Zustandsgrößen, müssen dem Regler zugeführt werden. Der Regler benötigt ferner eine Information über die

zulässigen Grenzwerte der Zustandsgröße $\boldsymbol{Q}$ und den Grenzwert der Stellgröße Y. Bei einem Stellantrieb entspricht die Stellgröße dem Strom i. Es wird vorausgesetzt, daß der Strom über das Stellglied trägheitsfrei verstellt werden kann. Er ist dem Drehmoment und bei vernachlässigbarem Widerstandsmoment auch der Beschleunigung a proportional. Der Strom wird durch eine elektronische Einrichtung begrenzt, $Y = I_{max}$. Zustandsgrößen des Antriebs sind $q_1 = v$ und $q_2 = x$. Sie bilden den Zustandsvektor $\boldsymbol{q}$ (Bild 4.11).

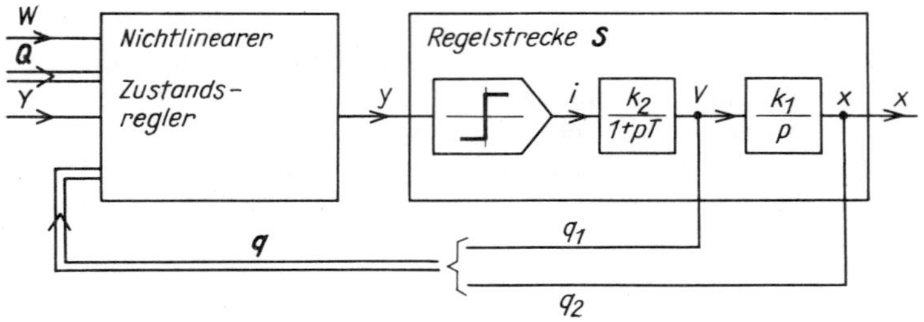

Bild 4.11. Optimale Steuerung eines Stellantriebs – Prinzip

Da reale Regelstrecken sowohl bezüglich ihrer Übertragungsfunktion als auch in bezug auf ihre Nichtlinearitäten und Begrenzungen z. T. erheblich von der idealisierten Beschreibung abweichen, bereitet es Schwierigkeiten, den vorausberechneten optimalen Vorgang wirklich zu erreichen. Günstiger ist dann eine Führungsgrößensteuerung nach Bild 4.12, bei der die Funktion der Führungsgrößenvorgabe und die Funktion der Regelung getrennt sind. Der Regler $\boldsymbol{R}$ gewährleistet die weitgehende Übereinstimmung des Vektors der Zustandsgrößen $\boldsymbol{q}$ mit dem Vektor der Steuergröße $\boldsymbol{u}$ im linearen Bereich der Regelstrecke. Im Fall eines Stellantriebs handelt es sich dabei um die Regelung der Drehzahl oder der Lage, die nach klassischen Verfahren zu optimieren ist (vgl. z. B. [1.7]). Die Steuereinrichtung $\boldsymbol{T}$ berechnet die Steuergröße $\boldsymbol{u}$ so, daß der gewünschte optimale Bewegungsablauf entsteht und dabei die Regelstrecke ihren Linearitätsbereich ausnutzt, aber nicht überschreitet. Die Steuereinrichtung benötigt dazu neben der Führungsgröße w die aktuellen Werte der Zustandsgrößen $\boldsymbol{q}$ sowie die Grenzwerte der Zustandsgrößen $\boldsymbol{Q}$ und der Stellgröße Y. Wenn eine direkte Messung der Zustandsgrößen nicht möglich oder nicht zweckmäßig ist, übernimmt ein Modell M der Regelstrecke die Bildung des Zustandsvektors (Modellfolgesteuerung). Die Regelstrecke wird mit Hilfe des Reglers $\boldsymbol{R}$ der Ausgangsgröße des Modells nachgeführt. Sie realisiert so den gewünschten optimalen Bewegungsablauf unabhängig von Parameterschwankungen und anderen störenden Einflüssen. Der Führungsgrößenrechner übernimmt die Funktion der Steuereinrichtung, des Modells und ganz oder teilweise auch die Funktion des Reglers.

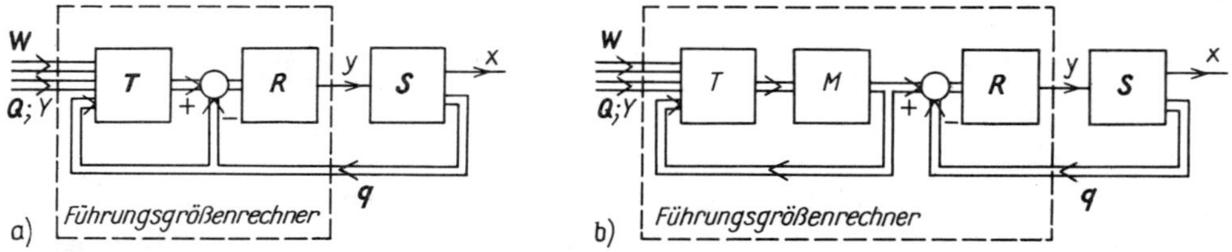

Bild 4.12. Führungsgrößensteuerung eines Stellantriebs

a) Ableitung der Zustandsgrößen aus dem Prozeß; b) Ableitung der Zustandsgrößen aus dem Prozeßmodell

Beispiel 4.3. Zeitoptimale Steuerung eines Stellantriebs

Es soll ein Führungsgrößenrechner entworfen werden, der für einen Stellantrieb die Führungsgröße w so vorgibt, daß dieser zeitoptimal in eine neue Zielposition einläuft. Der Stellantrieb wird annähernd als System 2. Ordnung mit Begrenzung der Stellgröße u beschrieben

(Bild 4.13). Die Zustandsgröße q_1 entspricht der Geschwindigkeit v; die Zustandsgröße q_2 entspricht dem Verstellweg x des Antriebs. Eine kombinierte Lage- und Drehzahlregelung gewährleistet ideales Führungsverhalten des Antriebs innerhalb des Linearitätsbereichs des Stellgliedes. Die Führungsgröße w entspricht genau der Regelgröße x, solange die Stellgliedbegrenzung nicht anspricht. Die Führungsgröße muß entsprechend vorgegeben werden.

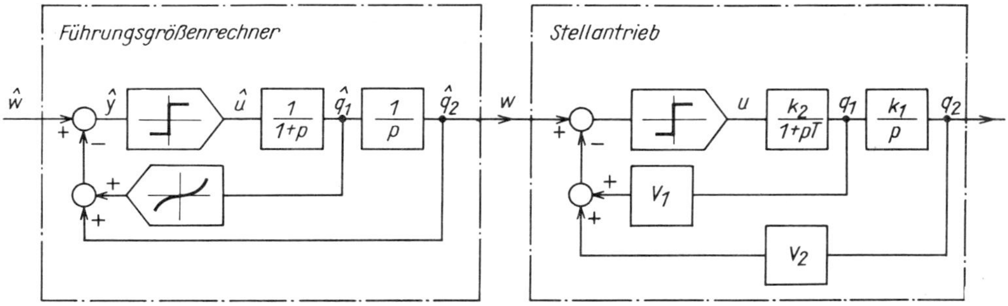

Bild 4.13. Signalflußplan eines Stellantriebs mit Führungsgrößenrechner
q Zustandsgrößen des Originalsystems; $\hat{q}$ Modellgrößen im Rechner

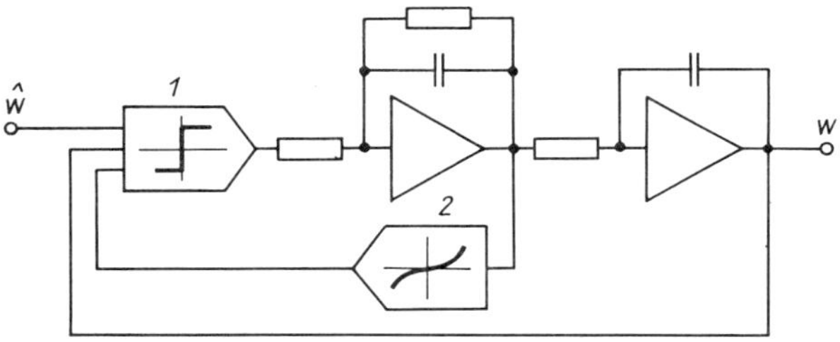

Bild 4.14
Analoge Realisierung des Führungsgrößenrechners
1 Nullwertschaltung (Trigger)
2 Analogfunktionsgeber

Der Führungsgrößenrechner enthält ein Modell der Regelstrecke und zugeordnet nichtlineare Rückführungen, die zur Realisierung des zeitoptimalen Verlaufs notwendig sind. Das Modell wird beschrieben durch die Zustandsgleichungen

$$\begin{aligned} \hat{y} &= \hat{w} - f(\hat{q}_1) - \hat{q}_2 \quad ^{1)} \\ \hat{u} &= 1 \quad \text{für} \quad \hat{y} > 0 \\ \hat{u} &= -1 \quad \text{für} \quad \hat{y} < 0 \\ \frac{d\hat{q}_1}{dt} &= -\hat{q}_1 + \hat{u} \\ \frac{d\hat{q}_2}{dt} &= \hat{q}_1 \\ w &= \hat{q}_2. \end{aligned} \tag{4.17}$$

Im Ergebnis der Berechnung einer optimalen Zustandsbahn ergibt sich (vgl. z. B. [1.7])

$$f(\hat{q}_1) = \hat{q}_1 - \ln(1 + [\hat{q}_1]) \operatorname{sign} \hat{q}_1. \tag{4.18}$$

Diese Funktion wird in einem Speicher hinterlegt.

Bild 4.14 zeigt zunächst eine analoge Realisierung des Führungsgrößenrechners. Zwei Operationsverstärker sind als Integratoren eingesetzt. Die Funktion $f(\hat{q}_1)$ wird in einem analogen Funktionsgeber gebildet; ein Komparator bildet die Funktion $u = f(y)$.

[1]) Die Modellgrößen werden zur Unterscheidung von den Größen der Regelstrecke mit $\wedge$ gekennzeichnet.

Zur Ableitung einer digitalen Lösungsvariante werden die Zustandsgleichungen als Differenzengleichungen geschrieben:

$$\frac{\hat{q}_1(k) - \hat{q}_1(k-1)}{T} = -\hat{q}_1(k) + \hat{u}(k) \tag{4.19}$$

$$\frac{\hat{q}_2(k) - \hat{q}_2(k-1)}{T} = \hat{q}_1(k), \tag{4.20}$$

im Unterbereich der z-Transformation:

$$\hat{q}_1\left(1 - \frac{1}{z}\right) = -T\hat{q}_1 + T\hat{u} \tag{4.21}$$

$$\hat{q}_2\left(1 - \frac{1}{z}\right) = \hat{q}_1. \tag{4.22}$$

Eine Realisierung zeigt Bild 4.15. Es werden zwei Register benötigt. Die Funktion $f(q_1)$ wird in einen PROM-Speicher eingeschrieben. Die Funktion u wird mit einer logischen Schaltung gebildet.

$$u = 1 \quad \text{für} \quad \hat{w} - \hat{q}_2 - f(\hat{q}_1) > 0 \tag{4.23}$$

$$u = -1 \quad \text{für} \quad \hat{w} - \hat{q}_2 - f(\hat{q}_1) < 0 \tag{4.24}$$

Die Schaltung wird im Rechnertakt T abgearbeitet. Für eine Realisierung mit Mikrorechnern zeigt Bild 4.16 den Programmablaufplan.

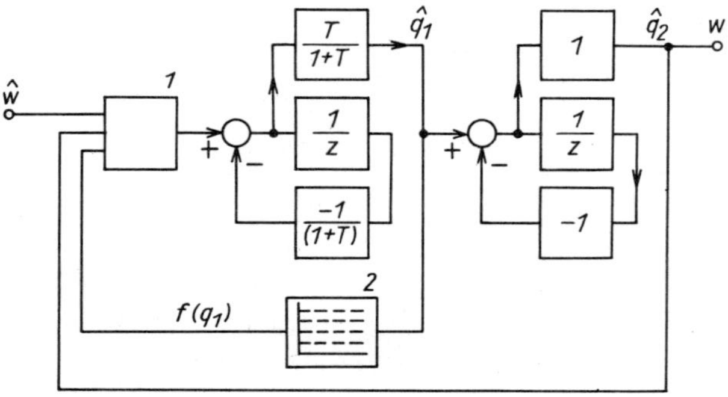

Bild 4.15
Digitale Realisierung des Führungsgrößenrechners
1 kombinatorisches Schaltsystem
2 Funktionsspeicher

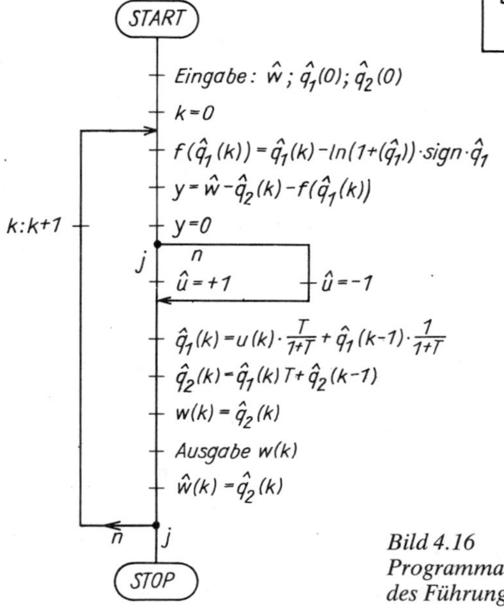

Bild 4.16
Programmablaufplan des Führungsgrößenrechners

Beispiel 4.4. Sinoidensteuerung einer Roboterachse

Die Achse eines Roboters soll um den Weg x_2 verstellt werden. Um mechanische Schwingungen zu vermeiden, soll die Geschwindigkeit während des Anfahr- und Bremsvorgangs nach einer Sinoide gesteuert werden. Die Maximalgeschwindigkeit v_{max} ist durch die Eigenschaften

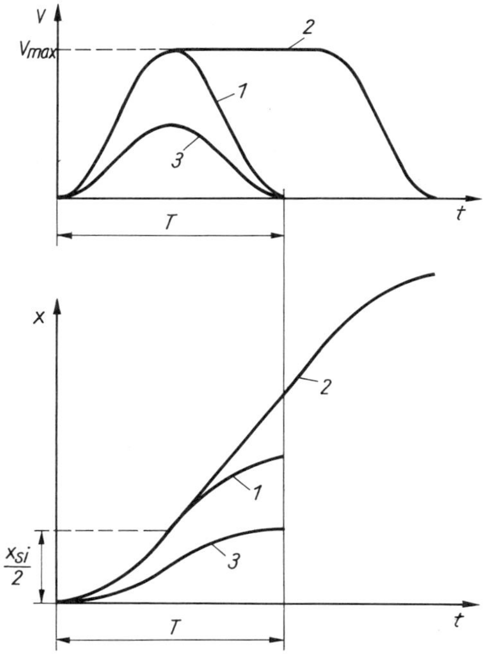

Bild 4.17
Bewegungsablauf einer Roboterachse, gekennzeichnet durch v(t) und x(t)
x_z geforderter Verstellweg
x_{si} natürlicher Verstellweg der Sinoide mit Maximalgeschwindigkeit v_{max}
1 $x_z = x_{si}$
2 $x_z > x_{si}$
3 $x_z < x_{si}$

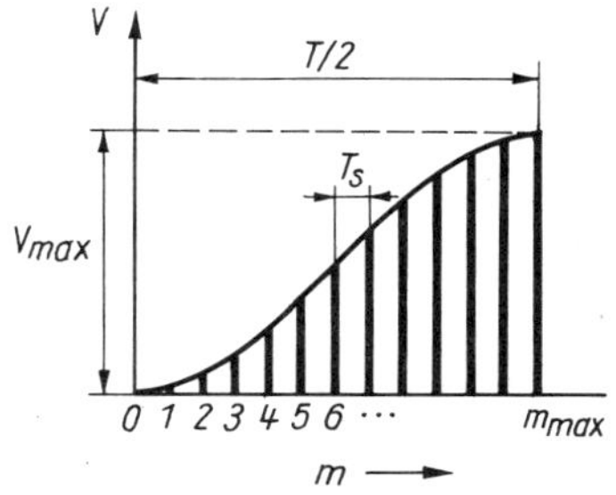

Bild 4.18. Abspeichern der Geschwindigkeitsfunktion v(t) zu den Zeitpunkten mT_s in einem EPROM-Speicher

des Antriebs gegeben. Die Periodendauer T der Sinoide wird so festgesetzt, daß die Eigenfrequenzen des mechanischen Systems nicht angeregt werden und die Beschleunigung des Antriebs in zulässigen Grenzen bleibt. Es ist mit (4.15)

$$a_{max} = v_{max} \frac{\pi}{T}. \tag{4.25}$$

Beim vollständigen Durchlaufen der Sinoide wird der Weg

$$s_{max} = x_{si} = a_{max} \frac{T^2}{2\pi} = V_{max} \frac{T}{2} \tag{4.26}$$

zurückgelegt. Ist der geforderte Verstellweg x_z größer als der natürliche Weg der Sinoide, d. h.

$$x_z > x_{si},$$

wird zwischen Anfahren und Bremsen ein Abschnitt mit konstanter Geschwindigkeit

$$v = v_{max}$$

zwischengelegt. Ist der geforderte Verstellweg x_z kleiner als der natürliche Weg der Sinoide:

$$x_z < x_{si},$$

wird die Maximalgeschwindigkeit proportional x_z herabgesetzt, so daß die neue Position unabhängig vom geforderten Verstellweg in der Zeit T erreicht wird (Bild 4.17).
Die Sinoidenfunktion $v(t) = v\,(mT_S)$ wird für die Abtastzeiten mT_s bis zu $v = v_{max}$, $t = T/2$ vorausberechnet und in ein EPROM eingeschrieben (Bild 4.18). Ferner wird vor Beginn des Be-

wegungsablaufs die aktuelle Maximalgeschwindigkeit für $x_z < x_{si}$ zu

$$V^*_{max} = V_{max} \frac{x_z}{x_{si}}$$

berechnet. Für $x_z \geqq x_{si}$ ist $V^*_{max} = V_{max}$.
Die Führungsgröße der Geschwindigkeit wird gebildet, indem bei $m = 0$ beginnend in den Taktzeiten T_s der EPROM-Inhalt abgefragt und mit dem aktuellen Wert V^*_{max} multipliziert

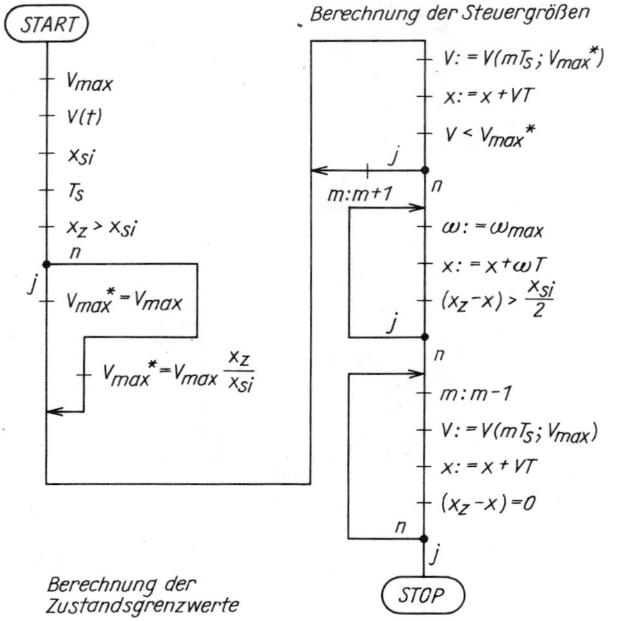

Bild 4.19
Sinoidensteuerung des Bewegungsablaufs – Programmablaufplan des Führungsgrößenrechners
T_s Abtastzeit der eingespeicherten Sinoide
T Taktzeit der Integration $T \leqq T_s$

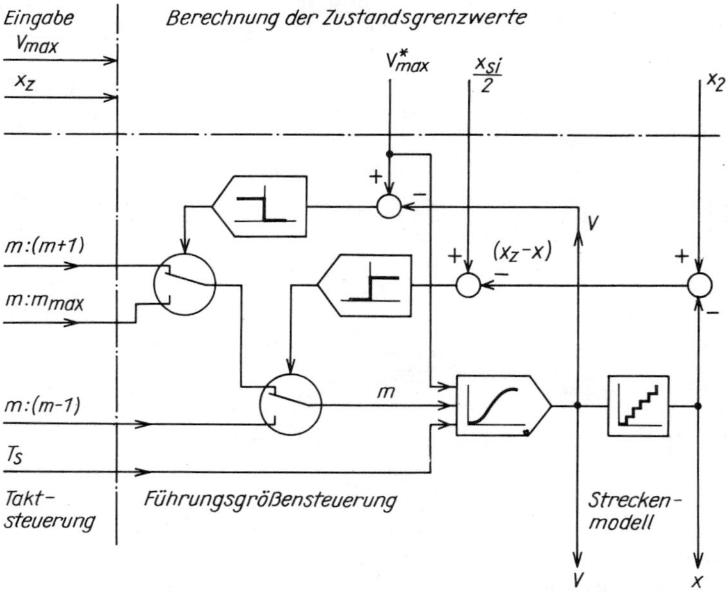

Bild 4.20. Sinoidensteuerung des Bewegungsablaufs – Signalflußplan des Führungsgrößenrechners

wird. Die Führungsgröße für x ergibt sich daraus durch Integration. Der Anlaufvorgang endet für $V = V^*_{max}$. In diesem Punkt wird geprüft, ob der noch zu realisierende Weg $(x_z - x)$ größer als die Hälfte des natürlichen Sinoidenwegs ist. Wenn ja, folgt ein Abschnitt mit konstanter Geschwindigkeit V_{max}; wenn nein, wird der Bremsvorgang eingeleitet. Dazu wird die programmierte Sinoide bei m_{max} beginnend bis $m = 0$ rückwärts durchlaufen. Es wird geprüft, ob die gewünschte Wegverstellung x_z tatsächlich erreicht wurde. Erst dann wird der Bewegungsablauf beendet. Ist das aufgrund der Fehler der Integration zunächst noch nicht erfüllt, wird auch für $m = 0$ die geforderte Zielposition mit Schleichgeschwindigkeit angefahren (Bilder 4.19 und 4.20).
Die Ausgangsgrößen v und x des Führungsgrößenrechners sind die Steuergrößen des Stellantriebs. Ist dieser nur mit einer Drehzahl- bzw. Geschwindigkeitsregelung ausgestattet, wird nur die Größe v als Führungsgröße verwendet. Es kann eine Lagefehler, d.h. eine Abweichung der tatsächlichen Position von der idealisiert berechneten Führungsgröße x, auftreten. Wird eine Lageregelung des Stellantriebs, meist mit unterlagerter Drehzahlregelung, realisiert, dienen v und x als Führungsgrößen. Die Reglerfunktion wird von einer analogen oder digitalen Einrichtung übernommen. Im Fall einer digitalen Realisierung kann der Führungsgrößenrechner die Reglerfunktion mit übernehmen (vgl. auch Beispiel 4.3).

4.4. Gleichlaufsteuerung technologisch verketteter Antriebe

Betrachtet wird eine Antriebsgruppe, deren Einzelantriebe mit einer analogen oder digitalen Strom- und Drehzahlregelung entsprechend Abschnitt 4.1 ausgerüstet sind bzw. als Schrittantriebe keiner Regelung bedürfen. Die oft sehr hohen Forderungen an die Genauigkeit des Gleichlaufs technologisch verketteter Antriebe erfordern eine digitale Gleichlaufregelung. Durch Einsatz hochwertiger digitaler Gleichlaufregelungen ist es möglich, mechanische Gleichlaufeinrichtungen in Papiermaschinen, Druckmaschinen, Kranen, Werkzeugmaschinen, Textilmaschinen u.a. abzulösen. Moderne konstruktive Lösungen für dynamisch hochwertige Maschinen werden dadurch realisierbar. Die Funktion der Gleichlaufregelung kann mit der Funktion einer digitalen Drehzahlregelung zusammengefaßt werden.
Zu unterscheiden ist zwischen Winkelgleichlauf (synchronem Gleichlauf) und Drehzahlgleichlauf (asynchronem Gleichlauf) (Tafel 4.2). Im Fall eines Winkelgleichlaufs sind die Antriebe mit einer Winkelregelung ausgestattet. Das entspricht vollständig einer Drehzahlregelung mit integrierendem Regler, wenn nicht durch den Meßvorgang oder durch Begrenzungen in der Signalverarbeitung ein Impulsverlust auftritt. Da die Regelung I-Charakter hat, beträgt der statische Winkelfehler ein Inkrement. Es wird in seiner absoluten Größe durch das Auflösungsvermögen des Meßgliedes und der Führungsgrößenvorgabe bestimmt.
Ein Leitantrieb (Antrieb 1 in Tafel 4.2) gibt die Führungsgröße für den geführten Antrieb vor. Durch Aufschalten eines Korrekturwertes $\Delta\varphi$ kann eine Winkeljustierung erfolgen. Im dynamischen Betrieb treten Abweichungen zwischen Führungsgröße und Regelgröße eines Antriebs auf. Sind die dynamischen Fehler von Leitantrieb und geführtem Antrieb etwa gleich, ist es vorteilhaft, die Führungsgröße des geführten Antriebs von der Führungsgröße des Leitantriebs abzuleiten. Sind die dynamischen Fehler des geführten Antriebs wesentlich kleiner als die des Leitantriebs, beispielsweise wenn dieser ein wesentlich kleineres Trägheitsmoment besitzt als der Leitantrieb, ist es günstig, die Führungsgröße des geführten Antriebs von der Regelgröße des Leitantriebs abzuleiten. Die endgültige Festlegung der Struktur erfolgt durch Programmierung während der Inbetriebnahme des Antriebs. Hardwaremäßig sind die Rechnerregler aller Teilantriebe gleich.
Im Fall eines Drehzahlgleichlaufs sind die Antriebe mit einer Drehzahlregelung ausgestattet. Der statische Drehzahlfehler entspricht einem Winkelinkrement innerhalb einer Meßperiode. Die Übertragung der Regelabweichung einer Tastperiode auf die folgende Periode ist nicht erforderlich. Die Führungsgröße des geführten Antriebs wird, abhängig vom Anwendungsfall, von der Führungsgröße oder Regelgröße des Leitantriebs abgeleitet. Eine Korrekturgröße $\Delta\omega$ gestattet eine Drehzahldifferenz zwischen aufeinanderfolgenden Antrieben ein-

Tafel 4.2. Gleichlaufsteuerung technologisch verketteter Antriebe

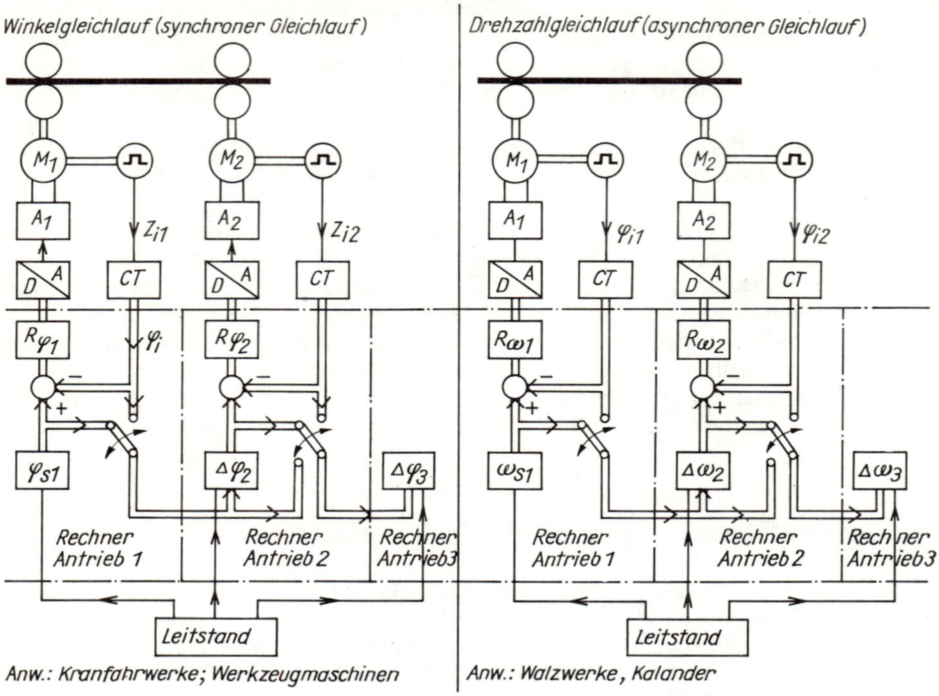

zustellen. Dadurch läßt sich die Zugspannung des Materials zwischen aufeinanderfolgenden Aggregaten steuern. Gegebenenfalls würde auch eine Zugkraftregelung bzw. eine Regelung des Schlingendurchhangs bei zugfreiem Betrieb über die Korrekturgröße $\Delta\omega$ auf den Gleichlauf einwirken [4.12]. Führungsgrößen und Korrekturgrößen können über serielle Steuersignale von einem Leitstand aus angesteuert werden.

Winkelgleichlauf ist erforderlich zwischen Hauptantrieb und Vorschub bestimmter Werkzeugmaschinen (Drehmaschinen zur Herstellung von Gewindespindeln, Zahnradwälzfräsmaschinen) oder zwischen den Fahrwerksantrieben räumlich ausgedehnter Brückenkrane. Für Walzwerke, Kalander, Druckmaschinen wird i. allg. Drehzahlgleichlauf gefordert, meist mit einer sehr genau einstellbaren Drehzahldifferenz zur Steuerung der Zugbeanspruchung.

Die Dynamik der gesamten Antriebsgruppe wird durch die Dynamik der Einzelantriebe bestimmt (vgl. Abschn. 4.1). Unter Berücksichtigung der elastischen Eigenschaften der Stoffbahn, der unterschiedlichen Dynamik der einzelnen Antriebe und der mechanischen Übertragungssysteme können parasitäre Schwingungen auftreten, die den ordnungsgemäßen Betrieb der Anlage stören und unzulässige Beanspruchungen bestimmter Anlagenteile zur Folge haben (vgl. Abschn. 9).

Beispiel 4.5. Gleichlaufregelung eines Druckmaschinenantriebs

Druckwerk und Auszugsvorrichtung einer Rotationsdruckmaschine werden getrennt von drehzahlgeregelten Gleichstrommotoren angetrieben. Gefordert wird Drehzahlgleichlauf unter Berücksichtigung der unterschiedlichen Durchmesser der Transportwalzen, wobei eine kleine Differenzdrehzahl $\Delta\omega$ in der Größe einiger Promille der Nenndrehzahl sehr genau eingestellt und konstant gehalten werden soll (Bild 4.21). Die Aufgabe kann nur mit einer digitalen Gleichlaufregelung befriedigend erfüllt werden. Klassische Lösungen mit einem Zentralantrieb und Verteilerwelle erfordern die Einleitung einer Zusatzbewegung über Differentialgetriebe.

Der Antrieb des Druckwerkes (Aggregat *I*) fungiert als Leitantrieb. Er ist mit einer klassischen analogen Regelung ausgestattet. Mit Hilfe eines Impulsgebers *IG* wird die Führungsgröße der Winkelgeschwindigkeit ω_1 gebildet (Abtastzeit 6 ms). Die Führungsgröße ω_1 wird im Mikrorechner im umgekehrten Verhältnis des Transportwalzendurchmessers der Aggregate *I* und *II* umgerechnet. ω_{a0} ist die Grundgeschwindigkeit des geführten Antriebs der Auszugseinrichtung Aggregat *II*.

$$\frac{\omega_{a0}}{\omega_I} = \frac{d_I}{d_{II}}. \tag{4.27}$$

Das Übersetzungsverhältnis kann durch Umprogrammieren leicht geändert werden. Zur Grundgeschwindigkeit wird die genau einstellbare Differenz $\Delta\omega$ als digitale Größe addiert.

$$\omega_a = \omega_{a0} + \Delta\omega \tag{4.28}$$

ist die Führungsgröße des Antriebs *II*, der mit einer digitalen Drehzahlregelung ausgerüstet ist. Der Drehzahlfehler beträgt maximal ein Inkrement je Abtastintervall.

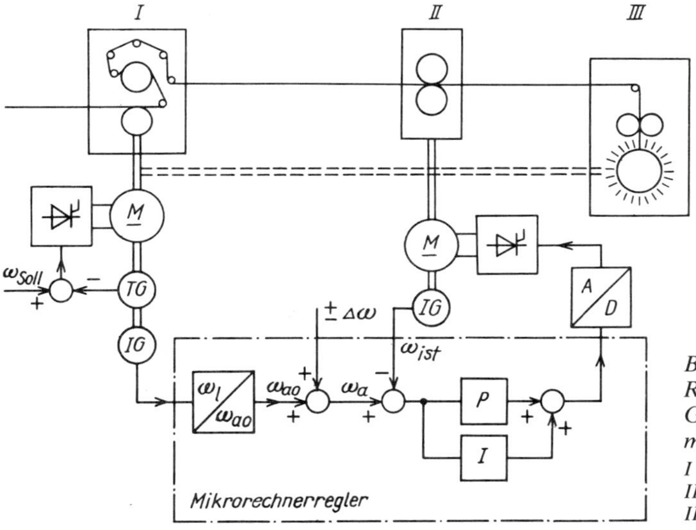

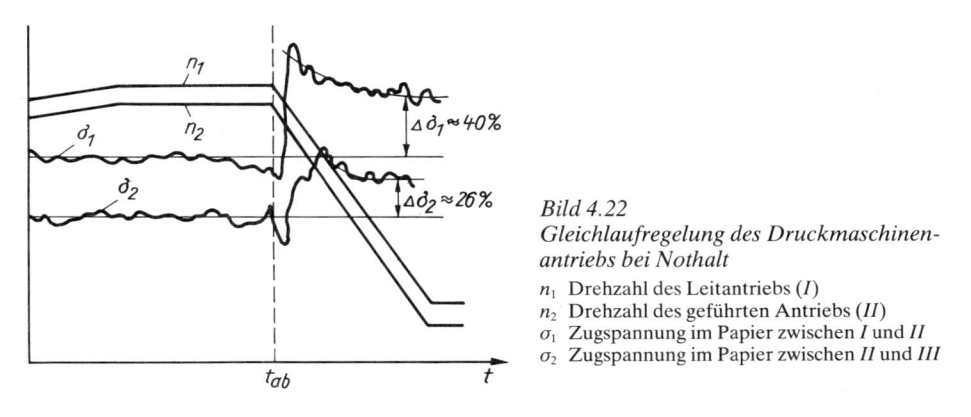

Bild 4.21
Regelung des asynchronen Gleichlaufs eines Druckmaschinenantriebs
I Druckwerk
II Auszugseinrichtung
III Schneidwerk

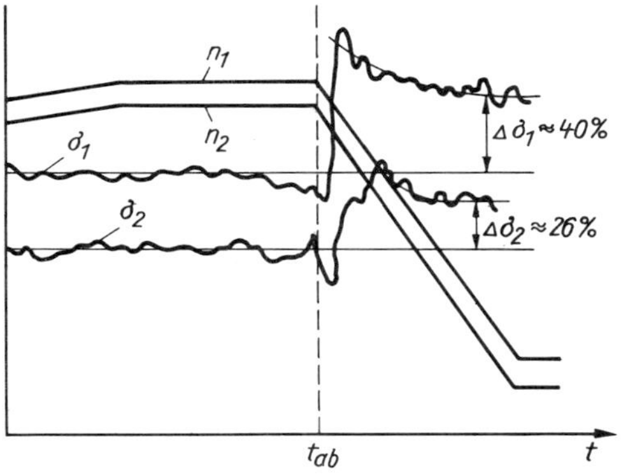

Bild 4.22
Gleichlaufregelung des Druckmaschinenantriebs bei Nothalt
n_1 Drehzahl des Leitantriebs (*I*)
n_2 Drehzahl des geführten Antriebs (*II*)
σ_1 Zugspannung im Papier zwischen *I* und *II*
σ_2 Zugspannung im Papier zwischen *II* und *III*

Mit der Differenz $\Delta\omega$ kann die Zugbeanspruchung des Papiers zwischen Aggregat *I* und Aggregat *II* eingestellt werden. Bild 4.22 zeigt, daß auch während des Hochlauf- und Bremsvorgangs die Zugbeanspruchung konstant gehalten wird.

4.5. Steuerung mehrdimensionaler Bewegungen

Die Bewegungsabläufe von Robotern, Kreuztischen, Fertigungszellen, im übertragenen Sinne auch die Bewegungsabläufe in kontinuierlichen Fertigungsanlagen wie Walzwerken oder Papiermaschinen sind mehrdimensional. Sie werden realisiert durch das koordinierte Zusammenwirken mehrerer Antriebe, die jeweils eine Komponente des Bewegungsablaufs verwirklichen. Die Einzelbewegungen, die für sich zeitoptimal und adaptiert an die jeweils wirksamen Parameter der Regelstrecke ablaufen (vgl. Abschn. 8) werden durch die koordinierten Vorgaben von Führungsgrößen zu einem mehrdimensionalen Bewegungsablauf zusammengefaßt. Ein übergeordneter Rechner dient der Bahnberechnung und der Vorgabe der Führungsgrößen der Einzelantriebe, einschließlich der dafür notwendigen Koordinatentrans-

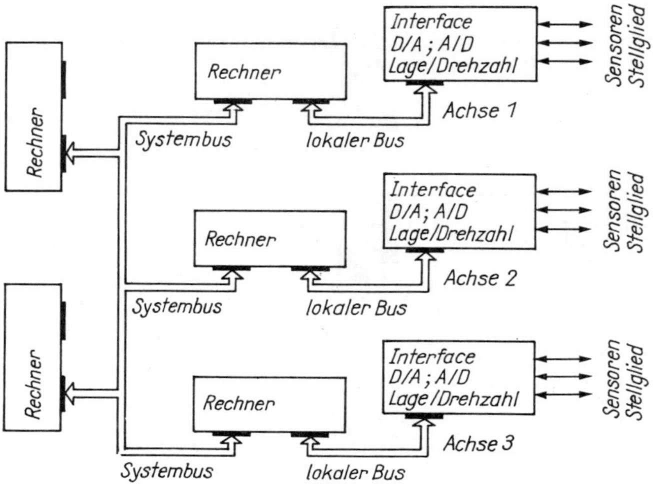

Bild 4.23
Mehrrechnersystem zur Regelung eines Roboters

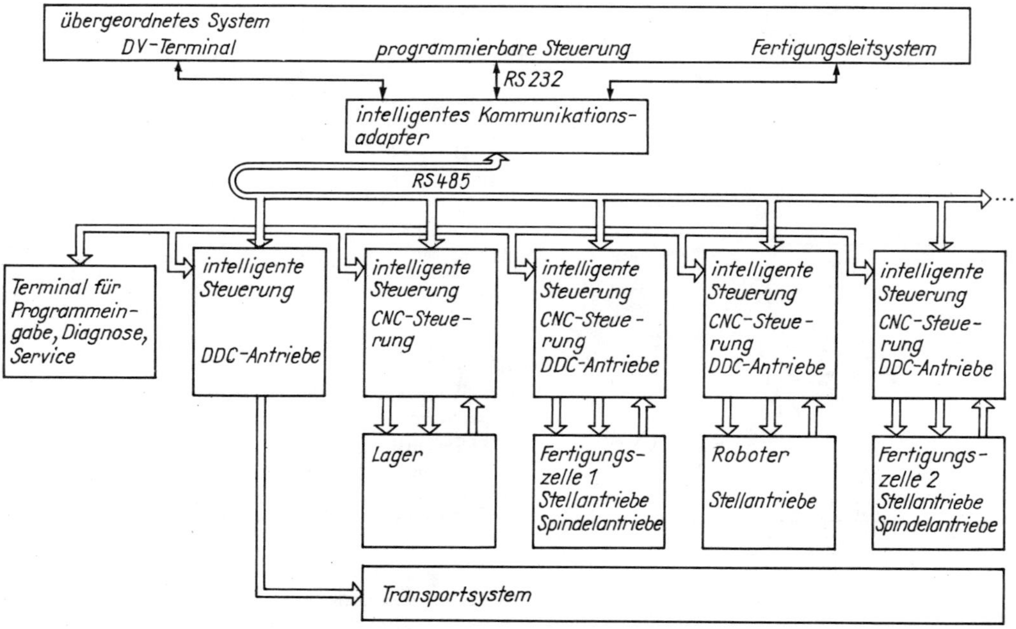

Bild 4.24. Steuerungs- und Antriebssystem für Transferstraßen

formation. Das hohe Auflösungsvermögen der Führungsgrößen in Verbindung mit der notwendigen schnellen zeitlichen Veränderbarkeit erfordert eine hohe Datenübertragungsrate von 300 ... 500 KBit/s.

Die technische Realisierung erfolgt durch eine Kompaktkassette, deren Systembus die Kommunikation zwischen den Rechnern übernimmt (Bild 4.23). Die zusammengefaßten Systembaugruppen einer Bearbeitungsstation (Roboter, Fertigungszelle, Transportsystem), d. h. Baugruppen zur Steuerung und zur digitalen Regelung von Bewegungsabläufen, bilden eine intelligente, weitgehend autark funktionsfähige Einheit. Das schließt die Funktion der Selbstanpassung, der Selbstüberwachung und der Selbstdiagnose ein. Der bedarfsweisen Programmeingabe, Bearbeitungsoptimierung, Bedienerführung, Diagnose und dem Service dient ein mobiles, bei Bedarf anschließbares oder stationäres Terminal.

Die kompakte Steuereinheit befindet sich räumlich in der Nähe der zugeordneten Bearbeitungsstation.

Der Datenaustausch zwischen den in einem Bearbeitungsprozeß zusammenwirkenden Einheiten erfolgt über ein lokales Netz (vgl. Abschn. 1.2) (Bild 4.24).

Der Signalaustausch mit der zentralen Anlagensteuerung beschränkt sich auf wenige Start-Stop- und Statussignale. Ein intelligenter Kommunikationsadapter puffert die zu übertragenden Daten und ermöglicht die zeitunkritische Kommunikation des Fertigungsabschnitts mit dem übergeordneten System über Standard-Datenschnittstellen.

5. Ansteuerung und Stromregelung von Gleichstromantrieben

5.1. Der Stromrichter als diskontinuierliches Stellglied

Ein Elementarstromrichter nach Bild 5.1 ist ein Schalter, der, gesteuert durch die Steuersignale s_2 und s_1 und in Abhängigkeit von den Zustandsgrößen u_v und i_v, zwei diskrete Zustände annehmen kann.[1]) Der Zustandsgraph kennzeichnet den Elementarstromrichter als einen sequentiellen Automaten. Die Zustandsänderung erfolgt diskontinuierlich, getaktet durch das Zündsignal s_2 und das Löschsignal s_1. Der Stromrichter antwortet auf ein diskontinuierlich veränderliches Eingangssignal mit einem diskontinuierlich veränderlichen Ausgangssignal, arbeitet also als diskontinuierliches Übertragungsglied.

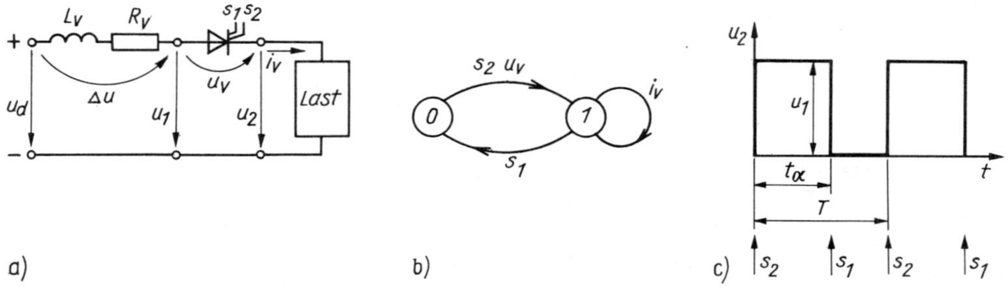

Bild 5.1. Elementarstromrichter
a) Schaltung; b) Zustandsgraph; c) Zeitverlauf der Ausgangsspannung u_2

Das Zündsignal s_2 wird mit der Pulsperiode T fest vorgegeben. Eingangsgröße des Stromrichters ist die zeitliche Verschiebung des Löschsignals s_1 gegenüber dem Zündsignal t_α. Ausgangsgröße ist die Spannung u_2. Sie entspricht der Spannung u_1 hinter den Längsspannungsabfällen im Ventilzweig Δu während der Zeit t_α (Zustand 1) und ist Null während der Zeit $(T - t_\alpha)$. Eine geschlossene Beschreibung ist im Unterbereich der Laplace-Transformation möglich:

$$u_2(p) = \frac{1 - e^{-pt_\alpha}}{p} u_1. \tag{5.1}$$

Der dem Stromrichter zugeordnete Ansteuerautomat hat die Aufgabe, das Eingangssignal des Stromrichters aus der Stellgröße im Abtastpunkt zu bilden (Bild 5.2). Die Stellgröße y wird im Takt T, d. h. synchron mit dem Zündsignal s_2, abgetastet und als Anfangswert in einen Zähler gesetzt. Der Zähler wird mit der Hilfsfrequenz c zurückgezählt. Wird der Zählerinhalt Null erreicht, so wird das Löschsignal s_1 ausgegeben und der Rückzählvorgang beendet. Die zeitliche Verschiebung t_α zwischen s_1 und s_2 ist der abgetasteten Stellgröße proportional:

$$t_\alpha = ky^*. \tag{5.2}$$

Für den Maximalwert der Stellgröße $y^*_{\max}$ entspricht t_α der Pulsperiode T:

$$t_\alpha = T = ky^*_{\max}. \tag{5.3}$$

[1]) Die inneren Vorgänge bei der Kommutierung der Ventile bleiben bei dieser systemorientierten Darstellung unberücksichtigt; sie können jedoch für die Dimensionierung des Schalters sehr wesentlich sein.

Für kleine Abweichungen der Signale von einem stationären Arbeitspunkt kann man für den Stromrichter einschließlich des Ansteuerautomaten eine geschlossene Übertragungsfunktion angeben. Das Eingangssignal des Stromrichters, die Stellgröße y, wird im Taktabstand T abgetastet. Sie hat den Informationsparameter

$$y^* = Y^* + \Delta y^*.$$

Dem entspricht die zeitliche Verschiebung des Löschsignals um

$$t_\alpha = T_\alpha + \Delta t_\alpha.$$

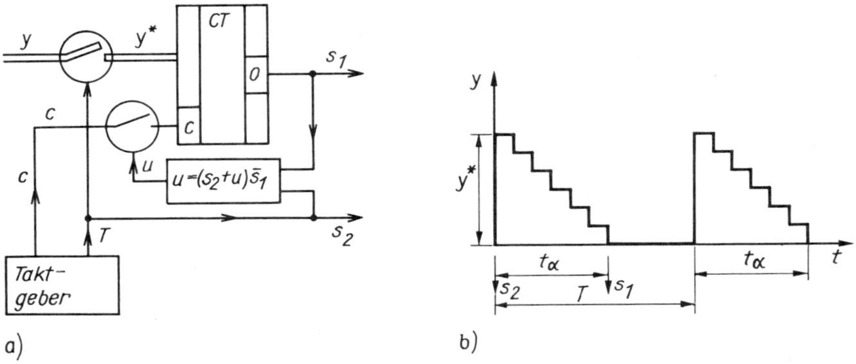

Bild 5.2. Ansteuerautomat
a) Schaltungsprinzip; b) Zeitverlauf der Signale

Für die Änderung der Eingangsgröße gilt im Unterbereich für einen Impuls

$$\Delta y^*\,(p) = \Delta y^*. \tag{5.4}$$

Für die zugeordnete Änderung der Ausgangsgröße folgt aus (5.1)

$$u_2(p) = u_1\left[\frac{1 - e^{-p(T_\alpha + \Delta t)}}{p} - \frac{1 - e^{-pT_\alpha}}{p}\right] = u_1\,\Delta t\, e^{-pT_\alpha}. \tag{5.5}$$

Daraus folgt die Übertragungsfunktion des Stromrichters für $u_1 = U_1 =$ konst.

$$G_s(p) = \frac{\Delta u_2\,(p)}{\Delta y\,(p)} = U_1 k\, e^{-pT_\alpha}. \tag{5.6}$$

Der Stromrichter wird also beschrieben als Abtastglied mit nachfolgender Impulsverschiebung um T_α (Bild 5.3). Die Ausgangsgröße hat den Charakter einer Impulsfolge, wobei jeder Impuls durch seine Spannungszeitfläche beschrieben wird.

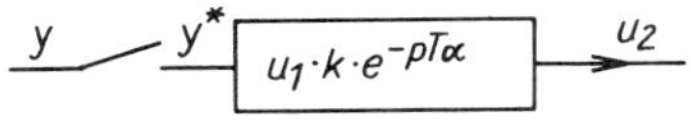

Bild 5.3
Signalflußplan eines Elementarstromrichters bei kleinen Signaländerungen

Die dem Stromrichter nachfolgende Last $G_L(p)$ bewirkt gleichzeitig die Mittelwertbildung des Signals. Ausgangsgröße ist der Strom i_v. Soweit Eigeninduktivität L_v und Widerstand R_v des Stromrichters berücksichtigt werden müssen, ist ein Spannungsabfall

$$\Delta u = i_v R_v + L_v \frac{di_v}{dt} \tag{5.7}$$

von der Eingangsspannung u_d abzuziehen.

Beispiel 5.1. Berechnung eines kontinuierlichen Stromregelkreises mit dem Abtastfrequenzgang

Kontinuierliche Stromregelkreise finden als unterlagerte Schleife zu digitalen Drehzahl- und Lageregelungen Anwendung (vgl. Abschn. 4 bzw. 8). Die Ansteuerimpulse werden aus der Gleichheit des Stellgrößensignals mit einer Sägezahnspannung abgeleitet. Im Unterschied zur digitalen Ansteuerung nach Bild 5.2 erfolgt die Abtastung des Stellsignals unmittelbar in den Zündzeitpunkten (Bild 5.4).

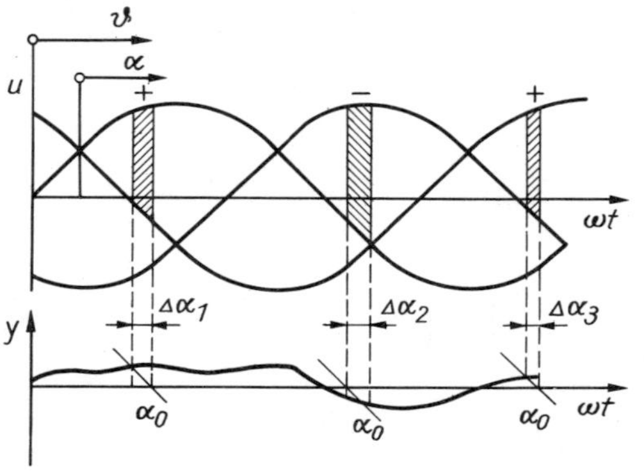

Bild 5.4
Änderung der Ausgangsspannung eines p-pulsigen Stromrichters bei Ansteuerung mit einem kontinuierlichen Signal
$\vartheta = \omega t = \alpha + \pi/2 - \pi/p$

Für kleine Signaländerungen kann die Abtastung als etwa äquidistant vorausgesetzt werden. Die Ausgangssignaländerung des Stromrichters ist eine Pulsfolge, zeitgleich mit der Abtastung der Stellgröße. Die bei digitaler Ansteuerung vorhandene arbeitspunktabhängige Verschiebung der Impulse um t_α tritt bei Ansteuerung mit einem analog-kontinuierlichen Signal nicht auf.

Betrachtet wird ein Stromregelkreis, der aus einem sechspulsigen, netzgelöschten Stromrichter gespeist wird (Bild 5.5). Der Stromrichter arbeitet symmetrisch im nichtlückenden Strombereich. Die Stromrichterausgangsspannung wirkt auf einen Lastkreis, für den gilt:

$$u_2 = U_M + i\,(R_M + pL_M);$$

U_M Gegenspannung des Motors
R_M Gesamtwiderstand des Ankerkreises
L_M Gesamtinduktivität des Ankerkreises
$T_M = L_M/R_M$ Zeitkonstante des Stromkreises.

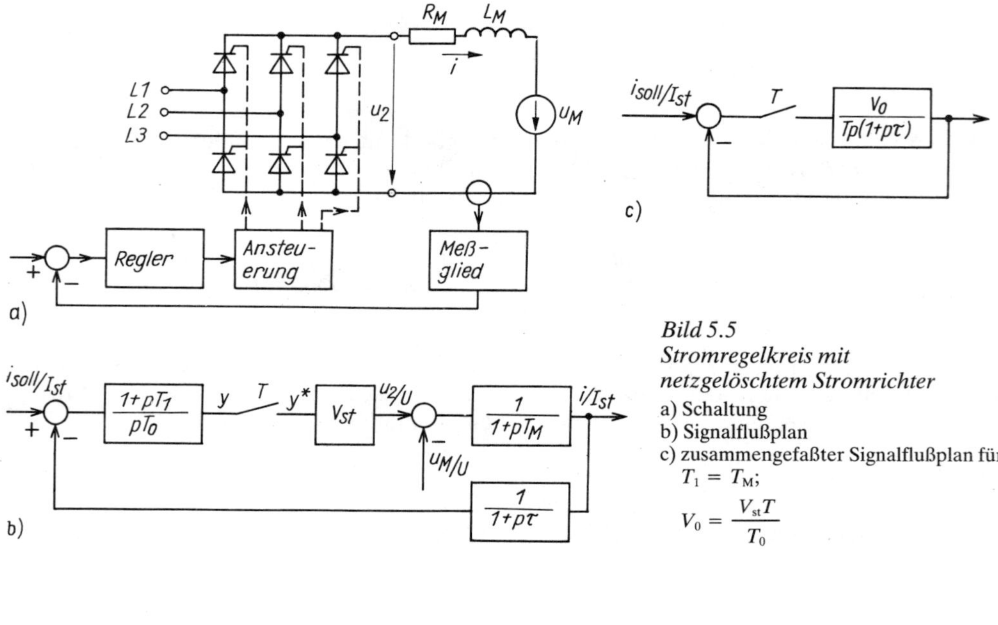

Bild 5.5
Stromregelkreis mit netzgelöschtem Stromrichter
a) Schaltung
b) Signalflußplan
c) zusammengefaßter Signalflußplan für $T_1 = T_M$;
$$V_0 = \frac{V_{st}T}{T_0}$$

Die Widerstände und Induktivitäten der Ventilzweige bleiben gegenüber der Last unberücksichtigt. Die Strommessung erfolgt quasikontinuierlich. Das Meßglied ist mit der Zeitkonstante τ behaftet. Der kontinuierliche Stromregler ist ein PI-Regler, der die Zeitkonstante des Stromkreises kompensiert ($T_1 = T_M$) und eine Integration in den Kreis einführt (Betragsoptimum). Der zusammengefaßte Stromregelkreis enthält einen Abtaster, Abtastzeit $T = 1/6\,T_{Netz}$, gefolgt von einem I-Glied mit Verzögerung 1. Ordnung mit der Zeitkonstante τ. Ein Halteglied tritt nicht auf.

Die Berechnung des Stromregelkreises erfolgt mit dem Abtastfrequenzgang nach Abschnitt 3. Er wurde für

$$G\,(\mathrm{j}\omega) = \frac{1}{\mathrm{j}\omega T\,(1 + \mathrm{j}\omega\tau)};$$

$$T = \frac{2\pi}{\Omega_p} \text{ Abtastperiode}$$

im Bild 5.6 normiert dargestellt. Die Stabilitätsgrenze ergibt sich, unabhängig von der Zeitkonstante τ für die bezogene Frequenz $\omega/\Omega_p = 0{,}5$ entsprechend dem Abtasttheorem. Für

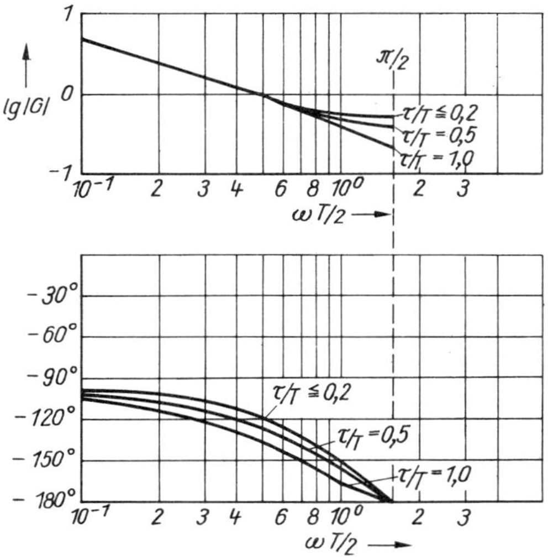

Bild 5.6
Normierter Abtastfrequenzgang der Übertragungsfunktion G (jω)

$\omega/\Omega_p \leqq 0{,}1$ stimmt der Abtastfrequenzgang mit dem kontinuierlichen Frequenzgang überein; die abtastende Arbeitsweise des Stromrichters kann unberücksichtigt bleiben. Die Durchtrittsfrequenz wird durch Variation des Verstärkungsfaktors so eingestellt, daß eine Phasenreserve von $\gamma = 60°$ besteht. Für sehr kleine Zeitkonstanten τ ist diese Durchtrittsfrequenz

$$\omega_d = \frac{\Omega_p}{2\pi} = \frac{1}{T} = f_p.$$

5.2. Ansteuerung und Stromregelung von Pulsstellern

Ein Pulssteller entspricht dem im Abschnitt 5.1 erläuterten Elementarstromrichter. Charakteristisch ist das Zusammenwirken eines diskontinuierlichen Stellglieds mit einer diskontinuierlichen Signalverarbeitung zur Stromregelung. Drei charakteristische Fälle sind zu unterscheiden:

– Die Signalverarbeitung, gekennzeichnet durch die Abtastzeit T_i, arbeitet schnell gegenüber dem Pulssteller, gekennzeichnet durch die Abtastzeit T_s:

$$T_i \ll T_s$$

– Die Signalverarbeitung arbeitet synchron mit dem Pulssteller:

$$T_i = T_s$$

– Die Signalverarbeitung arbeitet langsam gegenüber dem Pulssteller:

$$T_i \gg T_s.$$

Eine gegenüber dem Pulssteller schnelle Signalverarbeitung gewährleistet eine kontinuierliche Stromregelung, die auch in Verbindung mit digitalen Systemen häufig gebraucht wird (Bild 5.7). Die analog gebildete Regelabweichung des Stromes wird mit einem hysteresebehafteten Zweipunktglied ausgewertet. Das Ausgangssignal q ist

$$q = \begin{cases} 1 & \text{für} \quad u_{\text{isoll}} > u_{\text{iist}} \\ 0 & \text{für} \quad u_{\text{isoll}} < u_{\text{iist}}. \end{cases}$$

Dem Pulssteller wird über eine Triggerschaltung die Pulsfrequenz f_s aufgeprägt. Für $q = 1$ erfolgt eine positive, für $q = 0$ eine negative Ansteuerung. Die Pulsfrequenz f_s wird, angepaßt an die Dimensionierung des Pulsstellers, konstant vorgegeben. Die Tastzeit $T_s = 1/f_s$ bestimmt die Dynamik des Systems. Die notwendige Strommessung ist eine Augenblickswertmessung; das Meßglied wird durch den Verstärkungsfaktor V_M beschrieben.

$$G_M(p) = V_M. \tag{5.8}$$

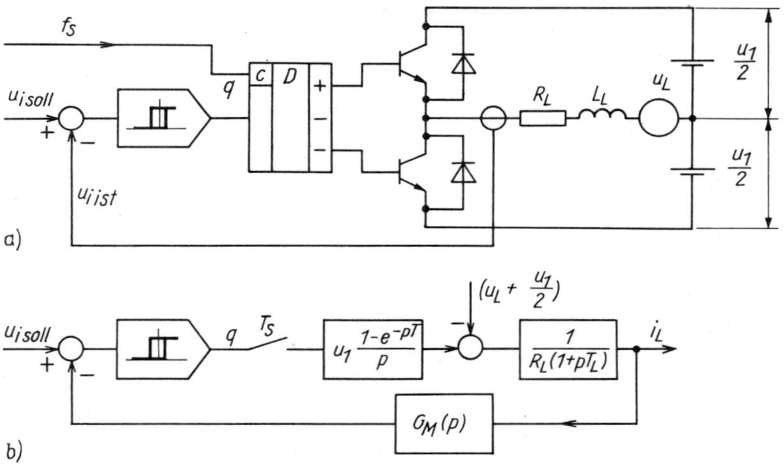

Bild 5.7. Pulsstellerantrieb mit kontinuierlicher Stromregelung

a) Schaltungsprinzip
b) Signalflußplan
R_L; L_L; U_L Widerstand, Induktivität, Gegenspannung der Last
U_1 Eingangsgleichspannung

$T_L = \dfrac{L_L}{R_L}$ Zeitkonstante des Lastkreises

Eine digitale Stromregelung ist vorzugsweise so zu konzipieren, daß sie mit dem Pulssteller synchron arbeitet. Dadurch wird die vom Steller her mögliche Dynamik voll ausgenutzt (Bild 5.8).

Die Regelabweichung ($u_{\text{isoll}} - u_{\text{iist}}$) wird in den Abtastpunkten T_i gebildet, in einem digitalen Filter umgeformt und als Stellgröße y einem Zähler zugeführt. Es ist $T_i = T_s = 1/f_s$. Die Zustandsgröße $q = 1$ bewirkt das Einschalten des positiven Thyristors und zugleich das Löschen des negativen Thyristors in den Abtastpunkten. Der Zähler wird mit einer konstanten Hilfsfrequenz f_H; $f_H \gg f_s$ leergezählt. Nach der Zeit T_a wird die Nullstellung des Zählers erreicht und die Zustandsgröße $\overline{q}$ ausgegeben. Dadurch wird der positive Thyristor gelöscht und gleichzeitig der negative Thyristor gezündet (vgl. auch Bild 5.2). Für kleine Änderungen kann der Pulssteller als Laufzeitglied mit der arbeitspunktabhängigen Laufzeit T_α beschrieben werden. Die Spannungsabfälle am Ventilzweig werden der Last zugeordnet.

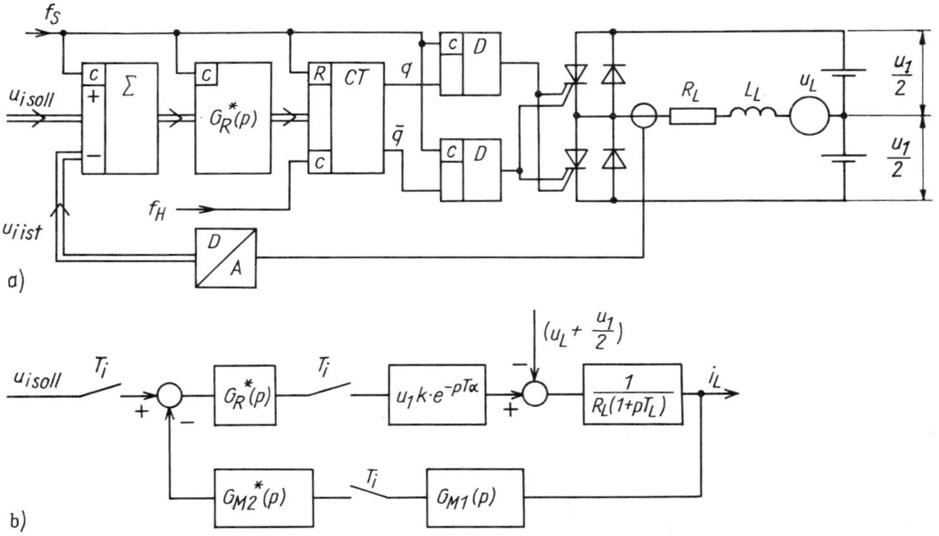

Bild 5.8. Pulsstellerantrieb mit diskontinuierlicher Stromregelung, synchronisiert mit dem Steller
a) Schaltungsprinzip; b) Signalflußplan

Die Messung des Stromistwertes kann synchron mit dem Zünden des positiven Thyristors (zündsynchron) oder synchron mit dem Löschen des positiven Thyristors (löschsynchron) erfolgen. Synchronisation des Meßvorgangs mit der steuerbaren Pulsflanke ist grundsätzlich zu bevorzugen, da das Übertragungsverhalten des Kreises dann unabhängig vom Arbeitspunkt wird. Es wird zunächst Augenblickswertmessung vorausgesetzt, d. h. daß die Meßzeit T_M klein ist gegenüber der Taktzeit. Bei zündsynchroner Messung ist dem Meßglied die Übertragungsfunktion 1 zuzuordnen; bei löschsynchroner Messung erfolgt die Auswertung des Meßergebnisses im Regler um $(T - T_\alpha)$ verspätet. Dem Meßglied ist deshalb die Übertragungsfunktion

$$G_{M2}(p) \doteq e^{-p(T-T_\alpha)} \tag{5.9}$$

zuzuordnen.

Anstelle der Augenblickswertmessung wird häufig eine Mittelwertmessung angewendet. Die Meßzeit ist dann gleich einer Tastperiode. Das entspricht einer Integration des gemessenen Signals mit nachgeschalteter Abtastung und Haltung über eine Taktperiode. Die Integration ist mit

$$G_{M1} = \frac{1}{pT} \tag{5.10}$$

als Bestandteil der kontinuierlichen Signalübertragung zu betrachten. Danach erfolgt Abtastung des Signals, verbunden mit einem Rückstellen des Integrators.

$$G_{M2}(p) = 1 - e^{-pT}. \tag{5.11}$$

Im Falle löschsynchroner Messung ist die dadurch bedingte Zeitverschiebung zu beachten.

$$G_{M2}(p) = (1 - e^{-pT})\, e^{-p(T-T_\alpha)}. \tag{5.12}$$

Löschsynchrone Messung ist gegenüber zündsynchroner Messung zu bevorzugen, da sie auf eine vom Arbeitspunkt T_α unabhängige Übertragungsfunktion des offenen Kreises führt und dadurch eine arbeitspunktunabhängige Optimierung des Kreises zuläßt.

Wird die digitale Stromregelung in Verbindung mit einem Transistorpulssteller eingesetzt, kann das Stellglied als quasikontinuierlich gegenüber der Signalverarbeitung betrachtet werden.

$$T_s \ll T_i$$

Die vom Regler berechnete Stellgröße wird in einem Ausgangsregister gehalten. Sie bestimmt das Puls-Pausen-Verhältnis des nachgeschalteten Transistorstellers, der über die Zustandsgröße q angesteuert wird. Die Strommessung erfolgt wie die Stromregelung diskontinuierlich mit Abtastzeit T_i (Bild 5.9).

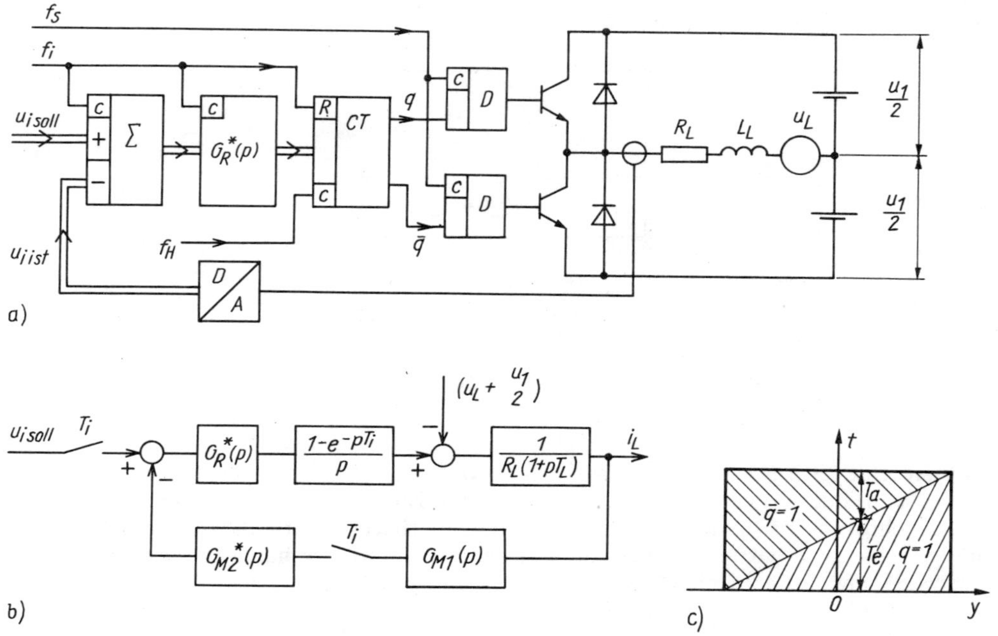

Bild 5.9. Pulsstellerantrieb mit diskontinuierlicher Stromregelung; Steller schnell gegenüber der Stromregelung

a) Schaltungsprinzip; b) Signalflußplan; c) Puls-Pausen-Verhältnis des Stellers in Abhängigkeit von der Stellgröße y

Beispiel 5.2. Abschätzung der Dynamik von Gleichstromstellantrieben

Gleichstromstellantriebe werden in der modernen Automatisierungstechnik vielfältig eingesetzt. Oft wird eine sehr hohe Dynamik gefordert. Für kleine Änderungen wird die Dynamik bestimmt durch die Abtastzeit des Stellgliedes und der Signalverarbeitung. Für große Änderungen wird die Dynamik wesentlich durch die Stellgliedbegrenzung bestimmt.
Eine quasikontinuierliche Regelung nach Bild 5.7 mit einer Pulsperiode des Stromrichters $T_s = 1\,\text{ms}$ besitzt eine Pulskreisfrequenz $\Omega_p = 2\pi/T = 6{,}28 \cdot 10^3\,\text{s}^{-1}$. Die mögliche Durchtrittsfrequenz bei $\gamma = 60°$ Phasenreserve liegt bei

$$\omega_{di} \approx \frac{\Omega_p}{2\pi} = \frac{1}{T} = 10^3\,\text{s}^{-1}.$$

Der geschlossene Stromregelkreis kann als Proportionalglied mit Verzögerung 1. Ordnung angenähert beschrieben werden. Er ist gekennzeichnet durch eine Zeitkonstante

$$T_{i\text{ers}} \approx \frac{1}{\omega_{di}} = 0{,}001\,\text{s}.$$

Eine genaue Berechnung unter Berücksichtigung des Haltegliedes und des hysteresebehafteten Zweipunktgliedes ist mit dem Abtastfrequenzgang möglich (vgl. Abschn. 3.3).
Eine digitale Regelung nach Bild 5.8 bzw. 5.9 wird durch die Tastzeit T_i bestimmt. Mit einem auf endliche Einstellzeit eingestellten Regler (vgl. Abschn. 3.4) kann erreicht werden, daß der Augenblickswert des Stroms der Führungsgröße um einen Takt verzögert folgt, der Mittelwert des Stroms um zwei Takte. Für $T_i = 1\,\text{ms}$ entspricht der geschlossene Stromregelkreis einem Laufzeitglied mit $T_L = 1\,\text{ms}$ bzw. $T_L = 2\,\text{ms}$, wenn der Mittelwert des Stroms als Ausgangsgröße betrachtet wird.

5.3. Netzsynchronisation und Zündsignalerzeugung in netzgelöschten Stromrichtern

Netzgelöschte Stromrichter sind aus Elementarstromrichtern gemäß Abschnitt 5.1 aufgebaut, deren Zustand netzsynchron gesteuert wird. Ein p-pulsiger Stromrichter durchläuft p Zustände innerhalb einer Periode der Netzspannung. Jeder Zustand ist gekennzeichnet durch die

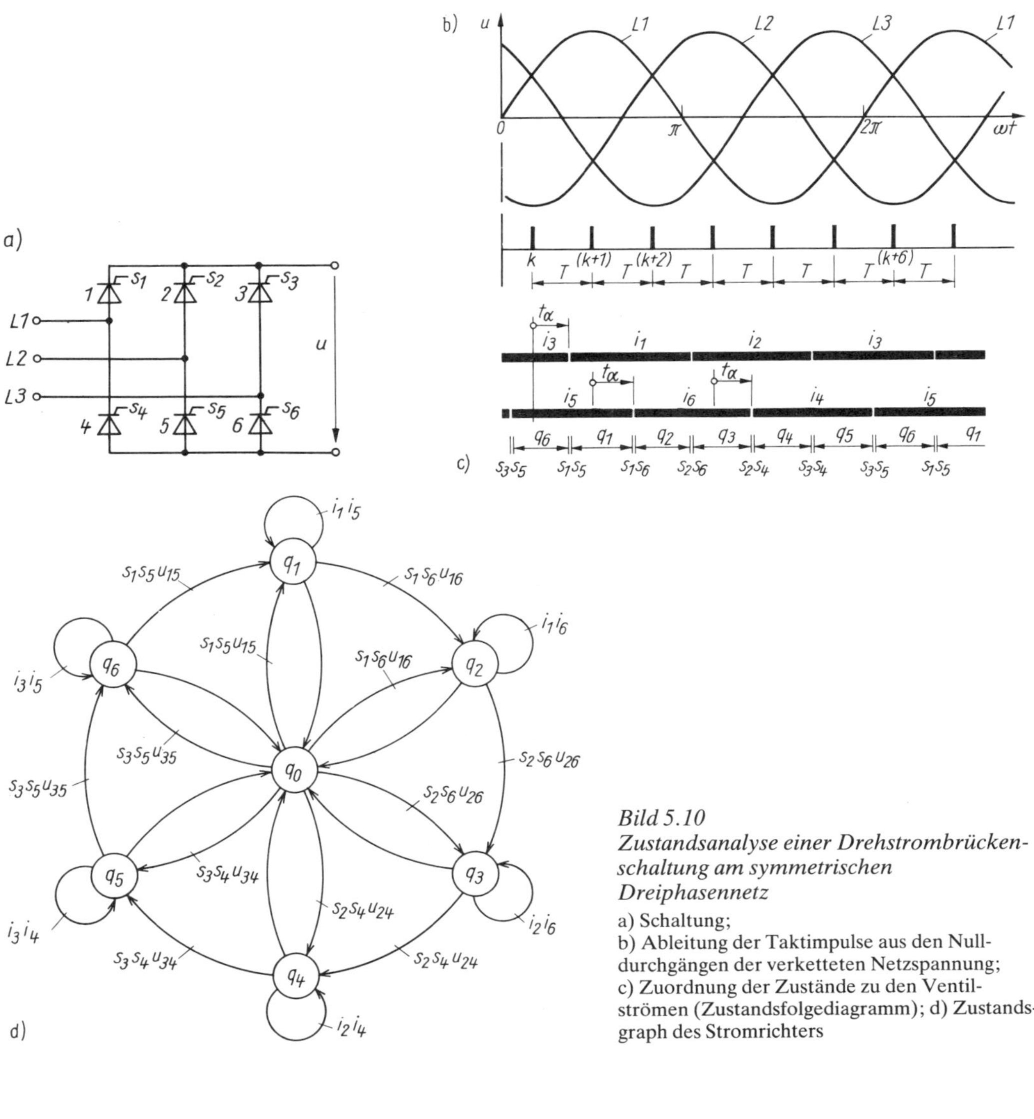

Bild 5.10
Zustandsanalyse einer Drehstrombrückenschaltung am symmetrischen Dreiphasennetz
a) Schaltung;
b) Ableitung der Taktimpulse aus den Nulldurchgängen der verketteten Netzspannung;
c) Zuordnung der Zustände zu den Ventilströmen (Zustandsfolgediagramm); d) Zustandsgraph des Stromrichters

Leitfähigkeit bestimmter Ventile und die Nichtleitfähigkeit bestimmter anderer Ventile (Bild 5.10). Der Übergang von einem Zustand $q(k)$ auf einen Zustand $q(k+1)$ erfolgt, wenn die Ventilspannung des übernehmenden Zweiges bzw. der Reihenschaltung der übernehmenden Zweige positiv ist und ein Zündsignal vorhanden ist. Ein Zustand $q(k)$ endet, wenn der Stromfluß durch den betrachteten Ventilzweig zu Null wird. Bei kontinuierlicher Stromführung tritt eine Überlappung der Zustände $q(k)$ und $q(k+1)$ auf.
Der Stromrichter entspricht in seiner Arbeitsweise einem sequentiellen Automaten. Die Taktung erfolgt synchron zur Netzspannung; die Taktimpulse werden aus den Nulldurchgängen der verketteten Spannung abgeleitet. Im stationären Betrieb sind die Taktimpulse äquidistant. Die p-fache Taktperiode entspricht einer Periode der Netzspannung. Zur Steuerung des Stromrichters werden die Zündsignale S gegenüber den Taktimpulsen um T_α verzögert. Die Zustandsübergänge erfolgen also um T_α verzögert. Die Zündsignale S müssen von einem Ansteuerautomaten bereitgestellt werden. Die Aufgabe des Ansteuerautomaten besteht

- in der Ableitung von p netzsynchronen Impulsen aus den Nulldurchgängen der Netzspannung,
- in der zeitlichen Verschiebung der Zündimpulse gegenüber den Synchronisationsimpulsen proportional einem in den Synchronisationszeitpunkten abgetasteten Steuersignal y^*,
- in der Bildung von Zündimpulsen definierter Breite bzw. einer Impulsgruppe definierter Breite (Bild 5.11).

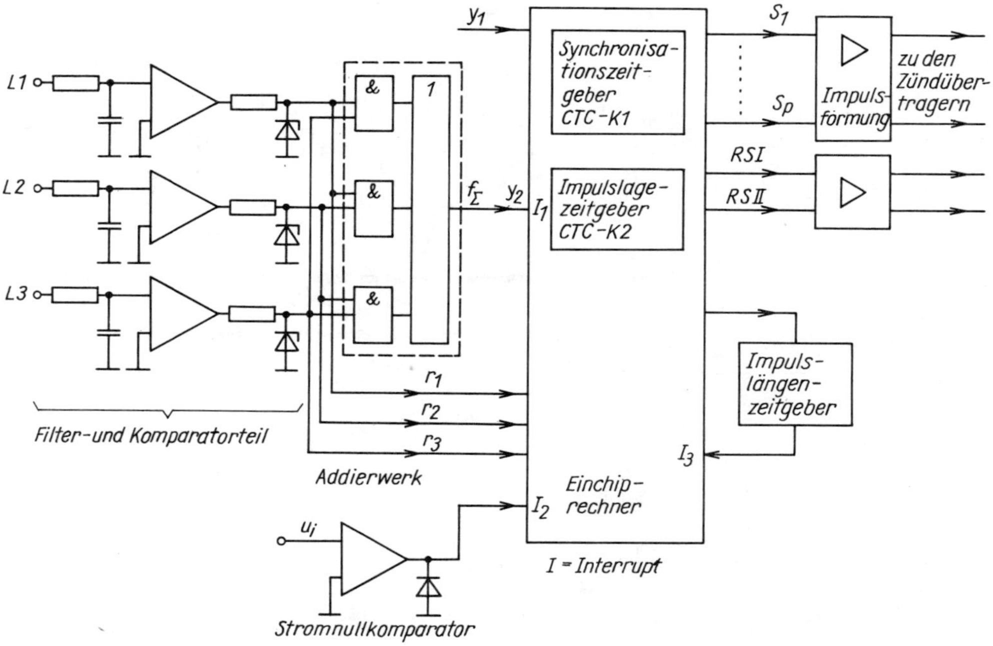

Bild 5.11. Blockschaltbild des Ansteuerautomaten

PLL-Filter, bei geringeren Anforderungen auch RC-Filter, bilden aus der Netzspannung eine von Störimpulsen freie dreisträngige Sinusspannung, aus denen mit Komparatoren Binärsignale s_1, s_2, s_3 abgeleitet werden. Die logische Verknüpfung dieser Signale führt zu einem resultierenden Signal

$$s = s_1 s_2 + s_2 s_3 + s_3 s_1, \tag{5.13}$$

aus dessen Flanken eine Pulsfolge sechsfacher Netzfrequenz abgeleitet werden kann. Jeder dieser Pulse löst im Rechner ein Netz-Interrupt-Programm mit höchster Priorität aus. Da-

durch werden Zeitgeber gestartet, die eine der Stellgröße y proportionale Impulsverschiebung um t_α gewährleisten. Aus diesen werden die Steuersignale $s_1 \dots s_6$ gebildet (vgl. Bild 5.2).
Um die periphere Hardware zu minimieren, ist es möglich, das PLL-Filter in den Rechner zu implementieren. Dem Rechner wird eine ungefilterte Pulsfolge eingegeben, die die tatsächlichen Nulldurchgänge der Netzspannung kennzeichnet (Signal *1* im Bild 5.12a). Im Rechner wird ein zahlengesteuerter Oszillator realisiert. Die Stellgröße Y_0 wird in einen Zählkanal eingeschrieben und der Zählkanal mit einer konstanten Hilfsfrequenz auf Null gezählt. Bei Erreichen des Zählerstandes 0 wird ein Impuls ausgegeben (Signal *2* im Bild 5.9a) und die Stellgröße Y_0 erneut eingeschrieben. Dadurch werden Schwingungen mit der Periodendauer T erzeugt. Die Periodendauer T ist der Stellgröße Y_0 proportional.
Der Phasenwinkel zwischen den Nulldurchgängen der internen Rechnerschwingung φ und den Netznulldurchgängen φ_{Netz} wird ausgewertet, mit einem vorzugebenden Sollwert φ_{soll} verglichen und die Abweichung von diesem Sollwert als Regelabweichung der Phase

$$x_\text{w} = \varphi_{\text{soll}} - (\varphi - \varphi_{\text{Netz}}) \tag{5.14}$$

im Takt T abgetastet. Ein Regler G_R leitet daraus die Stellgröße y ab. Eine Änderung der Stellgröße um Δy bewirkt eine Änderung des Phasenwinkels um $\Delta\varphi$. Diese Änderung wird

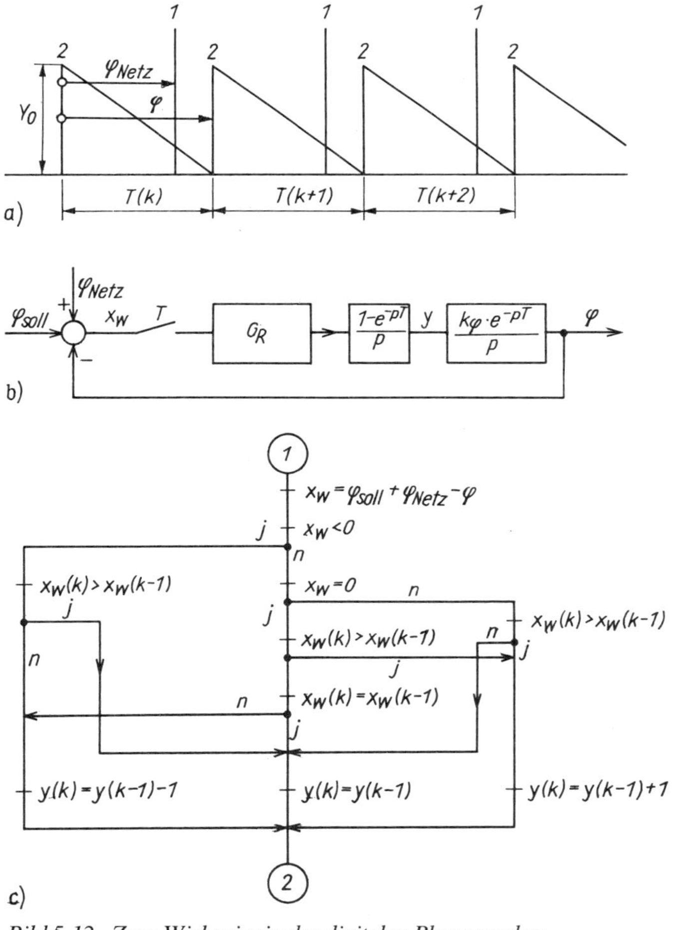

Bild 5.12. Zum Wirkprinzip des digitalen Phasenreglers

a) Zeitverlauf des Signals des internen Oszillators und der Netznulldurchgänge
1 Netznulldurchgänge
2 Synchronisationsimpulse
b) Signalflußplan; c) Programmablaufplan eines Schaltreglers

von Takt zu Takt aufintegriert:

$$\varphi(k) = \varphi(k-1) + k_\varphi y(k-1). \tag{5.15}$$

Dementsprechend gilt die Übertragungsfunktion

$$G_s(p) = \frac{k_\varphi\, e^{-pT}}{p} \tag{5.16}$$

bzw.

$$G_s(z) = \frac{k_\varphi}{(z-1)}. \tag{5.17}$$

Durch die Regelung wird die Periodendauer T des rechnerinternen Oszillators an die mittlere Periodendauer $T_N/6$ der Netznulldurchgänge angepaßt. Veränderungen der Phasenlage der Netznulldurchgänge werden ausgeregelt. Die Zündsignale werden von den Nulldurchgängen des Oszillatorsignals abgeleitet; sie haben die durch φ gekennzeichnete Phasenlage. Die Anpassung und Optimierung des Reglers erfolgt nach den im Abschnitt 3 dargestellten Prinzipien. Mit geringem Aufwand zu realisieren ist ein Schaltregler (Bild 5.12c). Er entspricht den Anforderungen, wenn die durch die schaltende Arbeitsweise um $\pm$ 1 Bit bedingten Schwankungen der Phasenlage der Zündsignale φ hinreichend klein gehalten werden können. Die

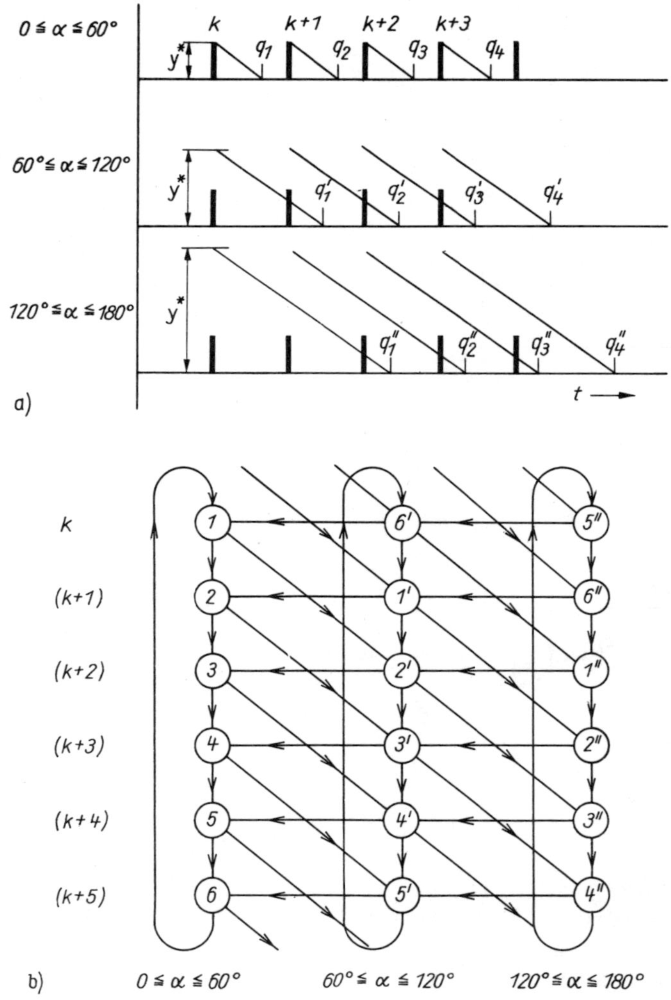

Bild 5.13
Steuerung der Drehstrombrückenschaltung

a) zeitliche Verschiebung der Zustandsübergänge gegenüber den Taktimpulsen in Abhängigkeit von der Stellgröße *y*

b) Zustandsgraph
Die Zustände *1, 1', 1''; 2, 2', 2''* usw. sind jeweils identisch. Sie wurden aus Gründen der Übersichtlichkeit, zugeordnet zu den drei Bereichen des Ansteuerwinkels, getrennt gezeichnet

zeitliche Verschiebung der Zündimpulse kann, wie in der Analogtechnik, mehrkanalig, oder, um Zählkanäle einzusparen, einkanalig erfolgen. Ein Zählkanal dient nacheinander zur Realisierung der Zündwinkelverschiebung aller Ventile. Besondere Aufmerksamkeit erfordert die Zündimpulsverschiebung, wenn dabei die Grenzen der Zustandsbereiche überschritten werden (Bild 5.13). Das wird am Beispiel der 6pulsigen Drehstrombrückenschaltung näher erläutert. Diese kann sechs Zustände innerhalb einer Periode der Netzspannung annehmen.

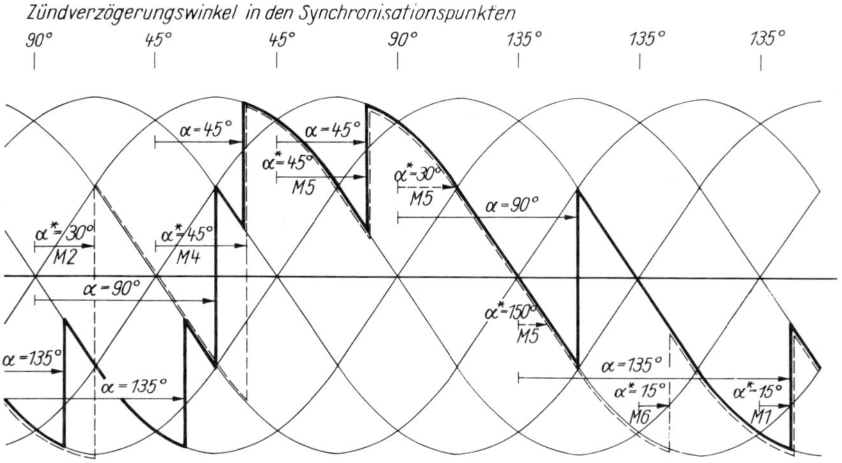

Bild 5.14. Zeitlicher Verlauf der Stromrichterausgangsspannung bei Änderung des Zündverzögerungswinkels von $\alpha_1 = 135°$ auf $\alpha_2 = 45°$ und von $\alpha_1 = 45°$ auf $\alpha_2 = 135°$

——— analoge Ansteuerung (α); - - - - - digitale Ansteuerung (α^*); ———→ Zündwinkel;
- - -→ unwirksame Zündung

Jeder Zustand besteht während $T = 2\pi/6$, d.h., während 60° el. Besteht eine Zündimpulsverschiebung im Bereich *I*, $0 \leqq \alpha \leqq 60°$, so erfolgt die Zündung in dem an den Synchronisationsimpuls unmittelbar anschließenden Netztakt; den Netztakten k, $k+1$, $k+2$ ... entsprechen die Zustände *1, 2, 3* ... Besteht eine Zündimpulsverschiebung im Bereich *II*, $60° \leqq \alpha \leqq 120°$, erfolgt die Zündung um einen Takt verzögert; den Netztakten k, $k+1$, $k+2$ entsprechen die Zustände *6′, 1′, 2′*. Ebenso erfolgt bei einer Zündimpulsverschiebung im Bereich *III*, $120° \leqq \alpha \leqq 180°$, die Zündung um zwei Takte verzögert, d.h., den Netztakten k, $k+1$, $k+2$ entsprechen die Zustände *5, 6, 1*.
Im dynamischen Betrieb wird beim Übergang aus dem Zündbereich *I* in den Zündbereich *II*, ebenso bei Übergang aus dem Bereich *II* in den Bereich *III* während eines Netztaktes kein Zündimpuls ausgegeben. Beim Übergang aus dem Zündbereich *II* in den Bereich *I*, ebenso aus dem Bereich *III* in den Bereich *II* müssen während eines Netztaktes zweimal Zündimpulse ausgegeben werden. Der dafür notwendige Algorithmus vereinfacht sich, wenn man sich auf zwei Zündbereiche, $30° \leqq \alpha \leqq 90°$ und $90° \leqq \alpha \leqq 150°$, beschränken kann.
Während die Ansteuerung nach dem beschriebenen Prinzip im stationären Betrieb voll funktionsfähig ist, können bei Zündwinkeländerungen über die Bereichsgrenze hinweg Probleme auftreten. Zur Erläuterung dient Bild 5.14. Bei herkömmlicher 3kanaliger analoger Ansteuerung sind zwischen zwei Synchronisationszeitpunkten bis zu drei Zündungen möglich. Die 1kanalige digitale Ansteuerung ermöglicht nur eine Zündung zwischen zwei Synchronisationszeitpunkten mit Ausgabe der entsprechenden Zündmaske. Damit werden die Thyristoren angesteuert, die bei dem vorgegebenen Zündwinkel im stationären Zustand gezündet werden würden. Dieses Steuerprinzip führt im Mittel zu einem schnellen Reagieren des Stromrichters und einer hohen Dynamik der Ansteuerung. Bei Zündwinkelsprüngen $\Delta\alpha > 60°$ ergeben sich schwerwiegende Fehler bei der Umsetzung der Stellgröße; es treten unzulässige Stromspitzen auf. Diese Fehler lassen sich durch Einführen einer Zwischenzündung oder einer Doppelzündung [5.25] beheben.

Praktisch genügt es, Zündwinkeländerungen generell auf $\Delta\alpha = \pm 60°$ zu begrenzen, was mit einem sehr einfachen Algorithmus zu realisieren ist (vgl. Beispiel 5.4).

Beispiel 5.3. Zündsignalerzeugung und Schutz im Ankerkreis eines Gleichstromantriebs

Bild 5.15 zeigt ein Ausführungsbeispiel. Der Rechner μR berechnet kurz vor dem Synchronisationszeitpunkt die aktuelle Zündmaske und den Zündwinkel α. Dieser wird in das Register des entsprechenden CIO-Zählkanals T_α geladen, die Zündmaske wird in ein CIO-Port geschrieben. Mit dem Synchronisationsimpuls (= Ausgangsimpuls des Phasenreglerkanals) erfolgt der Start des T_α-Zählers und gleichzeitig die Übernahme der Zündmaske in das abgebildete Register. Nach Ablauf der Zündverzögerung α entsteht am Ausgang des T_α-Zählers ein Impuls, der bei nichtaktiver Impulssperre den Zählkanal T_z für die Impulslängenbildung startet. Dessen Ausgangssignal ist so programmiert, daß es mit Beginn der Rückwärtszählfolge aktiv und bei Beendigung inaktiv wird. Auf diese Weise wird die Zündmaske durch den output-enable-Eingang des Registers für eine definierte Zeit durchgeschaltet und entsprechende Thyristoren werden gezündet.
Beim Ansprechen des Überstrom-Komparators wird ein hochpriorisierter Fehler-Interrupt ausgelöst, der bewirkt, daß das Ansteuergerät ungeachtet der berechneten Reglerstellgröße auf Wechselrichterendlage gestellt wird. Sollte nach einer bestimmten Verzögerungszeit (≈ 10 ms) der Ankerstrom nicht abgebaut sein (z. B. wegen eines Rechnerdefekts) wird über einen D-Trigger die Impulssperre aktiviert.

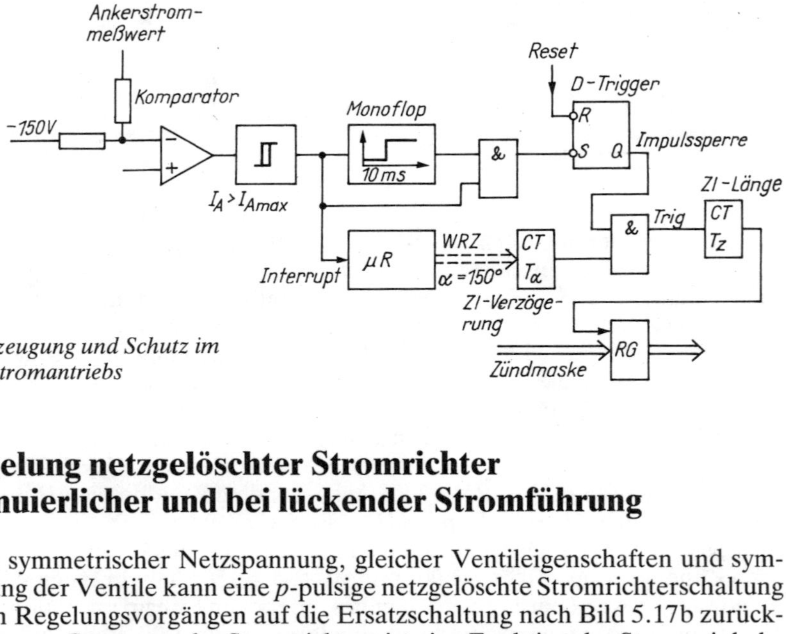

Bild 5.15. Zündsignalerzeugung und Schutz im Ankerkreis eines Gleichstromantriebs

5.4. Stromregelung netzgelöschter Stromrichter bei kontinuierlicher und bei lückender Stromführung

Unter Voraussetzung symmetrischer Netzspannung, gleicher Ventileigenschaften und symmetrischer Ansteuerung der Ventile kann eine p-pulsige netzgelöschte Stromrichterschaltung zur Untersuchung von Regelungsvorgängen auf die Ersatzschaltung nach Bild 5.17b zurückgeführt werden. Die innere Spannung des Stromrichters ist eine Funktion des Steuerwinkels; für den Mittelwert über eine Periode der Netzspannung gilt [5.26]

$$u_d = U_{d0} \cos \alpha \tag{5.18}$$

mit

$$U_{d0} = U \frac{z_p}{\pi} \sin \frac{\pi}{z_p}; \tag{5.19}$$

U Amplitude der Netzspannung, bei Drehstrombrückenschaltung der verketteten Netzspannung
z_p Pulszahl des Stromrichters
α Steuerwinkel, gemessen vom natürlichen Kommutierungspunkt aus.

Der genaue Verlauf $u_d = u_d(t)$ ergibt sich aus dem Liniendiagramm der Spannungen an den Ventilen. Im Falle kontinuierlicher Stromführung wird die Diode D in der Ersatzschaltung nicht wirksam. Die am Lastkreis anstehende Spannung u_d ist vom Strom unabhängig, d. h. ausschließlich eine Funktion des Steuerwinkels α. Die lastabhängigen inneren Spannungsabfälle des Stromrichters, bedingt durch Verluste und überlappende Stromführung kommutierender Ventile, werden der Last zugeordnet. Die Ventile werden gegenüber dem Nulldurchgang der

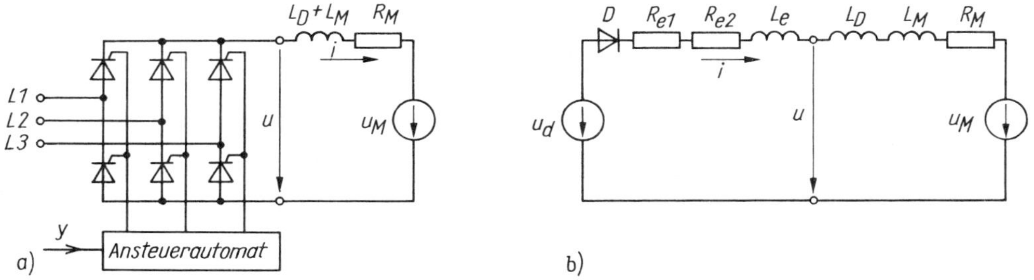

Bild 5.16. Gleichstromantrieb mit netzgelöschtem Stromrichter

a) Schaltung, Stromrichter in 6pulsiger Brücke;
b) Ersatzschaltung zur Untersuchung dynamischer Vorgänge im symmetrischen Betrieb
R_{e1} Ersatzwiderstand des Stromrichters, berücksichtigt die Verlustleistung im Stromrichter; R_{e2} Ersatzwiderstand des Stromrichters, berücksichtigt den Spannungsabfall durch Überlappung; R_M Widerstand des Motors; L_e Ersatzinduktivität des Stromrichters, berücksichtigt die inneren Induktivitäten und die Induktivitäten des Netzes; L_D Induktivität der Drossel; L_M Induktivität des Motors; u_M Gegenspannung des Motors, $u_M = k_M \Phi_M \omega_M$

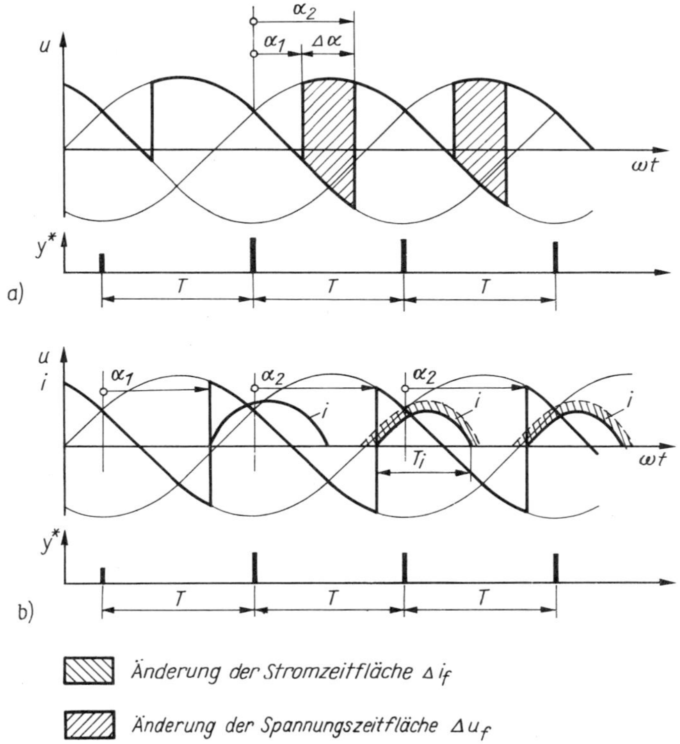

Bild 5.17. Übertragungsverhalten des Stromrichters

a) kontinuierliche Stromführung; schraffiert: Änderung der Spannungszeitfläche Δu_f; b) diskontinuierliche Stromführung (lückender Betrieb); schraffiert: Änderung der Stromzeitfläche Δi_f

Netzspannung um t_α verzögert angesteuert. t_α ist der im Zeitpunkt der Netzsynchronisation abgetasteten Stellgröße proportional (vgl. Abschn. 5.1):

$$t_\alpha = \frac{\alpha}{\omega} = ky^*; \tag{5.20}$$

ω Netzfrequenz.

Der maximale Stellbereich entspricht einem Steuerwinkel von $\alpha_{\max} = 180°$, bei einer 6pulsigen Schaltung drei Pulsperioden:

$$t_{\alpha\max} = 3T.$$

Mit Rücksicht auf die Kommutierung bestehen praktisch Einschränkungen.
Der Stromrichter antwortet auf eine Änderung der zeitlichen Verschiebung der Ansteuerung um

$$\Delta t = t_{\alpha 2} - t_{\alpha 1}$$

mit einer Spannungszeitfläche Δu_f, für die gilt (Bild 5.17):

$$\Delta u_\mathrm{f} = -\frac{U_\mathrm{v}}{2}(\sin\alpha_1 + \sin\alpha_2)\,\Delta t;^{1)} \tag{5.21}$$

$U_\mathrm{v} = U$ Amplitude der verketteten Netzspannung.

Unter Berücksichtigung der zeitlichen Verschiebung gilt für die auf die Pulsperiode T bezogene Spannungszeitfläche als Antwort auf eine zur Zeit $t = 0$ abgetasteten Änderung der Stellgröße $y^*(p)$

$$\Delta u^*(p) = \frac{\Delta u_\mathrm{f}(p)}{T} = \mathrm{e}^{-pt_{\alpha 1}}\,\frac{1 - \mathrm{e}^{-p(t_{\alpha 2} - t_{\alpha 1})}}{pT}\,\frac{U_\mathrm{v}}{2}(\sin\alpha_1 + \sin\alpha_2). \tag{5.22}$$

Für kleine Änderungen

$$p\,\Delta t = kp\,\Delta y^* = p\,(t_{\alpha 1} - t_{\alpha 2}) \ll 1$$

$$t_{\alpha 1} \approx t_{\alpha 2} \approx T_\alpha$$

ergibt sich als Grenzfall

$$\Delta u^*(p) = \mathrm{e}^{-pT_\alpha}\,\frac{\Delta t}{T}\,U_\mathrm{v}\sin\alpha. \tag{5.23}$$

Die Änderung des Zündzeitpunktes Δt erfolgt durch den Ansteuerautomaten gegenüber der Stellgrößenänderung um einen Takt verzögert (vgl. Abschn. 5.3). Für den Ansteuerautomaten gilt also

$$\Delta t = k\,\mathrm{e}^{-pT}\,\Delta y.^{2)} \tag{5.24}$$

Die resultierende Übertragungsfunktion des Stromrichters ist damit

$$G_\mathrm{s}(p) = \frac{\Delta u(p)}{\Delta y(p)} = -k\,\frac{U_\mathrm{v}}{T}\sin\alpha\,\mathrm{e}^{-pT}\,\mathrm{e}^{-pT_\alpha}. \tag{5.25}$$

Nach Normierung der Ausgangsspannung auf $U_{\mathrm{d}0}$ nach (5.19) wird

$$G_\mathrm{s}(p) = \frac{\Delta u/U_{\mathrm{d}0}(p)}{y(p)} = V_\mathrm{st}\,\mathrm{e}^{-pT}\,\mathrm{e}^{-pT_\alpha} \tag{5.26}$$

[1]) Für sehr große Änderungen von t_α muß der genaue Verlauf der Ausgangsspannung anstelle des hier angegebenen Mittelwertes berücksichtigt werden.

[2]) Anstelle der Laufzeit e^{-pT} kann dem Rechner auch die Eigenschaft eines Haltegliedes, gekennzeichnet durch die Übertragungsfunktion $(1 - \mathrm{e}^{-pT})/p$, zugeordnet werden. In Verbindung mit der nachgeschalteten kontinuierlichen Übertragungsfunktion der Regelstrecke führt das für $T/T_\mathrm{A} < 1$ zu übereinstimmenden Ergebnissen.

mit

$$V_{st} = \frac{-k \sin \alpha}{T \frac{z_p}{\pi} \sin \frac{\pi}{z_p}} \tag{5.27}$$

als Verstärkungsfaktor des Stellgliedes.
Das Ausgangssignal entspricht einer zeitlich verschobenen Abtastung des Eingangssignals. Es hat, interpretiert als Änderung zwischen zwei aufeinanderfolgenden Zuständen, den Charakter einer Impulsfolge.
Der vom Stromrichter gespeiste Kreis ist ein kontinuierliches Übertragungsglied. Er wird beschrieben durch die Zustandsgleichung

$$u_d - u_M = i\,(R_{e1} + R_{e2} + R_M) + \frac{di}{dt}\,(L_e + L_D + L_M), \tag{5.28}$$

aus der sich die Übertragungsfunktion

$$\frac{i/I_{st}}{\frac{u_d - u_M}{U_{d0}}} = \frac{1}{1 + pT_A} \tag{5.29}$$

ergibt mit U_{d0} als Normierungswert der Spannung nach (5.19),

$$I_{st} = \frac{U_{d0}}{R_{e1} + R_{e2} + R_M} \quad \text{Stillstandsstrom, Normierungswert des Stroms,}$$

$$T_A = \frac{L_e + L_D + L_M}{R_{e1} + R_{e2} + R_M}.$$

Der Signalflußplan des Stromrichters und des nachgeschalteten Kreises wurde im Bild 5.18 dargestellt.

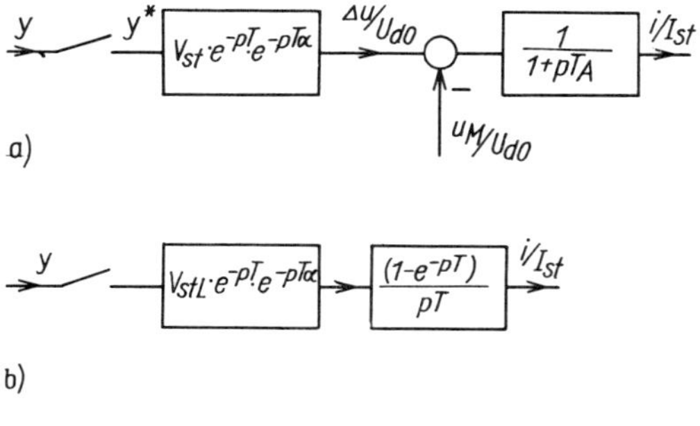

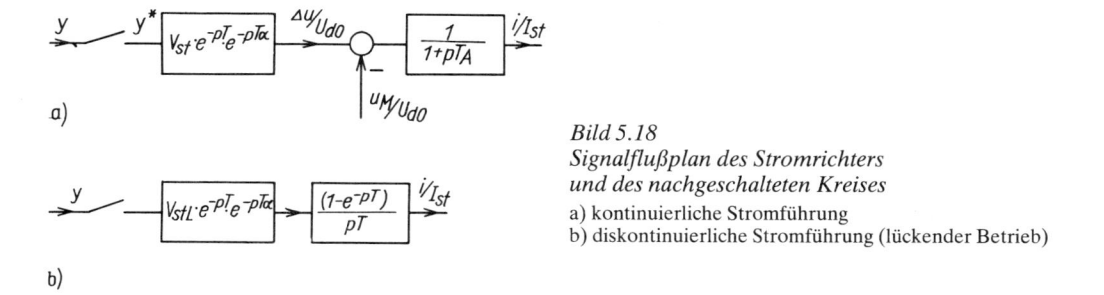

Bild 5.18
Signalflußplan des Stromrichters und des nachgeschalteten Kreises
a) kontinuierliche Stromführung
b) diskontinuierliche Stromführung (lückender Betrieb)

Im Falle diskontinuierlicher Stromführung (Lückbetrieb) ist die am Lastkreis anstehende Spannung u_{d1} vom Strom abhängig. In den Zeitabschnitten, in denen kein Strom fließt, wird die vom Stromrichter angebotene Spannungszeitfläche von der Diode D aufgenommen. Der Stromrichter kann nicht rückwirkungsfrei vom Lastkreis getrennt werden.
Der Stromkreis antwortet auf eine Änderung der zeitlichen Verschiebung der Ansteuerung um

$$\Delta t = t_{\alpha 1} - t_{\alpha 2}$$

mit einer Änderung der Stromzeitfläche Δi_f (Bild 5.17b):

$$\frac{\Delta i_f}{I_{st}} = -\,V_{L\alpha}\,\Delta\vartheta; \qquad \Delta\vartheta = \omega\,\Delta t. \tag{5.30}$$

Der Verstärkungsfaktor $V_{L\alpha}$ ist abhängig von den Eigenschaften des Lastkreises, von der Motorgegenspannung und von der Stromflußdauer. Im interessierenden Arbeitsbereich

$45° \leqq \psi \leqq 85°$; $0 \leqq u_M/U \leqq 0{,}8$ gilt mit hinreichender Genauigkeit [5.26]:

$$V_{L\alpha} = \frac{1 - \psi/90°}{2{,}2} \cdot \frac{1 - u_M/U}{0{,}6} \cdot \frac{T_i}{T}; \tag{5.31}$$

T_i Stromflußdauer
T Pulsperiode
u_M/U Motorgegenspannung bezogen auf die Amplitude der Netzspannung

$$\tan \psi = \frac{\omega\,(L_e + L_D + L_M)}{R_{e1} + R_M}; \qquad \text{im Lückbereich ist } R_{e2} = 0.$$

ψ Phasenwinkel des Lastkreises

$$I_{st} = \frac{U}{R_{el} + R_M} \qquad \text{Stillstandsstrom bei Spannung } U$$

$$k = \frac{\Delta\alpha}{\Delta y} \qquad \text{Verstärkungsfaktor des Ansteuerautomaten.}$$

Unter Berücksichtigung der zeitlichen Verschiebung und der Dauer der Änderung der Stromzeitfläche gilt an einem Arbeitspunkt, der gegenüber dem natürlichen Zündpunkt um T_α verspätet ist:

$$\frac{\Delta i_f}{I_{st}} = -\,V_{L\alpha}\omega\ e^{-pT_\alpha}\,\frac{1 - e^{-pT_i}}{pT_i}\,\Delta t. \tag{5.32}$$

Das Ausgangssignal Δi_f ist gegenüber der Änderung des Eingangssignals zeitlich um T_α verschoben und wird durch einen Rechteckverlauf mit Dauer T_i angenähert. Der Rechteckverlauf kann auf eine ganze Pulsperiode umgerechnet werden. Dann ist $T_i \approx T$, und man erhält

$$\frac{\Delta i_f}{I_{st}} = -\,V_{L\alpha}\omega\ e^{-pT_\alpha}\,\frac{1 - e^{-pT}}{pT}\,\Delta t. \tag{5.33}$$

Für den Ansteuerautomaten gilt wie im kontinuierlichen Betrieb

$$\Delta t = k\ e^{-pT}\,\Delta y. \tag{5.34}$$

Die Änderung der Stromzeitfläche kann durch die Änderung des Strommittelwertes ersetzt werden:

$$\Delta i_f = T\,\Delta i. \tag{5.35}$$

Somit ergibt sich die Übertragungsfunktion des Stromrichters zu

$$\frac{\Delta i/I_{st}}{\Delta y} = V_{stL}\ e^{-pT}\ e^{-pT_\alpha}\,\frac{1 - e^{-pT}}{pT} \tag{5.36}$$

mit

$$V_{stL} = \frac{-\,V_{L\alpha}\omega k}{T}. \tag{5.37}$$

Im lückenden Arbeitsbereich ist V_{stL} wesentlich kleiner als im nichtlückenden Bereich V_{st} und arbeitspunktabhängig [5.26] (Bild 5.18b).
Der Stromregelkreis berücksichtigt außer der Übertragungsfunktion der Regelstrecke die Übertragungsfunktion des Reglers $G_R(p)$ und des Meßgliedes. Die Messung wird vorzugsweise mit der steuerbaren Pulsflanke synchronisiert. Sie wird mit $T_M < T$ ausgeführt und kann annähernd als Augenblickswertmessung, bezogen auf den Mittelwert des Stroms aufgefaßt werden. Damit ergeben sich die im Bild 5.20a und b dargestellten Signalflußpläne. Bei zündsynchroner Messung ist die resultierende Übertragungsfunktion des offenen Kreises vom Zündzeitpunkt T_α unabhängig. Bei netzsynchroner Messung tritt zusätzlich die arbeitspunktabhängige Laufzeit T_α auf; es ist

$$0 \leqq T_\alpha \leqq T.$$

Wird die Strommessung als Mittelwertmessung realisiert, vorzugsweise mit Meßzeit T_M gleich Abtastzeit T, gelten entsprechend die im Bild 5.20 dargestellten Signalflußpläne (vgl. Abschn. 1.3.3).

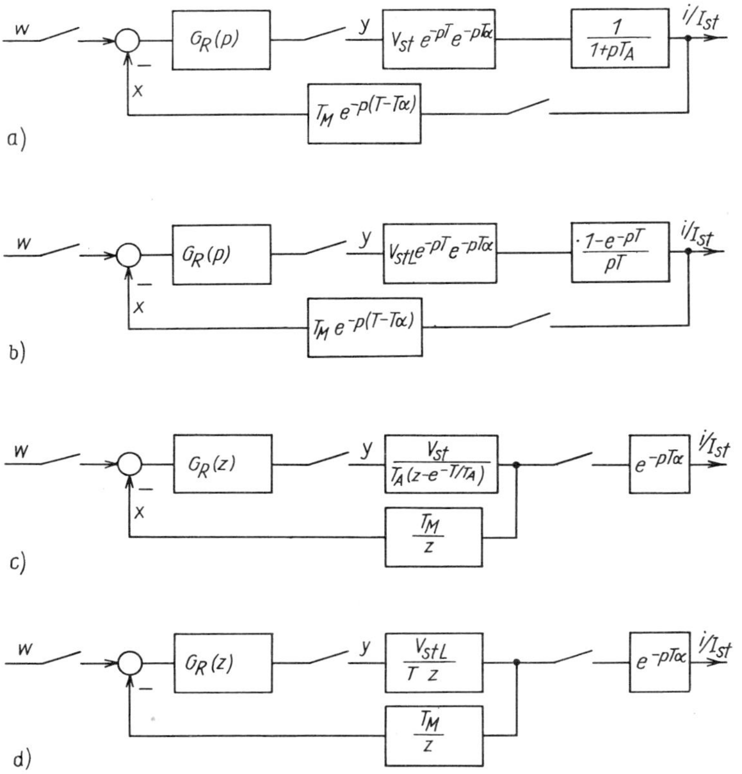

Bild 5.19. Signalflußplan des Stromregelkreises mit Stromaugenblickswertmessung, zündsynchron
a) kontinuierliche Stromführung; b) diskontinuierliche Stromführung; c) kontinuierliche Stromführung, zusammengefaßte Darstellung; d) diskontinuierliche Stromführung, zusammengefaßte Darstellung

Durch Zusammenfassung und Übergang in den z-Bereich ergeben sich die Signalflußpläne nach Bild 5.19c und d bzw. 5.20c und d. Das Ausgangssignal i/I_{st} ist dem Drehmoment im Motor m/M_{st} proportional. Die Optimierung der Stromregelung erfolgt vorzugsweise auf endliche Einstellzeit. Wegen der zeitlichen Laufzeit der Regelstrecke muß die Übertragungsfunktion des geschlossenen Kreises bei Augenblickswertmessung mit

$$G_g = \frac{1}{z^2} \tag{5.38}$$

vorausgesetzt werden. Ein schnellerer Ansatz, z.B. $G_g = 1/z$, würde auf nicht realisierbare Regler führen. Damit ergibt sich für kontinuierlichen Betrieb

$$G_R(z) = \frac{T_A\,(1 - \lambda/z)}{V_{st}T_M\left(1 - \dfrac{1}{z^2}\right)}; \qquad \lambda = e^{-T/T_A} \tag{5.39}$$

und im lückenden Betrieb

$$G_{RL}(z) = \frac{T}{V_{stL}T_M\left(1 - \dfrac{1}{z^2}\right)}. \tag{5.40}$$

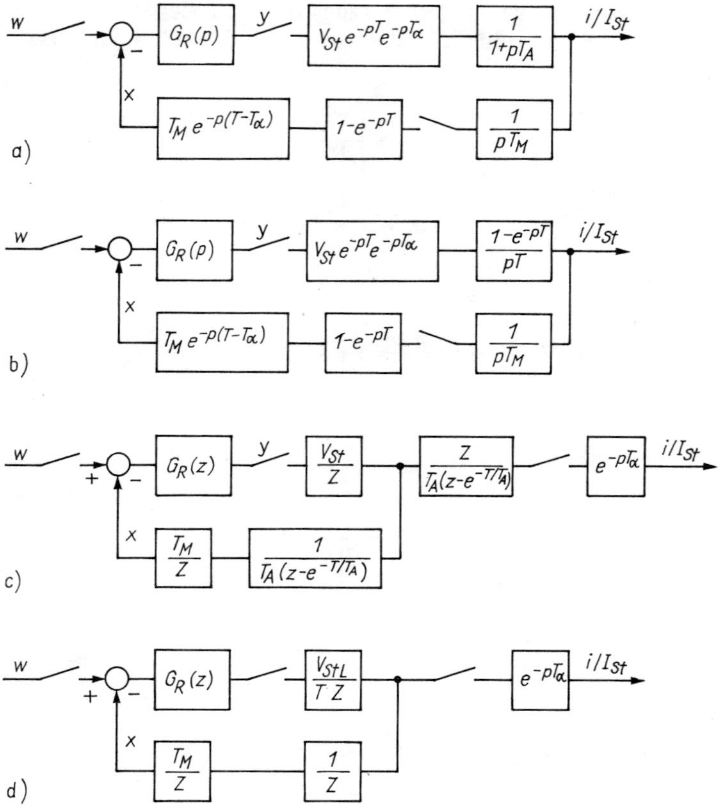

Bild 5.20. Signalflußplan des Stromregelkreises mit Strommittelwertmessung, zündsynchron

a) kontinuierliche Stromführung
b) diskontinuierliche Stromführung
c) kontinuierliche Stromführung, zusammengefaßte Darstellung
d) diskontinuierliche Stromführung, zusammengefaßte Darstellung

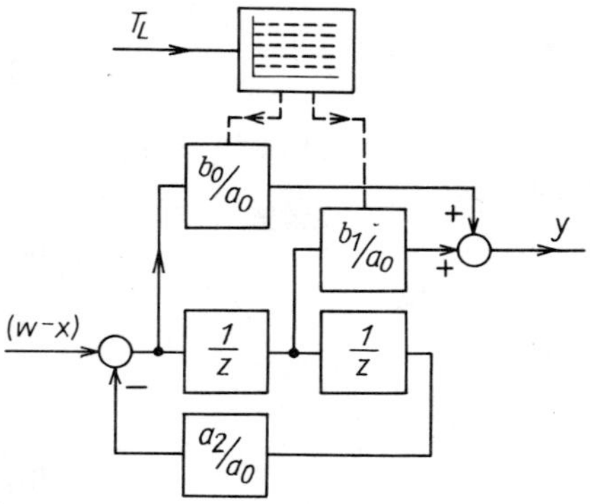

Bild 5.21. Signalflußplan des Stromreglers mit Lückadaption

In beiden Fällen hat der Regler die Struktur

$$G_R(z) = \frac{b_0 + b_1 \dfrac{1}{z}}{a_0 + a_1 \dfrac{1}{z} + a_2 \dfrac{1}{z^2}}. \tag{5.41}$$

Dieser Regler ist realisierbar (vgl. Abschn. 3.4); sein Signalflußplan ist im Bild 5.21 dargestellt. Die Parameter sind

im kontinuierlichen Bereich	im Lückbereich	
$b_0/a_0 = \dfrac{T_A}{V_{st} T_M}$	$b_0/a_0 = \dfrac{T}{V_{stL} T_M}$	(5.42)
$b_1/a_0 = \dfrac{-\lambda T_A}{V_{st} T_M}$	$b_1/a_0 = 0$	
$a_1/a_0 = 0$	$a_1/a_0 = 0$	
$a_2/a_0 = -1$	$a_2/a_0 = -1.$	

Der Übergang vom kontinuierlichen Betrieb in den Lückbetrieb und umgekehrt erfordert die Umschaltung der Parameter b_0/a_0 und b_1/a_0. Das erfolgt nach dem Prinzip der gesteuerten Adaption

- in Abhängigkeit von der Stromflußdauer T_i oder
- in Abhängigkeit von der Lückdauer $T_L = (T - T_i)$ oder
- in Abhängigkeit vom Strommittelwert.

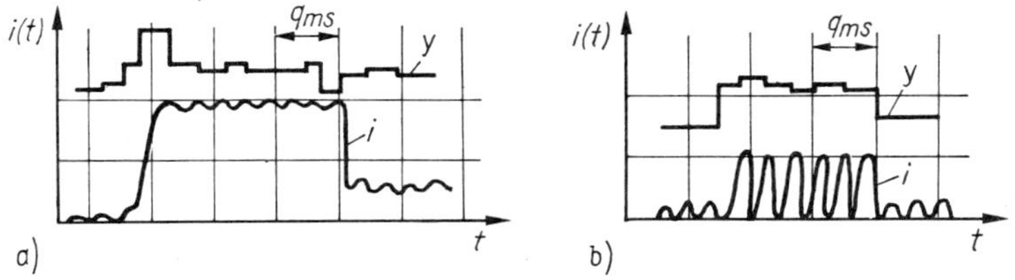

Bild 5.22. Sprungantwort des geschlossenen Stromregelkreises im kontinuierlichen (a) und im Lückbereich (b)

Der Verstärkungsfaktor des Reglers im Lückbereich

$$V_R = b_0/a_0 = \frac{1}{V_{stL}} \frac{T}{T_M} \tag{5.43}$$

ist arbeitspunktabhängig. Das kann annähernd als lineare Abhängigkeit von der Lückdauer

$$V_R = k_1 T_L + k_2 \tag{5.44}$$

berücksichtigt werden. Beispiel 5.4 zeigt eine Ausführungsmöglichkeit.
Die Übertragungsfunktion des geschlossenen Kreises mit dem Strom als Ausgangsgröße ergibt sich für den gewählten Regler zu

$$\frac{i/I_{st}(z)}{w(z)} = \frac{1}{T_M z} e^{-pT_a} \tag{5.45}$$

für kontinuierliche und lückende Stromführung.
Die gleiche Übertragungsfunktion ergibt sich auch im Falle der Mittelwertmessung des Stroms. Im Unterschied zu (5.41) ergibt sich der Regler im kontinuierlichen Betrieb zu

$$G_R(z) = \frac{T_A (1 - e^{-T/T_A} z^{-1})}{V_{st} T (1 - z^{-3})}. \tag{5.41a}$$

In jedem Fall antwortet der Strom um eine Abtastperiode T und um die Zündverzögerung T_α verspätet auf eine Änderung der Führungsgröße (Bild 5.22).

Um die beim Überschreiten der Lückgrenze notwendige Umschaltung der Reglerparameter zu gewährleisten, erfolgt die Steuerung so, daß in einem Takt k zunächst die Lückgrenze angefahren wird und im darauffolgenden Takt $(k+1)$ der eigentlich geforderte Arbeitspunkt eingestellt wird. Änderungen des Eingangssignals, die ein Überschreiten der Lückgrenze zur Folge haben würden, werden in zwei Abschnitten wirksam. Die Änderung des Ausgangssignals erfolgt entsprechend in zwei Schritten, ist insgesamt also 2fach verzögert.

Beispiel 5.4. Programmablaufplan eines Stromreglers mit Lückadaption

Ein erprobter Programmablaufplan ist im Bild 5.23 dargestellt. Jeder Rechnertakt beginnt mit der Abfrage, ob der Strom lückt, also $T_L > 0$ ist. Der Verstärkungsfaktor des Reglers und der Faktor λ werden entsprechend festgelegt.

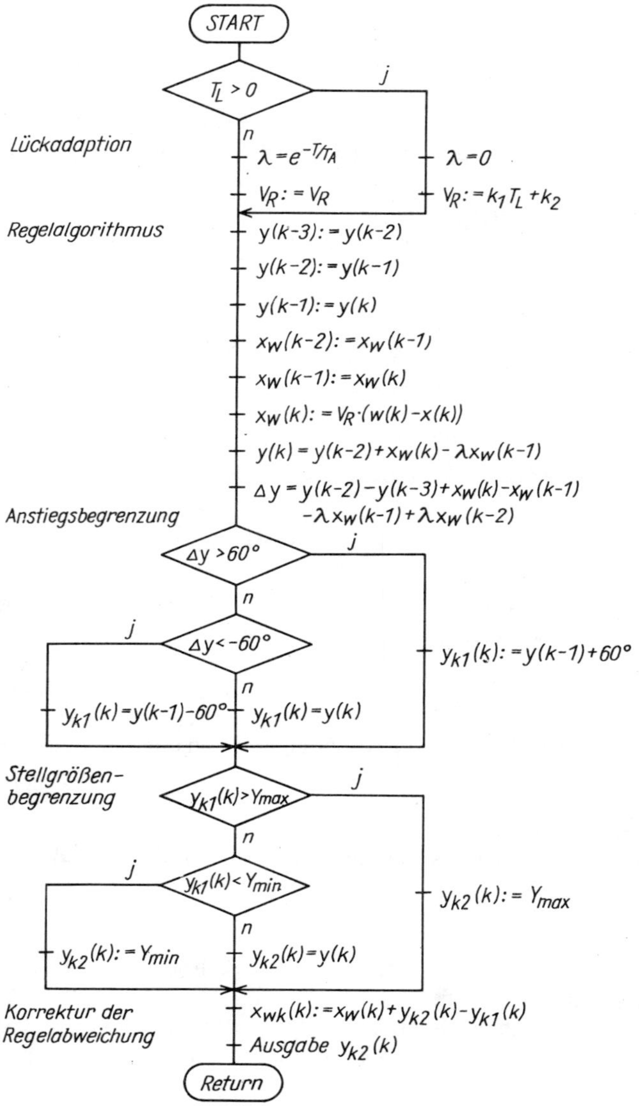

Bild 5.23. Programmablaufplan eines Stromreglers mit Lückadaption

Zur Berechnung des Regelalgorithmus wird wegen der einfacheren Signalverarbeitung

$$x_w(k) = V_R\,(w(k) - x(k))$$

eingeführt. Damit ergibt sich der Regelalgorithmus aus (5.41) zu

$$\frac{y(z)}{x_w(z)} = \frac{1 - \lambda \frac{1}{z}}{1 - \frac{1}{z^2}}. \tag{5.46}$$

Differenzengleichung im Lückbereich:

$$y(k) = y(k-2) + x_w(k) - \lambda x_w(k-1). \tag{5.47}$$

Differenz der Stellgröße in zwei aufeinanderfolgenden Takten:

$$\Delta y = y(k) - y(k-1) = y(k-2) - y(k-3) + x_w(k) - x_w\,(k-1) - \lambda x_w(k-1) + \lambda x_w(k-2). \tag{5.48}$$

Beim Übergang aus dem Lückbereich in den nichtlückenden Bereich kann es zum Überschwingen der Regelgröße kommen, weil der Verstärkungsfaktor der Regelstrecke stark ansteigt. Zur Eingrenzung dieses Effekts wird eine Begrenzung der Änderung der Stellgröße auf $\Delta y \leqq \pm 60°$ vorgenommen. Damit wird zugleich die Stromanstiegsgeschwindigkeit im Kreis begrenzt, was wegen der Motorbeanspruchung notwendig ist.
Es erfolgt ferner eine Stellgrößenbegrenzung, um den möglichen Aussteuerbereich des Stellgliedes nicht zu überschreiten. Um einen überschwingfreien Übergang aus dem Begrenzungsbereich in den linearen Arbeitsbereich zu realisieren, erfolgt eine entsprechende Korrektur der Regelabweichung (vgl. Abschn. 3.5)

$$x_{wk}(k) = x_w(k) + y_{K2}(k) - y_{K1}(k); \tag{5.49}$$

y_{K1} Stellgröße, die sich ohne Stellgrößenbegrenzung, jedoch mit Berücksichtigung der Anstiegsbegrenzung einstellt
y_{K2} Stellgröße entsprechend der Stellgrößenbegrenzung
x_{wk} reduzierte Regelabweichung zur Begrenzung der Stellgröße.

5.5. Brückenumsteuerung und Reversierbetrieb

Umkehr der Stromrichtung beim Bremsen und Reversieren des Antriebs erfordert den Übergang des Stroms auf eine zweite Ventilgruppe, deren Ventile zu den Ventilen der ersten Ventilgruppe antiparallel geschaltet sind (Bild 5.24). Aufgabe des Ansteuerrechners ist es, den Stromübergang von einer Brücke auf die andere mit hoher Dynamik zu steuern, das Auftreten von Kurzschlußströmen aber sicher zu verhindern. Die prinzipielle Arbeitsweise wird durch

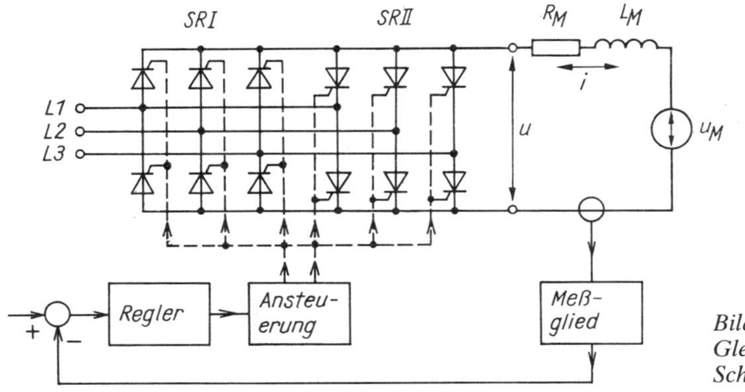

Bild 5.24
Gleichstromreversierantrieb – Schaltung des Leistungskreises

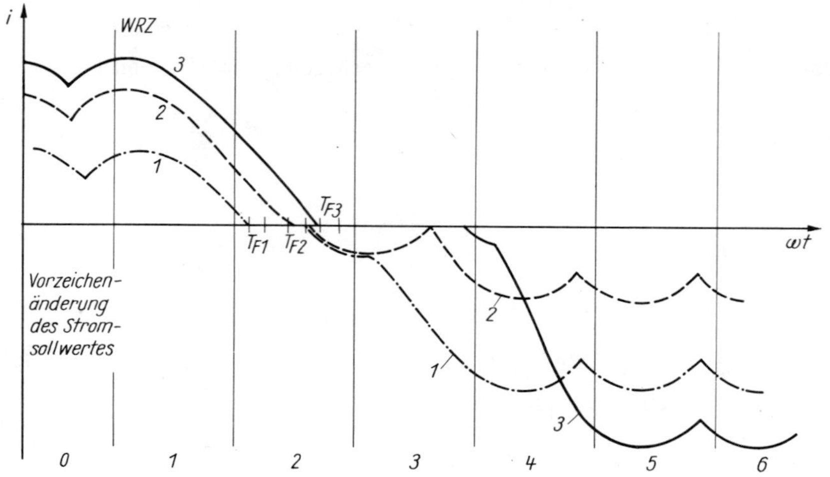

Bild 5.25. Zeitlicher Verlauf des Motorstroms bei Umkehr der Stromrichtung

1 Der Lückgrenzstrom in Gegenrichtung wird im zweiten Takt nach Wechselrichterzwangssteuerung erreicht.
2 Der Lückgrenzstrom in Gegenrichtung wird im dritten Takt nach Wechselrichterzwangssteuerung erreicht.
3 Der Lückgrenzstrom in Gegenrichtung wird im vierten Takt nach Wechselrichterzwangssteuerung erreicht.

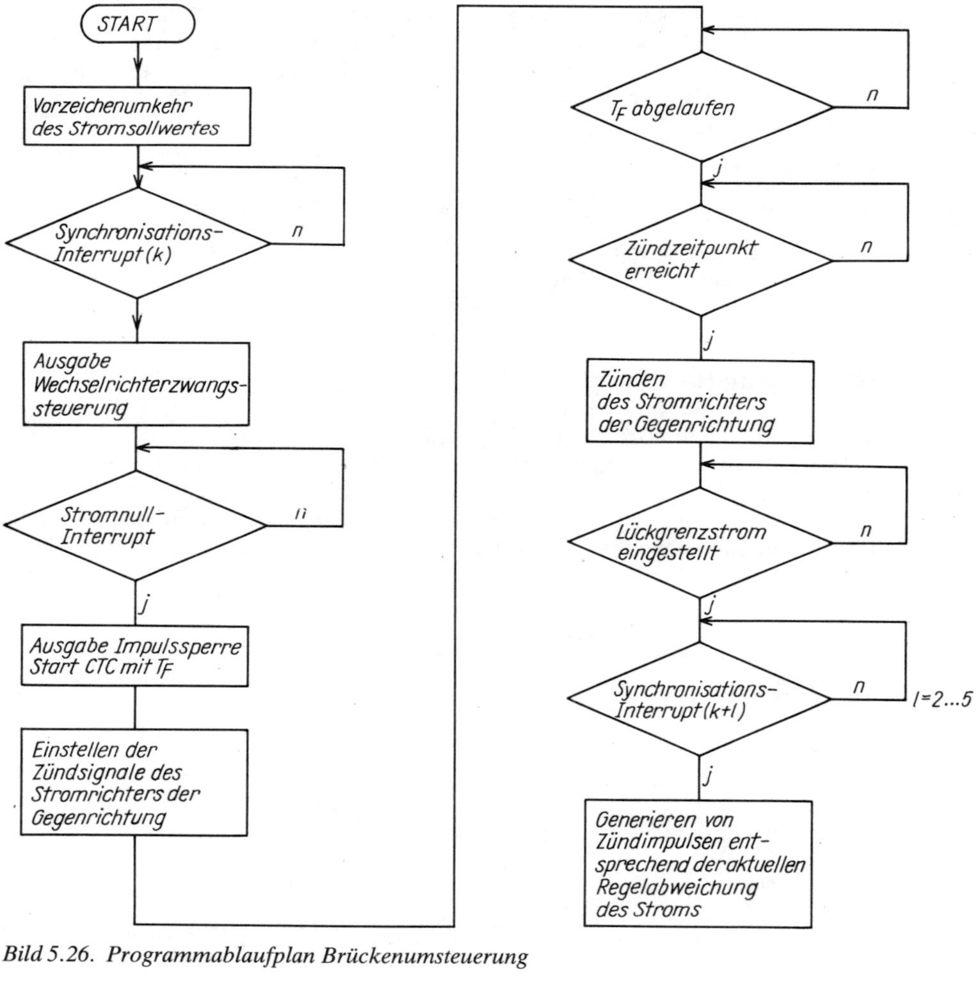

Bild 5.26. Programmablaufplan Brückenumsteuerung

den Zeitverlauf des Stroms im Bild 5.25 und den Programmablaufplan im Bild 5.26 erläutert. Folgende Arbeitsschritte werden durchgeführt:

1. Erkennen des Vorzeichenwechsels des Strom-Sollwertes. Übergang zur Wechselrichterzwangssteuerung, um eine maximal mögliche Abbaugeschwindigkeit des Stroms zu erreichen.
2. Nach Interruptmeldung des Stromnullkomparators sperren der Zündsignale. Start eines CTC-Kanals zur Bildung der Freihaltezeit T_F ($T_F = 0{,}5\,\text{ms}$).
3. Einstellen der Zündsignale entsprechend dem Lückgrenzstrom in Gegenrichtung (Reglerführung) und Freigabe der Zündsignale für die Gegenrichtung nach T_F.
4. Berechnung und Ausgabe der Stellgröße zum Erreichen des geforderten Strom-Sollwertes, wobei die Vergangenheitswerte des Regelalgorithmus $y(k-2), y(k-1), x_w(k-1)$ so manipuliert werden, daß ein stationärer Arbeitspunkt am Lückgrenzstrom vorgetäuscht wird.

Im Bild 5.25 sind verschiedene Möglichkeiten des Ablaufs des Reversiervorgangs angegeben. Die Dauer der stromlosen Pause t_0 ist hauptsächlich davon abhängig, ob der Strom nach Ablauf der Rechenzeitverzögerung T_R bereits gelückt hat. Ist dies nicht der Fall, wird die Wechselrichterzwangssteuerung für eine weitere Abtastperiode beibehalten (Fall *3* im Bild 5.25), so daß für t_0 gilt

$$T_F < t_0 < (T_R + T), \qquad 0{,}5\,\text{ms} < t_0 < 5\,\text{ms}.$$

Wenn die Zündung für die Beispiele *1* und *2* im Bild 5.25 im Takt *2* nicht mehr möglich gewesen wäre (Zündzeitpunkt liegt vor Abschluß der Berechnung des Regelalgorithmus), würde die Zündung zum Erreichen der Lückgrenze zum nächstmöglichen Zeitpunkt, d. h. in der nächsten Abtastperiode ausgegeben.

Im Interesse einer schnellen Umsteuerung des Stroms werden bereits vor Freigabe der Zündsignale in Gegenrichtung diese so eingestellt, daß sie dem Lückgrenzstrom entsprechen. In der analogen Technik wird diese Verfahrensweise als Reglerführung bezeichnet. Zur Vorausberechnung dient die Spannungsgleichung des Kreises

$$u_{di0} \cos\alpha = Ri + L\,\frac{di}{dt} + u_M; \tag{5.50}$$

R	Gesamtwiderstand des Ankerkreises
L	Gesamtinduktivität des Ankerkreises
$u_M = k_M \Phi_M \omega_M$	induzierte Gegenspannung im Motor
$u_{di0} \cos\alpha$	innere Spannung des Stromrichters.

An der Lückgrenze fließt der Strom I_{LG} (Mittelwert). Der induktive Spannungsabfall, integriert über eine Pulsperiode ist gerade Null. Daher gilt an der Lückgrenze

$$u_{di0} \cos\alpha = RI_{LG} + U_M. \tag{5.51}$$

Daraus ergibt sich der einzustellende Steuerwinkel zu

$$\alpha = \arccos \frac{R_{ges} I_{LG} + U_M}{U_{di0}} \approx \frac{\pi}{2} \frac{I_{LG} R_{ges}}{U_{di0}} - \frac{u_M}{U_{di0}}. \tag{5.52}$$

Beim Abbremsen ausgehend von einer positiven Drehzahl ist I_{LG} negativ.

5.6. Adaptive und selbsteinstellende Regelungen

Adaptive Regelstrukturen (zur Klassifikation vgl. Abschn. 8.2) ermöglichen die Selbstanpassung des Reglers an die Parameter der Regelstrecke ausgehend von einer Anfangseinstellung, die anwendungsunabhängig vorgegeben werden kann. Sie ermöglichen ferner die Nachführung der Struktur und Parameter der Regeleinrichtung nach Struktur- und Parameteränderungen der Regelstrecke, sowohl bei kontinuierlicher Stromführung als auch beim Übergang in den Bereich lückender Stromführung.

Die Leistungsfähigkeit derzeitiger Mikrorechner erfordert die Beschränkung auf Adaptionsverfahren, die sich durch einen geringen Speicherplatzbedarf auszeichnen und in kurzer Zeit abgearbeitet werden können. Die Einfachheit der Stromregelstrecke läßt die Anwendung klassischer Dead-beat-Regler zu (vgl. Abschn. 3.4). Davon ausgehend können adaptive Strukturen angegeben werden, die sich durch große Einfachheit auszeichnen. Eine selbsteinstellende Regelung nach dem Prinzip der gesteuerten Adaption wurde nach der im Bild 5.27

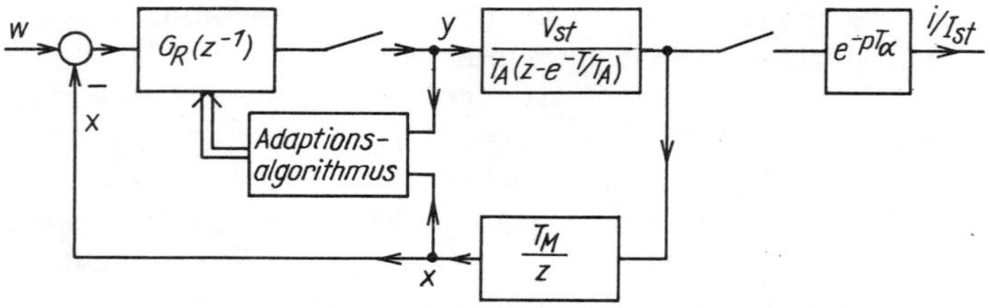

Bild 5.27. Signalflußplan einer adaptiven Stromregelung nach dem Prinzip der gesteuerten Adaption

dargestellten Struktur erprobt. Die Übertragungsfunktion der Regelstrecke wurde in Übereinstimmung mit Abschnitt 5.4 zu

$$G_s(z) = \frac{V_{st}}{T_A\,(z - e^{-T/T_A})} \tag{5.53}$$

angenommen. Im Rückführzweig befindet sich die Übertragungsfunktion T_M/z, die das Meßglied berücksichtigt. Es wurde zündsynchrone Messung vorausgesetzt. Mit dem Ansatz $G_g(z) = 1/z^2$ für den geschlossenen Kreis (als Ausgangsgröße wurde nicht der Strom, sondern das Ausgangssignal x des Strommeßgliedes betrachtet) erhält man für den Regler

$$G_R(z) = \frac{b_0/a_0 + b_1/a_0 z^{-1}}{1 - z^{-2}} \tag{5.54}$$

mit

$$b_0/a_0 = \frac{T_A}{V_{st} T_M}$$

und

$$b_1/a_0 = -\frac{T_A\, e^{-T/T_A}}{V_{st} T_M}.$$

Für die Regelstrecke einschließlich Meßglied gilt die Differenzengleichung

$$x(k) = x(k-1)\, e^{-T/T_A} + \frac{V_{st} T_M}{T_A}\, y(k-2). \tag{5.55}$$

Zur Identifikation der Regelstrecke wird der Quotient

$$\frac{x(k)}{y(k-2)} = \frac{V_{st} T_M}{T_A}$$

gebildet, der dem Verstärkungsfaktor der Regelstrecke entspricht. Im Sinne gesteuerter Adaption kann daraus der Reglerparameter

$$b_0/a_0 = \frac{T_A}{V_{st} T_M} = \frac{y(k-2)}{x(k)} \tag{5.56}$$

abgeleitet werden. Setzt man im üblichen Parameterbereich

$$e^{-T/T_A} \approx 0{,}9\,, \tag{5.57}$$

erhält man damit auch

$$b_1/a_0 = -0{,}9 \frac{y(k-2)}{x(k)}. \tag{5.58}$$

Ausgehend von einer Anfangseinstellung, die in jedem Fall die Stabilität des Kreises gewährleisten muß, findet der Regler nach zwei Abtastschritten seinen optimalen Verstärkungsfaktor. Die Berechnung nach (5.56) erfordert, daß ein gewisses Mindestsignal x auftritt, um den Einfluß der Quantisierung zu verringern. Sie führt nur im linearen Bereich der Regelung zu richtigen Ergebnissen. Störgrößen, die an der Regelstrecke angreifen, verfälschen den Adaptionsmechanismus. Um diesen Einfluß zu unterdrücken, kann mit dem Mittelwert des Parameters b_0/a_0, der über mehrere Abtastperioden gebildet wird, gearbeitet werden.
Das Prinzip der geregelten Adaption arbeitet unabhängig von Störgrößeneinflüssen. Für die Realisierung mit Mikrorechnerreglern sind vorzugsweise modelladaptive Strukturen geeignet, die ohne ein spezielles Testsignal arbeiten (Bild 5.28). Auch hierbei führt die Anwendung von Dead-beat-Reglern zu einfachen Algorithmen. Wenn der geschlossene Regelkreis im Idealfall die Übertragungsfunktion $G_g(z) = 1/z^2$ haben soll, wird ein Modell des Regelkreises mit dieser Übertragungsfunktion

$$G_M(z) = \frac{1}{z^2}$$

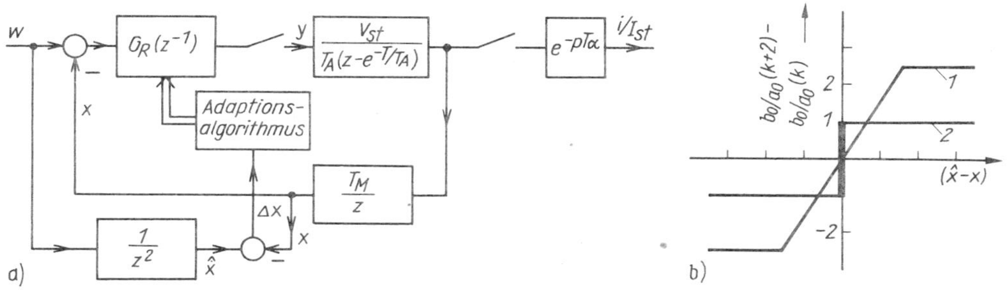

Bild 5.28. Signalflußplan einer adaptiven Stromregelung nach dem Prinzip der Modelladaption
a) Signalflußplan
b) Steuerfunktion $b_0/a_0\,(k+2) - b_0/a_0\,(k) = f\,(\hat{x} - x)$
1 allgemeiner Verlauf
2 Näherung durch Signumfunktion

softwaremäßig realisiert. Die Ausgangsgröße des Modells $\hat{x}$ wird mit der Ausgangsgröße x des Regelkreises verglichen. Die Differenz

$$\Delta x = \hat{x} - x$$

dient der Steuerung der Reglerparameter. Ist zwei Abtastschritte nach einer sprunghaften Änderung der Führungsgröße

$$\hat{x}\,(k+2) > x\,(k+2),$$

muß die Verstärkung b_0/a_0 des Reglers erhöht, im umgekehrten Falle, für

$$\hat{x}\,(k+2) < x\,(k+2),$$

vermindert werden.
Der Adaptionsalgorithmus $b_0/a_0\,(k) = f(\Delta x\,(k))$ entspricht also prinzipiell einer Steuerfunktion nach Bild 5.28b. Anstieg und Begrenzung der Steuerfunktion müssen entsprechend der Stabilität des Gesamtsystems festgelegt werden. Im einfachsten Falle führt der Algorithmus

$$b_0/a_0\,(k+2) = b_0/a_0\,(k) + \text{sign}\,(\Delta x)$$

zu einer langsamen, aber stabilen Anpassung des Regelkreises an das Modell.

Falls die Näherung nach (5.57) nicht ausreicht, ist es möglich, nach erfolgter Anpassung des Parameters b_0/a_0 in ähnlicher Weise auch den Parameter b_1/a_0 anzupassen. Bewährt hat sich auch eine Kombination einer gesteuerten Adaption nach Bild 5.27 mit einer Modelladaption nach Bild 5.28. Erstere bewirkt rasch eine Grobeinstellung des Reglers; letztere bewirkt langsam eine genaue Adaption unabhängig von Störgrößen.
Die Anpassung des Reglers an die Regelstrecke beim Übergang aus dem lückenden Arbeitsbereich in den Bereich mit kontinuierlicher Stromführung und umgekehrt kann aus Gründen der Dynamik nur als gesteuerte Adaption ausgeführt werden (vgl. Abschn. 5.4). Mit Hilfe einer modelladaptiven Struktur nach Bild 5.28 kann ergänzend dazu eine langsame Feinanpassung der Reglerparameter an die veränderlichen Parameter der Regelstrecke erfolgen.

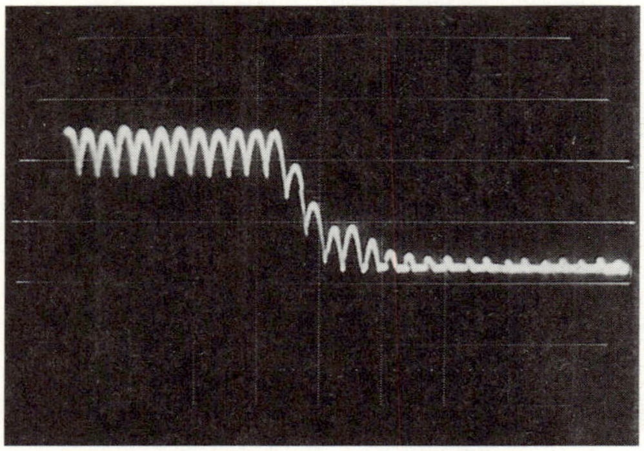

a)

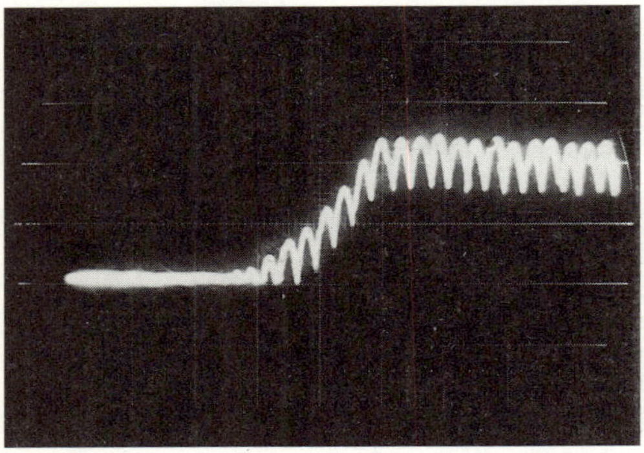

b)

Bild 5.29
Übergangsfunktionen des geschlossenen Stromregelkreises mit gesteuerter Adaption beim Übergang über die Lückgrenze
a) Übergang aus dem nichtlückenden Bereich in den Lückbereich ($I = 12\,A$ auf $I = 0\,A$);
b) Übergang aus dem Lückbereich in den nichtlückenden Bereich ($I = 0\,A$ auf $I = 12\,A$)

Bild 5.29 zeigt gemessene Übergangsfunktionen des geschlossenen Kreises. Entsprechend dem im Bild 5.23 gegebenen Programmablaufplan erfolgt eine Begrenzung des Anstiegs der Stellgröße und eine Stellgrößenbegrenzung. Beim Übergang über die Lückgrenze wird der Strom im ersten Schritt an die Lückgrenze gestellt. Erst im folgenden Schritt wird die Lückgrenze verlassen. Die Reglerverstärkung wird im Lückbereich an die veränderliche Streckenverstärkung adaptiert.

5.7. Überwachungs- und Schutzfunktionen

Der Mikrorechnerregler übernimmt Überwachungs- und Schutzfunktionen mit dem Ziel
- hoher Eigensicherheit des Rechners
- hoher Zuverlässigkeit des Antriebs im System
- frühzeitiger Fehlererkennung

- einfacher und schneller Fehlerlokalisierung
- hoher Ausnutzung des Antriebs
- möglicher Einsparung spezieller Meß- und Schutzglieder.

Ehe der Antrieb zugeschaltet werden kann, erfolgt eine Selbstüberprüfung der Regeleinrichtung, die regelmäßig im Taktabstand T wiederholt wird. Neben dem Zentralrechner sind vor allem die Meßglieder und die ihnen zugeordnete Auswerteelektronik in die Prüfroutine einzubeziehen. Ein eventuelles Fehlersignal ist im Zusammenhang mit dem Betriebszustand benachbarter Antriebe zu interpretieren. Bestehende Verriegelungsbedingungen sind auch im Havariefall zu berücksichtigen. Die Aufgabe der Überwachung und Havarieabschaltung kann auch einem Steuerrechner übertragen werden, der unabhängig vom Hauptrechner arbeitet (Bild 5.30).

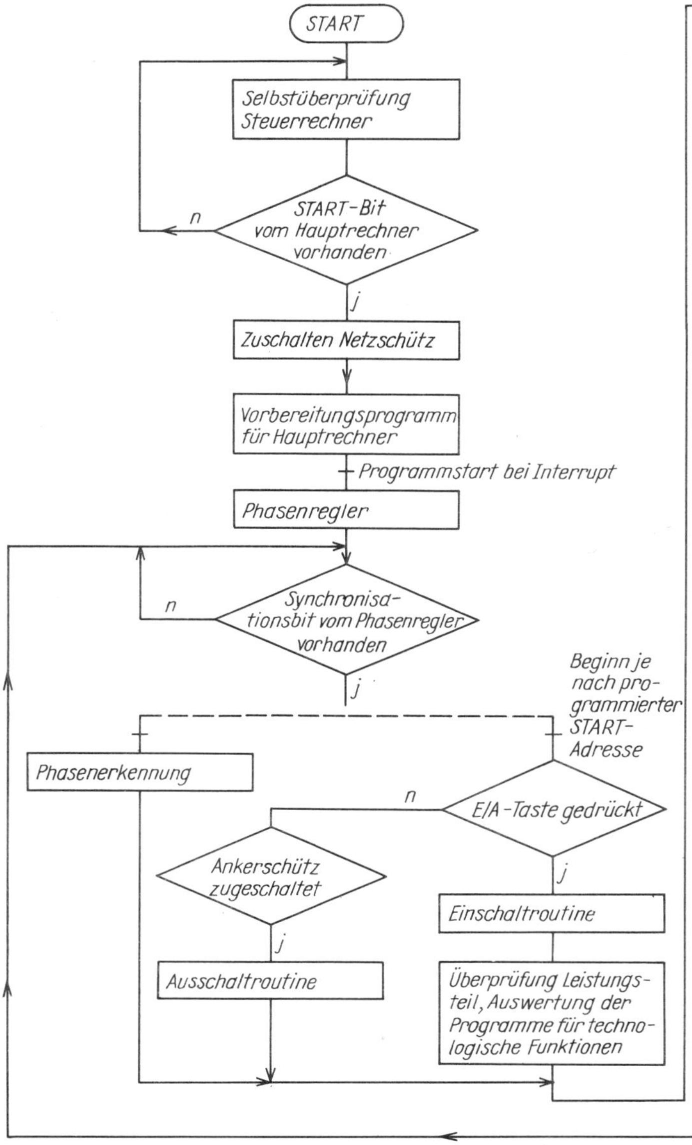

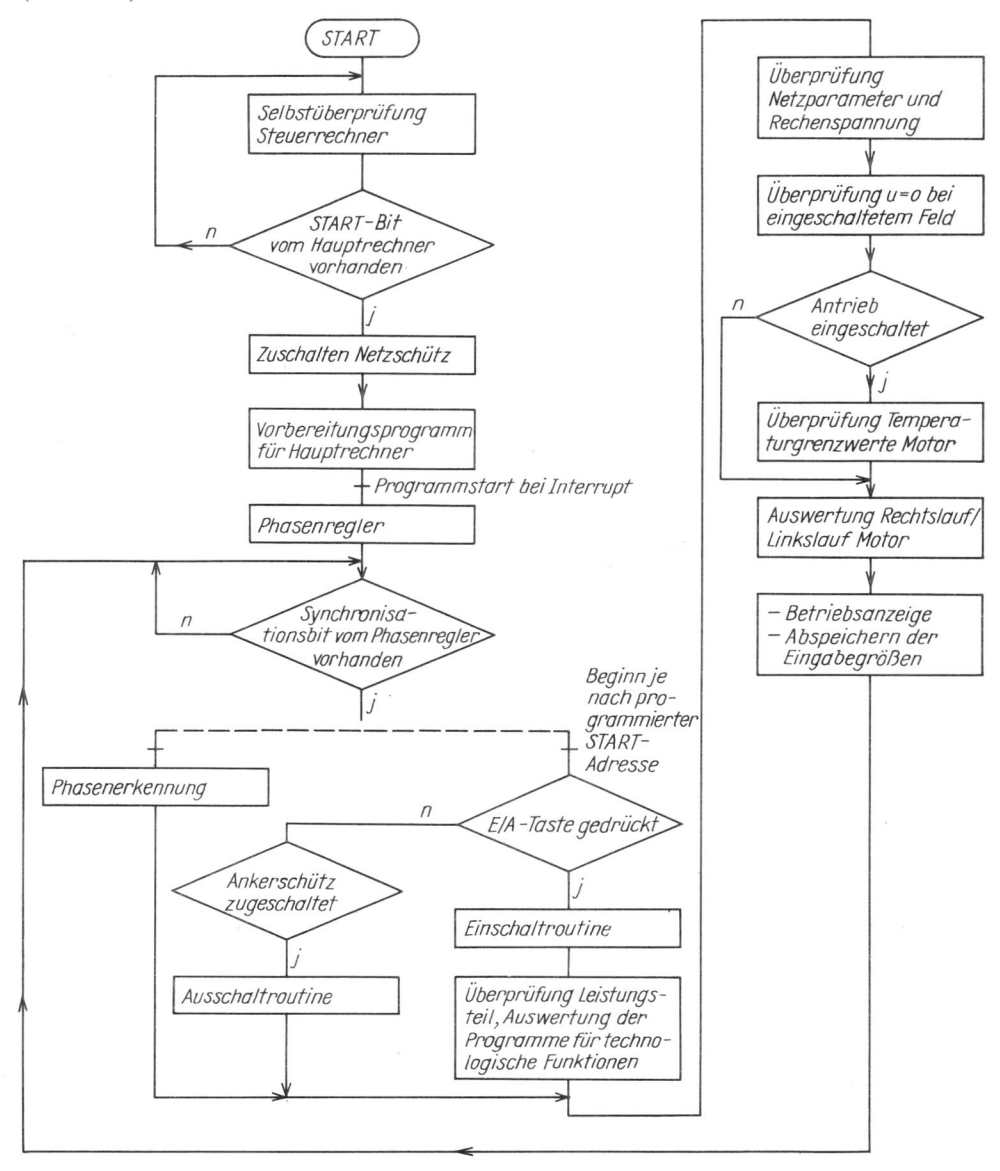

Bild 5.30. Programmablaufplan eines Steuerrechners zur Steuerung, Überwachung und Zustandssignalisation eines Antriebs

Neben der Auswertung direkter Fehlersignale, die Überstrom, Überspannung, Überdrehzahl usw. signalisieren und im Steuerrechner verarbeitet werden, ist es möglich, durch Auswertung innerer Zustände des Ansteuerautomaten bzw. durch Auswertung der Zustandsübergänge auf aufgetretene Fehler zu schließen.
Eine Einrichtung zur Netzsynchronisation der Ansteuerung nach Bild 5.8 erzeugt im ungestörten Betrieb drei um 120° verschobene Binärsignale, die die sechs regulären Zustände der Synchronisationsschaltung kennzeichnen. Beim Vertauschen zweier Phasen kehrt sich die Umlaufrichtung des Zustandsgraphen um. Bei Unterbrechung einer Phase können nur zwei aktive Zustände auftreten (Tafel 5.1). Diese Fehler können mit einer Logik erkannt und angezeigt werden. Fehlt ein Synchronisationssignal ganz, ergibt sich ebenfalls ein Fehlerzustand. Aus der Zustandsfolge kann auch hier auf die Art des Fehlers geschlossen werden.
Wird ein PLL-Filter zur Bildung der Synchronisationsimpulse eingesetzt (vgl. Abschn. 5.3), kann aus einer abnormen Abweichung zwischen den ungefilterten Nulldurchgängen und dem Filterausgang auf auftretende Phasenfehler geschlossen werden.

Tafel 5.1. Fehlererkennung durch Auswerten der Zustandsfolge des Vektors der Synchronisationsspannungen

Zeitverlauf der Synchronisationsspannung	Zustandsfolge	Fehlerfall
a) 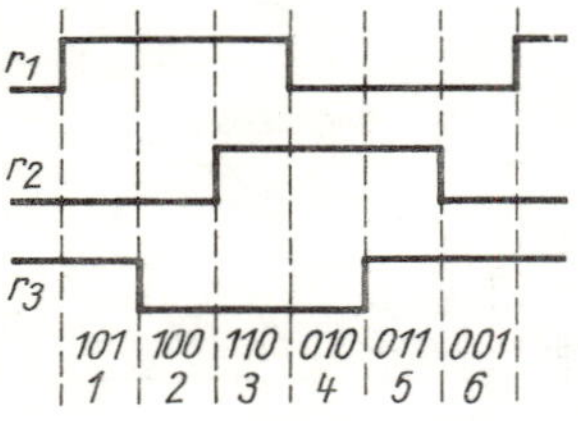	e) 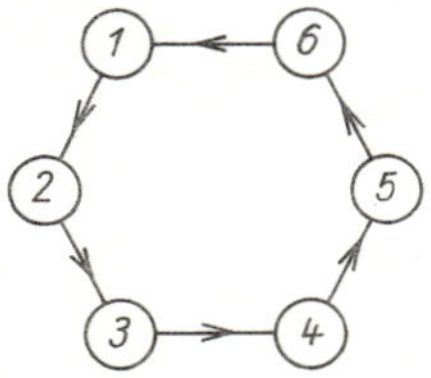	ungestörter Betrieb
b) 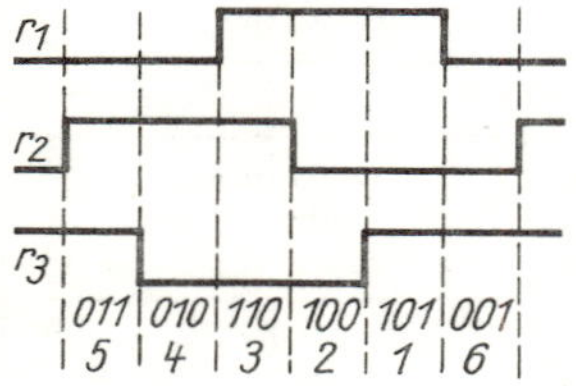	f) 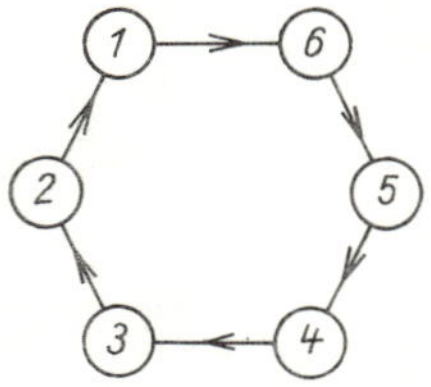	Vertauschen zweier Netzphasen
c) 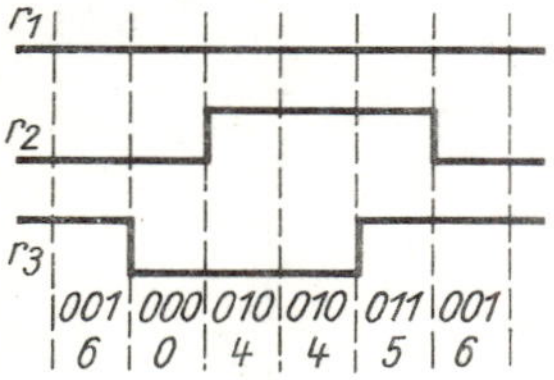	g) 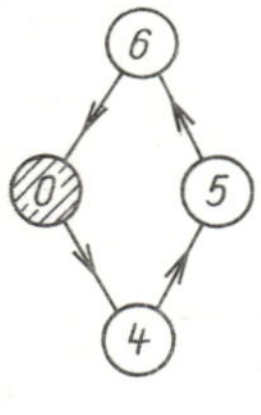	Unterbrechung der Phase L_1 (vgl. Bild 5.8) *0* Fehlerzustand
d) 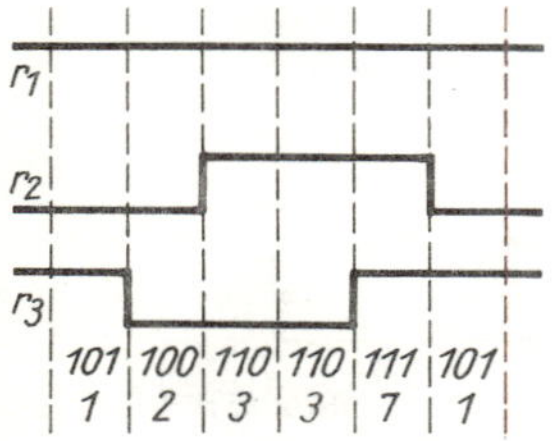	h) 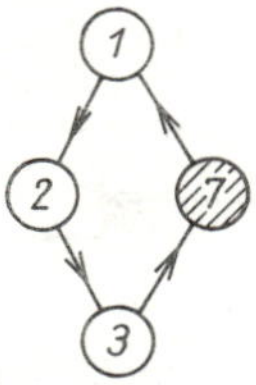	Fehler bei der Erzeugung des Synchronisationssignals r_1 (vgl. Bild 5.8) 7 Fehlerzustand

Läßt die Art der Strommessung es zu, den Stromanstieg im Zündzeitpunkt auszuwerten, können daraus defekte Ansteuerschaltungen bzw. defekte Sicherungen in den Zuleitungen erkannt werden. Bei einem ungestörten Stromrichter muß im Zündzeitpunkt stets ein positiver Stromanstieg auftreten. Ist das nicht der Fall, so ist die Ventilansteuerung gestört, eine Sicherung in den Zuleitungen unterbrochen oder die Gegenspannung im Kreis so groß, daß das Ventil nicht zünden kann. Durch Vergleich des theoretisch geforderten mit dem tatsächlich auftretenden Zündmuster kann die gestörte Ventilansteuerung bzw. die gestörte Sicherung identifiziert und angezeigt werden [5.32].

Eine hohe Auslastung des Antriebs wird durch volles Ausschöpfen der thermischen Grenzen des Motors und des Stromrichters erreicht. Herkömmliche Schutzeinrichtungen ermöglichen das nur in sehr grober Weise. In den Rechnerregler kann ein thermisches Modell des Motors bzw. Stromrichters implementiert werden, so daß die Zustandsgröße Wicklungstemperatur des Motors bzw. Sperrschichttemperatur des Ventils als Funktion des Stroms und der Zeit im Rechner zur Verfügung steht. Durch Vergleich mit zulässigen Grenzwerten kann ein Signal zur Reduktion der Belastung bzw., wenn das nicht möglich ist, zur Abschaltung des Antriebs ausgegeben werden (Bild 5.31).

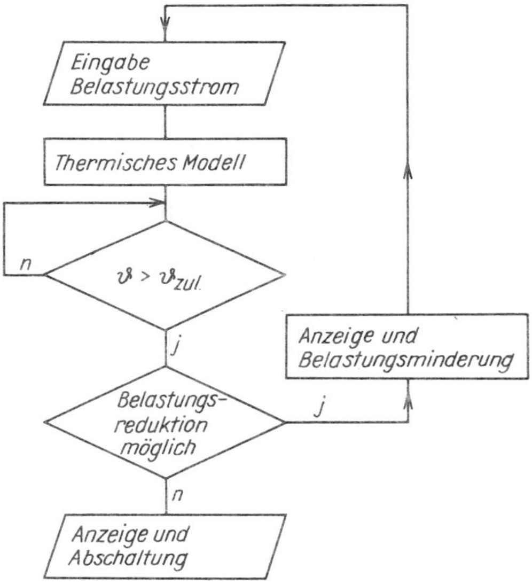

Bild 5.31. Programmablaufplan zur Überwachung einer kritischen Temperatur mit einem thermischen Modell

Da Stromrichter und Motor thermisch sehr komplizierte Gebilde sind, kann ein thermisches Modell den tatsächlichen Sachverhalt nur annähernd wiedergeben. Man kann deshalb auch so vorgehen, daß man die zulässige Belastungskennlinie des Motors $I_{zul}(t)$ einspeichert und in den Abtastzeitpunkten mit der gemessenen und gespeicherten tatsächlichen Belastungskennlinie $I_{tats}(t)$ vergleicht.

Bei unzulässigen Abweichungen läßt sich auch daraus ein Signal zur Reduktion der Belastung bzw. zur Abschaltung des Antriebs ableiten.

Die Strategie bei der Auswertung von Fehlern und Grenzwertüberschreitungen muß prinzipiell unterscheiden zwischen Fehlern, die eine unmittelbare Abschaltung der Anlage erfordern, und solchen Grenzwertüberschreitungen, die einige Zeit anstehen dürfen. Letztere werden zur Anzeige gebracht; Maßnahmen zur Belastungsreduzierung werden eingeleitet.

Eine detaillierte Zustandsanzeige, meist in kodierter Form, erleichtert die Lokalisierung aufgetretener Fehler. In bestimmten Anwendungen kann es nützlich sein, charakteristische Zustandsgrößen über einen gewissen Zeitraum zu speichern, um im Störungsfall die Ursache nachträglich aufklären zu können.

Beispiel 5.5. Schutzkonzeption eines digital geregelten Wicklerantriebs

Die Schutzkonzeption umfaßt neben stromrichternahen Schutzfunktionen die Funktion des Einschaltens und der Einschaltüberwachung, der Überwachung des technologischen Ablaufs unter Beachtung der durch benachbarte Aggregate vorgegebenen Bedingungen und die Funktion des geordneten Abschaltens.

Die umfangreichen Steuerfunktionen sind mit einem Zustandsgraph anschaulich darstellbar. Der im Bild 5.32 dargestellte Teilsteuergraph „Einschalten" zeigt den Zustandsablauf beim Einschalten von Antrieb 1 ausgehend vom Teilsteuergraph „Aus". Erkennbar sind drei Zeitüberwachungen für die Zuschaltung von Feld- (*RSF*) und Ankerschutz (*RSA*) sowie die Vorgabe einer Tippdrehzahl (*TIPP 2*). Die Zustände *TW34* bis *TW38* enthalten das Anfahren einer Nullposition der Tänzerwalze unter Einsatz relativer inkrementaler Geber sowie die Ermittlung der richtigen Vorzeichenzuordnung zwischen Tänzerwalzenbewegung und Motordrehzahl. Der direkte Übergang von *TW34* zu *TW38* ermöglicht die Testbetriebsart „Drehzahlregelung von Antrieb 1".

Erkennbar sind auch Bedingungen zum Übergang in Fehlerzustände, wie Verletzung der Zeitvorgaben, fehlende Rückmeldekontakte oder Feldstrom fließt nicht ($\overline{IF}$).

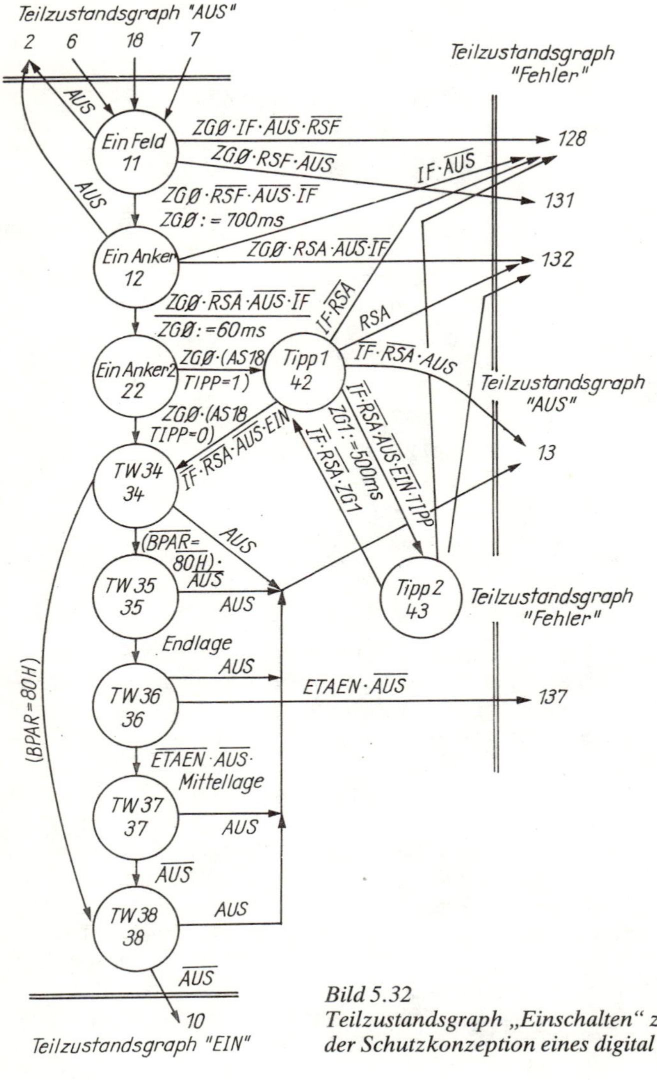

Bild 5.32
Teilzustandsgraph „Einschalten" zur Beschreibung der Schutzkonzeption eines digital geregelten Wicklerantriebs

6. Ansteuerung und Stromregelung selbstgelöschter Stromrichter

6.1. Der Wechselrichter als sequentieller Automat

Wechselrichter zur Erzeugung einer 3phasigen Spannung aus Gleichspannung bzw. zur Erzeugung eines 3phasigen Stroms aus Gleichstrom durchlaufen, gesteuert von einem Taktsignal, sechs Zustände in zyklischer Folge. Jeder Zustand ist gekennzeichnet durch den Schaltzustand der sechs Ventilzweige. Es besteht eine eindeutige Zuordnung zwischen dem Zustand des Wechselrichters und dem Verlauf seiner Ausgangsspannung bzw. seines Ausgangsstroms (Tafel 6.1). Der Wechselrichter ist steuerungstechnisch zu verstehen als sequentieller Automat mit eindeutiger Zustandsfolge.

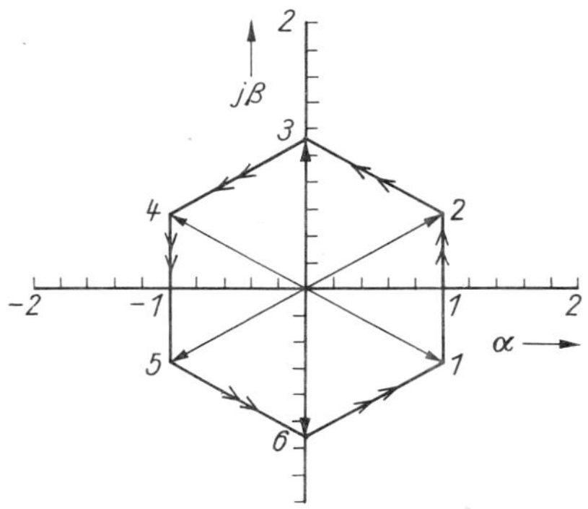

Bild 6.1
Zustandsdiagramm des Stromwechselrichters in der komplexen Zahlenebene

Die Ausgangsströme des Stromwechselrichters speisen die 3strängige Wicklung der Drehfeldmaschine und erzeugen dort eine resultierende, räumlich umlaufende Durchflutung (vgl. Abschn. 7). Sie können zu einem Vektor zusammengefaßt werden, der in der komplexen Zahlenebene beschrieben ist zu

$$\boldsymbol{i} = i_\alpha + \mathrm{j} i_\beta = \frac{2}{3} \left(i_\mathrm{a} + i_\mathrm{b}\, \mathrm{e}^{\mathrm{j} \cdot 120°} + i_\mathrm{c}\, \mathrm{e}^{\mathrm{j} \cdot 240°} \right) \tag{6.1}$$

mit den Komponenten

$$i_\alpha = \frac{2}{3} \left(i_\mathrm{a} - \frac{1}{2}\, i_\mathrm{b} - \frac{1}{2}\, i_\mathrm{c} \right) \tag{6.2}$$

$$i_\beta = \frac{2}{3} \left(\frac{1}{2} \sqrt{3}\, i_\mathrm{b} - \frac{1}{2} \sqrt{3}\, i_\mathrm{c} \right).$$

Das ist der Ausgangsvektor des Stromwechselrichters, der zugleich den Zustand des Wechselrichters als Automaten eindeutig beschreibt. Das Zustandsdiagramm des Stromwechselrichters in der komplexen Ebene (Bild 6.1) veranschaulicht die sechs Zustände. Der Übergang zwischen den Zuständen erfolgt sprunghaft.

Die Ausgangsspannungen des Spannungswechselrichters können in ähnlicher Weise zu einem Vektor zusammengefaßt werden:

$$\boldsymbol{u} = u_\alpha + \mathrm{j} u_\beta = \frac{2}{3} \left(u_\mathrm{a} + u_\mathrm{b}\, \mathrm{e}^{\mathrm{j} \cdot 120°} + u_\mathrm{c}\, \mathrm{e}^{\mathrm{j} \cdot 240°} \right) \tag{6.3}$$

Tafel 6.1. Selbstgelöschte Wechselrichter als sequentielle Automaten

	Stromwechselrichter $2\pi/3$-Einschaltung der Ventilzweige	Spannungswechselrichter π-Einschaltung der Ventilzweige

Schaltermodell der Ventilschaltung

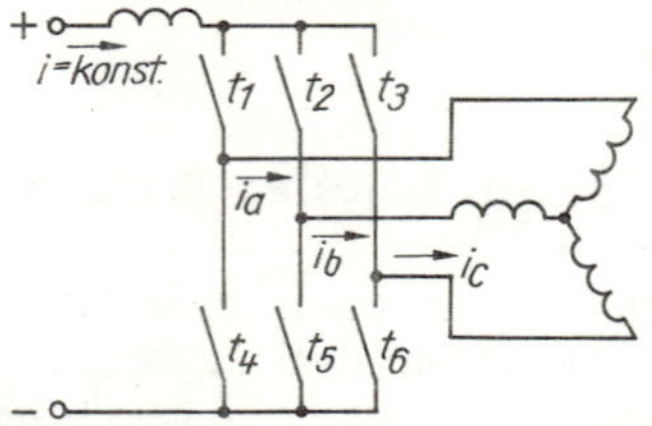

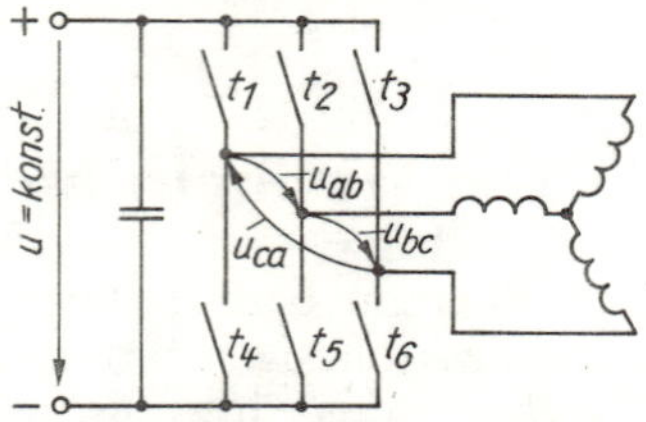

Schaltfolgediagramm

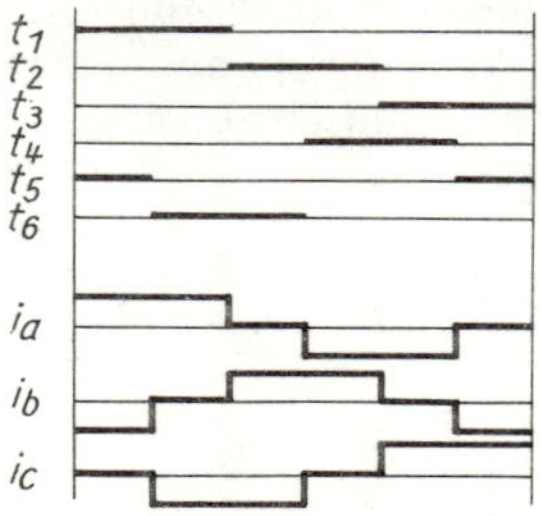

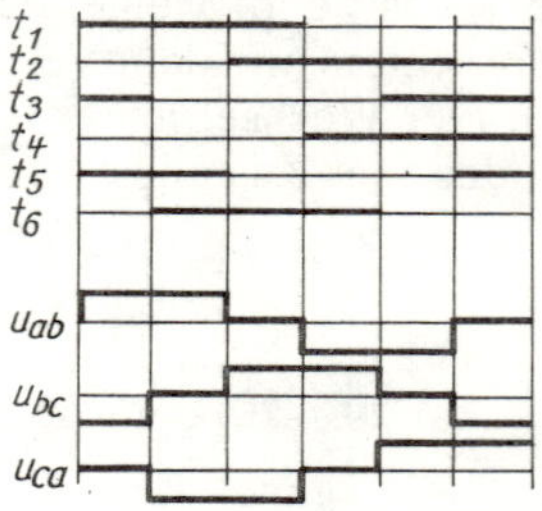

Zustandstabelle

Stromwechselrichter:

q	1	2	3	4	5	6
t_1	1	1	0	0	0	0
t_2	0	0	1	1	0	0
t_3	0	0	0	0	1	1
t_4	0	0	0	1	1	0
t_5	1	0	0	0	0	1
t_6	0	1	1	0	0	0

Spannungswechselrichter:

q	1	2	3	4	5	6
t_1	1	1	1	0	0	0
t_2	0	0	1	1	1	0
t_3	1	0	0	0	1	1
t_4	0	0	0	1	1	1
t_5	1	1	0	0	0	1
t_6	0	1	1	1	0	0

mit den Komponenten

$$u_\alpha = \frac{2}{3}\left(u_a - \frac{1}{2}\,u_b - \frac{1}{2}\,u_c\right) \tag{6.4}$$

$$u_\beta = \frac{2}{3}\left(\frac{1}{2}\sqrt{3}\,u_b - \frac{1}{2}\sqrt{3}\,u_c\right).$$

Berücksichtigt man für den Zusammenhang zwischen Strangspannung und verketteter Spannung die Zählpfeilfestlegung nach Bild 6.2, folgt daraus

$$u_\alpha = \frac{2}{3}\left(u_{ab} + \frac{1}{2}\,u_{bc}\right) \tag{6.5}$$

$$u_\beta = \frac{\sqrt{3}}{3}\,u_{bc}.$$

Das Zustandsdiagramm des Spannungswechselrichters in der komplexen Ebene (Bild 6.3) veranschaulicht sechs Zustände des Spannungswechselrichters. Die Schaltkombinationen

$$t_1 = t_2 = t_3 = 1, \qquad t_4 = t_5 = t_6 = 0$$

sowie

$$t_1 = t_2 = t_3 = 0, \qquad t_4 = t_5 = t_6 = 1$$

führen auf die Zustände q_7 bzw. q_8, die durch $\boldsymbol{u} = 0$ gekennzeichnet sind. Der Übergang zwischen den Zuständen erfolgt sprunghaft.
Der Ansteuerautomat hat die Aufgabe, die Stellgröße

$$\boldsymbol{y} = y\ \mathrm{e}^{\mathrm{j}\omega_s t} \tag{6.6}$$

so in eine Folge von Zündimpulsen umzusetzen, daß der damit anzusteuernde Wechselrichter einen dem Stellgrößenvektor entsprechenden Ausgangsvektor des Stromes

$$\boldsymbol{i}_S = |i^s|\ \mathrm{e}^{\mathrm{j}\omega_s t} \tag{6.7}$$

bzw. der Spannung

$$\boldsymbol{u}_S = |u^s|\ \mathrm{e}^{\mathrm{j}\omega_s t} \tag{6.8}$$

liefert. Ansteuerautomat und Wechselrichter bilden eine funktionelle Einheit, die resultierend als Leistungsverstärker zu betrachten ist (Bild 6.4).

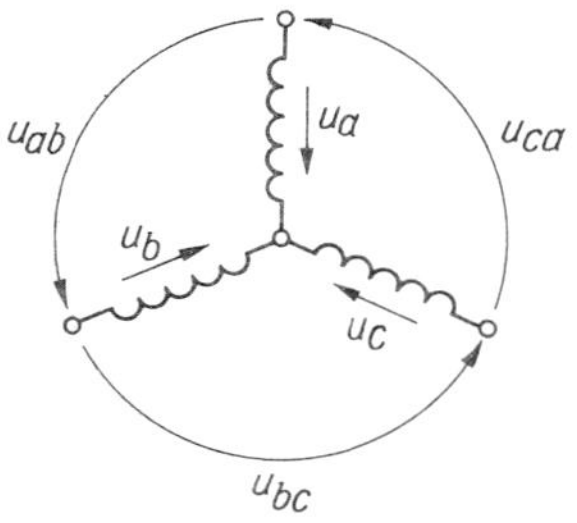

Bild 6.2. Zur Zählpfeildefinition der Strangspannungen und der verketteten Spannungen

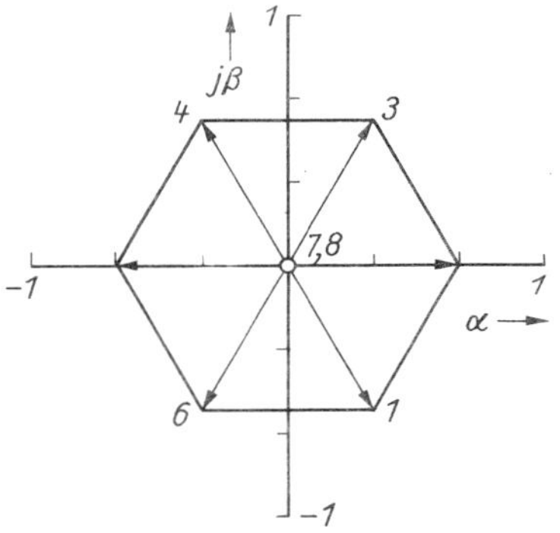

Bild 6.3. Zustandsdiagramm des Spannungswechselrichters in der komplexen Ebene

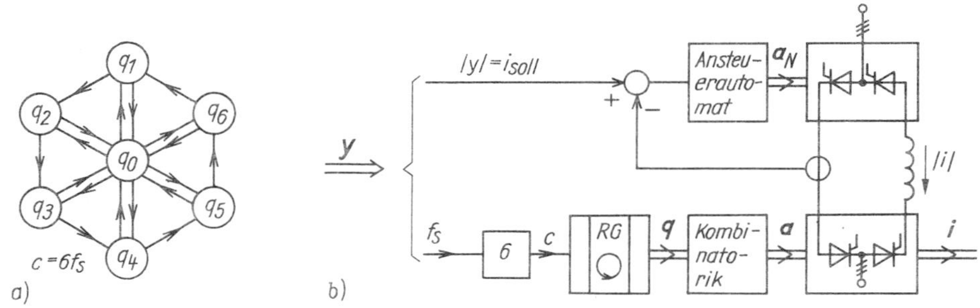

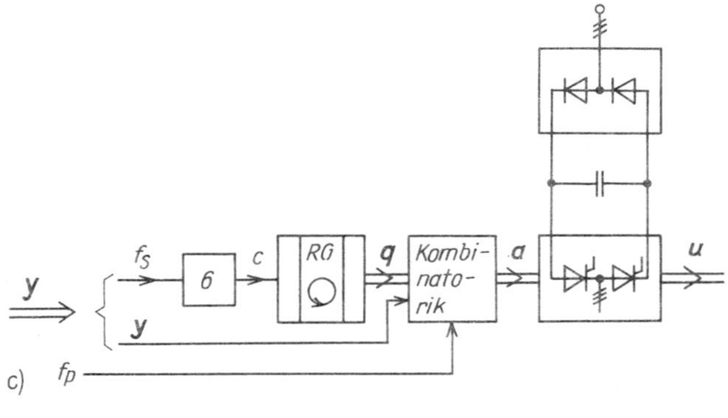

Bild 6.4
Prinzip des Ansteuerautomaten

a) Zustandsgraph des Automaten
b) Automat zur Ansteuerung eines ungepulsten Stromwechselrichters
c) Automat zur Ansteuerung eines gepulsten Spannungswechselrichters

Die sechs aktiven Zustände des Systems $q_1 \dots q_6$ und der Nullzustand q_0 sind durch den Vektor des Ansteuersignals

$$\boldsymbol{a} = \begin{vmatrix} a_a^+ \\ a_a^- \\ a_b^+ \\ a_b^- \\ a_c^+ \\ a_c^- \end{vmatrix}$$

gekennzeichnet.

Der Übergang vom Zustand $\boldsymbol{q}_k$ auf den Zustand q_{k+1} erfolgt sprunghaft mit der 6fachen Frequenz des Steuervektors

$$c = 6f_s,$$

technisch realisiert mit einem Ringregister.

Bei selbstgesteuerten Maschinen (Elektronikmotor, Stromrichtermotor) wird die Frequenz f_s vom Polradlagegeber abgeleitet. Sie bestimmt damit zugleich die Phasenlage des Stromvektors $\boldsymbol{i}$ gegenüber dem Polrad. Bei fremdgesteuerten Maschinen (Asynchronmotor) wird die Frequenz aus Drehfrequenz und Rotorfrequenz abgeleitet:

$$f_s = f + f_r. \tag{6.9}$$

Die Vorgabe von f_s bestimmt die räumliche Lage des Vektors der Rotorflußverkettung in der Maschine.

Die Steuerung der Amplitude des Ausgangsvektors erfolgt im Falle der Stromeinprägung über die Amplitude des Zwischenkreisstroms und den netzseitigen Stromrichter über den netzseitigen Ansteuervektor $\boldsymbol{a}_N$ oder über eine schnelle Strangstromregelung (vgl. Abschn. 6.3). Im Falle der Spannungseinprägung mit einem Pulswechselrichter erfolgt die Steuerung der Amplitude des Ausgangsvektors über Pulsbreitenmodulation. Der Ansteuervektor $\boldsymbol{a}$ des Spannungswechselrichters enthält also auch die Amplitudeninformation, die sich im Puls-Pausen-Verhältnis innerhalb eines Zustands äußert. Die Pause entspricht dem Zustand q_0.

In der Regel wird die Pulsfrequenz f_p der Wechselrichter so hoch festgelegt, daß Ansteuerautomat und Wechselrichter gegenüber dem zu speisenden Motor als verzögerungsfrei angesehen werden können.

Beispiel 6.1. Entwurf des Ansteuerautomaten eines einfachen Wechselrichters mit symmetrischer Pulsbreitenmodulation

Der Ansteuerautomat wird nach Bild 6.5a aufgebaut. Als Steuergröße wird die Sollfrequenz f_{soll} vorgegeben. Der Amplitudenwert des Steuervektors u_{soll} wird frequenzproportional aus f_{soll} abgeleitet. Durch Vergleich mit einer internen Sägezahnspannung wird daraus das Signal u_1 abgeleitet, dessen Pulsbreite den Amplitudenwert des Steuervektors repräsentiert. Die Frequenz des Steuervektors f_s wird durch Versechsfachen der Sollfrequenz gebildet. f_s wird in einen dual kodierten Ringzähler eingezählt, der daraus die Adressen u_2; u_3; u_4 ableitet.

Der Wechselrichter hat acht Hauptzustände $z_1 \dots z_8$, gekennzeichnet durch die Komponenten des Zustandsvektors q_1, q_2, q_3. Die Zustände z_7 und z_8 sind Nullzustände, die sich für $u_1 = 0$ einstellen. Das Verhältnis der Zeiten, die sich das System beispielsweise in z_1 und z_8 befindet, wird als Funktion von u_1 gesteuert und kennzeichnet den Nullwert der Amplitude der Ausgangsspannung. Das Weiterschalten zwischen den Zuständen z_1, z_2 usw. wird durch die Signale u_2, u_3, u_4 gesteuert. Die Ableitung des Zustandsvektors $\boldsymbol{q}(k + 1)$ aus dem Steuervektor $\boldsymbol{u}(k)$ und dem Zustandsvektor des Vorzustandes $\boldsymbol{q}(k)$ erfolgt nach dem Prinzip des sequentiellen Automaten mit einem EPROM (*2*) als programmierbarem Festwertspeicher und einem dynamischen Speicher (*3*) zur Speicherung der Systemzustände. Der dynamische Speicher arbeitet mit einem Taktsignal, das hochfrequent gegenüber f_s ist und das Weiterschalten in den folgenden Takt bewirkt, nachdem eine Änderung der Eingänge des dynamischen Speichers erfolgte (Bild 6.5).

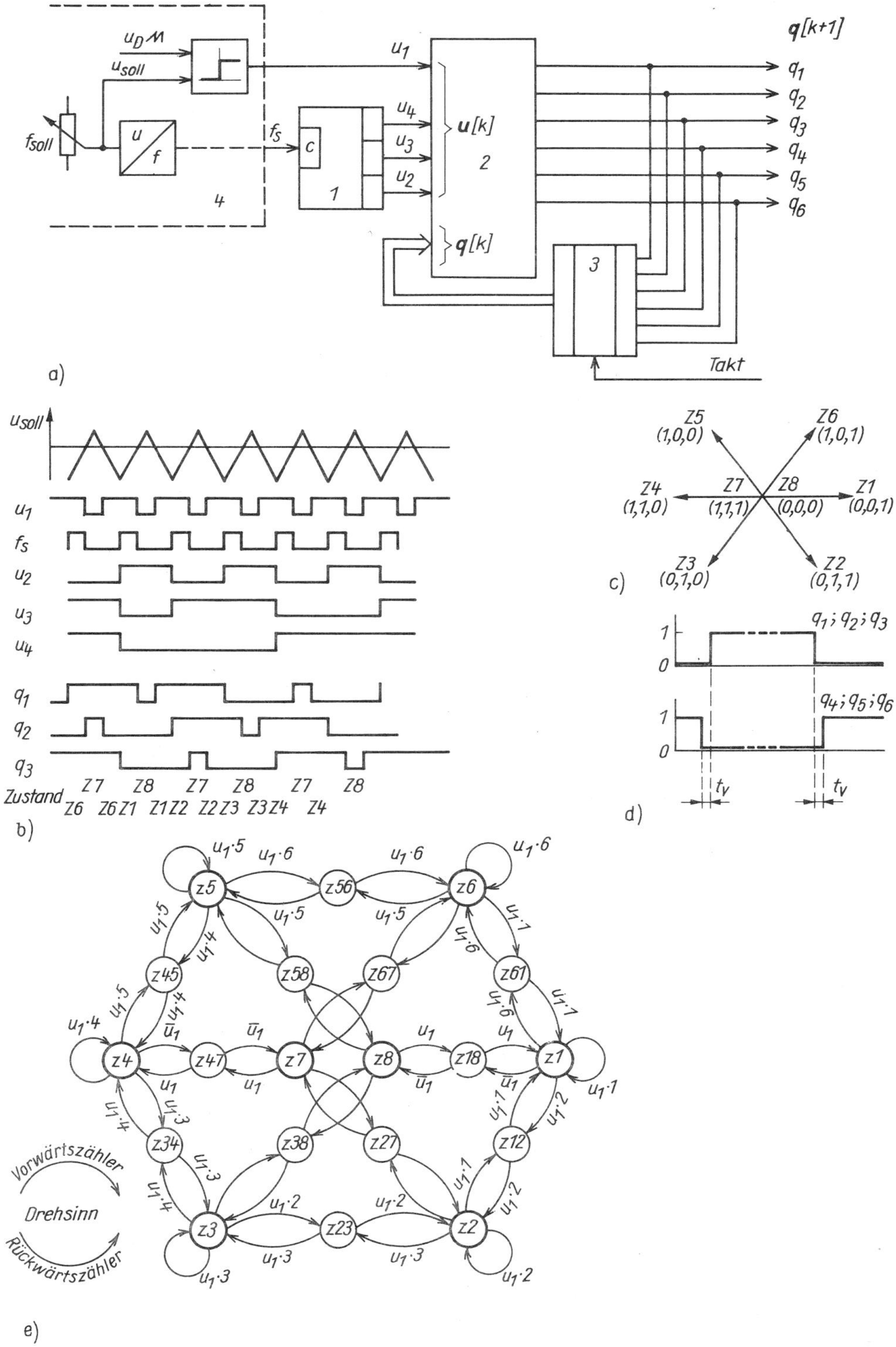

Übergang	Eingangsgrößen										Ausgangsgrößen						Adresse			Inhalt
	$\boldsymbol{u}[k]$				$\boldsymbol{q}[k]$						$\boldsymbol{q}[k+1]$									
	u_1	u_4	u_3	u_2	q_6	q_5	q_4	q_3	q_2	q_1	q_6	q_5	q_4	q_3	q_2	q_1				
z_1	1	0	0	1	1	1	0	0	0	1	1	1	0	0	0	1	2	7	1_H	31_H
$z_1 \to z_{12}$	1	0	1	0	1	1	0	0	0	1	1	0	0	0	0	1	2	B	1_H	21_H
$z_{12} \to z_2$	1	0	1	0	1	0	0	0	0	1	1	0	0	0	1	1	2	A	1_H	23_H
z_1	1	0	0	1	1	1	0	0	0	1	1	1	0	0	0	1	2	7	1_H	31_H
$z_1 \to z_{18}$	0	0	0	1	1	1	0	0	0	1	1	1	0	0	0	0	0	7	1_H	30_H
$z_{18} \to z_8$	0	0	0	1	1	1	0	0	0	0	1	1	1	0	0	0	0	7	0_H	38_H

f)

Bild 6.5. Ansteuerautomat zur Wechselrichteransteuerung

a) Prinzipschaltung
1 Adreßzähler; *2* programmierbarer Festwertspeicher; *3* dynamischer Zustandsspeicher; *4* Bildung der Eingangssignale
b) Ableitung der Steuersignale und der Zustandsfolge des vereinfachten Automaten
c) Zustandsdiagramm in der komplexen Ebene
d) Verschiebung der Komponenten des Zustandsvektors q_4, q_5, q_6 gegenüber q_1, q_2, q_3
e) vollständiger Zustandsgraph des Ansteuerautomaten
z_ν Hauptzustände; $z_{\nu\mu}$ Übergangszustände zwischen z_ν und z_μ
f) Ausschnitt der Zustandsübergangstabelle

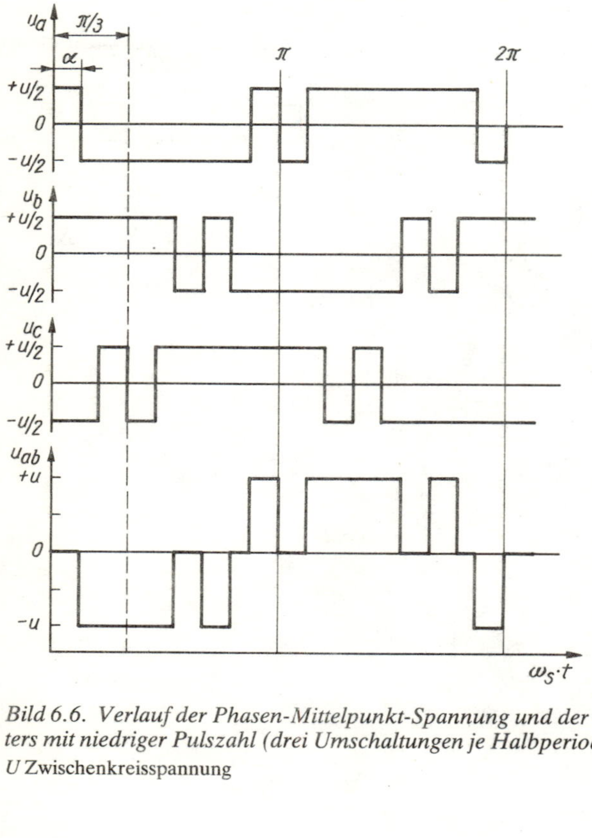

Bild 6.6. Verlauf der Phasen-Mittelpunkt-Spannung und der verketteten Spannung eines Pulswechselrichters mit niedriger Pulszahl (drei Umschaltungen je Halbperiode, $f_{puls}/f_{sig} = 3$)
U Zwischenkreisspannung

Das Löschen und Zünden in einer Wechselrichterbrücke gegenüberliegender Ventile (Tafel 6.1) darf wegen der Gefahr eines Kurzschlusses nicht gleichzeitig erfolgen, sondern es muß eine bestimmte Verzögerungszeit t_v dazwischen liegen. Deshalb ist es notwendig, Zwischenzustände einzuführen, die sich zwischen den Hauptzuständen befinden.
Die Zahl der möglichen Zustände erhöht sich auf 20. Die Komponenten des Zustandsvektors q_4, q_5, q_6 sind gegenüber den Komponenten q_1, q_2, q_3 negiert und um t_v verschoben. Die Zustandsübergangstabelle kennzeichnet vollständig die möglichen Zustandsübergänge. Sie ist Grundlage der EPROM-Programmierung.

6.2. Bitmustersteuerung und Sinus-Unterschwingungsverfahren

Die sprunghafte Änderung des Zustandsvektors des Wechselrichters bei Rechteckstrom- bzw. Rechteckspannungseinprägung führt im nachgeschalteten Motor zu Drehmomentpendelungen und Zusatzverlusten. Ziel der Bitmustersteuerung ist es, den Vektor des Ansteuersignals als Funktion der Zeit durch Pulsung so zu steuern, daß sich die Ortskurve des Ausgangsvektors einer mit konstanter Geschwindigkeit durchlaufenen Kreisbahn möglichst annähert. Die Lage der Kommutierungszeitpunkte sowie das Verhältnis von Pulsfrequenz zu Grundschwingungsfrequenz des Stroms muß dabei in Abhängigkeit von der Motordrehzahl variiert werden. Ein möglicher Verlauf der Strangspannung und der verketteten Spannung eines Spannungswechselrichters ist im Bild 6.6 dargestellt.
Aufgabe des Ansteuerautomaten ist es, zu den Kommutierungszeitpunkten Zündimpulse für die Ventile bereitzustellen. Gegenüber einem einfachen Ansteuerautomaten entsprechend Abschnitt 6.1 erhöht sich die Zahl der zu realisierenden Zustände wesentlich. Die optimale Pulsfolge wird off-line vorausberechnet.
Optimierungskriterium kann sein
- die vollständige Unterdrückung einer oder zweier Oberschwingungen (5- bzw. 7fache Grundschwingung) und damit die Unterdrückung der von dieser Oberschwingung hervorgerufenen Pendelmomente [6.11]
- die Minimierung der durch die Oberschwingungen verursachten zusätzlichen Verluste:

$$P_{\text{vzus}} = K \sum_{n=5}^{\infty} \frac{U_{n\text{v}0}^2}{n^2} = \frac{k_\text{r}}{k_\text{i}} \Rightarrow \text{Min}; \qquad (6.10)$$

$U_{n\text{v}0}$ Phasen-Mittelpunkt-Spannung der n-ten Oberschwingung
K Konstante, die von der Wahl der Zündwinkel unabhängig ist
n Ordnung der Oberschwingung
$k_\text{r} = f_1(n)$ Stromverdrängungsfaktor
$k_\text{i} = f_2(n^2)$ Stromverdrängungsfaktor.

Aus der Sicht der Schaltverluste der Wechselrichterventile ist man besonders bei Thyristorwechselrichtern bemüht, die Pulsfrequenz niedrig zu halten. Andererseits entstehen durch die Pulsung Oberschwingungen zusätzlich zu denen bei ungepulstem Betrieb des Wechselrichters. Der daraus resultierende Anteil der Zusatzverluste ist um so geringer, je höher die Ordnungszahl n dieser Oberschwingungen ist. Dieser Widerspruch kann nur durch frequenzabhängige Umschaltung des Pulsregimes gelöst werden. Als Beispiel zeigt Bild 6.7 die normierten Zusatzverluste als Funktion der Frequenz und die frequenzabhängige Umschaltung des Pulsregimes.
Das optimale Pulsregime wird als Bitmuster in ein EPROM eingeschrieben. Die Bitmustersteuerung in Abhängigkeit von der Signalfrequenz übernimmt ein Mikrorechner, der hier an die Stelle des einfachen dynamischen Speichers im Bild 6.5 treten muß (Bild 6.8).
Im Bereich tiefer Ausgangsfrequenzen kann das Verhältnis Pulsfrequenz f_p zu Ausgangsfrequenz f_s auch bei Thyristorwechselrichtern so hoch gewählt werden, daß es möglich ist, das aus der Analogtechnik bekannte Unterschwingungsverfahren in digitaler Realisierung einzusetzen.

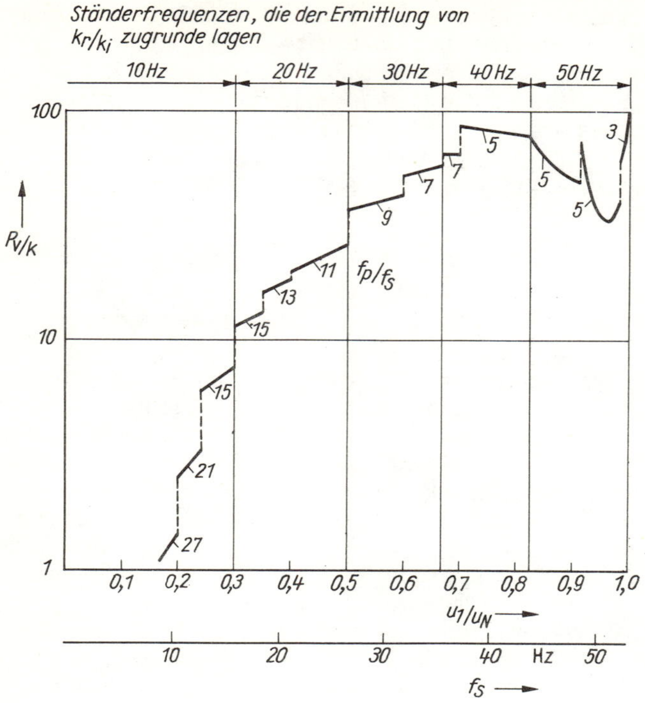

Bild 6.7
Bezogene Zusatzverlustleistung in einem Asynchronmotor bei Betrieb mit einem Pulswechselrichter

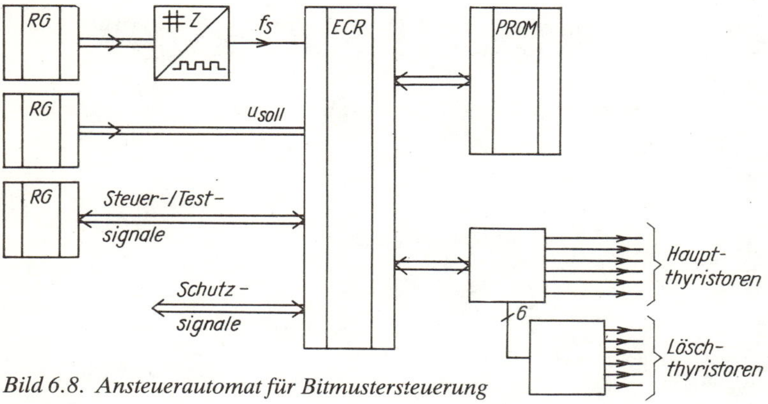

Bild 6.8. Ansteuerautomat für Bitmustersteuerung

Bei Wechselrichterpulsfrequenzen, die aus energetischen Gründen zu $f_p = 200 \ldots 500$ Hz gewählt werden, ist das praktisch im Bereich

$$f_p/f_s = 9 \ldots 15$$

möglich. Die Zündsignale werden on-line aus den Schnittpunkten einer Dreieckspannung und einer sinusförmigen Referenzspannung abgeleitet (Bild 6.9). Es sind unterschiedliche Verfahren zur Ableitung der Schaltzeitpunkte bekannt [6.32]; Bild 6.10 zeigt ein Beispiel, bei dem die Berechnung der Schnittpunkte softwaremäßig erfolgt. Ein Zähler dient je Phase der Berechnung der Zündzeitpunkte. Ein spezieller Zähler ist für die Berechnung des Abtastintervalls T_z vorgesehen. Perspektivisch ermöglichen ASICs günstige Lösungen. Im Bereich sehr tiefer Ausgangsfrequenzen genügt eine asynchrone Abtastung der Sinusreferenzspannung. Um Schwebungen zu vermeiden, muß im Bereich erhöhter Ausgangsfrequenz die Dreieckspannung mit der Sinus-Referenzspannung synchronisiert werden.

Aus dynamischer Sicht ist das Verfahren der Sinusmodulation der Bitmusteransteuerung überlegen. Besonders im Bereich tiefer Ausgangsfrequenzen ist die Laufzeit

$$T_L = \frac{1}{6}\,\frac{1}{f_s}$$

nicht zu akzeptieren (Tafel 6.2).

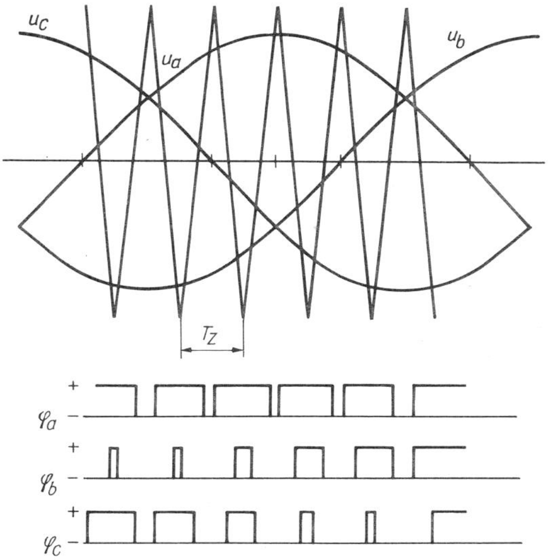

Bild 6.9
Ansteuerung des Thyristor-Pulswechselrichters nach dem Sinus-Unterschwingungsverfahren
u_a, u_b, u_c Momentanwerte der Strangspannung
u_{ref} Dreieckreferenzspannung
$\varphi_a, \varphi_b, \varphi_c$ logische Signale des Ansteuerautomaten

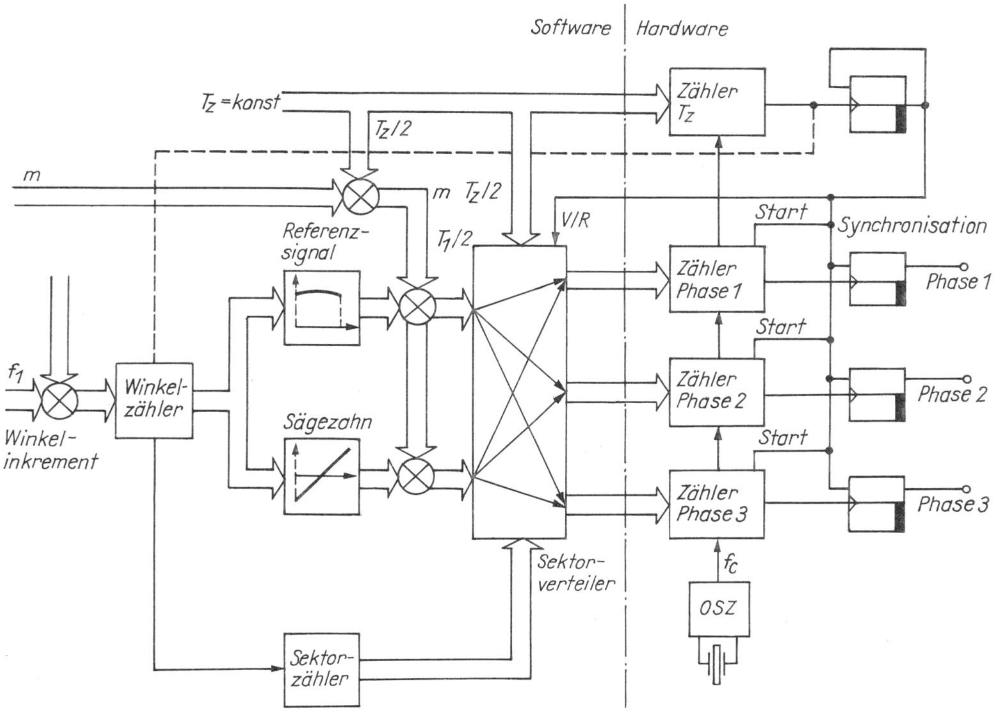

Bild 6.10. Realisierungsprinzip des Sinus- Unterschwingungsverfahrens mit asynchroner Pulsung

Tafel 6.2. Ansteuerregime von Spannungswechselrichtern

Bezeichnung	Zeitverlauf der Wechselrichter-ausgangsspannung	Oberschwingungsgehalt der Ausgangsspannung	Dynamisches Übertragungsverhalten	Anwendung
Rechteck-ansteuerung (π-Einschaltung)	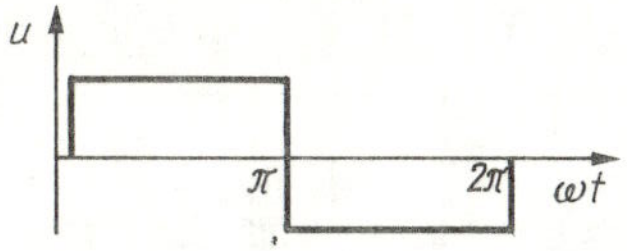	$C_5 = \hat{u}_5/\hat{u}_1 = 0{,}2$ $C_7 = \hat{u}_7/\hat{u}_1 = 0{,}143$ $C_{11} = \hat{u}_{11}/\hat{u}_1 = 0{,}091$ $C_{13} = \hat{u}_{13}/\hat{u}_1 = 0{,}071$	statistische Laufzeit $T_L \leqq \frac{1}{2} T_1$ $T_1 = \frac{1}{f_{s1}}$	zur Steuerung der Frequenz der Ausgangsspannung, insbesondere im oberen Frequenzbereich, für hochtourige Antriebe und im Feldschwächbereich
Symmetrische Pulsbreiten-modulation	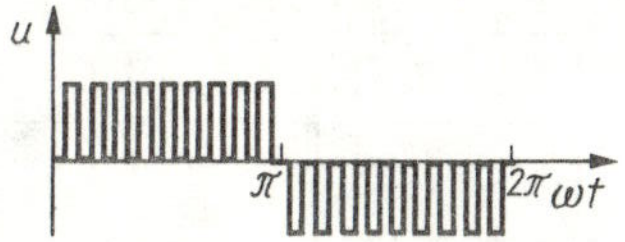	für $f_{puls} \geqq 10 f_{s1}$ ist $C_5 = +0{,}2$; $C_7 = +0{,}143$ $C_{11} \approx +0{,}091$; $C_{13} \approx +0{,}071$	statistische Laufzeit $T_L \leqq \frac{1}{2} T_1$ $T_1 = \frac{1}{f_{s1}}$	zur Steuerung der Frequenz und der Amplitude der Ausgangsspannung
Sinusmodulation	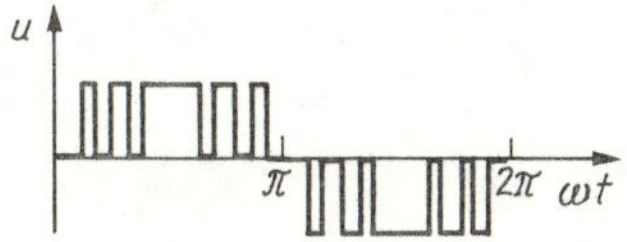	für $f_{puls} \geqq 10 f_{s1}$ Oberschwingungen vernachlässigbar; für $f_{puls} < 10 f_{s1}$ und asynchrone Pulsung Schwebungen	statistische Laufzeit $T_L \leqq \frac{1}{2} T_{puls}$ $T_{puls} = \frac{1}{f_{puls}}$	zur annähernd sinusförmigen Steuerung der Ausgangsspannung bzgl. Frequenz und Amplitude, für dynamisch hochwertige Antriebe
Bitmuster-steuerung	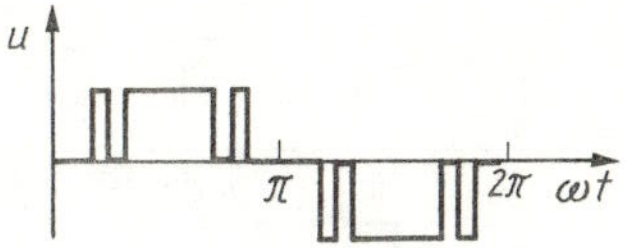	Unterdrückung ausgewählter Oberschwingungen, auch für $f_{puls} < 10 f_{s1}$; z. B. $\lvert\hat{u}_{s5}\rvert + \lvert\hat{u}_{s7}\rvert \Rightarrow$ Min	statistische Laufzeit $T_L \leqq \frac{1}{6} T_1$ $T_1 = \frac{1}{f_{s1}}$	zur Steuerung von Amplitude und Frequenz der Ausgangsspannung mit optimiertem Oberschwingungsspektrum

Wird gutes dynamisches Verhalten im gesamten Stellbereich gefordert, findet eine Kombination der Sinusmodulation im unteren Bereich der Ausgangsfrequenz und der Bitmustersteuerung im oberen Bereich der Ausgangsfrequenz Anwendung (Bild 6.11). Im Nennarbeitspunkt wird die volle Aussteuerung des Wechselrichters erreicht. Im Bereich weiter erhöhter Frequenz, d. h. im Feldschwächbereich des Motors, arbeitet der Wechselrichter ungepulst im „Vollblockbetrieb".

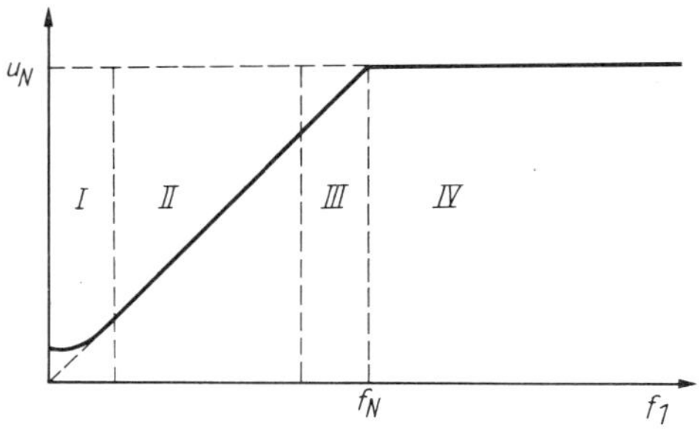

Bild 6.11
Arbeitsbereiche des Spannungswechselrichters
I Sinus-Unterschwingungsverfahren, asynchrone Pulsung
II Sinus-Unterschwingungsverfahren, synchrone Pulsung
III Bitmustersteuerung
IV Vollblockbetrieb

Beispiel 6.2. Ansteuerautomat mit Einchiprechner

Es wird eine mögliche Realisierung eines Ansteuerautomaten zur Bitmustersteuerung eines Pulswechselrichters betrachtet. Der Ansteuerautomat ist entsprechend Bild 6.8 aus einem 8-Bit-Einchiprechner, komplettiert mit einem 2-k-EPROM, aufgebaut. Als Eingangsgröße wird die zu realisierende Ständerfrequenz f_s (Grundschwingung) und die Amplitude der Ständerspannung u_s eingegeben. Zugeordnet den Frequenzbereichen werden unterschiedliche Zündmuster verwendet, die vorausberechnet wurden und im EPROM-Speicher hinterlegt sind.

Jeder Zustand des Wechselrichters wird durch zwei Informationen gekennzeichnet:

- den Schaltzustand der sechs Hauptthyristoren, gekennzeichnet durch ein Zustandsbyte ZB (die Zündimpulse der Haupt- und Löschthyristoren werden daraus hardwaremäßig abgeleitet)
- die Dauer des jeweiligen Zustands, gekennzeichnet durch die Intervallänge I_v, gekennzeichnet durch 1 Byte mit 8 Bit Wortbreite, das in einen Zählkanal T_1 geladen und mit einem externen Takt auf Null gezählt wird.

Unter Nutzung der Symmetrie der Spannungsverläufe der drei Phasen ist es ausreichend, die Zustände für einen Phasenwinkelbereich von 60° abzuspeichern (Tafel 6.3) und das jeweils aktuelle Bitmuster daraus zu berechnen. Bild 6.12 zeigt den prinzipiellen Programmablaufplan. Nach Abarbeitung des Vorbereitungsprogramms, in dem die Steuerregister und im Programm benötigte Register für Vergleichs- und Sprungoperationen geladen werden, erfolgt die Ausgabe des ersten Schaltzustands. Danach wird die Bearbeitung in zwei Programmschleifen weitergeführt. Beim Durchlauf durch die äußere Schleife werden neue Eingabewerte eingelesen; es ist die Auswahl eines anderen Zündmusters möglich. Die äußere Schleife wird nur alle 60° der Grundschwingungsperiode durchlaufen (Rechenzeit 130 ... 200 μs).

Die Ermittlung des jeweils folgenden Zustandsbyte ZB und der Zustandsdauer I_v erfolgt in der inneren Schleife (Rechenzeit 35 μs). Eine Periode der Grundschwingung wird auf 0,125° aufgelöst. Dieser Winkelwert entspricht also einem Bit des Zählkanals T_1. Um bei hohen Grundfrequenzen eine hinreichende Mindesteinschaltdauer der Ventile zu gewährleisten, wird das Auflösungsvermögen in einem Vorteiler zum Zählkanal T_1 im Verhältnis 1 : 4 herabgesetzt. Bei sehr niedrigen Frequenzen der Grundschwingung ist es umgekehrt möglich, durch Spannungsvereinfachung das Auflösungsvermögen auf 0,125°/4 zu erhöhen. Besondere Aufmerksamkeit erfordert der Übergang zwischen zwei Zündmustern insofern, als dabei keine transienten Stromspitzen auftreten dürfen. Eine besondere Steuerung ermöglicht einerseits ein Pulsregime, bei dem sich genau die Spannung Null an den Ausgangsklemmen einstellt, der Motor also exakt zum Stillstand kommt, und andererseits ungepulsten Betrieb bei Nennfre-

```
                    ┌─────────┐
                    │  START  │
                    └────┬────┘
                         ▼
          ┌──────────────────────────────┐
          │ Laden Steuerregister         │
          │ und Vergleichsregister       │
          └──────────────┬───────────────┘
                         ▼
          ┌──────────────────────────────┐
          │ Ausgabe an A/D-Wandler       │
          └──────────────┬───────────────┘
                         ▼
          ┌──────────────────────────────┐
          │ Umschaltverzögerung          │
          └──────────────┬───────────────┘
                         ▼
                   ◇ Spannungs-
              n ──◇ nullsteuerung ◇── j
                         │                     │
                         ▼                     │
                   ◇ ungepulster ◇             │
                   ◇   Betrieb   ◇── j ──┐     │
                         │ n            │     │
                         ▼              ▼     ▼
```

Aus 8-bit-Eingabewert Ermittlung des ZB-Bereichs und laden der Adresse des 1.ZB

ermitteln Vorteilerwert und Adresse für Suchtabelle für Anfangsadresse der I_ν-Tabelle

Adresse für 1.ZB laden

Vorteiler auf 4

Adresse für Suchtabelle von ungepulstem Betrieb

Vorteiler für Kanal T_1 auf 4 (damit alle $\Delta\alpha = 0,5°$ ein Impuls in T_1)

Adresse für Suchtabelle für Anfangsadresse der I_ν von Spannungsnullsteuerung laden

Adresse für 1.ZB laden

Adresse für 1. I_ν in Register laden

Eingabe 8-bit-Wert vom A/D-Wandler

A/D-Wandler-Ausgang hochohmig setzen

◇ Drehrichtungswechsel ◇ — j → Vertauschen der Ausgabewerte von P2∅ und P21 (ergibt vertauschen zweier Phasen)

Laden des 1.ZB, daraus ermitteln des zum jeweiligen 60°-Bereich richtigen ZB

I_ν laden in Vorbereitungsregister von T_1

◇ Kanal T_1 auf ∅ ◇ — n ↑

I_ν aus T_1-Vorbereitungsregister in Zählkanal und neu starten

Ausgabe des zum gerade laufenden I_ν gehörenden ZB

◇ 60°-Abschluß ◇ — j →

Adresse für ZB inkrementieren, ermitteln des zum jeweiligen 60°-Bereich richtigen ZB

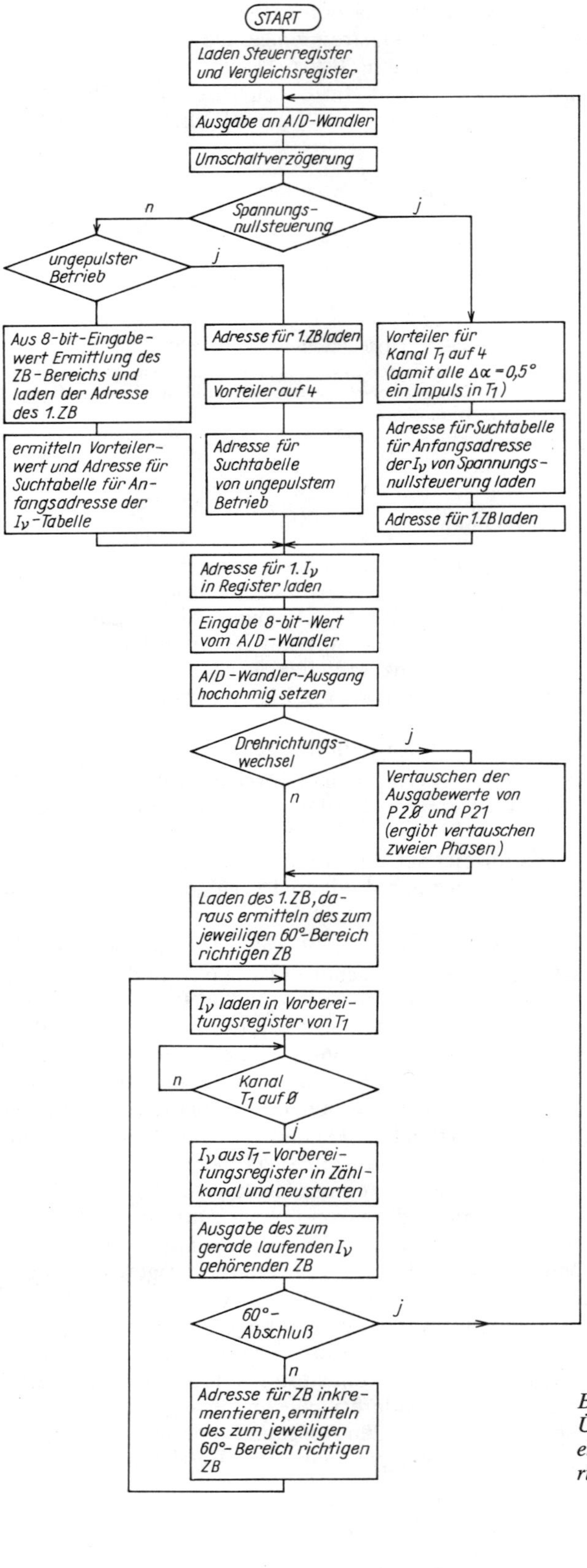

Bild 6.12
Übersichts-Programmablaufplan
eines Ansteuerautomaten für Pulswechselrichter mit Bitmustersteuerung

Tafel 6.3. Beispiel zur Ermittlung und Speicherung der I_v und ZB

Beispiel eines Zündmusters

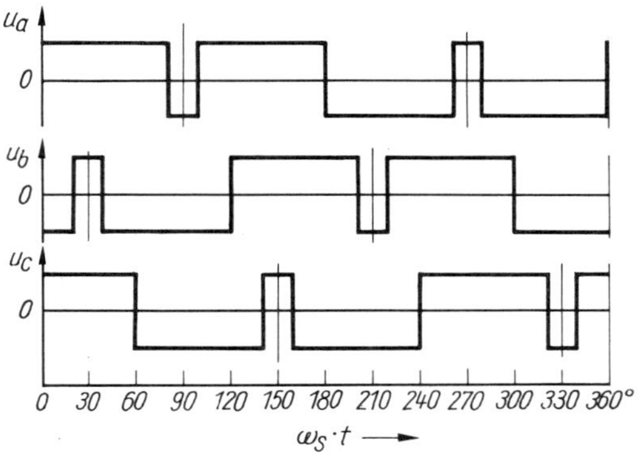

$\omega_s t$	I_v	Ausgabe von [1]
ab 0°	20°	101
20°	10°	111
30°	10°	111 [2]
40°	20°	101
60°	20°	100
80°	10°	000
90°	10°	000
100°	20°	100
120°	20°	110
140°	10°	111
150°	10°	111
160°	20°	110
180°	20°	010
200°	20°	010
210°	10°	000
220°	20°	010
240°	20°	011
260°	10°	111
270°	10°	111
280°	20°	011
300°	20°	001
320°	10°	000
330°	10°	000
340°	20°	001

[1]) Vom Zustandsbyte ZB werden nur die 3 Bit dargestellt, die zur Ansteuerung ausgegeben werden.
[2]) Es brauchen nur die eingerahmten Werte abgespeichert zu werden.

quenz. Die Zuordnung zwischen Frequenz und Amplitude der Ausgangsspannung ist in Grenzen steuerbar. Damit können Schwankungen der Eingangsspannung des Wechselrichters in ihren Auswirkungen auf die Ausgangsspannung kompensiert werden.

6.3. Strangstromregelung

Wechselrichter mit Stromeinprägung werden mit Zündsignalen angesteuert, die unmittelbar aus der Strangstromregelung abgeleitet werden. Den Strängen a, b, c eines Wechselrichters nach Bild 6.13 werden Strom-Zweipunktregelschleifen zugeordnet (vgl. Abschn. 5.2). Die Führungsgrößen $u_{ia\,\mathrm{soll}}$, $u_{ib\,\mathrm{soll}}$, $u_{ic\,\mathrm{soll}}$ werden von der übergeordneten Signalverarbeitung vorgegeben. Sie sind untereinander 120° phasenverschoben und haben sinusförmigen oder auch rechteckförmigen Verlauf. Die Führungsgrößen bestimmen die dem Motor einzuprägenden Ströme i_a, i_b, i_c bezüglich Frequenz, Amplitude und Phasenlage. Die Regelabweichung ist ein vektorielles Signal

$$\boldsymbol{q} = \begin{vmatrix} q_a \\ q_b \\ q_c \end{vmatrix}, \tag{6.11}$$

dessen Komponenten binäre Größen sind:

$$q_v = \begin{cases} 1 & \text{für} \quad u_{iv\,\mathrm{soll}} > u_{iv\,\mathrm{ist}} \\ 0 & \text{für} \quad u_{iv\,\mathrm{soll}} < u_{iv\,\mathrm{ist}}. \end{cases} \tag{6.12}$$

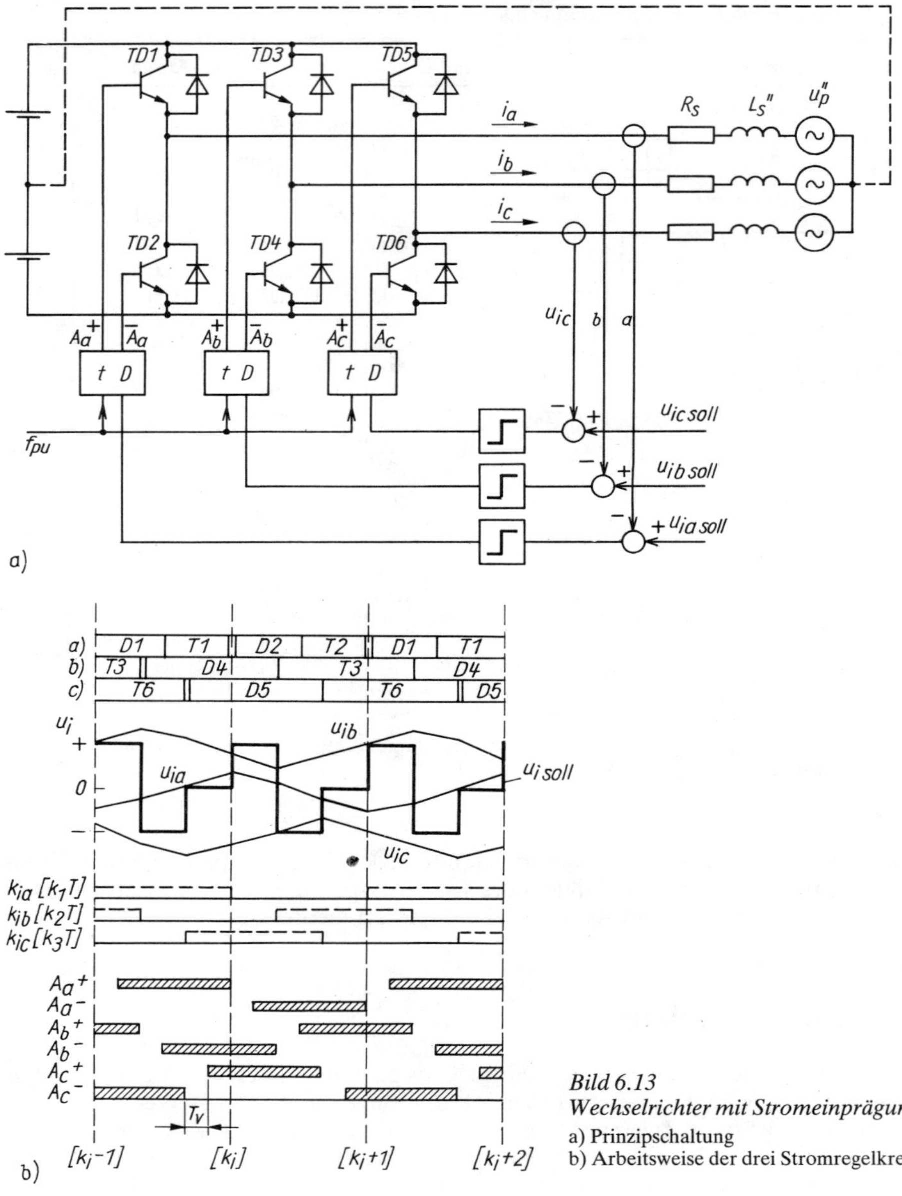

Bild 6.13
Wechselrichter mit Stromeinprägung
a) Prinzipschaltung
b) Arbeitsweise der drei Stromregelkreise

Der Vektor der Ansteuersignale

$$\boldsymbol{a} = \begin{vmatrix} A_a^+ \\ A_a^- \\ A_b^+ \\ A_b^- \\ A_c^+ \\ A_c^- \end{vmatrix} \tag{6.13}$$

ist daraus mit logischen Kombinationen ableitbar.
Bild 6.14 zeigt drei Ausführungsbeispiele der Signalverarbeitung.

In Variante a werden Komparatoren eingesetzt, die ein logisches Ausgangssignal liefern. Die Sollwerte werden von einem Mikrorechner multiplex gebildet (vgl. Abschn. 7) und über D/A-Wandler ausgegeben. Durch die multiplexe Sollwertausgabe hat jeweils nur ein Reglerausgang Gültigkeit.

Der Vektor der Ansteuersignale wird daraus vom Mikrorechner gebildet. Dabei wird zusätzlich eine Einschaltverzögerung realisiert, die das gleichzeitige Einschalten der positiven und negativen Spannung mit Sicherheit verhindert.

In Variante b werden die Strom-Istwerte über Sample-and-hold-Verstärker und A/D-Wandler multiplex dem Rechner zugeführt; die Regelabweichung wird im Rechner gebildet und daraus der Vektor der Ansteuersignale $\boldsymbol{a}$ abgeleitet. Durch die A/D-Wandlung entsteht eine zusätzliche Verzögerung.

In Variante c stehen die vom Rechner gebildeten Sollwertsignale in Registern parallel zur Verfügung. Die Bildung der Regelabweichung und der Ansteuersignale erfolgt hardwaremäßig. Dadurch kann gegenüber der Rechnerlösung eine erhöhte Pulsfrequenz des Stroms realisiert werden.

Für die Stromregelung eines als entkoppelt vorausgesetzten Wirkleistungsstrangs gilt der Signalflußplan nach Bild 6.15. Die als Binärsignal anstehende Regelabweichung des Stroms q wird im Takt der Pulsfrequenz des Wechselrichters, d. h. mit

$$T = \frac{1}{f_{\text{pu}}}$$

abgetastet. Das abgetastete und gehaltene Signal A_a steuert einen Komparator, der die Spannung $U_z/2$ mit positivem oder negativem Vorzeichen an den Wicklungsstrang a der Maschine

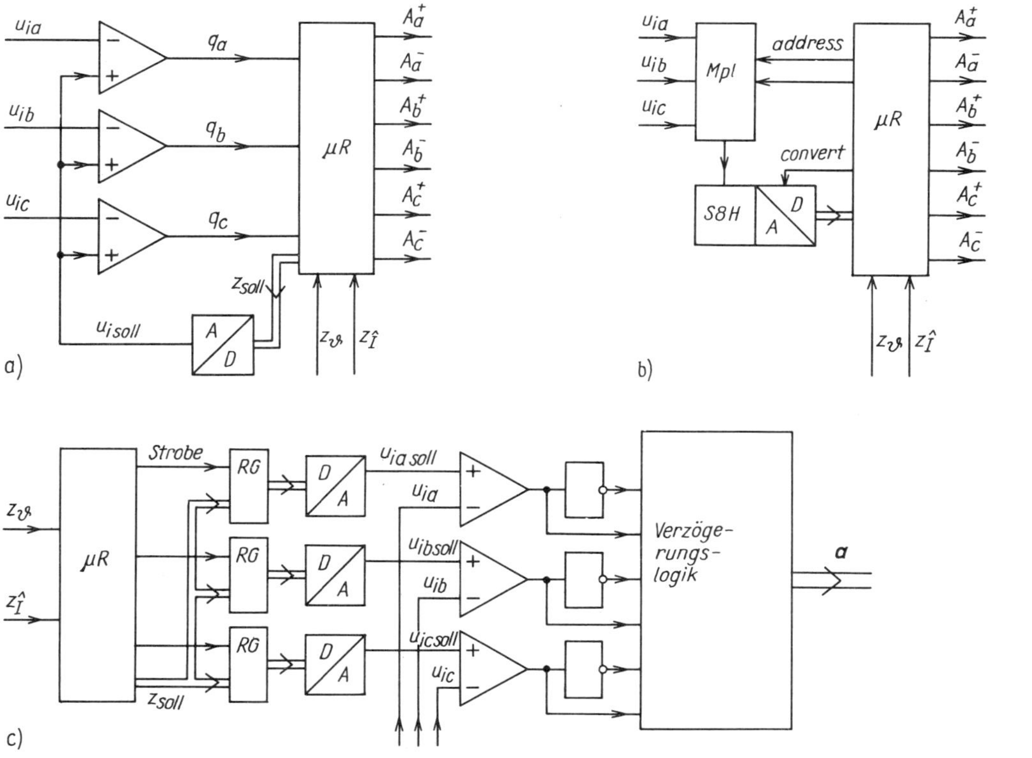

Bild 6.14. Zweipunktstromregelung – Realisierungsvarianten

a) Bildung der Regelabweichung als logisches Signal hardwaremäßig, Berechnung des Ansteuervektors im Rechner; b) Berechnung der Regelabweichung und des Ansteuervektors im Rechner; c) Bildung der Regelabweichung und des Ansteuervektors hardwaremäßig

legt, bezogen auf den Wicklungssternpunkt. Bezüglich der Pulsfrequenz $f_p = 1 \dots 20\,\text{kHz}$ ist die Rotorflußverkettung als konstant anzusehen. Sie wird bei Synchron- wie bei Asynchronmaschinen von der kurzgeschlossenen Rotorwicklung bzw. von Kurzschlußbahnen des Rotors konstant gehalten. Dementsprechend ist auch die von der Rotorflußverkettung im Stator induzierte Spannung, die Hauptfeldspannung $\boldsymbol{u}_h$, konstant. Als Induktivität wirkt die transiente bzw. unter Berücksichtigung von Kurzschlußbahnen die subtransiente Induktivität L_s'' der Drehfeldmaschine. Für die Untersuchung der Strompulsung gilt somit die Ständerspannungsgleichung

$$\boldsymbol{u}_s = R_s \boldsymbol{i}_s + L_s'' \frac{d\boldsymbol{i}_s}{dt} + \boldsymbol{u}_h \text{ [1]} \tag{6.14}$$

im Ständerkoordinatensystem (Bild 6.16).
Bezogen auf den Kurzschlußstrang a gilt der Realteil von (6.14):

$$u_{s\alpha} = R_s i_{s\alpha} + L_s'' \frac{di_{s\alpha}}{dt} + u_{h\alpha}, \qquad u_{s\beta} = 0. \tag{6.15}$$

Für den Strom im Strang a gilt schließlich

$$i_{sa} = i_{s\alpha} = \frac{u_{s\alpha} - u_{h\alpha}}{R_s\,(1 + pT_s'')} \tag{6.16}$$

(vgl. den Signalflußplan im Bild 7.12).

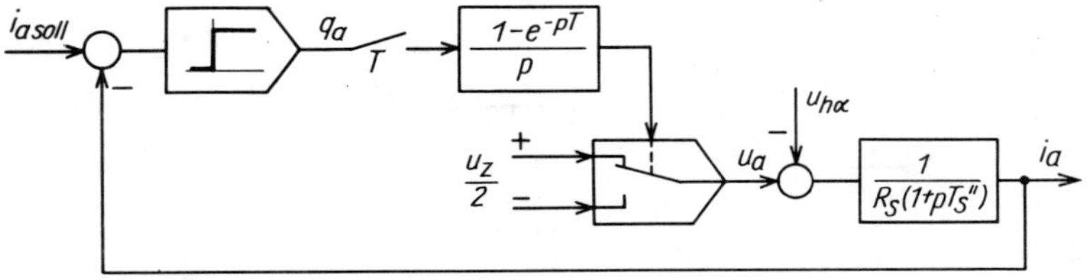

Bild 6.15. Signalflußplan der einsträngigen Stromregelung

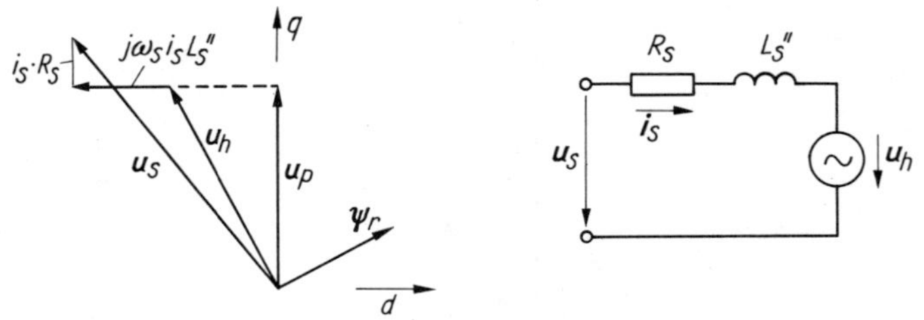

Bild 6.16. Vektordiagramm und Ersatzschaltung zur Berechnung des Ständerstroms

Für $T \ll T_s''$ folgt daraus für den Stromverlauf die Differenzengleichung

$$i_a\,[(k+1)\,T] = i_a\,(kT) + \frac{T}{L_s''}\,[-\,u_{h\alpha}\,(kT)] + \begin{cases} u_z/2 & \text{für } i_{a\,\text{soll}}\,(kT) > i_a\,(kT) \\ -\,u_z/2 & \text{für } i_{a\,\text{soll}}\,(kT) < i_a\,(kT). \end{cases} \tag{6.17}$$

[1]) Zur vektoriellen Darstellung der Zustandsgleichungen von Drehfeldmaschinen vgl. Abschnitt 7.

Der Spannungsverlauf ergibt sich als Folge unterschiedlich breiter Pulse, abhängig vom logischen Signal q_a (Bild 6.17). Die möglichen Pulsbreiten sind mit der Abtastzeit T quantisiert. Ein Stromanstieg ist nur realisierbar, wenn in jedem Wicklungsstrang und Arbeitspunkt $U_z/2 > u_{h\alpha}$ ist. Praktisch wird mit

$$\frac{U_z/2}{\hat{u}_{h\,max}} = 3 \ldots 1{,}5 \tag{6.18}$$

gearbeitet. Damit kann auch die Schwankungsbreite des Stroms bestimmt werden.
Ist die im Bild 6.13 gestrichelt eingetragene Sternpunktverbindung nicht vorhanden, ergibt sich prinzipiell eine gegenseitige Beeinflussung der Ströme in den drei Wicklungssträngen. Ein wesentlicher Einfluß auf den Stromverlauf wurde nicht beobachtet.
Das Prinzip der Zweipunktstromregelung kann nur in Verbindung mit hohen Pulsfrequenzen des Wechselrichters, vorzugsweise mit Transistorpulswechselrichtern, technisch befriedigend realisiert werden. Prädiktive Regelungsstrategien [6.23] [6.30] verfolgen das Ziel, diese Grenze zu überwinden, erfordern jedoch den Einsatz leistungsfähiger Rechner.

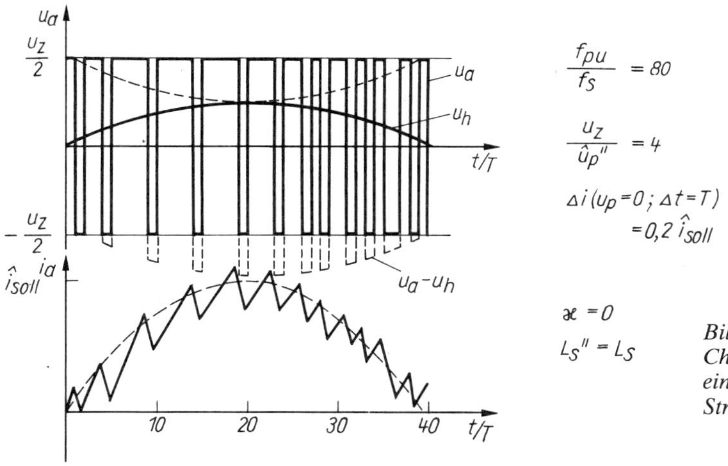

Bild 6.17
Charakteristische Signalverläufe eines Wechselrichters mit Stromeinprägung

6.4. Zustandsanzeige, Fehlerdiagnose, Schutzfunktion

Die Aufgabe der Zustandsüberwachung, Fehlerdiagnose und des Schutzes sind mit den Aufgaben der Ansteuerung und Stromregelung eng verbunden. Notwendig ist eine Kontrolle der Einschaltbereitschaft:

- Überprüfung der Versorgungsspannung für die Signalverarbeitung (Steuerspannungsüberwachung)
- Überprüfung der Zündsignale auf Vollständigkeit, Überprüfung der Zustandsfolge des Wechselrichters (vgl. auch Abschn. 5.7)
- Kontrolle des Speicherinhalts mit einem Testprogramm
- Anzeige des betriebsbereiten Zustands nach erfolgreicher Kontrolle bzw. Anzeige des dabei aufgetretenen Fehlers.

Nach erfolgter Einschaltung erfolgt eine Überwachung des Betriebszustands:

- Überwachung der Spannung am Wechselrichtereingang
- Überwachung des Stromes im Gleichstromzwischenkreis bzw. in den Wicklungssträngen des Motors
- Überwachung der Ventiltemperatur und der Wicklungstemperatur für den Motor durch direkte Messung bzw. mit Hilfe eines thermischen Modells
- Anzeige des ordnungsgemäßen Betriebs im Rahmen vorgegebener Grenzen.

Der Rechnerregler muß den Antrieb so führen, daß dieser möglichst hoch ausgelastet werden kann, ohne daß die Zustandsgrößen gegebene Grenzwerte überschreiten. Das erfordert einen Eingriff in die Regelung, z. B. eine Steuerung des vorgegebenen Stromgrenzwertes in Abhängigkeit von der Ventiltemperatur oder die Begrenzung der möglichen Änderungsgeschwindigkeit der Wechselrichterausgangsfrequenz. Die jeweils gültigen Begrenzungen können angezeigt werden.

Eine Störung liegt vor, wenn höhere Werte der Zustandsgrößen auftreten als aufgrund der obengenannten Begrenzungssteuerung auftreten dürften. Erst dann ist ein Abschaltvorgang einzuleiten.

- Die Abschaltung über den Rechnerregler erfolgt mit Hilfe entsprechender Softwaremodule. Es kann eine verzögerte Abschaltung nach vorhergehender Warnung vorgesehen werden. Durch hinreichende Zeitvorgabe und genaue Fehleranzeige soll dem Bedienenden die Möglichkeit gegeben werden, so in die Anlage einzugreifen, daß eine Abschaltung des Antriebs möglichst vermieden wird.

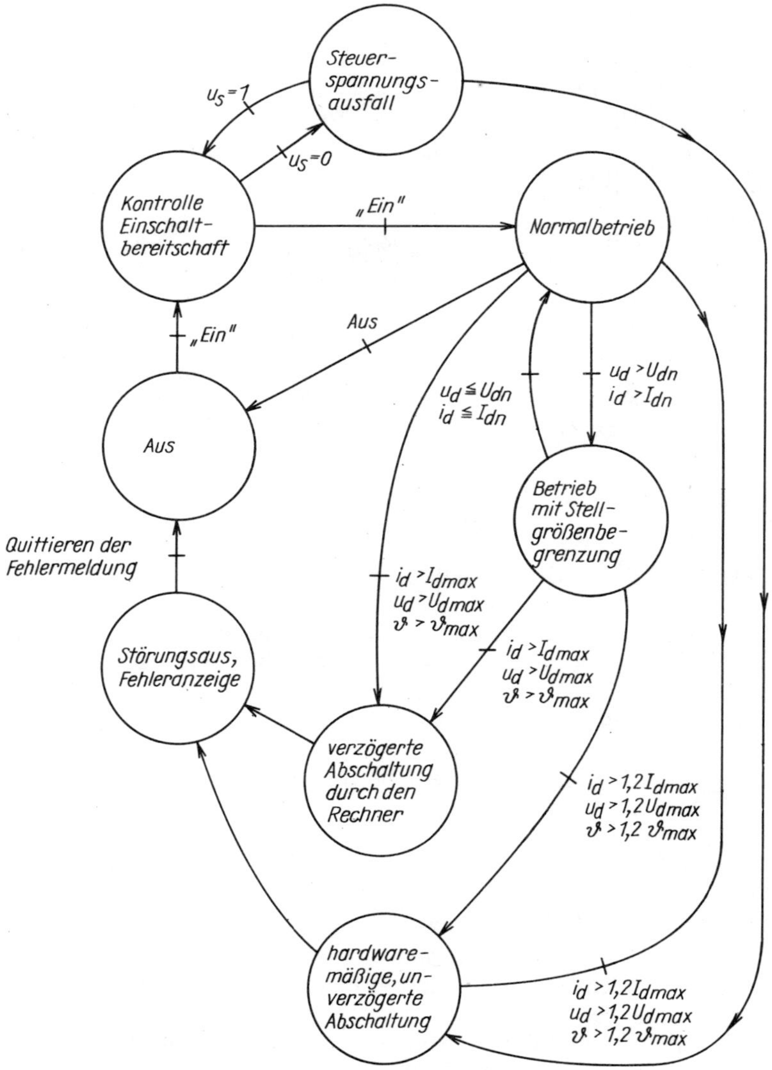

Bild 6.18. Zustandsgraph zur Überwachung und zum Schutz eines Wechselrichterantriebs

– Außerdem muß die Möglichkeit der Abschaltung der Anlage unabhängig vom Rechner vorgesehen werden. Diese Abschaltung erfolgt unverzögert durch Eingriff in die Steuersignale der Leistungshalbleiter. Sie soll erst wirksam werden, wenn alle anderen Schutzmaßnahmen versagt haben. Sie wird aber auch wirksam bei Ausfall des Rechners bzw. seiner Versorgungsspannung.

In jedem Fall ist der Fehler, der zum Ausfall führte, anzuzeigen. Das Einschreiben der Zustandsgrößen für einige Vergangenheitstakte in einem gepufferten RAM-Bereich nach dem Prinzip des Transientenspeichers ermöglicht nachträglich die Analyse der Vorgänge vor Eintreten der Störung und erleichtert dadurch, die Ursache des Ausfalls zu finden. Ein Wiedereinschalten der Anlage darf erst nach Quittieren des gemeldeten Fehlers möglich sein.

Beispiel 6.3. Zustandsüberwachung und Schutzfunktionen eines Wechselrichters mit Ständerspannung-Ständerfrequenz-Steuerung

Für einen Wechselrichterantrieb mit einfacher Ständerspannung-Ständerfrequenz-Steuerung ist der Zustandsgraph der Zustandsüberwachung und der Schutzfunktion im Bild 6.18 dargestellt. Die Kontrolle der Einschaltbereitschaft schließt die Kontrolle der Steuerspannung ein. Die Steuerspannungsüberwachung ist auch im Betrieb ständig wirksam. Bei Ausfall der Steuerspannung wird der Antrieb unverzögert abgeschaltet.
Überschreitet die Zustandsgröße u_d (Eingangsspannung des Wechselrichters) oder i_d (Eingangsstrom des Wechselrichters) vorgegebene Nennwerte, wird eine Begrenzung der Änderungsgeschwindigkeit der Ständerfrequenz und des Absolutwertes der Ständerspannung wirksam. Damit werden betriebsmäßig Überlastungen vermieden. Eine Abschaltung des Antriebs im Störungsfall erfolgt verzögert über den Rechner oder, falls dieser Schutz nicht wirksam ist, unverzögert über die Ansteuerschaltung der Thyristoren. Eine Fehleranzeige ist vorgesehen.

7. Feldorientierte Steuerung von Drehfeldmaschinen

7.1. Das Prinzip der feldorientierten Steuerung

Die Wirkungsweise einer Drehfeldmaschine beruht auf der Wechselwirkung der von den Wicklungssystemen des Stators und des Rotors aufgebauten Durchflutungen. Wird ein symmetrisches, dreisträngiges Wicklungssystem mit den sinusförmigen Strömen

$$i_a = \hat{\imath} \cos \omega t$$
$$i_b = \hat{\imath} \cos (\omega t - 120°) \tag{7.1}$$
$$i_c = \hat{\imath} \cos (\omega t - 240°)$$

gespeist (Bild 7.1), so entsteht aus der Überlagerung der Durchflutungen der drei Wicklungsstränge eine resultierende Durchflutung, die über den Umfang des Wicklungssystems sinusförmig verteilt ist, die Amplitude $3/2\hat{\imath}$ besitzt und mit der Winkelgeschwindigkeit ω umläuft.

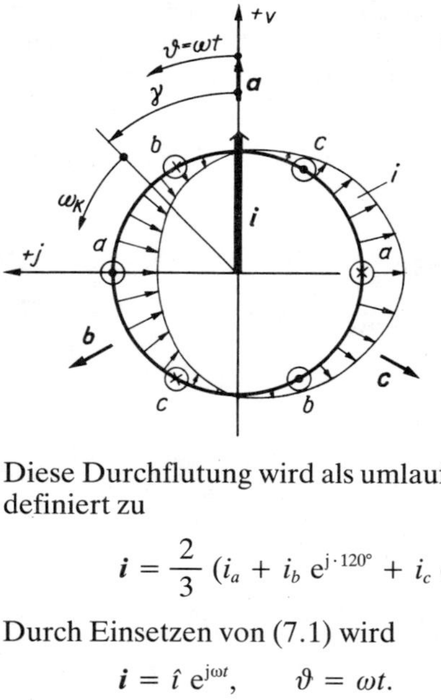

Bild 7.1
Zur Beschreibung der resultierenden Durchflutung einer symmetrischen, dreisträngigen Wicklung
a, b, c als umlaufender Vektor

Diese Durchflutung wird als umlaufender Vektor in einer komplexen Ebene beschrieben und definiert zu

$$\boldsymbol{i} = \frac{2}{3} (i_a + i_b \, e^{j \cdot 120°} + i_c \, e^{j \cdot 240°}). \tag{7.2}$$

Durch Einsetzen von (7.1) wird

$$\boldsymbol{i} = \hat{\imath} \, e^{j\omega t}, \qquad \vartheta = \omega t. \tag{7.3}$$

Es wurde vorausgesetzt, daß der Wicklungsstrang *a* in Richtung der reellen Achse liegt. Die Amplitude des umlaufenden Vektors wurde so definiert, daß sie dem Maximalwert der Durchflutung eines Stranges entspricht. Dadurch ergibt sich die Durchflutung eines um γ gegenüber der reellen Achse verdrehten Wicklungsstranges als Projektion dieses Zeigers auf die Achse des Wicklungsstrangs

$$\boldsymbol{i}_\gamma = \hat{\imath} \cos (\omega t - \gamma). \tag{7.4}$$

Wird allgemein der Vektor des Stromes $\boldsymbol{i}$ in einem mit ω_k gegenüber der Wicklungsachse umlaufenden Koordinatensystem betrachtet, gilt

$$\boldsymbol{i}^k = \hat{\imath} \, e^{j\omega t} \, e^{-j\omega_k t} = \hat{\imath} \, e^{j(\omega - \omega_k)t}. \tag{7.5}$$

Zur Beschreibung der Vorgänge in Drehfeldmaschinen muß für Stator und Rotor ein einheitliches Koordinatensystem gewählt werden. Gebräuchlich sind statorfeste, rotorfeste und feldorientiert umlaufende Koordinatensysteme.
Die vom Statorwicklungssystem und vom Rotorwicklungssystem aufgebauten Durchflutungen überlagern sich im Luftspalt der Maschine. Sie bauen den mit beiden Wicklungssystemen verkoppelten Hauptfluß sowie ständerseitige und rotorseitige Streuflüsse auf. Unter Einführung üblicher Induktivitäten gilt für die Flußverkettung der Ständer- bzw. Läuferwicklung

$$\boldsymbol{\psi}_s = \boldsymbol{i}_s L_s + \boldsymbol{i}_r L_m \tag{7.6}$$

$$\boldsymbol{\psi}_r = \boldsymbol{i}_r L_r + \boldsymbol{i}_s L_m;$$

L_s Ständerinduktivität
L_m Koppelinduktivität
L_r Rotorinduktivität.

$k_s = L_m/L_s$ ständerseitiger Kopplungsfaktor
$k_r = L_m/L_r$ rotorseitiger Kopplungsfaktor
$L_\sigma = L_s\sigma = L_s\,(1 - k_r k_s)$ Gesamtstreuinduktivität, betrachtet von der Ständerseite
$L_\sigma = L_r\sigma = L_r\,(1 - k_r k_s)$ Gesamtstreuinduktivität, betrachtet von der Rotorseite.

Für übliche Asynchronmaschinen gilt

$L_\sigma = L_{s\sigma} + L_{r\sigma}$ Gesamstreuinduktivität

$\sigma = (1 - k_r k_s)$ Streuziffer.

Die Flußverkettungen werden wie die sie aufbauenden Durchflutungen als umlaufende Vektoren beschrieben. Die mit den Flußverkettungen unmittelbar verbundenen Spannungen sind entsprechend ebenfalls als Vektoren darstellbar. Die Spannungsgleichung eines dreisträngi-

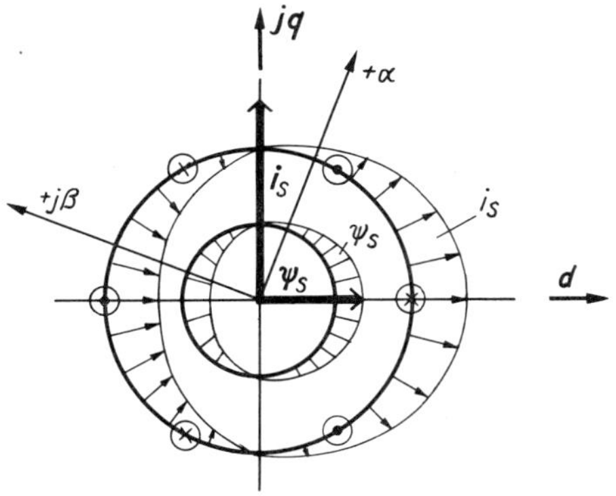

Bild 7.2
Zur Drehmomentbildung in Drehfeldmaschinen in einem beliebigen α;β-Koordinatensystem und einem feldorientierten d;q-Koordinatensystem

gen Wicklungssystems kann in einem mit der Wicklungsachse fest verbundenen Koordinatensystem zusammengefaßt geschrieben werden als

$$\boldsymbol{u} = \boldsymbol{i}R + \frac{\mathrm{d}\boldsymbol{\psi}}{\mathrm{d}t}. \tag{7.7}$$

Läuft das Koordinatensystem gegenüber der Wicklungsphase mit der Winkelgeschwindigkeit ω_k um, lautet die Spannungsgleichung mit (7.5)

$$\boldsymbol{u}^k = \boldsymbol{i}^k R + \frac{\mathrm{d}\boldsymbol{\psi}^k}{\mathrm{d}t} + \mathrm{j}\omega_k \boldsymbol{\psi}^k. \tag{7.8}$$

Diese Gleichung gilt sowohl für das Stator- als auch für das Rotorwicklungssystem.
Das Drehmoment im Motor entsteht durch die Wechselwirkung von Durchflutung und Flußverkettung im Stator bzw. Rotor. Die räumliche Verteilung von Durchflutung und Flußverkettung sowie die zusammengefaßte Beschreibung durch Vektoren veranschaulicht Bild 7.2.

Das Drehmoment ist proportional der Amplitude der Durchflutung, der Amplitude der Flußverkettung und dem Sinus des zwischen den Vektoren eingeschlossenen Winkels. Quantitative Überlegungen ergeben für eine Maschine mit Polpaarzahl z_p

$$m = \frac{3}{2} z_p |\boldsymbol{\psi}_s| \, |\boldsymbol{i}_s| \sin(\varphi_i - \varphi_\psi) = \frac{3}{2} z_p \boldsymbol{\psi}_s \times \boldsymbol{i}_s.^{1)} \tag{7.9}$$

Wegen der Vertauschbarkeit von Stator und Rotor gilt auch

$$m = \frac{-3}{2} z_p |\boldsymbol{\psi}_r| \, |\boldsymbol{i}_r| \sin(\varphi_i - \varphi_\psi) = -\frac{3}{2} z_p \boldsymbol{\psi}_r \times \boldsymbol{i}_r. \tag{7.10}$$

Werden die Vektoren in einem beliebig umlaufenden α; β-Koordinatensystem durch ihre Komponenten beschrieben

$$\boldsymbol{\psi}_s = \psi_{s\alpha} + j\psi_{s\beta} \tag{7.11}$$

$$\boldsymbol{i}_s = i_{s\alpha} + j i_{s\beta},$$

kann das Drehmoment aus den Komponenten berechnet werden zu

$$m = \frac{3}{2} z_p \operatorname{Im}\{\boldsymbol{\psi}_s^* \boldsymbol{i}_s\} = -\frac{3}{2} z_p \operatorname{Im}\{\psi_s \boldsymbol{i}_s^*\}\ ^{2)} \tag{7.12}$$

$$m = \frac{3}{2} z_p (\psi_{s\alpha} i_{s\beta} - \psi_{s\beta} i_{s\alpha})$$

bzw. für die Rotorgrößen

$$m = \frac{3}{2} z_p (\psi_{r\beta} i_{r\alpha} - \psi_{r\alpha} i_{r\beta}). \tag{7.13}$$

Ein zeitlich konstantes Drehmoment entsteht nur dann, wenn die Vektoren der Flußverkettung und des Stromes mit gleicher Geschwindigkeit umlaufen, so daß der von beiden eingeschlossene Winkel konstant ist.

Die Vorgänge in der Maschine sind offensichtlich übersichtlich beschreibbar, wenn ein Koordinatensystem gewählt wird, das auf den Vektor der Ständer- oder Läuferflußverkettung bzw. der Ständer- oder Läuferdurchflutung orientiert ist. Flußverkettung bzw. Durchflutung werden dann nur durch eine Komponente, z.B. die reelle Komponente des Vektors, repräsentiert; das Drehmoment ergibt sich als Produkt dieser Komponente mit der darauf senkrecht stehenden Komponente der jeweils anderen Größe. Es besteht weitgehend Analogie zur Gleichstrommaschine; Flußverkettung und Moment sind entkoppelt steuerbar. Beispielsweise wäre in der Prinzipdarstellung nach Bild 7.2 das Koordinatensystem so zu wählen, daß die reelle Achse (d-Achse) mit der Richtung der Ständerflußverkettung $\boldsymbol{\psi}_s$ übereinstimmt. Es ist dann nur die Komponente des Ständerstromvektors $\boldsymbol{i}_s$ drehmomentbildend, die in Richtung der imaginären Achse (q-Achse) liegt. Das d; q-Koordinatensystem ist feldorientiert.

Sonderfall Synchronmaschine

Der Rotor der Synchronmaschine, das Polrad, hat eine magnetische Vorzugsrichtung. Eine Rotordurchflutung wird sowohl bei elektrisch erregten als auch bei permanentmagneterregten Maschinen nur in Vorzugsrichtung aufgebaut; sie ist Null senkrecht zur Vorzugsrichtung. Dieser physikalische Sachverhalt ist übersichtlich darstellbar in einem auf das Polrad orientierten Koordinatensystem. Die d-Achse des Koordinatensystems entspricht der magnetischen Vorzugsrichtung des Polrades; die q-Achse steht darauf senkrecht (Bild 7.3).

Für die Rotordurchflutung gilt in diesem durchflutungsorientierten Koordinatensystem (Polradkoordinatensystem)

$$\boldsymbol{i}_r = i_{rd} + j i_{rq}; \qquad i_{rq} = 0. \tag{7.14}$$

[1]) $\boldsymbol{\psi}_s = \boldsymbol{i}_s$ ist das Kreuzprodukt der Vektoren $\boldsymbol{\psi}_s$ und $\boldsymbol{i}_s$.

[2]) Im {} Imaginärteil des Ausdrucks in der Klammer; $\boldsymbol{i}^*$ konjugiert komplexer Vektor zu $\boldsymbol{i}$.

Ferner folgt aus (7.6) für die Flußverkettungen

$$\boldsymbol{\psi}_{\mathrm{s}} = \psi_{\mathrm{s}d} + \mathrm{j}\psi_{\mathrm{s}q} = i_{\mathrm{s}d}L_{\mathrm{s}d} + \mathrm{j}i_{\mathrm{s}q}L_{\mathrm{s}q} + i_{\mathrm{r}d}L_{\mathrm{mz}} \tag{7.15}$$

$$\boldsymbol{\psi}_{\mathrm{r}} = i_{\mathrm{r}d}L_{\mathrm{r}d} + i_{\mathrm{s}d}L_{\mathrm{m}d} + \mathrm{j}i_{\mathrm{s}q}L_{\mathrm{m}q}. \tag{7.16}$$

Bei Schenkelpolmaschinen sind die Induktivitäten der Längsachse (d-Achse) von denen der Querachse (q-Achse) verschieden. Das in der Maschine aufgebaute Drehmoment ist in d, q-Komponenten mit (7.12)

$$m = \frac{3}{2} z_{\mathrm{p}} \left(\psi_{\mathrm{s}d} i_{\mathrm{s}q} - \psi_{\mathrm{s}q} i_{\mathrm{s}d}\right) \tag{7.17}$$

$$= \frac{3}{2} z_{\mathrm{p}} \left[i_{\mathrm{r}d} i_{\mathrm{s}q} L_{\mathrm{m}d} + i_{\mathrm{s}d} i_{\mathrm{s}q} \left(L_{\mathrm{s}d} - L_{\mathrm{s}q}\right)\right].\ ^{1})$$

Steuert man den Motor so, daß der Ständerstrom nur eine Komponente in q-Richtung hat

$$\boldsymbol{i}_{\mathrm{s}} = \mathrm{j}i_{\mathrm{s}q}, \tag{7.18}$$

ergibt sich

$$m = \frac{3}{2} z_{\mathrm{p}} i_{\mathrm{r}d} i_{\mathrm{s}q} L_{\mathrm{m}d} = \frac{3}{2} z_{\mathrm{p}} \psi_{\mathrm{s}d} i_{\mathrm{s}q}. \tag{7.19}$$

Für diesen Fall der von einem Polradgeber abgeleiteten, d. h. selbstgesteuerten, feldorientierten Ständerstromeinprägung besteht weitgehende Analogie zur Gleichstrommaschine. Unter Berücksichtigung der Bewegungsgleichung

$$m = m_{\mathrm{w}} + J \frac{1}{z_{\mathrm{p}}} \frac{\mathrm{d}\omega}{\mathrm{d}t} \tag{7.20}$$

ω / z_{p} mechanische Winkelgeschwindigkeit

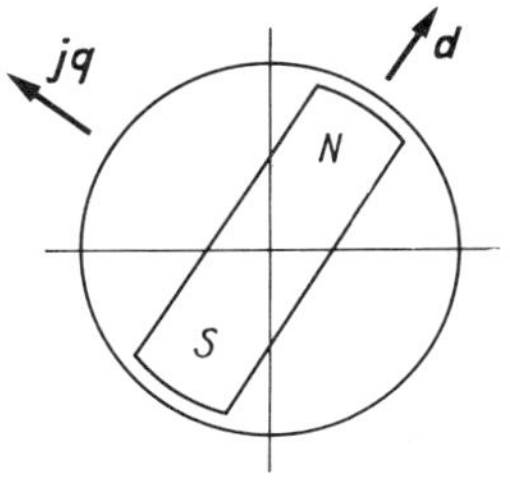

Bild 7.3
Zur Einführung der d;q-Komponenten der Vektoren, orientiert an der magnetischen Vorzugsrichtung der Synchronmaschine

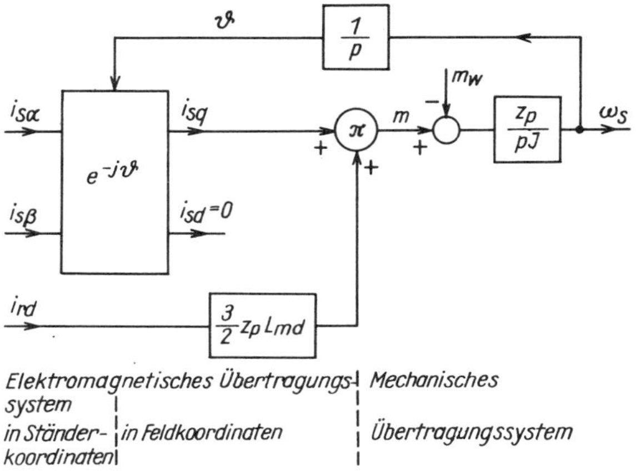

Bild 7.4
Signalflußplan der selbstgesteuerten Synchronmaschine mit Ständerstrom- und Läuferstromeinprägung in feldorientierten Koordinaten

[1]) Entsprechend der Definition der Vektoren gilt die Drehmomentgleichung für Scheitelwerte der Spannungen, Ströme und Flußverkettungen.

ergibt sich für die selbstgesteuerte Synchronmaschine mit Stromeinprägung der im Bild 7.4 dargestellte Signalflußplan. Eingangsgrößen sind der Ständerstrom i_{sq}, der Läuferstrom i_{rd} im feldorientierten Koordinatensystem sowie das mechanische Widerstandsmoment m_w. Ausgangsgröße ist die mechanische Winkelgeschwindigkeit ω, die identisch ist mit der Ständerkreisfrequenz ω_s bei $z_p = 1$.
Mit Hilfe der Ständerspannungsgleichung

$$\boldsymbol{u}_s = \boldsymbol{i}_s R_s + \frac{d\boldsymbol{\psi}_s}{dt} + j\omega_s \boldsymbol{\psi}_s \tag{7.21}$$

ist es ferner möglich, die Komponenten der Ständerspannung als Ausgangsgrößen zu bestimmen.
Der der realen Synchronmaschine als Eingangsgröße aufzuprägende Ständerstromvektor

$$\boldsymbol{i}_s^s = i_{s\alpha} + j i_{s\beta}$$

existiert in einem raumfesten, d.h. ständerbezogenen Koordinatensystem. Das feldorientierte Koordinatensystem läuft demgegenüber mit der Winkelgeschwindigkeit

$$\omega_s = \frac{d\vartheta}{dt} \tag{7.22}$$

um. Der Ständerstromvektor im feldorientierten Koordinatensystem wird mit (7.5) beschrieben durch

$$\boldsymbol{i}_s^{\varphi} = \boldsymbol{i}_s^s \, e^{-j\omega_s t} = i_{sd} + j i_{sd} \tag{7.23}$$

bzw.

$$(i_{s\alpha} + j i_{s\beta})(\cos\vartheta - j\sin\vartheta) = i_{sd} + j i_{sq}. \tag{7.24}$$

Ein Vektordreher, der als Bestandteil des Motors zu betrachten ist, realisiert die Umwandlung der als Eingangsgröße vorzugebenden Komponenten des Ständerstroms $i_{s\alpha}$ und $i_{s\beta}$ in die feldorientierten Komponenten i_{sd} und i_{sq}. Die dem Motor einzuprägenden Ständerstromkomponenten $i_{s\alpha}$ und $i_{s\beta}$ müssen so gesteuert werden, daß stets $i_{sd} = 0$ ist, d.h.

$$i_{s\alpha}\cos\vartheta + i_{s\beta}\sin\vartheta = 0 \tag{7.25}$$

$$i_{s\beta}\cos\vartheta - i_{s\alpha}\sin\vartheta = i_{sq}.$$

Das ist die Grundaufgabe der feldorientierten Steuerung der Synchronmaschine.

Sonderfall Asynchronmaschine

Die Asynchronmaschine hat keine magnetische Vorzugsrichtung. Zur Beschreibung der Betriebsvorgänge wird ein mit den Durchflutungen und Flußverkettungen synchron umlaufendes Koordinatensystem gewählt. Prinzipiell wäre eine Orientierung auf die Ständerflußverkettung, auf die Läuferflußverkettung sowie auf die Ständer- oder Läuferdurchflutung denkbar. Dem physikalischen Wirkungsmechanismus der Asynchronmaschine entsprechend ergibt eine Orientierung auf die Läuferflußverkettung die klarste Formulierung der Zusammenhänge. Bezeichnet man, in Analogie zur Synchronmaschine, die Richtung der Läuferflußverkettung als d-Achse, die Richtung senkrecht dazu als q-Achse, dann ist die Läuferflußverkettung zu schreiben als

$$\boldsymbol{\psi}_r = \psi_{rd} + j\psi_{rq}; \qquad \psi_{rq} = 0. \tag{7.26}$$

Aus (7.5) ergibt sich die Läuferspannungsgleichung

$$0 = \boldsymbol{i}_r R_r + \frac{d\boldsymbol{\psi}_r}{dt} + j\omega_r \boldsymbol{\psi}_r \tag{7.27}$$

durch Substitution des unbekannten Läuferstroms mit (7.6)

$$\boldsymbol{i}_r = \frac{\boldsymbol{\psi}_r}{L_r} - \boldsymbol{i}_s \frac{L_m}{L_r}$$

zu

$$0 = \frac{\boldsymbol{\psi}_r}{L_r} R_r - \boldsymbol{i}_s \frac{L_m}{L_r} R_r + \frac{d\boldsymbol{\psi}_r}{dt} + j\omega_r \boldsymbol{\psi}_r. \tag{7.28}$$

Durch Auflösen der Vektorgleichung in Komponenten ergibt sich

$$0 = \frac{\psi_{rd}}{L_r} R_r - i_{sd} \frac{L_m}{L_r} R_r + \frac{d\psi_{rd}}{dt} \tag{7.29}$$

$$0 = -j i_{sq} \frac{L_m}{L_r} R_r + j\omega_r \psi_{rd}. \tag{7.30}$$

Die Läuferflußverkettung ist ohne weitere Verkopplungen durch die d-Komponente des Ständerstroms steuerbar:

$$\frac{\psi_{rd}}{k_r R_r} = \frac{T_r}{1 + pT_r} i_{sd}; \qquad T_r = \frac{L_r}{R_r}. \tag{7.31}$$

Die Läuferfrequenz ω_r ist der q-Komponente des Ständerstroms direkt und der Läuferflußverkettung umgekehrt proportional, kann also bei konstantem ψ_{rd} direkt durch die q-Komponente des Ständerstroms gesteuert werden.

$$\omega_r = i_{sq} \frac{k_r}{\psi_{rd}} R_r \tag{7.32}$$

Das Drehmoment ergibt sich mit (7.12) und (7.6) zu

$$m = -\frac{3}{2} z_p \psi_{rd} i_{rq} = \frac{3}{2} k_r z_p \psi_{rd} i_{sq} \tag{7.33}$$

$$m = k_M \frac{\psi_{rd}}{k_r} i_{sq} \quad \text{mit} \quad k_M = \frac{3}{2} z_p k_r^2, \tag{7.34}$$

kann also bei konstanter Läuferflußverkettung direkt über i_{sq} gesteuert werden.

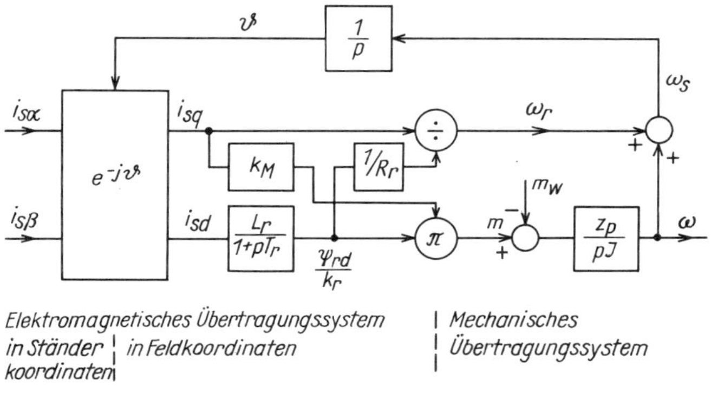

Bild 7.5
Signalflußplan der Asynchronmaschine mit Ständerstromeinprägung in feldorientierten Koordinaten

Zusammengefaßt ergibt sich für die Asynchronmaschine mit Ständerstromeinprägung der im Bild 7.5 dargestellte Signalflußplan. Eingangsgrößen sind die Ständerstromkomponenten i_{sd} und i_{sq} im feldorientierten Koordinatensystem sowie das mechanische Widerstandsmoment m_w. Ausgangsgrößen sind die mechanische Winkelgeschwindigkeit ω und die elektrische Läuferkreisfrequenz ω_r sowie daraus abgeleitet die Ständerkreisfrequenz $\omega_s = \omega + \omega_r$. Mit Hilfe der Ständerspannungsgleichung

$$\boldsymbol{u}_s = \boldsymbol{i}_s R_s + \frac{d\boldsymbol{\psi}_s}{dt} + j\omega_s \boldsymbol{\psi}_s \tag{7.35}$$

ist es ferner möglich, die Komponenten der Ständerspannung als Ausgangsgrößen zu bestimmen.

Der der realen Asynchronmaschine als Eingangsgröße aufzuprägende Ständerstromvektor

$$\boldsymbol{i}_s^s = i_{s\alpha} + j i_{s\beta} \tag{7.36}$$

existiert in einem raumfesten, d.h. ständerbezogenen Koordinatensystem. Das feldorientierte Koordinatensystem läuft demgegenüber mit der Winkelgeschwindigkeit

$$\omega_s = \frac{d\vartheta}{dt} \tag{7.37}$$

um. Der Ständerstromvektor im feldorientierten Koordinatensystem wird mit (7.5) beschrieben durch

$$\boldsymbol{i}_s^\varphi = \boldsymbol{i}_s^s \, e^{-j\omega_s t} = i_{sd} + j i_{sq} \tag{7.38}$$

bzw.

$$(i_{s\alpha} + j i_{s\beta})(\cos\vartheta - j\sin\vartheta) = i_{sd} + j i_{sq}. \tag{7.39}$$

Ein Vektordreher, der als Bestandteil des Motors zu betrachten ist, realisiert die Umwandlung der als Eingangsgrößen vorzugebenden Komponenten des Ständerstroms $i_{s\alpha}$ und $i_{s\beta}$ in die feldorientierten Komponenten i_{sd} und i_{sq}. Die Ständerstromkomponenten $i_{s\alpha}$ und $i_{s\beta}$ müssen so gesteuert werden, daß sich die feldorientierten Komponenten i_{sd} und i_{sq} unverkoppelt, d.h. voneinander unabhängig, ändern. Das ist die Grundaufgabe der feldorientierten Steuerung der Asynchronmaschine.

Beispiel 7.1. Strom- und Spannungsdimensionierung eines Elektronikmotors

Zum Aufbau eines Elektronikmotors, Prinzipschaltung nach Bild 7.6, steht ein Synchronmotor mit Permanentmagnet-Polrad zur Verfügung. Von der Maschine sind folgende Daten bekannt:

Nenndrehzahl	$n_n = 750\,\text{U/min}$
Polpaarzahl	$z_p = 4$
Nennmoment	$M_n = 2{,}5\,\text{Nm}$
Ständernennstrom	$I_{sn} = 2{,}7\,\text{A}$
Polradspannung bei Nenndrehzahl (Leerlaufspannung)	$U_p = 24{,}35\,\text{V}$, Effektivwert
Überlastbarkeit	$ü = 3$
Ständerwiderstand	$R_s = 0{,}85\,\Omega$
Ständerinduktivität der Querachse	$L_{sq} = 15\,\text{mH}$

Der Motor wird so gesteuert, daß die Ständerdurchflutung auf der Polraddurchflutung senkrecht steht:

$$\boldsymbol{i}_s = j i_{sq} = j \cdot 2{,}7\,\text{A}; \qquad i_{sd} = 0.$$

Für die Ständerflußverkettung gilt mit (7.6)

$$\boldsymbol{\psi}_s = \boldsymbol{i}_s L_s + \boldsymbol{i}_r L_m$$

$$\psi_{sd} + j\psi_{sq} = j i_{sq} L_{sq} + i_{rd} L_{md}.$$

Die vom Polrad her im Ständer aufgebaute Flußverkettung in d-Richtung ergibt sich zu

$$\psi_{sd} = i_{rd} L_{md}.$$

Aus der Drehmomentgleichung (7.19)

$$m = \frac{3}{2} z_p \psi_{sd} i_{sq}$$

ergibt sich

$$\psi_{sd} = \frac{2{,}5\,\text{V} \cdot \text{A} \cdot \text{s}}{3 \cdot 4 \cdot 2{,}7\,\text{A}} = 0{,}0772\,\text{V} \cdot \text{s} \quad \text{(Effektivwert)}.$$

Diese Komponente ist belastungsunabhängig.

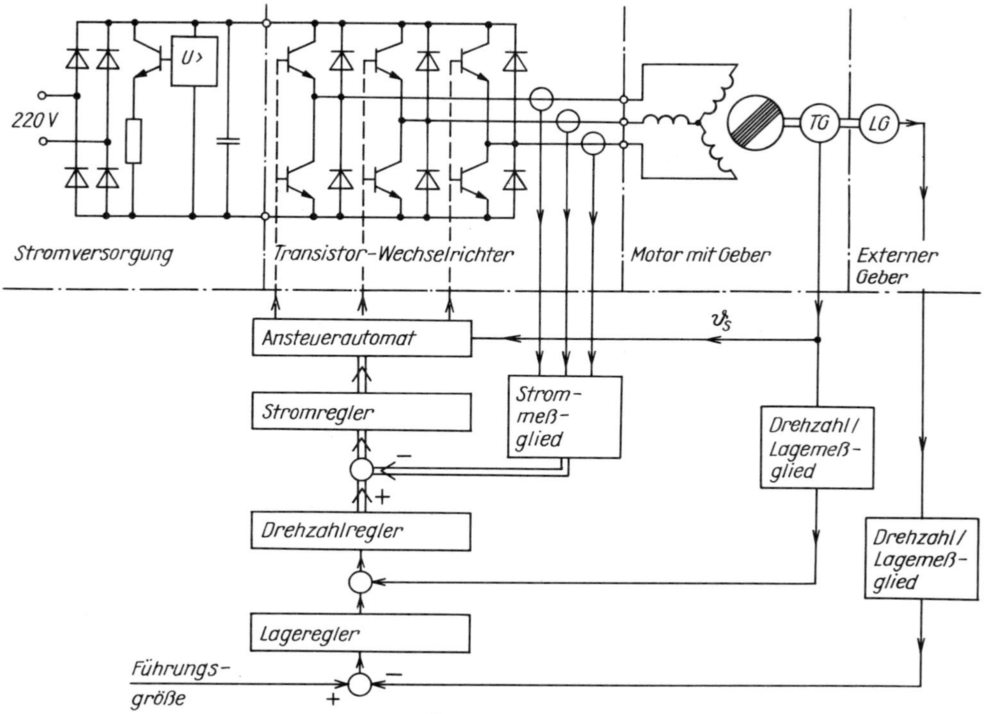

Bild 7.6. Prinzipschaltung eines Elektronikmotors

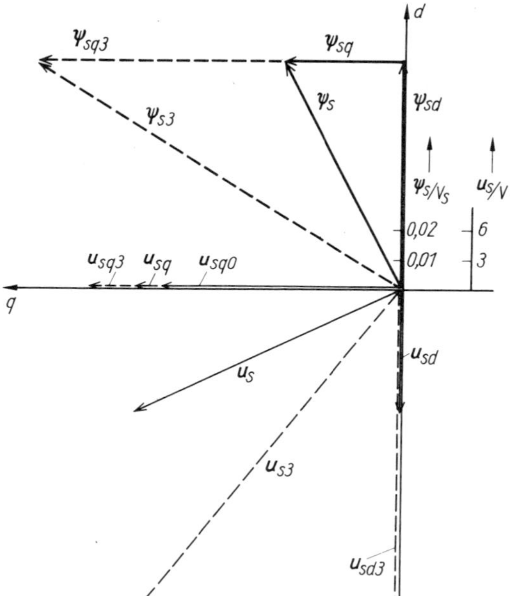

Bild 7.7. Vektordiagramm der Ständerflußverkettung und der Ständerspannung eines Elektronikmotors

Die vom Ständerstrom aufgebaute Flußverkettung in q-Richtung ergibt sich zu

$$\psi_{sq} = i_{sq} L_{sq};$$

Leerlauf $\psi_{sq0} = 0$

Nennstrom $\psi_{sq1} = 2{,}7\,\text{A} \cdot 0{,}015\,\frac{\text{V} \cdot \text{s}}{\text{A}} = 0{,}040\,\text{V} \cdot \text{s}$

3facher Nennstrom $\psi_{sq3} = 3 \cdot 2{,}7\,\text{A} \cdot 0{,}015\,\frac{\text{V} \cdot \text{s}}{\text{A}} = 0{,}122\,\text{V} \cdot \text{s}$

Das Vektordiagramm der Ständerflußverkettung wurde im Bild 7.7 dargestellt.
Aus der Ständerflußverkettung ergibt sich die Ständerspannung im stationären Bereich, d. h. für $\mathrm{d}\psi_s/\mathrm{d}t = 0$, mit (7.8) zu

$$\boldsymbol{u}_s = \boldsymbol{i}_s R_s + \mathrm{j}\omega_s \psi_s$$

$$u_{sd} = -\omega_s L_{sq} \boldsymbol{i}_{sq}$$

$$u_{sq} = i_{sq} R_s + \omega_s \psi_{sd}.$$

Bei Betrieb mit Nenndrehzahl ist

$$\omega_s = \frac{2\pi n_n z_p}{60\,\text{s}} = 314\,\text{s}^{-1}.$$

Die Komponenten der Ständerspannung ergeben sich lastabhängig zu

Leerlauf	$u_{sd0} = 0$	$u_{sq0} = 24{,}3\,\text{V}$
Nennlast	$u_{sd1} = -12{,}7\,\text{V}$	$u_{sq1} = 26{,}6\,\text{V}$
3fache Nennlast	$u_{sd3} = -38{,}1\,\text{V}$	$u_{sq3} = 31{,}2\,\text{V}$

(Darstellung im Bild 7.7).
Der Betrag der Ständerspannung ergibt sich zu

$$u_{s0} = 24{,}3\,\text{V}, \qquad u_{s1} = 29{,}5\,\text{V}, \qquad u_{s3} = 49{,}2\,\text{V}.$$

Diese Spannung muß vom Gleichspannungszwischenkreis aufgebracht werden.
Die konstante Spannung des Zwischenkreises wird zu $U_z = 200\,\text{V}$ festgelegt. Unter Berücksichtigung von 30% Spannungsreserve für die Strompulsung beträgt der Scheitelwert der maximal verfügbaren Motorspannung

$$u_{max} = \frac{200\,\text{V}}{2} \cdot 0{,}7 = 70\,\text{V}.$$

Damit sind folgende Maximaldrehzahlen des Motors einzustellen:

Leerlauf $n_{max\,0} = n_n \frac{U_{max}}{u_{s0}} = 1529\,\text{min}^{-1}$

Nennlast $n_{max\,1} = n_n \frac{U_{max}}{u_{s1}} = 1262\,\text{min}^{-1}$

3fache Nennlast $n_{max\,3} = n_n \frac{U_{max}}{u_{s3}} = 750\,\text{min}^{-1}.$

7.2. Feldorientierte Steuerung des Synchronmotors

Die feldorientierte Steuerung des Synchronmotors erfordert das Einprägen des Ständerstroms als Eingangsgröße. Es wird vorausgesetzt, daß der den Motor speisende Wechselrichter in Verbindung mit einer Stromregelung die vollständige Übereinstimmung des Ständerstrom-Sollwertes mit dem Ständerstrom-Istwert gewährleistet, daß dem geschlossenen Stromregelkreis also das ideale Übertragungsverhalten eines Proportionalgliedes im gesamten Arbeitsbereich zugeschrieben werden kann (vgl. Abschn. 6). Das ist gegeben, wenn der Synchronmotor aus einem Transistorpulswechselrichter gespeist wird, dessen Pulsfrequenz mindestens 10mal größer als die Frequenz des Stromes ist, d. h. beim Elektronikmotor. Das ist ebenfalls gegeben, wenn ein Synchronmotor niedriger Ständerfrequenz aus einem Direktumrichter gespeist wird und die Pulsfrequenz des Direktumrichters mindestens 10mal größer als die Frequenz des Stromes ist, d. h. bei langsamlaufenden Synchronmotoren größerer Leistung. Annähernd gilt das auch für den Stromrichtermotor, d. h. für einen Synchronmotor, der über einen sekundärnetzgelöschten Wechselrichter aus einem Stromzwischenkreis gespeist wird.

Die Vorgabe der Ständerstrom-Sollwerte erfolgt so, daß die Frequenz der Umlauffrequenz des Polrades entspricht, daß also der Vektor der Ständerdurchflutung in einem auf das Polrad orientierten Koordinatensystem stillsteht.

Die Phasenlage des Ständerstromvektors ist so zu steuern, daß dieser auf dem Vektor der Polraddurchflutung senkrecht steht. Der Vektor des Ständerstroms bzw. der Ständerdurchflutung muß also auf den Vektor der Rotordurchflutung orientiert werden. Da die Rotordurchflutung der Synchronmaschine unmittelbar mit dem Polrad verbunden ist, kann ihre Umlauffrequenz und räumliche Lage unmittelbar mit Hilfe eines Polradlagegebers gemessen werden. Der Polradlagegeber mißt den Verdrehungswinkel ϑ des Polrades gegenüber einer ständerfesten Achse. Das ist zugleich der Winkel zwischen dem Polradkoordinatensystem und einem ständerfesten Koordinatensystem

$$\vartheta = \omega t = \omega_s t. \tag{7.40}$$

Die Ständerstrom-Sollwerte der drei Wicklungsstränge a, b, c müssen, den natürlichen Verhältnissen entsprechend, im Ständerkoordinatensystem vorgegeben werden. Sie werden mit Hilfe eines Koordinatenwandlers aus den α; β-Komponenten des im Ständerkoordinatensystem umlaufenden Ständerstromvektors gebildet (Bild 7.8). Die das Drehmoment steuernde Ständerstromkomponente i_{sq} wird vom überlagerten Drehzahlregelkreis in einem feldorientierten Koordinatensystem vorgegeben; die Komponente i_{sd} soll Null sein. Der Vektordreher *VD* hat die Aufgabe, den Vektor des Ständerstroms aus dem feldorientierten Koordinatensystem in das Ständerkoordinatensystem zu transformieren.

Gesteuert vom Verdrehungswinkel des Polrades bildet der Vektordreher

$$\boldsymbol{i}_s^s = \boldsymbol{i}_s^\varphi \, e^{j\vartheta} \tag{7.41}$$

$$\boldsymbol{i}_s^s = (i_{sd} + j i_{sq})(\cos\vartheta + j \sin\vartheta) = i_{s\alpha} + j i_{s\beta}. \tag{7.42}$$

Für $i_{sd} = 0$ folgt daraus das Steuergesetz

$$i_{s\beta} = i_{sq} \cos\vartheta$$

$$i_{s\alpha} = -i_{sq} \sin\vartheta. \tag{7.43}$$

Der dem Vektordreher nachgeschaltete Koordinatenwandler bildet die Strangstrom-Sollwerte nach dem Steuergesetz

$$\begin{pmatrix} i_{sa} \\ i_{sb} \\ i_{sc} \end{pmatrix} = \begin{pmatrix} 1 & 0 \\ -\frac{1}{2} & \frac{1}{2}\sqrt{3} \\ -\frac{1}{2} & -\frac{1}{2}\sqrt{3} \end{pmatrix} \begin{pmatrix} i_{s\alpha} \\ i_{s\beta} \end{pmatrix}. \tag{7.44}$$

Deutlicher als die Prinzipschaltung zeigt der Signalflußplan im Bild 7.8b das Prinzip der feldorientierten Steuerung des Synchronmotors.

Es besteht darin, daß der motorinterne Vektordreher, der den eingeprägten Ständerstrom aus dem Ständerkoordinatensystem in das feldorientierte Koordinatensystem wandelt, durch einen externen Vektordreher, der den feldorientiert vorgegebenen Ständerstromvektor in das

Ständerkoordinatensystem wandelt, kompensiert wird. Der Übergang auf die drei Strangkomponenten ist dabei nicht von prinzipieller Bedeutung und wird deshalb, ebenso wie die Stromregelkreise, nicht dargestellt. Der Steuerwinkel ϑ wird von der Motorwelle als Integral der Winkelgeschwindigkeit ω abgeleitet. Unter Voraussetzung idealer Kompensation läßt sich der Signalflußplan zu Bild 7.8c zusammenfassen. Es wird deutlich, daß das innere Moment des Motors unverzögert durch Vorgabe von i_{sq} gesteuert werden kann. Es besteht vollständige Analogie zu einem Gleichstromantrieb mit unverzögert wirkender Stromregelung.

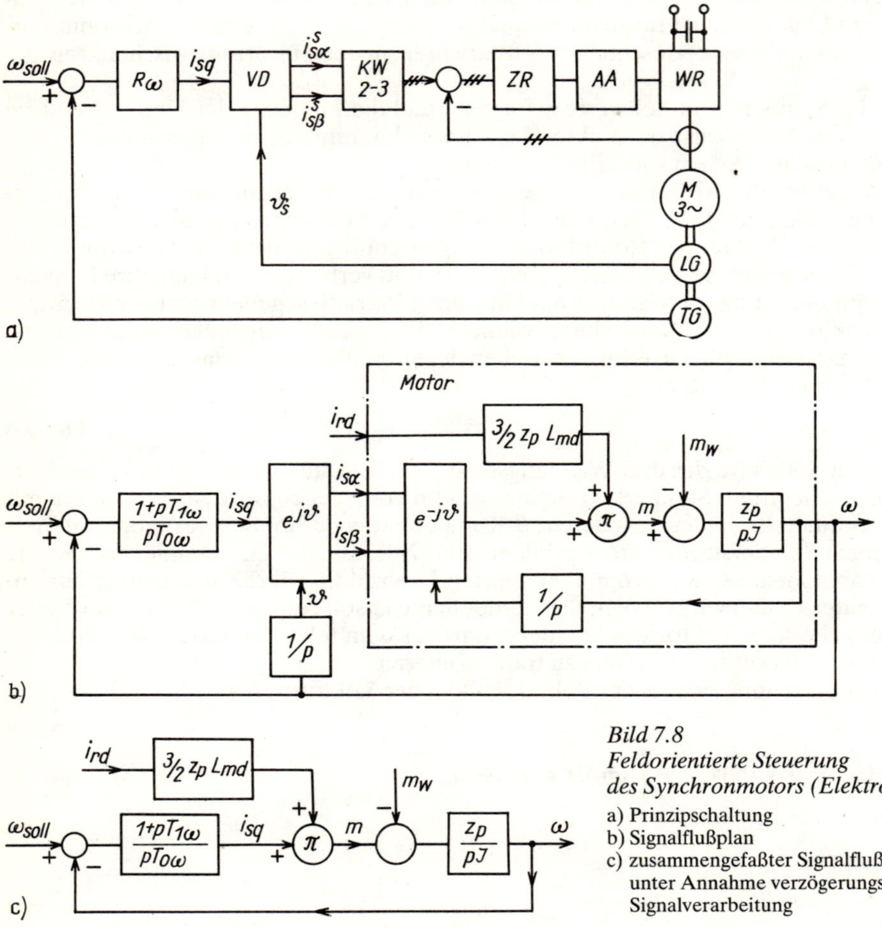

Bild 7.8
Feldorientierte Steuerung des Synchronmotors (Elektronikmotor)

a) Prinzipschaltung
b) Signalflußplan
c) zusammengefaßter Signalflußplan unter Annahme verzögerungsfreier Signalverarbeitung

Technisch übernimmt ein Mikrorechner die Funktion des Vektordrehers und des nachgeschalteten Koordinatenwandlers.

Die technische Realisierung erfordert die Messung der Polradlage mit einem Polradlagegeber. Die Messung muß unverzögert, mit hinreichender Genauigkeit und hinreichendem Auflösungsvermögen erfolgen. Ausreichend ist die Auflösung von 360° elektrischem Winkel in 256 Schritte (8-Bit-Signal).

Neben absolut kodierten Lagegebern sind auch Resolver und inkrementale Geber mit Nullimpuls zur Ableitung des Signals der Polradlage geeignet, d. h. Lage oder Drehzahlgeber, die zur Regelung des Antriebs ohnehin notwendig sind (Tafel 7.1). Während der Polradwinkel aus der Resolverausgangsspannung unmittelbar ableitbar ist und die Binärsignale eines absoluten Polradlagegebers unmittelbar zur Steuerung des Wechselrichters herangezogen werden können, muß der Polradwinkel aus dem inkrementalen Geber durch Einzählen der Impulse in einen programmierbaren Zähler gewonnen werden. Es erfolgt eine Interruptsteuerung des

Tafel 7.1. Prinzipien zur Polradlagemessung

Geräteprinzip	Ausgangssignal	Anmerkungen
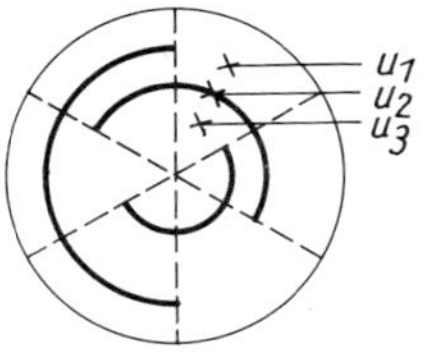	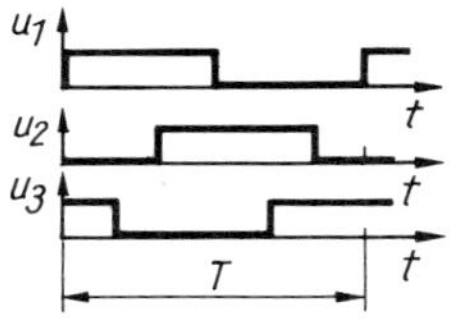	absoluter Lagegeber, konstruktiv kombinierbar mit inkrementalem Drehzahl- und Winkelgeber
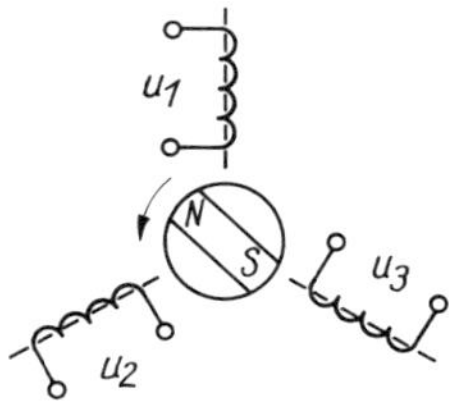	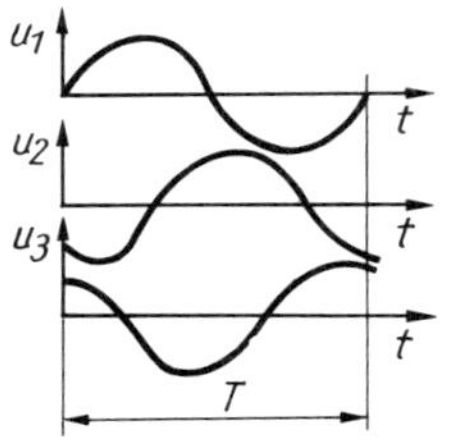	Synchrongenerator, Lagesignal durch Triggern der Nulldurchgänge; Drehzahlsignal durch Auswertung der Amplitude
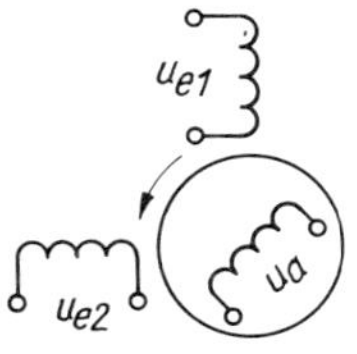	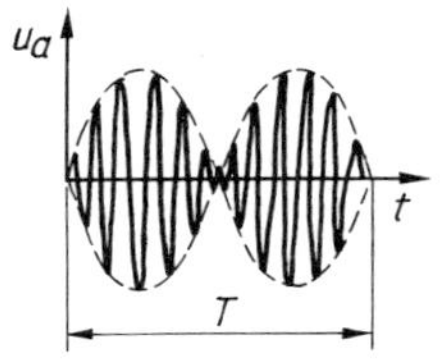	Resolver, dient gleichzeitig als hochauflösender Lagegeber
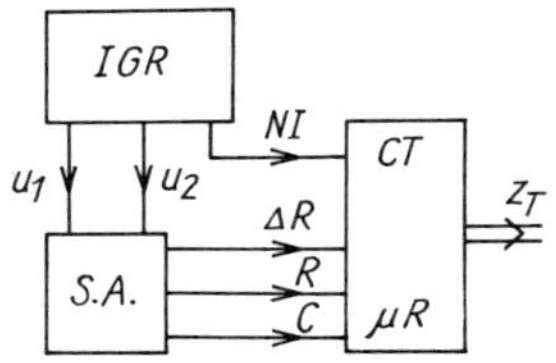	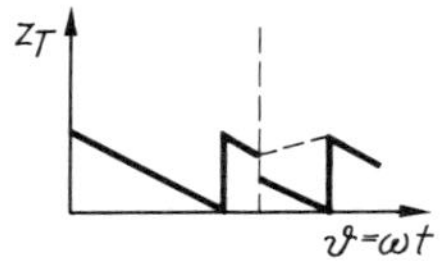	inkrementaler Geber mit Nullimpuls, Mitbenutzung des Drehzahlgebers, Fixieren der Anfangslage notwendig

Zählers durch den Nullimpuls des IGR und durch ein Signal ΔR, das die Änderung der Drehrichtung anzeigt. Beim Einschalten des Antriebs muß dieser erst in eine definierte Anfangslage gebracht werden, von der aus die Impulszählung erfolgt. Dazu ist eine Hilfssteuerung notwendig. Das Prinzip ist nur mit einem Mikrorechner sinnvoll realisierbar.

Die Funktion des Vektordrehers und des nachgeschalteten Koordinatenwandlers, d. h. die Realisierung der Steuergesetze (7.43) und (7.44), wird von einem Rechner übernommen (vgl. Beispiel 7.2). Die durch den Rechner bedingte Totzeit der Signalverarbeitung T_r soll klein sein; sie muß kleiner sein als die Abtastzeit der überlagerten Drehzahlregelschleife T.

$$T_r \leqq T$$

Der Mikrorechner gibt die Führungsgrößen für die Stromregelschleifen der drei Stränge aus, die entsprechend Abschnitt 6.3 hardwaremäßig oder mit Rechner realisiert werden. Dem geschlossenen Stromregelkreis ist eine Totzeit T_i zuzuordnen. Es soll auch

$$T_i \leqq T$$

sein.

Arbeitet die innere Steuerung wie beschrieben hinreichend schnell und ist die Symmetrie der Strangströme stets gewährleistet, unterscheidet sich der Elektronikmotor in seinem stationären und dynamischen Betriebsverhalten nicht von einem Gleichstrommotor. Es gilt der im Bild 7.9 angegebene Signalflußplan. Zur Dimensionierung der Drehzahlregelung vgl.

Abschnitt 8. Bei Stellantrieben muß die Abtastzeit der Drehzahlregelung relativ klein gewählt werden. Sie liegt bei $T \approx 1\,\text{ms}$.

Beispiel 7.2. Rechnersteuerung eines Elektronikmotors

Die Funktion des Vektordrehers und des Koordinatenwandlers zur feldorientierten Steuerung eines Elektronikmotors entsprechend Bild 7.8 wird von einem Mikrorechner übernommen. Eingabewerte sind

- die drehmomentbildende Stromkomponente i_{sq} (sie wird von der übergeordneten Drehzahlregelschleife bereitgestellt, es ist $i_{sd} = 0$),
- der Steuerwinkel ϑ, abgeleitet aus einem Polradlagegeber nach Tafel 7.1.

Zu berechnen sind die Strangstrom-Sollwerte i_{sa}, i_{sb}, i_{sc}. Die Stromamplitude i_{sq} und der Steuerwinkel ϑ werden als 8-Bit-Wort eingegeben. Das Vorzeichen von i_{sq} wird durch ein zusätzliches Vorzeichenbit berücksichtigt. Eine Sinus-Kosinus-Funktion wird in den Rechner eingespeichert. Die Adresse dieser Funktion ADR sin ist gleich dem Steuerwinkel ϑ; ADR cos ist gleich ADR sin $+90°$. Aus den Gleichungen (7.43) und (7.44) ergibt sich der Programmablaufplan nach Bild 7.10a. In dem modifizierten Programmablaufplan nach Bild 7.10b werden die Strangströme nacheinander berechnet. Die einzige verbleibende Multiplikation $x \cdot i_{sq}$ wird durch die Simulation abgespeicherter Teilprodukte ersetzt. Dadurch wird eine merkliche Verkürzung der Rechenzeit erreicht.

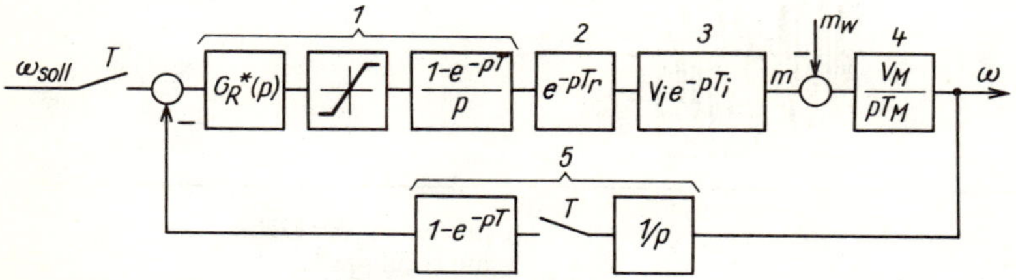

Bild 7.9. Signalflußplan der Drehzahlregelung eines Elektronikmotors

1 Drehzahlregler mit Stellgrößenbegrenzung und Halteglied; *2* Steuerrechner; *3* geschlossene Stromregelkreise; *4* Drehzahlregelstrecke; *5* Drehzahlmeßglied

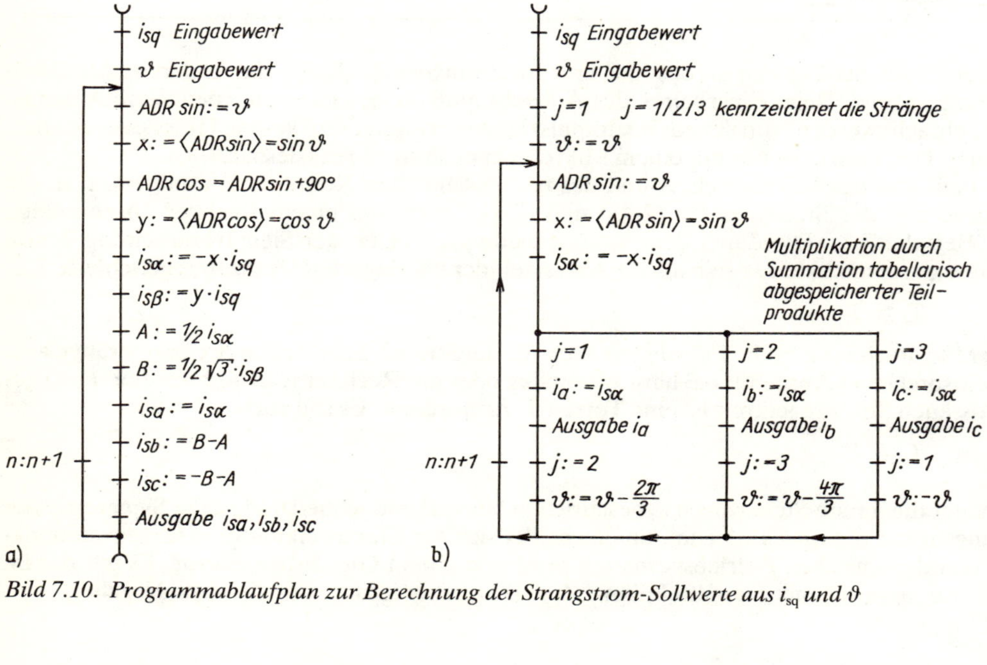

Bild 7.10. Programmablaufplan zur Berechnung der Strangstrom-Sollwerte aus i_{sq} und ϑ

Die Strangstrom-Sollwerte i_{sa}, i_{sb}, i_{sc} werden über D/A-Wandler ausgegeben. Der Vergleich mit den Istwerten erfolgt mit Analogverstärkern, die als Komparator zugleich das Binärsignal der Regelabweichung bilden (vgl. Bild 6.11).

7.3. Feldorientierte Steuerung des Asynchronmotors mit Ständerstromeinprägung

Die feldorientierte Steuerung des Asynchronmotors erfordert wie die feldorientierte Steuerung des Synchronmotors das Einprägen des Ständerstroms bezüglich Frequenz, Amplitude und Phasenlage als Eingangsgröße. Es wird vorausgesetzt, daß der den Motor speisende Wechselrichter in Verbindung mit einer Stromregelung die vollständige Übereinstimmung des Ständerstrom-Sollwertes mit dem Ständerstrom-Istwert gewährleistet, daß dem geschlossenen Stromregelkreis also das ideale Übertragungsverhalten eines Proportionalgliedes im gesamten Arbeitsbereich zugeschrieben werden kann (vgl. Abschn. 6).

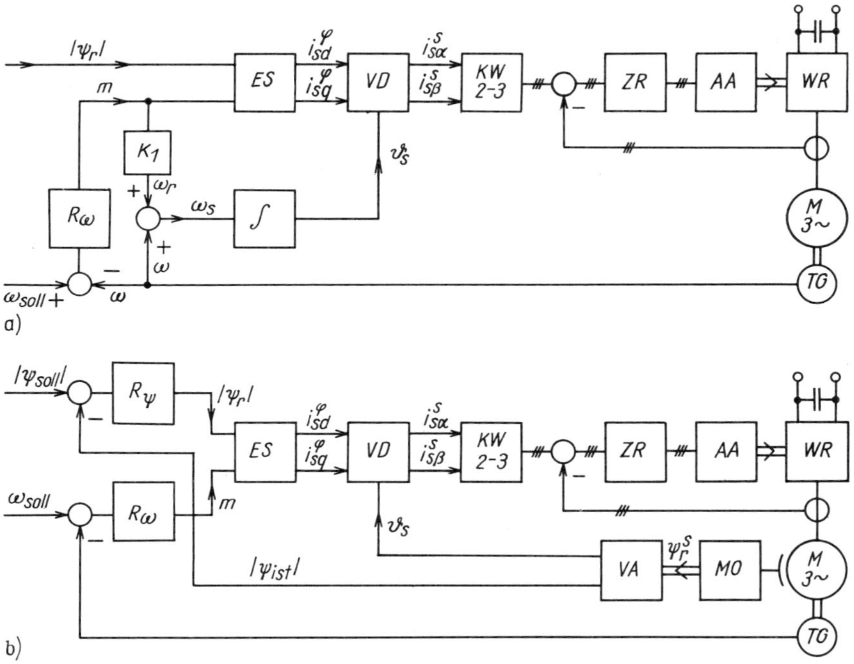

Bild 7.11. Feldorientierte Steuerung eines Asynchronmotors mit Ständerstromeinprägung

a) Steuerung der Läuferflußverkettung; b) Regelung der Läuferflußverkettung
WR Wechselrichter; *AA* Ansteuerautomat; *ZR* Stromzweipunktregler; *KW* Koordinatenwandler, Bildung der Strangstrom-Sollwerte i_{sa}, i_{sb}, i_{sc} aus $i^s_{s\alpha}$ und $i^s_{s\beta}$; *VD* Vektordreher, Bildung der ständerfesten Stromkomponenten aus den feldorientierten Stromkomponenten; *ES* Entkopplungssteuerung; *VA* Vektoranalysator; R_ω Drehzahlregler; R_ψ Flußverkettungsregler; *MO* Maschinenmodell

Das ist gegeben, wenn der Asynchronmotor aus einem Transistorpulswechselrichter gespeist wird, dessen Pulsfrequenz mindestens 10mal größer als die Frequenz des Stroms ist. Das ist ebenfalls gegeben, wenn ein Asynchronmotor niedriger Ständerfrequenz aus einem Direktumrichter gespeist wird und die Pulsfrequenz des Direktumrichters mindestens 10mal größer als die Frequenz des Stroms ist. Prinzipiell ist diese Situation auch gegeben, wenn der Motor aus einem Stromwechselrichter gespeist wird.
Angepaßt an das Wirkprinzip der Asynchronmaschine wird der Ständerstrom orientiert auf die Rotorflußverkettung gesteuert. Prinzipiell bestehen dazu zwei Möglichkeiten (Bild 7.11):

- Steuerung des Ständerstroms in offener Kette über ein Entkopplungsnetzwerk und einen Vektordreher, so daß die Amplitude der Rotorflußverkettung und das Drehmoment des Motors voneinander unabhängig verstellt werden können. Die Führungsgröße des Drehmoments wird wie bei Gleichstromantrieben von der überlagerten Drehzahlregelschleife vorgegeben; die Rotorflußverkettung wird extern gesteuert.
- Steuerung des Ständerstroms über ein Entkopplungsnetzwerk und einen Vektordreher durch zwei getrennte Regelkreise für Rotorflußverkettung und Winkelgeschwindigkeit, wobei der Regelkreis der Winkelgeschwindigkeit die Steuergröße des Drehmoments vorgibt. Die Läuferflußverkettung wird direkt oder indirekt gemessen.

In beiden Fällen wird eine ideale Stromregelung der drei Wicklungsstränge vorausgesetzt. Ein Koordinatenwandler bildet im Ständerkoordinatensystem die Führungsgrößen der Ständerströme aus den $\alpha; \beta$-Komponenten des Ständerstromvektors. Einfache Steuergesetze lassen sich nur im feldorientierten Koordinatensystem angeben. Deshalb werden von der Steuer- bzw. Regeleinrichtung zunächst die feldorientierten Komponenten d, q des Ständerstroms im feldorientierten Koordinatensystem berechnet und danach in einem Vektordreher in die $\alpha; \beta$-Komponenten des Ständerstroms im Ständerkoordinatensystem umgewandelt. Der Vektordreher wird gesteuert vom Steuerwinkel

$$\vartheta_s = \int \omega_s \, dt, \tag{7.45}$$

der im Falle der Steuerung der Rotorflußverkettung aus $\omega_s = \omega + \omega_r$ abgeleitet, im Falle der Regelung der Rotorflußverkettung direkt oder indirekt gemessen wird. Der Vektordreher realisiert die Funktion

$$\begin{aligned} \boldsymbol{i}_s^s &= \boldsymbol{i}_s^\varphi \, e^{j\vartheta_s} \\ i_{s\alpha} + j i_{s\beta} &= (i_{sd} + j i_{sq}) \, (\cos \vartheta_s + j \sin \vartheta_s). \end{aligned} \tag{7.46}$$

Aus der Läuferspannungsgleichung im feldorientierten Koordinatensystem

$$0 = \boldsymbol{i}_r R_r + \frac{d\boldsymbol{\psi}_r}{dt} + j\omega_r \boldsymbol{\psi}_r \tag{7.47}$$

und der Flußverkettungsgleichung

$$\boldsymbol{\psi}_r = L_r \boldsymbol{i}_r + L_m \boldsymbol{i}_s \tag{7.48}$$

ergibt sich der Zusammenhang zwischen Ständerstrom, Läuferflußverkettung und Läuferkreisfrequenz, letztere als Maß für das Drehmoment, zu

$$\boldsymbol{i}_s = \frac{\boldsymbol{\psi}_r}{L_m} (1 + pT_r) + j\omega_r T_r \frac{\boldsymbol{\psi}_r}{L_m}; \qquad T_r = \frac{L_r}{R_r}. \tag{7.49}$$

Das Koordinatensystem wird in Richtung der Läuferflußverkettung orientiert,

$$\boldsymbol{\psi}_r = \boldsymbol{\psi}_{rd}, \qquad \psi_{rq} = 0. \tag{7.50}$$

Damit ergeben sich die Komponenten des Ständerstroms zu

$$i_{sd} = \frac{\psi_{rd}}{L_m} (1 + pT_r) \tag{7.51}$$

$$i_{sq} = \omega_r T_r \frac{\psi_{rd}}{L_m}. \tag{7.52}$$

Das ist das Steuergesetz der Entkopplungssteuerung. Der Signalflußplan im Bild 7.12 zeigt, daß der „innere Vektordreher" der Asynchronmaschine durch den „äußeren Vektordreher" der Steuereinrichtung kompensiert wird, so daß unmittelbar eine Steuerung der feldorientierten Ständerstromkomponenten erfolgt. Die Läuferflußverkettung ψ_{rd} kann unverzögert gesteuert werden, solange nicht durch Stellgliedbegrenzung hier eine Einschränkung auftritt. Das Drehmoment des Motors wird über ω_r unverzögert gesteuert. Aus dem zusammengefaßten Signalflußplan ergibt sich die Übertragungsfunktion für $\psi_{rd} =$ konst. bei kontinuierlicher

Betrachtung zu

$$\frac{\omega(p)}{\omega_r(p)} = \psi_{rd}^2 \cdot \frac{3}{2} \frac{1}{R_r} z_p^2 \frac{1}{pJ} = \frac{1}{pT_M} \tag{7.53}$$

mit

$$T_M = \frac{2JR_r}{3\psi_{rd}^2 z_p^2}. \tag{7.54}$$

Die Übertragungsfunktion stimmt mit der des Gleichstrommotors überein. Bezüglich der Auslegung der Drehzahlregelung bestehen gegenüber Gleichstromantrieben keine Besonderheiten. Wie bei Gleichstromantrieben ist das spezifische Übertragungsverhalten des Meßgliedes zu berücksichtigen (vgl. Abschn. 8). Abweichungen von der idealen Übertragungsfunktion treten bei Steuerung der Läuferflußverkettung auf, wenn sich die Motorparameter R_r und T_r in Abhängigkeit von der Temperatur und vom Sättigungszustand ändern.

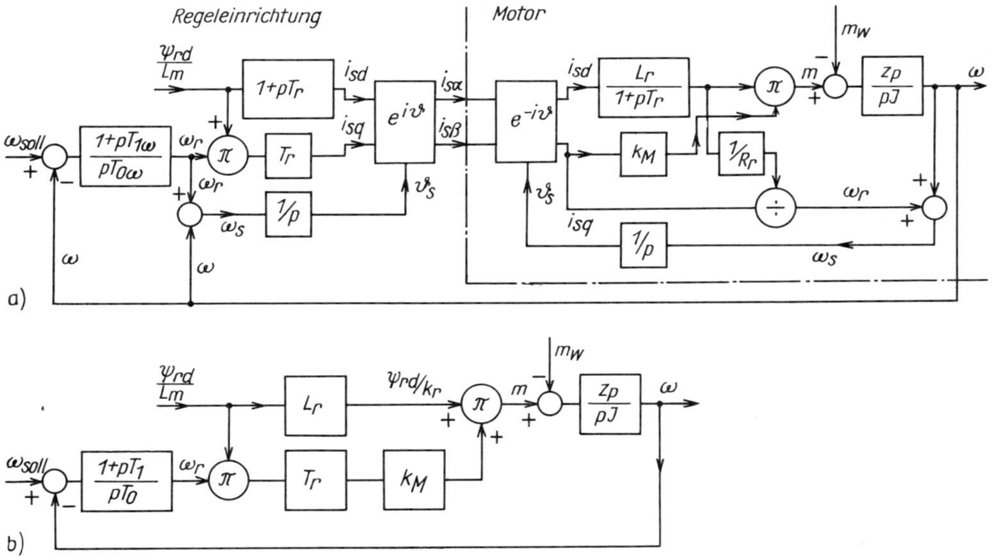

Bild 7.12. Signalflußplan der Asynchronmaschine mit Steuerung der Rotorflußverkettung über ein Entkopplungsnetzwerk und Regelung der mechanischen Winkelgeschwindigkeit
a) ausführliche Darstellung; b) zusammengefaßte Darstellung

Soll die Läuferflußverkettung durch Regelung konstant gehalten werden, ist dazu in jedem Fall eine Messung notwendig. Da eine direkte Messung der Läuferflußverkettung den Einbau von Meßgliedern in den Motor erfordert und außerdem bei sehr tiefen Drehzahlen keine brauchbaren Meßwerte erhältlich sind, wird im Zusammenhang mit digitalen Regelungen meist eine indirekte Messung der Läuferflußverkettung mit Hilfe eines Maschinenmodells vorgesehen. Gemessen werden der Ständerstrom im Ständerkoordinatensystem und die mechanische Winkelgeschwindigkeit des Motors.
Das Maschinenmodell zur indirekten Erfassung der Läuferflußverkettung ergibt sich aus der Läuferspannungsgleichung im Ständerkoordinatensystem

$$0 = \boldsymbol{i}_r^s R_r + \frac{d\boldsymbol{\psi}_r^s}{dt} - j\omega\boldsymbol{\psi}_r^s \tag{7.55}$$

mit

$$\boldsymbol{i}_r^s = \frac{\boldsymbol{\psi}_r^s}{L_r} - \boldsymbol{i}_s^s \frac{L_m}{L_r} \tag{7.56}$$

zu

$$\boldsymbol{i}_{\mathrm{s}}^{\mathrm{s}} k_{\mathrm{r}} R_{\mathrm{r}} = \frac{\boldsymbol{\psi}_{\mathrm{r}}^{\mathrm{s}}}{T_{\mathrm{r}}} (1 + pT_{\mathrm{r}}) - \mathrm{j}\omega \boldsymbol{\psi}_{\mathrm{r}}^{\mathrm{s}}. \tag{7.57}$$

In Komponentenschreibweise wird

$$i_{\mathrm{s}\alpha} k_{\mathrm{r}} R_{\mathrm{r}} = \frac{\psi_{\mathrm{r}\alpha}}{T_{\mathrm{r}}} (1 + pT_{\mathrm{r}}) + \omega \psi_{\mathrm{r}\beta} \tag{7.58}$$

$$i_{\mathrm{s}\beta} k_{\mathrm{r}} R_{\mathrm{r}} = \frac{\psi_{\mathrm{r}\beta}}{T_{\mathrm{r}}} (1 + pT_{\mathrm{r}}) - \omega \psi_{\mathrm{r}\alpha}. \tag{7.59}$$

Dem entspricht das im Bild 7.13 dargestellte Flußmodell, in dem außerdem der Betrag der Läuferflußverkettung

$$[\psi_{\mathrm{r}}] = \sqrt{\psi_{\mathrm{r}\alpha}^2 + \psi_{\mathrm{r}\beta}^2} \tag{7.60}$$

und der Winkel ϑ

$$\cos \vartheta = \frac{\psi_{\mathrm{r}\alpha}}{[\psi_{\mathrm{r}}]} \tag{7.61}$$

$$\sin \vartheta = \frac{\psi_{\mathrm{r}\beta}}{[\psi_{\mathrm{r}}]}$$

gebildet werden. Ein anderes mögliches Flußmodell nach Bild 7.13b geht davon aus, daß ein Vektordreher zunächst die feldorientierten Komponenten des Ständerstroms bildet, aus denen dann der Flußbetrag $\psi_{\mathrm{r}d}$ und der Steuerwinkel ϑ_{s} berechnet werden. Durch Abweichung der Maschinenparameter L_{r} und R_{r} von den im Flußmodell berücksichtigten Werten entstehen Meßfehler, die eine gewisse Abweichung der Läuferflußverkettung vom geforderten konstanten Wert zur Folge haben.

Dynamisch entspricht der offene Flußregelkreis einem Proportionalglied mit Verzögerung 1. Ordnung mit der Übertragungsfunktion

$$G_{\psi}(p) = \frac{T_{\mathrm{r}}}{1 + pT_{\mathrm{r}}}. \tag{7.62}$$

Die Flußverkettung wird um T_{r} verzögert gemessen. Um dynamische Fehler klein zu halten, muß jedoch eine möglichst unverzögerte Regelung der Flußverkettung angestrebt werden. Die Flußregelung soll gegenüber der Drehzahlregelung quasikontinuierlich arbeiten. Die Abtastzeit der Signalverarbeitung muß zu $T \leqq 1\,\mathrm{ms}$ festgelegt werden. Insbesondere muß der Steuerwinkel ϑ_{s} möglichst unverzögert bereitgestellt werden.

Die Drehzahlregelung arbeitet gegenüber der Flußregelung langsam. Sie entspricht der Drehzahlregelung von Gleichstromantrieben. Bild 7.14 zeigt einen zusammenfassenden Signalflußplan.

Beispiel 7.3. Anlauf eines Asynchronmotors bei feldorientierter Steuerung

Einem Asynchronmotor wird mit einer schnellen Stromregelung der Ständerstrom der Stränge a, b, c eingeprägt. Mit Hilfe eines Vektordrehers mit nachgeschaltetem Koordinatenwandler werden die drei Führungsgrößen des Stromes im Ständerkoordinatensystem aus den Komponenten des Stromvektors $i_{\mathrm{s}d}$ und $i_{\mathrm{s}q}$ im feldorientierten Koordinatensystem abgeleitet (Bild 7.12). Die Rotorfrequenz ω_{r} wird von der überlagerten Drehzahlregelschleife vorgegeben. Für die q-Komponente des Ständerstromes gilt

$$i_{\mathrm{s}q} = \frac{\omega_{\mathrm{r}} \psi_{\mathrm{r}d} L_{\mathrm{r}}}{R_{\mathrm{r}} L_{\mathrm{m}}}.$$

Die mechanische Umlauffrequenz ω wird mit einem Drehzahlgeber von der Motorwelle abgeleitet. Die Verdrehung des feldorientierten Koordinatensystems gegenüber dem ständer-

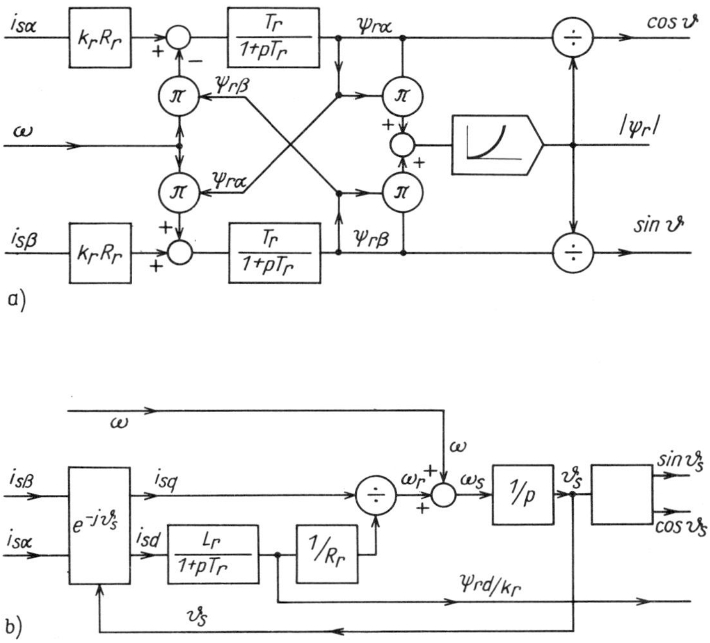

Bild 7.13. Signalflußplan des Flußmodells einer Asynchronmaschine
a) Statorkoordinaten; b) in Feldkoordinaten

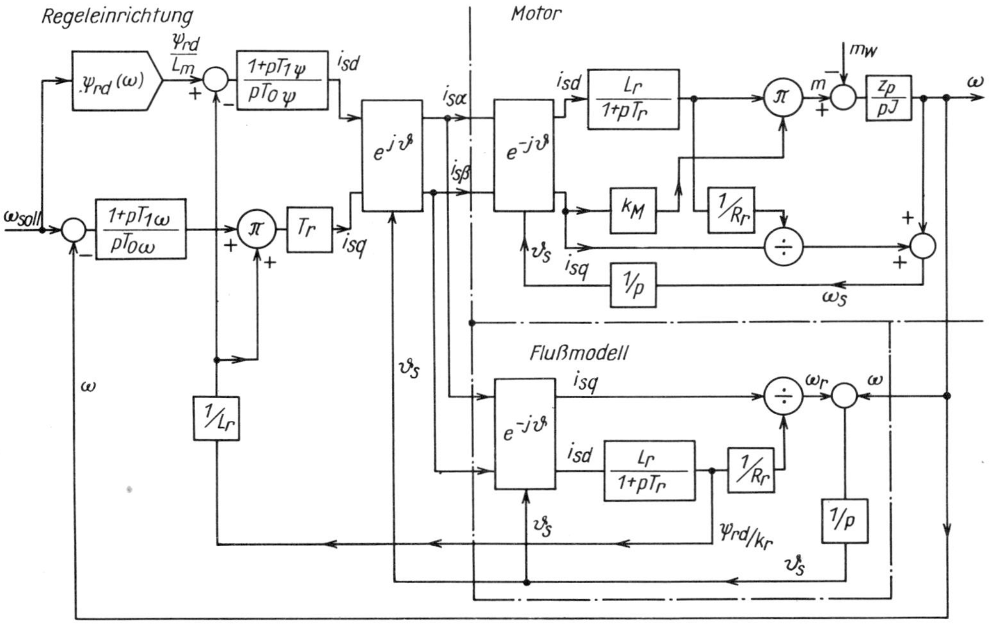

Bild 7.14. Signalflußplan der Asynchronmaschine mit Regelung der Rotorflußverkettung über ein Flußmodell und Regelung der mechanischen Winkelgeschwindigkeit

orientierten Koordinatensystem wird durch den Winkel

$$\vartheta = \int (\omega + \omega_r)\, dt$$

beschrieben.
Einem Asynchronmotor KMR 160 M2 mit den Parametern

P_N	$= 18{,}5\,\text{kW}$	n_n	$= 2920\,\text{min}^{-1}$
M_N	$= 60{,}53\,\text{N} \cdot \text{m}$	Z_p	$= 1$
J	$= \frac{1}{150}\,\text{N} \cdot \text{m} \cdot \text{s}^2$	$\cos\varphi$	$= 0{,}91$
$^*L_m$	$= 275\,\text{mH}$	$^*I_{SN}$	$= 20{,}2\,\text{A}$
$^*L_{r\sigma}$	$= 15\,\text{mH} = L_{s\sigma}$	$^*U_{SN}$	$= 380\,\text{V}$
$^*R_r$	$= 0{,}5\,\Omega$	k_R	$= k_S = 0{,}95$

(die mit * gekennzeichneten Werte sind Strangwerte)

werden die Stromkomponenten

$i_{sd} = 5{,}9\ \text{A}$ (Scheitelwert)
$i_{sq} = 4{,}33\,\text{A}$ (Scheitelwert)

aufgeprägt.

1. Für den festgebremsten Motor, $\omega = 0$, werden die Vektoren $\boldsymbol{i}_s$, $\boldsymbol{i}_r$, $\boldsymbol{\psi}_s$, $\boldsymbol{\psi}_r$ im feldorientierten Koordinatensystem sowie die Läuferkreisfrequenz ω_r und das Motormoment m im gegebenen Arbeitspunkt berechnet.
2. Zur Zeit $t = 0$ wird die Bremsung des Motors aufgehoben. Der Motor läuft mit dem durch ω_r und $\boldsymbol{\psi}_r$ gegebenen Drehmoment an. ω, ω_s und ϑ_s werden als Funktion der Zeit berechnet.

Zu 1.: $\boldsymbol{i}_s = i_{sd} + j i_{sq} = 5{,}9\,\text{A} + j \cdot 4{,}33\,\text{A}$
Die Läuferflußverkettung hat nur eine Komponente in der d-Achse, $\psi_{rq} = 0$. Der Läuferstrom hat nur eine Komponente in der q-Achse, $i_{rd} = 0$.
Daraus folgt

$$\boldsymbol{\psi}_r = \psi_{rd} = i_{sd} L_m = 5{,}9\,\text{A} \cdot 275\,\text{mH} = 1{,}62\,\text{V} \cdot \text{s}$$

$$0 = i_{sq} L_m + i_{rq} L_r, \qquad i_{rq} = -i_{sq} \frac{L_m}{L_r} = -i_{sq} k_r$$

$$i_{rq} = -0{,}95 \cdot 4{,}33\,\text{A} = \underline{\underline{-4{,}1\,\text{A}}}$$

$$\boldsymbol{\psi}_s = i_{sd} L_s + j\,(i_{sq} L_s + i_{rq} L_m)$$
$$= \frac{5{,}9\,\text{A} \cdot 275\,\text{mH}}{0{,}95} + j \cdot \left(\frac{4{,}33\,\text{A} \cdot 275\,\text{mH}}{0{,}95} - 4{,}1\,\text{A} \cdot 275\,\text{mH} \right)$$
$$= 1{,}71\,\text{V} \cdot \text{s} + j \cdot 0{,}126\,\text{V} \cdot \text{s}.$$

Das Drehmoment beträgt

$$m = 3/2 z_p k_r i_{sq} \psi_{rd}$$
$$= 3/2 \cdot 0{,}95 \cdot 4{,}33\,\text{A} \cdot 1{,}62\,\text{V} \cdot \text{s} = 10\,\text{W} \cdot \text{s} = 10\,\text{N} \cdot \text{m}.$$

Die Rotorfrequenz beträgt

$$\omega_r = i_{sq} \frac{k_r}{\psi_{rd}} R_r$$
$$= \frac{4{,}33 \cdot 0{,}95\,\text{A} \cdot 0{,}5\,\text{V}}{1{,}62\,\text{V} \cdot \text{s A}} = 1{,}26\,\text{s}^{-1}.$$

(Darstellung der Vektoren im Bild 7.15)

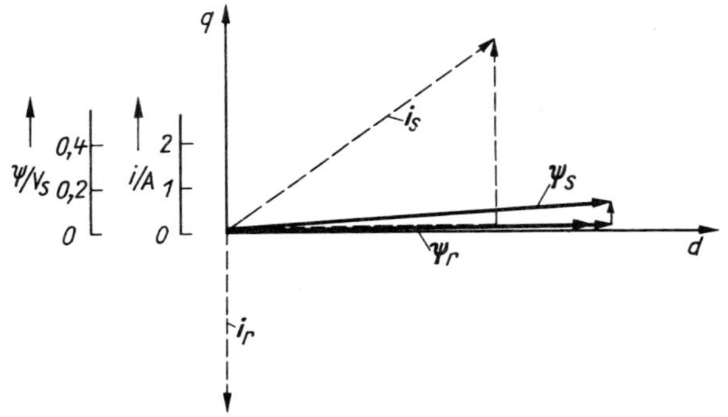

Bild 7.15
Vektordiagramm der Ströme und Flußverkettungen zu Beispiel 7.3

Zu 2.: Für den Hochlaufvorgang gilt

$$m = m_b = J \frac{d\omega}{dt}$$

$$\omega = \frac{m}{J} \cdot t = \frac{10\,\text{Nm} \cdot t}{1/150\,\text{Nm s}^2} = 1500 \frac{t}{s^2}$$

$$\vartheta = \int (\omega + \omega_r)\, dt = \omega_r \cdot t + 1500 \frac{t^2}{2} \frac{1}{s^2}.$$

Im Ständerkoordinatensystem ist

$$\boldsymbol{i}_s^s = i_s^\varphi\, e^{j\vartheta}, \qquad \boldsymbol{i}_r^s = i_r^\varphi\, e^{j\vartheta}$$

$$\boldsymbol{\psi}_s^s = \boldsymbol{\psi}_s^\varphi\, e^{j\vartheta}, \qquad \boldsymbol{\psi}_r^s = \boldsymbol{\psi}_r^\varphi\, e^{j\vartheta}.$$

Zur Zeit $i = 0$ ist $\vartheta = 0$; die Vektoren im Ständerkoordinatensystem stimmen mit den Vektoren im Feldkoordinatensystem überein. Der Stromvektor $\boldsymbol{i}_s^s$ und der Strangstromverlauf i_{sa} wurden im Bild 7.16 unter Benutzung der Wertetabelle $\vartheta(t)$ konstruiert. Es ist

$$i_{sa} = \text{Re}\,\{i_s^s\}$$
$$= \text{Re}\,\{(i_{sd} + j i_{sq})(\cos\vartheta + j\sin\vartheta)\}$$

$$i_{sa} = i_{sd}\cos\vartheta - i_{sq}\sin\vartheta$$

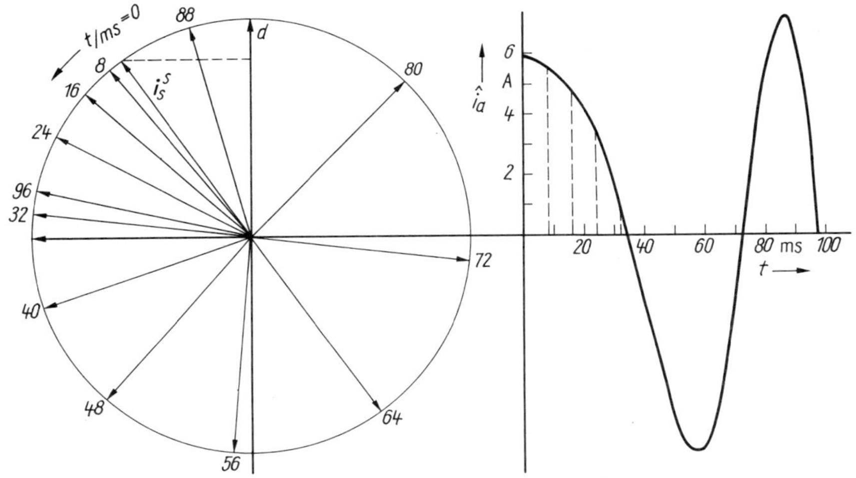

Bild 7.16. Darstellung des Ständerstromvektors und des Ständerstroms des Strangs a zu Beispiel 7.3

Wertetabelle:

t/ms	0	8	16	24	32	40	48	56	64
ϑ	0	0,058	0,212	0,462	0,808	1,25	1,788	2,423	3,153
ϑ/°	0	3,3	12,1	26,4	46,3	71,5	102	139	181
t/ms	72	80	88	96					
ϑ	3,979	4,9	5,91	7,02					
ϑ/°	228	280	340	402					

Beispiel 7.4. Digitale, feldorientierte Regelung eines Asynchronmotors

Einem Asynchronmotor werden mit Hilfe eines schnellen Transistorwechselrichters die Ständerstrangströme verzögerungsfrei eingeprägt. Die Stromregelung arbeitet im Ständerkoordinatensystem. Der Stromregelung ist eine Drehzahlregelung überlagert. Die Steuerung des Motors erfolgt so, daß Läuferflußverkettung und Drehmoment voneinander entkoppelt eingestellt werden (Bild 7.12). Drehzahlmessung, Berechnung der Ständerfrequenz und Drehung des Ständerstromvektors arbeiten mit einer Abtastzeit von 1 ms, Drehzahlregelung, PI-Regler und die Bildung der Stromkomponenten arbeiten mit einer Abtastzeit von 6 ms.

1. Programmablaufplan zur Berechnung des Steuerwinkels ϑ_s

Der Steuerwinkel ϑ_s berechnet sich aus ω_r und ω zu

$$\vartheta_s = \int_0^T (\omega_r + \omega)\,dt + \vartheta_s(0).$$

Daraus folgt die Differenzengleichung

$$\vartheta_s(k) = \omega\,(k-1)\,T + \omega_r\,(k-1)\,T + \vartheta_s\,(k-1).$$

Im Unterbereich der z-Transformation gilt

$$\vartheta_s(z) = T\,(\omega_r(z) + \omega(z))\,z^{-1} + z^{-1}\,\vartheta_s$$

$$\vartheta_s(z)\,(1 - z^{-1}) = T\,(\omega_r(z) + \omega(z))\,z^{-1}$$

$$\frac{\vartheta_s(z)}{(\omega + \omega_r(z))} = \frac{Tz^{-1}}{1 - z^{-1}}.$$

Es gilt der im Bild 7.17 dargestellte Signalflußplan. Der Quantisierungsfehler der Integration wird durch Bild 7.18 veranschaulicht.

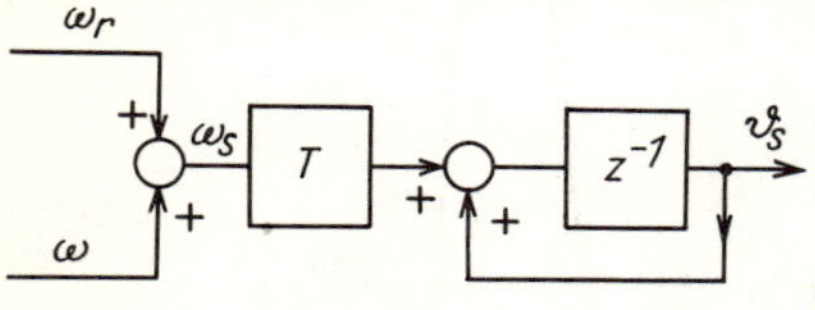

Bild 7.17
Signalflußplan zur Bestimmung des Steuerwinkels ϑ_s

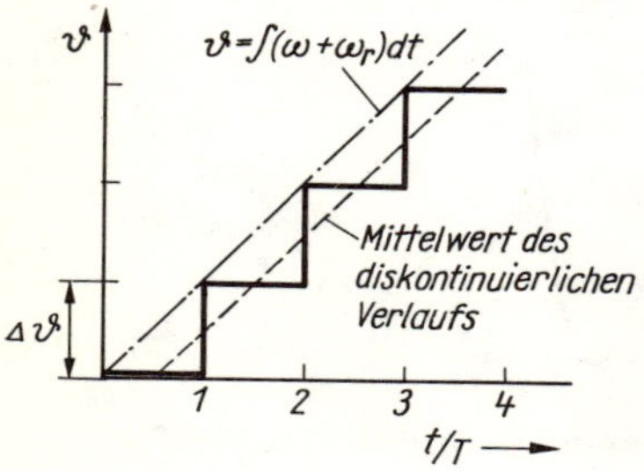

Bild 7.18
Zur Bestimmung des Quantisierungsfehlers des Steuerwinkels ϑ_s

Winkelschritt

$$\Delta\vartheta = (\omega + \omega_r)\,T$$

mit

$$\omega + \omega_r = \omega_s = 2\pi \cdot 50\,\frac{\text{rad}}{\text{s}}\ (f_s = 50\,\text{Hz}).$$

Bei einer Abtastzeit $T = 0{,}001\,\text{s}$ tritt ein Winkelschritt $\Delta\vartheta = 0{,}314\,\text{rad} = 18°$ auf.
Es tritt ein mittlerer Winkelfehler $\Delta\vartheta/2 = 9°$ auf.
Dieser Fehler ist der Ständerfrequenz proportional.
Der mittlere Winkelfehler kann vermieden werden, wenn mit dem Integrationsalgorithmus

$$\frac{\vartheta_s(z)}{(\omega + \omega_r)(z)} = \frac{T}{2}\left(\frac{1}{1-\frac{1}{z}} + \frac{\frac{1}{z}}{1-\frac{1}{z}}\right) = \frac{T}{2}\,\frac{1+\frac{1}{z}}{1-\frac{1}{z}}$$

gearbeitet wird. Die Höhe des Winkelsprungs wird dadurch nicht verändert.

PAP Start (Int 1 ms) INT 2
- Einlesen aus DMG
- $\omega = K\omega$ (gegebenenfalls Normierung)
- $\omega_s = \omega + \omega_r$ ω_r – Reglerausgangsgröße
- $\Delta\vartheta_s = \omega_s \cdot T$
- $\vartheta_{sk} = \Delta\vartheta_{sk} + \vartheta_{sk-1}$
- Sprung zum nächsten Programmschritt (Koordinatenwandlung)

Bild 7.19. Programmablaufplan zur Bestimmung des Steuerwinkels ϑ_s

Bedingt durch die Arbeitsweise des Drehzahlmeßgliedes und des Drehzahlreglers wird ω und ω_r bereits als Mittelwert des vorangegangenen Abtastintervalls angeboten. Das mittelwertbildende Glied

$$\frac{1 + 1/z}{2}$$

liegt also bereits in der ω- bzw. ω_r-Erfassung und muß im Integrationsprogramm nicht gesondert berücksichtigt werden. Dem Programmablaufplan nach Bild 7.19 liegt daher der Algorithmus $\vartheta_s(k) = [\omega(k) + \omega_r(k)]\,T + \vartheta_s(k-1)$ zugrunde. Alle Größen sind als vorzeichenbehaftet vorausgesetzt und entsprechend verrechnet.
Die zeitliche Diskretisierung der Integration mit einer Abtastzeit von $T = 1\,\text{ms}$ ist schnell gegenüber der Abtastzeit des Drehzahlreglers ($T = 6\,\text{ms}$). Die Integration der Winkelgeschwindigkeit kann demgegenüber als kontinuierlich betrachtet werden.

2. Programmablaufplan des Vektordrehers und des Koordinatenwandlers

Es ist

$$\begin{pmatrix} i_{s\alpha} \\ i_{s\beta} \end{pmatrix} = \begin{pmatrix} \cos\vartheta_s & -\sin\vartheta_s \\ \sin\vartheta_s & \cos\vartheta_s \end{pmatrix} \begin{pmatrix} i_{sd} \\ i_{sq} \end{pmatrix}$$

$$\begin{pmatrix} i_{sa} \\ i_{sb} \\ i_{sc} \end{pmatrix} = \begin{pmatrix} 1 & 0 \\ -\frac{1}{2} & \frac{1}{2}\sqrt{3} \\ -\frac{1}{2} & -\frac{1}{2}\sqrt{3} \end{pmatrix} \begin{pmatrix} i_{s\alpha} \\ i_{s\beta} \end{pmatrix};$$

$i_{s0} = 0$ freier Sternpunkt.

Start Koordinatenwandlung
Startwerte i_{sd}, i_{sq}, ϑ_s liegen in Registern vor
ADR sin $= \vartheta_s$
$X = \langle \text{ADR sin} \rangle = \sin \vartheta_s$
ADR cos = ADR sin + 90°
$Y = \langle \text{ADR cos} \rangle = \cos \vartheta_s$
$i_{s\alpha} = Y \cdot i_{sd} - X i_{sq}$
$i_{s\beta} = X \cdot i_{sd} + Y i_{sq}$

$$A = \frac{1}{2} \cdot i_{s\alpha}$$

$$B = \frac{1}{2} \sqrt{3}\, i_{s\beta}$$

$i_{sa} = i_s$
$i_{sb} = B - A$
$i_{sc} = -B - A$
Ausgabe i_{sa}, i_{sb}, i_{sc} an ZPR
RETURN vom Interruptprogramm (1 ms)

Bild 7.20. Programmablaufplan des Vektordrehers und Koordinatenwandlers

Daraus folgt der im Bild 7.20 angegebene Programmablaufplan.
3. Programmablaufplan zur Bildung der Ständerstromkomponente i_{sq}

$$i_{sq} = \omega_{\mathrm{rsoll}} \frac{T_r}{L_m} \psi_{rd}$$

$$\frac{\omega_{\mathrm{rsoll}}}{\Delta\omega} = \frac{1 + pT_1}{pT_{r0}},$$

daraus die Differenzengleichung

$$\omega_{\mathrm{rsoll}}(k) = \omega_{\mathrm{rsoll}}\,(k-1) + \frac{T}{T_{r0}}\,\Delta\omega\,(k-1) + \frac{T_1}{T_{r0}}\,(\Delta\omega\,(k) - \Delta\omega\,(k-1))$$

$\Delta\omega = \omega_{\mathrm{soll}} - \omega_{\mathrm{ist}}$

(Darstellung im Bild 7.21).

Start INT 6 ms — INT 1
Einlesen ω_{soll} — (ω_{ist} wird im unterlagerten 1-ms-Programm bereits erfaßt)

$\Delta\omega_k = \omega_{\mathrm{soll}} - \omega_{\mathrm{ist}}$

$A = K_1 \cdot \Delta\omega_{(k-1)}$ — $K_1 = \dfrac{T}{T_{r0}}$

$B = K_2 \cdot (\Delta\omega_k - \Delta\omega_{(k-1)})$ — $K_2 = \dfrac{T_1}{T_{r0}}$

$\omega_{\mathrm{rsoll\,k}} = \omega_{\mathrm{rsoll}} + A + B$
$\Delta\omega_{(k-1)} = \Delta\omega_k$

$C = K_3 \cdot \omega_{\mathrm{rsoll\,k}}$ — $K_3 = \dfrac{T_R}{L_m}$

$i_{sq} = C \cdot \psi_{rd}$
Feldvorgabe
Rücksprung ins Hauptprogramm (Halt)

Bild 7.21. Programmablaufplan zur Bildung der Ständerstromkomponente i_{sq}

4. Zusammenwirken der Programmbausteine

Der Zustandsgraph im Bild 7.22 beschreibt das Zusammenwirken der Programmbausteine.

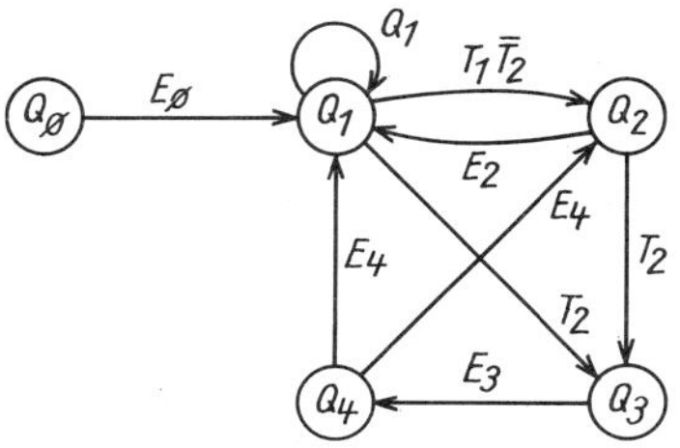

Bild 7.22. Zustandsgraph zur Beschreibung des Zusammenwirkens der Programmbausteine

Q_0 Initialisierung/Startwerte/Zählerstart; Q_1 Warten auf Interrupt; Q_2 Entkopplung; Q_3 Drehzahlmessung, Winkelberechnung; Q_4 Koordinatenwandlung; E... Programmende; T_1 Int 6 ms; T_2 Int 1 ms

7.4. Feldorientierte Steuerung des Asynchronmotors mit Ständerspannungseinprägung

Spannungswechselrichter mit niedriger Pulsfrequenz, z. B. Thyristorpulswechselrichter, prägen dem Motor eine bestimmte Ständerspannung auf. Die Spannung wird nach Betrag, Frequenz und Phasenlage vorgegeben. Eine Bitmustersteuerung nach Abschnitt 6.2 ermöglicht die Anpassung der Ständerspannung an die Sinusform.

Die Pulsfrequenz dieser Wechselrichter liegt mit Rücksicht auf die Kommutierungsverluste bei 200 ... 500 Hz. Eine gegenüber den transienten Vorgängen der Maschine schnelle Regelung des Stromes im Ständerkoordinatensystem ist damit nicht möglich; der Motor kann nicht mit Stromeinprägung betrieben werden.

Der Signalflußplan des Motors im Feldkoordinatensystem ergibt sich durch Verknüpfung der Ständerspannungsgleichung

$$\boldsymbol{u}_\mathrm{s}^\varphi = \boldsymbol{i}_\mathrm{s}^\varphi R_\mathrm{s} + \frac{\mathrm{d}\psi_\mathrm{s}^\varphi}{\mathrm{d}t} + \mathrm{j}\omega_\mathrm{s}\boldsymbol{\psi}_\mathrm{s}^\varphi \tag{7.63}$$

mit der Läuferspannungsgleichung

$$0 = \boldsymbol{i}_\mathrm{r}^\varphi R_\mathrm{r} + \frac{\mathrm{d}\psi^\varphi{}_\mathrm{r}}{\mathrm{d}t} + \mathrm{j}\omega_\mathrm{r}\boldsymbol{\psi}_\mathrm{r}^\varphi, \tag{7.64}$$

den Gleichungen für die Flußverkettungen

$$\boldsymbol{\psi}_\mathrm{s} = \boldsymbol{i}_\mathrm{s}L_\mathrm{s} + \boldsymbol{i}_\mathrm{r}L_\mathrm{m} = \boldsymbol{i}_\mathrm{s}L_{\sigma\mathrm{s}} + \boldsymbol{\psi}_\mathrm{r}k_\mathrm{r} \tag{7.65}$$

$$\boldsymbol{\psi}_\mathrm{r} = \boldsymbol{i}_\mathrm{r}L_\mathrm{r} + \boldsymbol{i}_\mathrm{s}L_\mathrm{m} = \psi_{\mathrm{r}d}; \qquad \psi_{\mathrm{r}q} = 0 \tag{7.66}$$

und für das Drehmoment

$$m = 3/2 z_\mathrm{p} k_\mathrm{r} \psi_{\mathrm{r}d} i_{\mathrm{s}q}. \tag{7.67}$$

Die Ständerspannung in Feldkoordinaten ergibt sich aus der physikalisch realen Ständerspannung in Ständerkoordinaten zu

$$\boldsymbol{u}_\mathrm{s}^\varphi = \boldsymbol{u}_\mathrm{s}^\mathrm{s}\,\mathrm{e}^{-\mathrm{j}\vartheta}; \qquad \vartheta = \omega_\mathrm{s}t. \tag{7.68}$$

Der Signalflußplan (Bild 7.23) ist nichtlinear. Er enthält neben Multiplikationen und Divisionen die veränderliche Ständerfrequenz ω_s in Übertragungsgliedern. Die Eingangsspannung des Motors wird als symmetrisch und sinusförmig vorausgesetzt (Bitmustersteuerung des Wechselrichters).

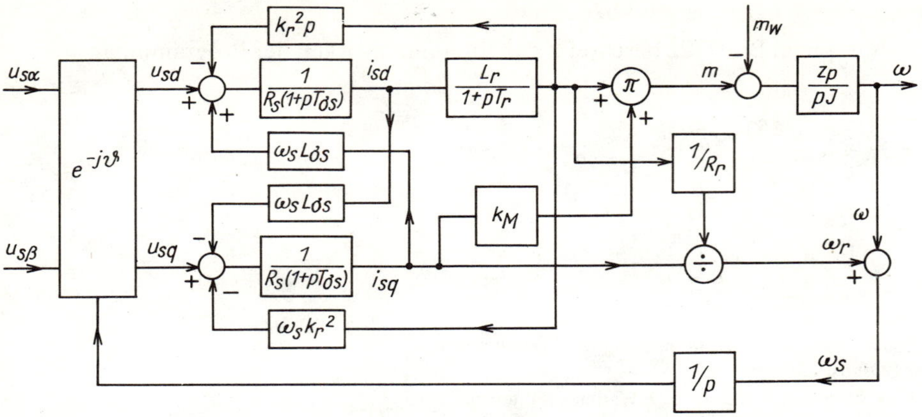

Bild 7.23. Signalflußplan des Asynchronmotors bei Ständerspannungseinprägung

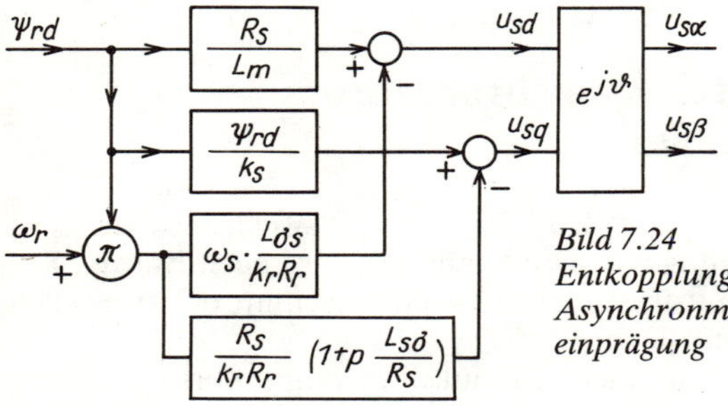

Bild 7.24
Entkopplungsnetzwerk zur Regelung des Asynchronmotors mit Ständerspannungseinprägung

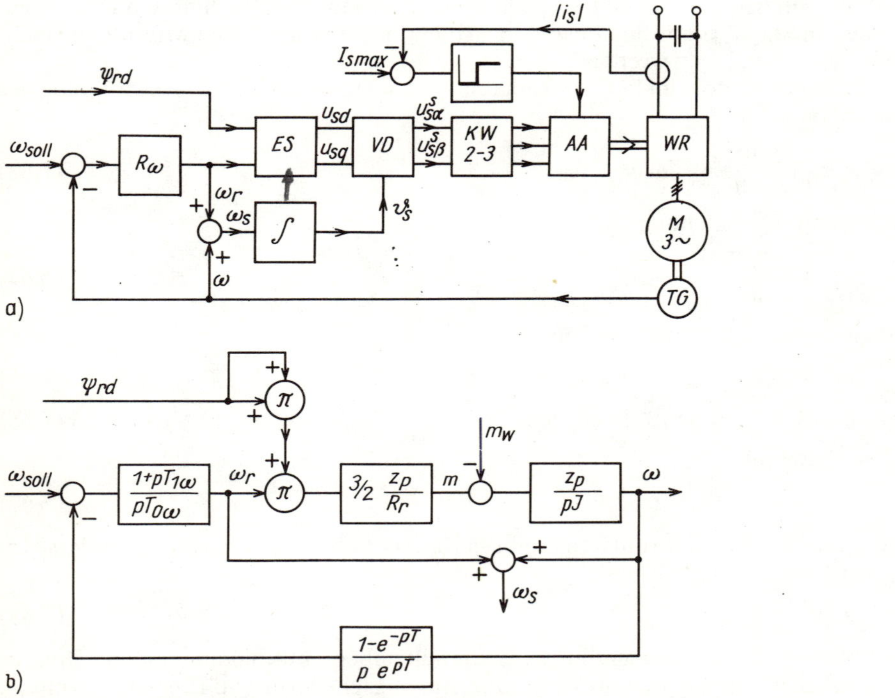

Bild 7.25. Drehzahlregelung des Asynchronmotors mit Ständerspannungseinprägung
(Legende s. Bild 7.11)

Zur Regelung des Antriebs wird dem Wechselrichter ein Entkopplungsnetzwerk vorgeschaltet, das ausgehend von der lastproportionalen Rotorfrequenz ω_r und der extern vorgegebenen Rotorflußverkettung ψ_{rd} den Vektor der Ständerspannung so bildet, daß die inneren Verkopplungen im Motor aufgehoben werden (Bild 4.27). Unter der Annahme, daß sich die Rotorflußverkettung nur sehr langsam ändert, d. h. $d\psi_{rd}/dt \approx 0$ ist, folgt aus (7.63) bis (7.68) für das Entkopplungsnetzwerk

$$u_{sd} = \frac{R_s}{L_m}\,\psi_{rd} - \frac{L_{\sigma s}}{k_r R_r}\,\psi_{rd}\omega_s\omega_r \tag{7.69}$$

$$u_{sq} = \frac{\psi_{rd}R_s}{k_r R_r}\,\omega_r\left(1 + p\,\frac{L_{s\sigma}}{R_s}\right) + \omega_s\,\frac{\psi_{rd}}{k_s} \tag{7.70}$$

$$\boldsymbol{u}_s^s = \boldsymbol{u}_s^\varphi\,e^{j\vartheta}; \qquad \vartheta = \omega_s t. \tag{7.71}$$

Die Phasendrehung und Entkopplung muß genau und gegenüber der überlagerten Drehzahlregelschleife schnell arbeiten. Sie wird mit einer Abtastzeit von 1 ms realisiert. Wegen der Nichtkonstanz der Parameter wird eine vollständige Entkopplung nicht erreicht, so daß auch die überlagerte Drehzahlregelung nur begrenzten Forderungen an Dynamik genügt. Sie kann zum Schutz vor Überlastungen durch eine Strombegrenzung ergänzt werden. Wenn der Strom im Gleichstromzwischenkreis einen zulässigen Grenzwert überschreitet, erfolgt eine direkte Einwirkung auf den Ansteuerautomaten im Sinne einer Verminderung der Wechselrichterausgangsspannung (Bild 7.25).

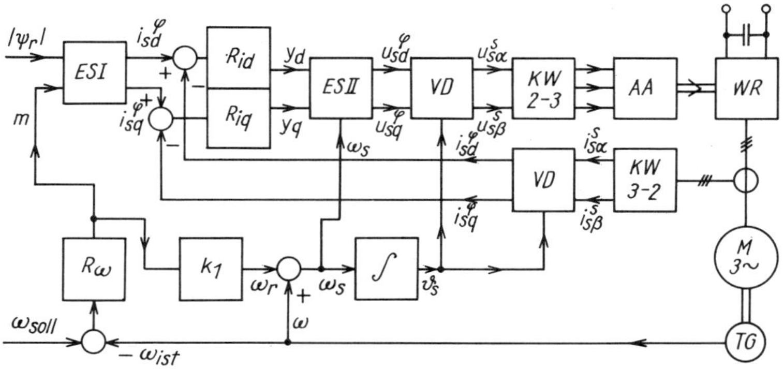

Bild 7.26. Drehzahlregelung des Asynchronmotors mit unterlagerter Stromregelung im feldorientierten Koordinatensystem

Für Antriebe mit höheren Anforderungen, insbesondere auch für Antriebe größerer Leistung wird die Drehzahlregelung durch eine unterlagerte Stromregelung ergänzt. Die Stromregelung arbeitet im feldorientierten Koordinatensystem (Bild 7.26). Aus dem Meßwert des Ständerstromvektors $\boldsymbol{i}_s^s$ im Ständerkoordinatensystem muß mit einer Abtastzeit $T \leqq 1$ ms der Ständerstromvektor im Feldkoordinatensystem gebildet werden

$$\boldsymbol{i}_s^\varphi = \boldsymbol{i}_s^s\,e^{-j\vartheta}, \tag{7.72}$$

dessen Komponenten i_{sd} und i_{sq} als Istwert der Stromregelung wirken. Den Komponenten des Ständerstroms werden getrennte Regler zugeordnet. Die Ausgangsgröße des Reglers $\boldsymbol{y} = y_d + jy_q$ wirkt zunächst auf ein Entkopplungsnetzwerk und wird anschließend mit einem Vektordreher in das Ständerkoordinatensystem transformiert. Sie wirkt als Steuerspannung $\boldsymbol{u}_s^s$ im Ständerkoordinatensystem auf den Ansteuerautomaten, der nach dem Prinzip der Bitmustersteuerung arbeitet und dem Motor eine annähernd sinusförmige Ständerspannung phasenrichtig bereitstellt.

Das Entkopplungsnetzwerk folgt aus der Vektorgleichung der Ständerspannung

$$\boldsymbol{u}_s^\varphi = \boldsymbol{i}_s^\varphi R_s + L_{\sigma s} \frac{d\boldsymbol{i}_s^\varphi}{dt} + k_r \frac{d\boldsymbol{\psi}_r^\varphi}{dt} + j\omega_s \boldsymbol{i}_s^\varphi L_{\sigma s} + j\omega_s k_r \boldsymbol{\psi}_r^\varphi. \tag{7.73}$$

Die Läuferflußverkettung $\boldsymbol{\psi}_r^\varphi$ ist konstant oder langsam veränderlich. Sie wirkt im Stromregelkreis des Motors als Störgröße, deren Wirkung durch die Regelung unterdrückt wird. Im Entkopplungsnetzwerk kann $d\boldsymbol{\psi}_r^\varphi/dt$ unberücksichtigt bleiben. Dann gilt einfacher

$$\boldsymbol{u}_s^\varphi = \boldsymbol{i}_s^\varphi R_s (1 + pT_{\sigma s}) + j\omega_s L_{\sigma s} \boldsymbol{i}_s^\varphi + j\omega_s \frac{L_m}{L_r} \boldsymbol{\psi}_r^\varphi \tag{7.74}$$

mit $T_{\sigma s} = L_{\sigma s}/R_s$ als Streufeldzeitkonstante des Motors, transiente Zeitkonstante.
Als Eingangsgröße des Entkopplungsnetzwerks, identisch mit der Ausgangsgröße der Stromregelung, wird gewählt

$$\boldsymbol{y}^\varphi = \boldsymbol{i}_s^\varphi (1 + pT_{\sigma s}). \tag{7.75}$$

Das Entkopplungsnetzwerk muß also die einfache Vektorgleichung

$$\boldsymbol{u}_s^\varphi = \boldsymbol{y}^\varphi R_s + \frac{j\omega_s L_{\sigma s}}{(1 + pT_{\sigma s})} \boldsymbol{y}^\varphi + j\omega_s \frac{L_m}{L_r} \boldsymbol{\psi}_r^\varphi$$

befriedigen (Bild 7.27). Die Stromregelstrecke hat unter Vernachlässigung des Einflusses der Rotorflußverkettung die resultierenden Übertragungsfunktionen

$$\frac{i_{sd}}{y_d} = \frac{1}{1 + pT_{\sigma s}}$$

$$\frac{i_{sq}}{y_q} = \frac{1}{1 + pT_{\sigma s}}.$$

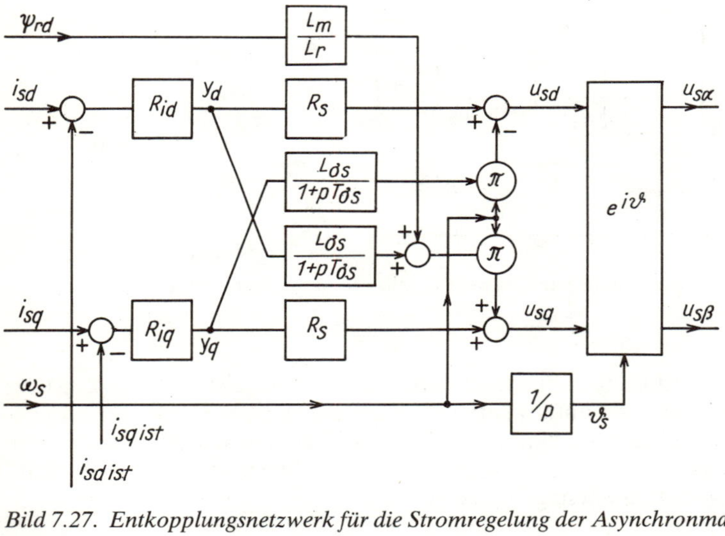

Bild 7.27. Entkopplungsnetzwerk für die Stromregelung der Asynchronmaschine im Feldkoordinatensystem

Unter Berücksichtigung einer integrierenden Strommessung mit der Abtastzeit T und einer Laufzeit T gilt angenähert der Signalflußplan im Bild 7.28. Die Einstellung der Regler für die Stromkomponenten und für die Drehzahl erfolgt nach dem in den Abschnitten 3, 5 und 8 dargestellten Prinzipien. Die Grenzen der erreichbaren stationären und dynamischen Güte des Antriebs ergeben sich aus den Gültigkeitsgrenzen der Entkopplungsbedingungen. Die Konstanz der Rotorflußverkettung wird beeinträchtigt durch die Temperaturabhängigkeit der Widerstände des Motors sowie durch die Stromabhängigkeit der Induktivitäten. Durch Adaption

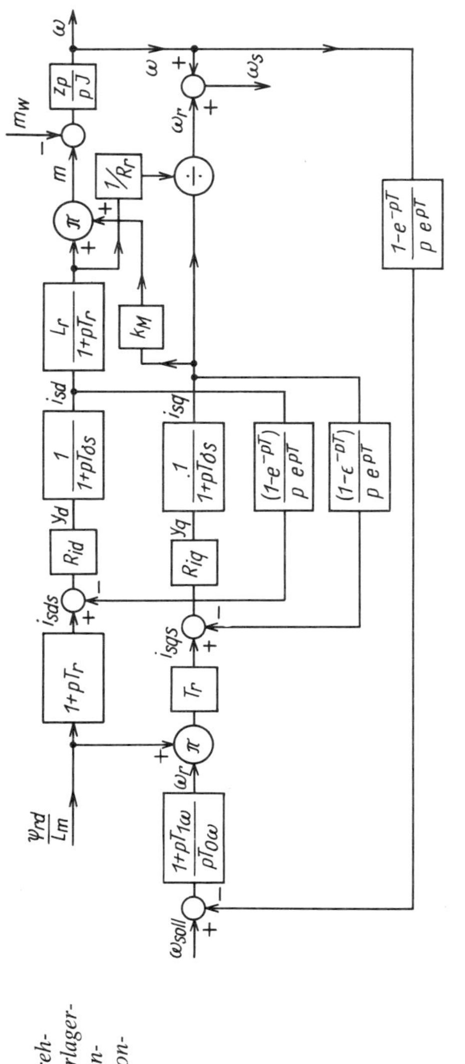

Bild 7.28
Signalflußplan der Drehzahlregelung mit unterlagerter Stromkomponentenregelung der Asynchronmaschine

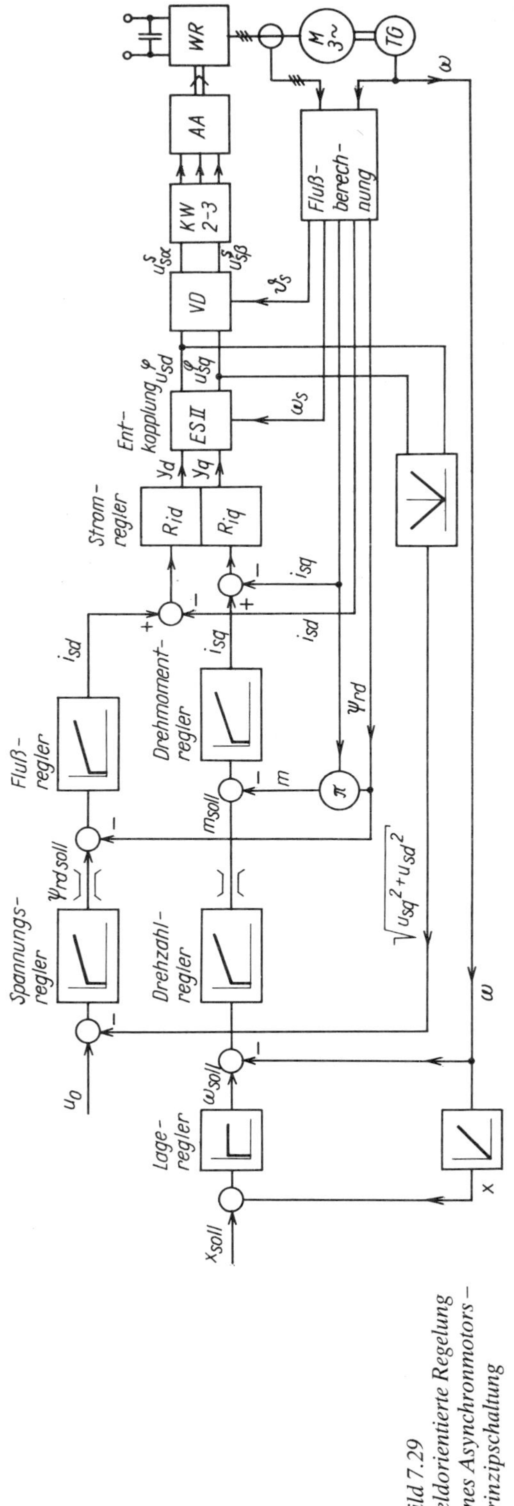

Bild 7.29
Feldorientierte Regelung eines Asynchronmotors – Prinzipschaltung

der Parameter des Entkopplungsnetzwerks an die Parameter des Motors sind Verbesserungen möglich.

Im Unterschied zu der im Bild 7.28 vorgesehenen Steuerung der Rotorflußverkettung wird im Bild 7.29 eine Struktur dargestellt, die eine echte feldorientierte Regelung der Rotorflußverkettung einschließt [7.32]. Kernproblem ist die indirekte Bestimmung der Rotorflußverkettung. Dazu muß ein Motormodell in den Rechner implementiert werden, das aus den gemessenen Strangströmen des Motors, der Motordrehzahl und gegebenenfalls auch der Ständerspannung des Motors die Rotorflußverkettung nach Betrag, Frequenz und Phasenlage bestimmt. Die Genauigkeit des Modells bestimmt die Genauigkeit der Regelung. Auch hier ist eine Adaption des Modells an die temperatur- und belastungsabhängigen Maschinenparameter notwendig. Diese sehr leistungsfähige Struktur ist heute mit einem leistungsfähigen 16-Bit-Rechner als Zentralrechner und schnellen Signalprozessoren als Peripherierechner realisierbar. Die Flußberechnung muß sehr schnell, mit einer Abtastzeit $\leqq 1\,\text{ms}$, erfolgen. Die Genauigkeit erfordert die Verarbeitung von 16-Bit-Wörtern.

16×16-Bit-Multiplikationen müssen in sehr kurzer Zeit durchgeführt werden. Die Flußregelung soll ebenfalls schnell gegenüber der überlagerten Drehzahl- und Lageregelung arbeiten. Für letztere genügt eine Abtastzeit von 5 bis 6ms.

8. Digitale Drehzahl- und Lageregelungen

8.1. Grundstruktur und Dimensionierung

Digitale Drehzahlregelungen von Gleichstrom- und Drehstrommotoren nach Bild 8.1 schließen in der Regel eine unterlagerte analoge oder digitale Stromregelung ein. In Sonderfällen, z. B. bei Antrieben kleinerer Leistung, kann auf eine explizite Stromregelschleife verzichtet werden (Bild 8.1c), wenn der digitale Regler die Funktion einer Beschleunigungsführung und Beschleunigungsbegrenzung mit übernimmt. Die Drehzahlregelung hat in jedem Falle den Charakter einer Lageregelung.
Verglichen mit einer digitalen Zusatzregelung nach Abschnitt 4.1 wird die analoge Drehzahlregelschleife eingespart. Die digitale Regelschleife übernimmt die gesamte Regelungsfunktion bezüglich Genauigkeit und Schnelligkeit. Die gegenüber Bild 4.1 vereinfachte Regelungsstruktur ermöglicht die Einsparung von Meßgliedern, die Realisierung adaptiver, selbsteinstellender Regelstrukturen sowie die Realisierung von Systemen mit Strukturumschaltung.

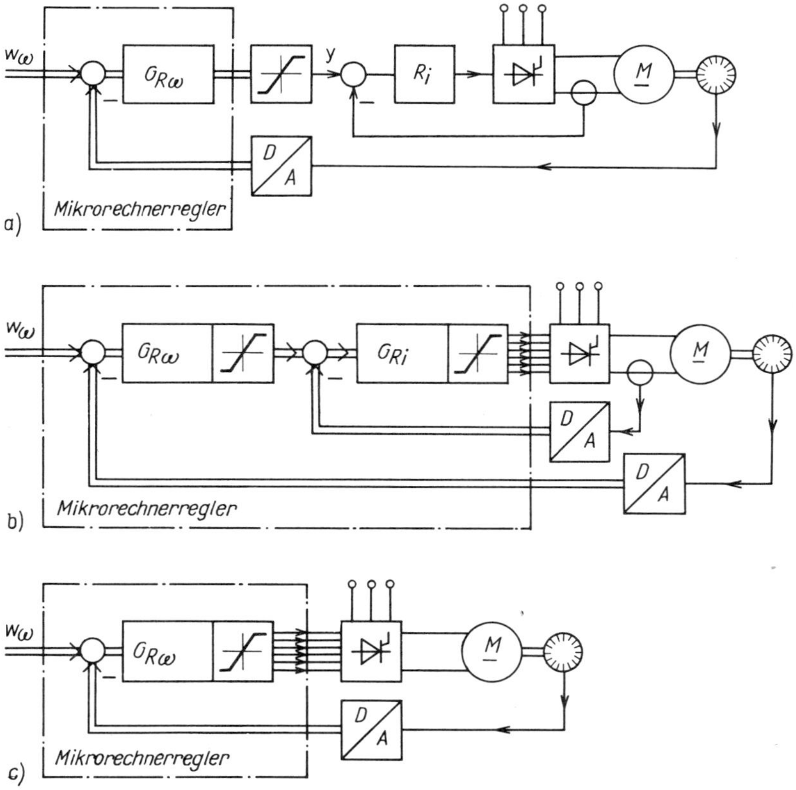

Bild 8.1. Digitale Drehzahlregelung am Beispiel eines Gleichstromantriebs

a) Struktur mit unterlagerter analoger Stromregelung
b) Struktur mit unterlagerter digitaler Stromregelung
c) Struktur ohne Stromregelschleife

Wegen der notwendigen Dynamik sind Abtastzeiten von $T_\omega = 1 \ldots 6$ ms, für dynamisch hochwertige Stellantriebe auch von 0,1 ms notwendig. Die Abtastzeit der unterlagerten Stromregelung nach Bild 8.1b muß kleiner als die Abtastzeit der Drehzahlregelung sein. Wegen der notwendigen Synchronisation der Stromregelung mit dem Netz bei netzgelöschten Stromrichtern (vgl. Abschn. 5) arbeiten Drehzahl- und Stromregelschleife asynchron. Die Übergabe der Führungsgröße des Stroms erfolgt über ein Register, das als Halteglied fungiert. Für die Untersuchung dynamischer Vorgänge im System gilt der im Bild 8.2 angegebene Signalflußplan. Der unterlagerte digitale Stromregelkreis wird als Laufzeitglied mit der Laufzeit $T_L = (1 \ldots 3)\, T_i$; T_i Abtastzeit der Stromregelschleife, beschrieben. Meist kann $T_L \approx T_\omega$ gesetzt werden (vgl. Abschn. 5). Der unterlagerte analoge Stromregelkreis wird mit einer Ersatzzeitkonstante als Proportionalglied mit Verzögerung 1. Ordnung beschrieben. Die Drehzahlmessung arbeitet mit der Drehzahlregelung synchron. Sie schließt eine Mittelwertbildung ein (vgl. Abschn. 1.5).

Die Güte der Regelung wird gekennzeichnet durch die

- statische Genauigkeit
- Dynamik des Führungsverhaltens
- Robustheit gegenüber Störgrößen und Parameteränderungen.

Die Forderung nach einem einheitlichen Regleraufbau für eine große Anwendungsbreite und nach einfacher Inbetriebnahme ohne Einstellarbeiten ist mit digitalen Regelungen einfacher zu erfüllen als mit analogen oder gemischt analog-digitalen Systemen.

Eine digitale Regelung arbeitet genau im Rahmen des Auflösungsvermögens des Weg- oder Geschwindigkeitsmeßgliedes. Von lagegeregelten Antrieben wird eine Wegauflösung in der Größenordnung 0,001 ... 1,0 mm gefordert. Das notwendige Auflösungsvermögen der Drehzahl beträgt $\alpha_\omega = 1/1000$ bis $1/4000$, bei hochwertigen Stellantrieben auch $\alpha_\omega = 1/10000$, um eine hinreichend gleichförmige Bewegung auch bei sehr tiefen Drehzahlen zu gewährleisten.

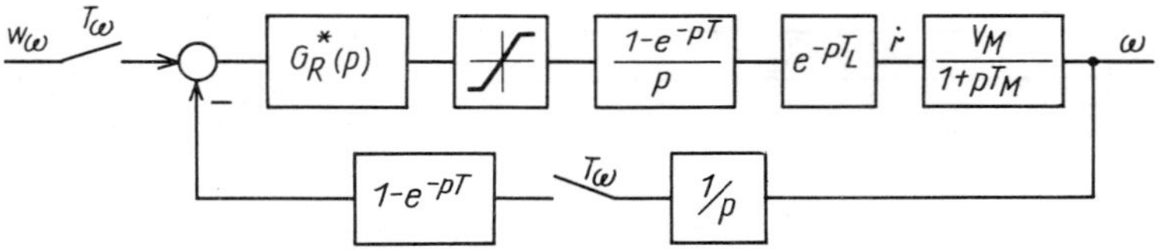

Bild 8.2. Signalflußplan der digitalen Drehzahlregelung

Ist der Drehzahlregelung eine Lageregelschleife überlagert, kann sich ein feineres Auflösungsvermögen der Drehzahl als 1 Bit ergeben (Bild 8.3). Der von der Lageregelschleife vorgegebene Drehzahlsollwert ω_{soll} unterliegt in der Nähe eines Arbeitspunktes periodischen Schwankungen mit der Periodendauer T_{sig}. Es ist

$$T_{sig} = (n_1 + n_2)\, T; \tag{8.1}$$

T Abtastzeit des Drehzahlsollwertes
n_1, n_2 ganzzahlige Größen.

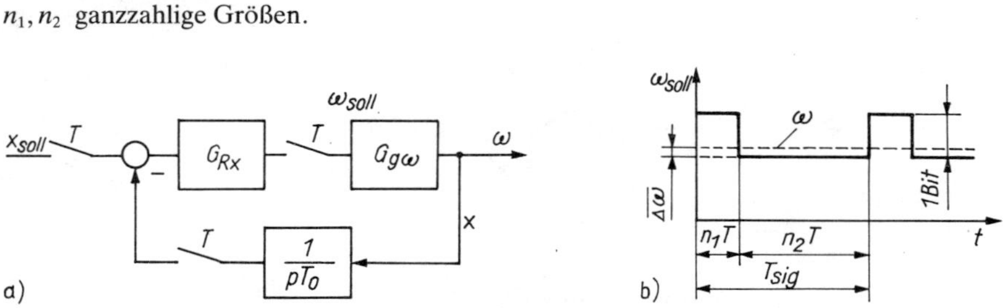

Bild 8.3. Zum Auflösungsvermögen der Drehzahl im Lageregelkreis

a) Signalflußplan
b) Zeitverlauf des Sollwertes und des Istwertes

Kann der geschlossene Drehzahlregelkreis mit der Übertragungsfunktion $G_{g\omega}$ der Frequenz der Schwankungen

$$f_{sig} = 1/T_{sig}$$

nicht folgen, stellt sich am Ausgang der Drehzahlregelschleife eine mittlere Drehzahl ω ein, die dem Mittelwert des Sollwertes entspricht. Sie liegt um $\overline{\Delta\omega}$ über dem unteren Wert des um 1 Bit schwankenden Sollwertes. Es ist

$$\overline{\Delta\omega} = \frac{n_1}{n_1 + n_2} < 1\,\text{Bit}. \tag{8.2}$$

Antriebe, in denen relativ geringe Anforderungen an die Dynamik der Drehzahl gestellt werden, die langsam sind gegenüber der Abtastzeit T, können diesen Effekt nutzen. Übliche inkrementale Geber mit $2500 \cdot 4 = 10\,000$ Impulsen pro Umdrehung gewährleisten dann bei Abtastzeiten im Bereich von 3...6ms ein hinreichendes Auflösungsvermögen der Drehzahl, wenn eine überlagerte Lageregelschleife vorliegt. Dynamisch hochwertige Stellantriebe erfordern jedoch spezielle hochauflösende Drehzahlgeber, die zugleich ein hohes Auflösungsvermögen der Lage gewährleisten.

Ähnliche Überlegungen gelten für das Auflösungsvermögen der einer Drehzahlregelschleife unterlagerten Stromregelung. Es gelten sinngemäß die im Bild 8.3 dargestellten Zusammenhänge. Für niedrige und mittlere Ansprüche genügen für die Wortbreite des Stroms 8 Bit. Antriebe, die eine nahezu unverzögerte Stromeinprägung gewährleisten, folgen den Schwankungen des Stromsollwertes unverzögert und erfordern gegebenenfalls eine höhere Auflösung des Stroms. Die entscheidende Begrenzung im System ist die Begrenzung des Stroms. Sie entspricht einer Stellgrößenbegrenzung bezogen auf den Drehzahlregelkreis. Für Stellantriebe, die wesentlich auf hohe Dynamik im Großsignalbereich dimensioniert werden, wird der kurzzeitig zulässige Strom auf den 3- bis 10fachen Nennstrom festgelegt.

An die Robustheit des Antriebs gegenüber Störgrößen und Parameteränderungen bestehen hohe Anforderungen. Für Drehzahlregelungen mit annähernd konstanten Parametern der Regelstrecke genügt in der Regel eine Optimierung des Reglers auf Störgrößen (vgl. Abschn. 3). Eine Filterung der Führungsgrößen ist notwendig. Systeme mit dominierenden Störgrößen und mit wesentlich veränderlichen Streckenparametern (z. B. Antriebe von Gelenkrobotern) erfordern spezielle Strukturen, um die notwendige Robustheit zu gewährleisten.

Adaptive Strukturen zur Drehzahl- und Lageregelung (vgl. Abschn. 8.2 bis 8.4) gestatten selbsteinstellende Regelungen zu realisieren, die zugleich robust gegenüber Parameteränderungen und Störgrößen sind. Sie ermöglichen gegenüber den klassischen analogen Drehzahl- und Lageregelungen eine neue Qualität. So sind Regler aufzubauen, die ohne Einstellarbeit an beliebigen Regelstrecken innerhalb einer bestimmten Systemklasse arbeiten können und optimale stationäre und dynamische Eigenschaften des Systems bewirken. Diese Entwicklungen stehen noch am Anfang.

Beispiel 8.1. Zum Auflösungsvermögen der Drehzahl im Lageregelkreis

Die kombinierte Drehzahl- und Lageregelung eines Stellantriebs arbeitet mit einer Abtastzeit von 3 ms. Als Drehzahl- und Lagegeber findet ein inkrementaler Geber Anwendung, der pro Umdrehung 10000 Impulse zur Verfügung stellt.

Das Auflösungsvermögen der Lage beträgt

0,036 Winkelgrad.

Das Auflösungsvermögen der Drehzahl beträgt

$$\frac{0{,}036\,\text{grd}}{3\,\text{ms}} = \frac{1}{30}\,\frac{\text{U}}{\text{s}} = 2\,\text{U/min}.$$

Dieses Auflösungsvermögen reicht im praktischen Betrieb nicht aus. Gewünscht wird im Mittel eine 10mal höhere Drehzahlauflösung

$$\overline{\Delta\omega} = 1/10.$$

Dem entspricht eine Periodendauer der Schwankungen des Drehzahl-Sollwertsignals von

$$T_{\text{sig}} = 10\ T = 30\,\text{ms}.$$

Die Grenzfrequenz des Drehzahlregelkreises ist so festzulegen, daß die dieser Periodendauer entsprechende Frequenz

$$f_{\text{sig}} = 1/T_{\text{sig}}$$

praktisch nicht übertragen wird. Für die Durchtrittsfrequenz der Regelung ω_d gilt etwa

$$\omega_d \approx \frac{1}{4} \cdot 2\pi\, f_{\text{sig}} \approx 50\,\text{s}^{-1}.$$

Die Durchtrittsfrequenz der Drehzahlregelung ω_d beeinflußt weitere Güteparameter des Stellantriebs.

8.2. Antriebe mit hoher Drehzahl- und Lageauflösung

Von hochwertigen Antrieben werden eine Lageauflösung bis zu 0,5 ... 1,0 µm bei Nenngeschwindigkeiten von 3 ... 5 m/min und eine Drehzahlauflösung von 1 : 40000 bezogen auf Nenndrehzahl gefordert. An den Drehzahl- und Lagegeber werden sehr hohe Anforderungen gestellt.
Bei Verwendung eines Impulsgebers muß mit Hilfe einer geeigneten Auswerteelektronik das Gebersignal auch zwischen den Impulsflanken ausgewertet werden (Bild 8.4). Das Ausgangs-

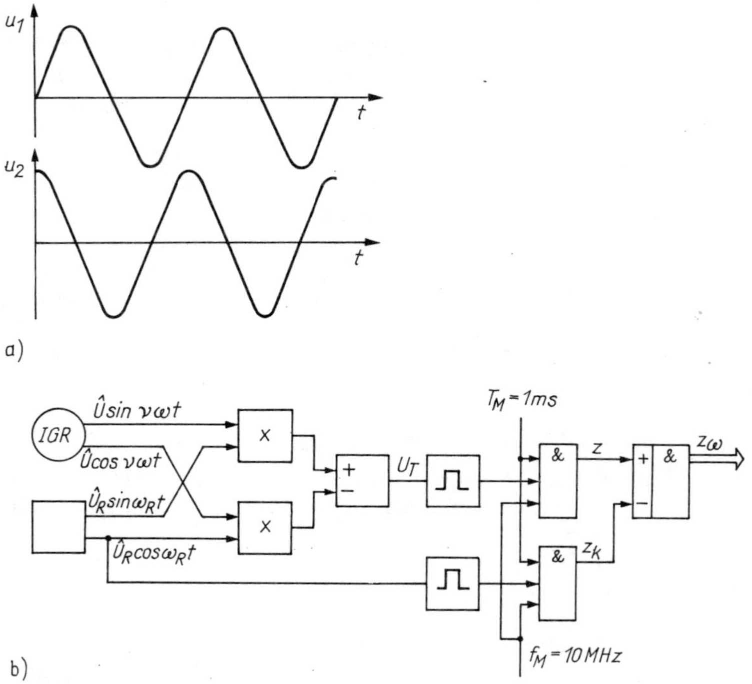

Bild 8.4. Drehzahl- und Lagemessung mit einem optischen Geber

a) Ausgangsspannung des optischen Gebers (periodisch, nur annähernd sinusförmig)
b) Prinzipschaltung eines Auswerteschaltkreises
$u_1 \approx \hat{U} \sin \nu\omega t$; $u_2 \approx \hat{U} \cos \nu\omega t$
ω Winkelgeschwindigkeit der Welle
ν Periodenzahl je Umdrehung; u_R Referenzspannung; Vergleichsfrequenz $\omega_R \ll \nu\omega$

signal des Impulsgebers ist periodisch und kann grob durch eine Sinusfunktion angenähert beschrieben werden:

$$u_1 = \hat{U} \sin \nu\omega t$$
$$u_2 = \hat{U} \cos \nu\omega t; \qquad (8.3)$$

ω Winkelgeschwindigkeit der Welle
ν Periodenzahl je Umdrehung.

Die Gebersignale werden mit einer Referenzspannung moduliert:

$$u_{R1} = \hat{U}_R \sin \nu\omega_R t$$
$$u_{R2} = \hat{U}_R \cos \nu\omega_R t;$$

$\omega_R \gg \nu, \omega$ Kreisfrequenz der Referenzspannung.

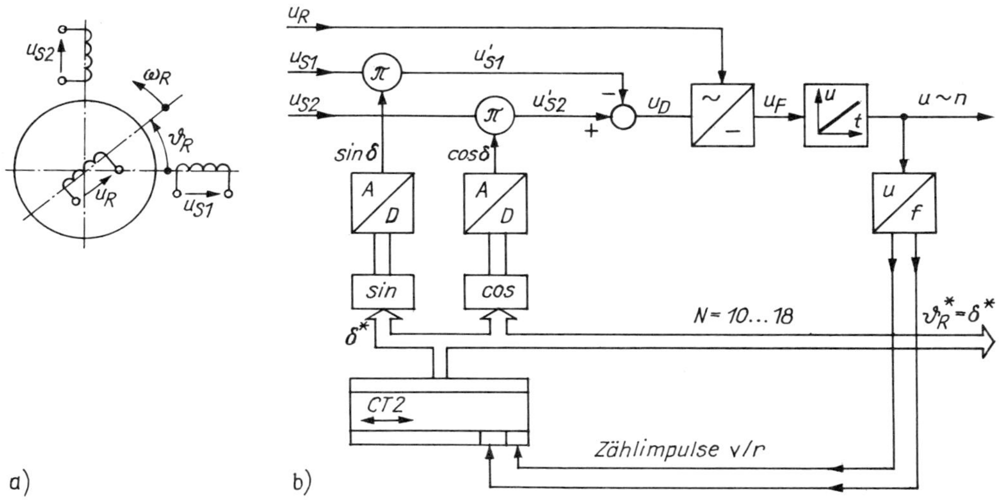

Bild 8.5. Drehzahl- und Lagemessung mit Resolver

a) prinzipieller Aufbau des Resolvers, Einspeisung der Rotorwicklung mit u_R
b) Prinzipschaltbild eines Resolver-Auswerteschaltkreises mit internem Vektordreher
$u_R = \hat{U} \sin \omega t; \qquad u'_{s1} = u_{si} \sin \delta = k\hat{U} \sin \omega t \cdot \cos \vartheta_R \cdot \sin \delta$
$u'_{s2} = u_{s2} \cos \delta = k\hat{U} \sin \omega t \cdot \sin \vartheta_R \cdot \cos \delta$
$u_D = u'_{s2} - u'_{s1} = k\hat{U} \sin \omega t \cdot \sin (\vartheta_R - \delta)$
N Zählerbreite (Bit)

Es entstehen Summen- und Differenzfrequenzen.
Ausgewertet wird die Spannung

$$U_T = u_1 u_{R1} - u_2 u_{R2} = \hat{U}\hat{U}_R \sin (\nu\omega + \omega_R)\, t. \qquad (8.4)$$

Bei Umkehr der Drehrichtung wird das Referenzsignal vertauscht. Das resultierende Gebersignal u_T wird in eine Pulsfolge umgewandelt und mit der Pulsfolge des Referenzsignals verglichen. Mit Hilfe einer Meßfrequenz f_M erfolgt eine sehr hochaufgelöste Differenzauswertung, die als Drehzahlsignal z_ω dient. Voraussetzung ist eine hohe, konstante Meßfrequenz, z. B. $f_M = 10\,\text{MHz}$.
Eine hochauflösende Drehzahl- und Lagemessung ist auch auf der Basis eines Resolvers möglich. Bild 8.5 zeigt eine Lösung. Ein Winkel δ wird dem Verdrehungswinkel ϑ_R des Resolvers nach dem Prinzip des Phasenregelkreises so nachgeführt, daß die Differenz mit hoher Genauigkeit Null ist. Der Winkel δ steht in einem Zähler als hochaufgelöstes Digitalsignal zur Verfügung. Als Zwischenwert läßt sich auch eine drehzahlproportionale Spannung ableiten.

Die dargestellten Prinzipien sind über Laboranwendungen hinaus technisch einsetzbar, wenn die Auswerteelektronik mit anwendungsspezifischen, integrierten Schaltkreisen realisiert wird. Digitale Verfahren der Signalverarbeitung verdienen wegen ihrer Driftfreiheit den Vorzug gegenüber analogen Verfahren.

8.3. Adaptive Systeme ohne Bezugsmodell

Adaptive Regelungen sind solche, bei denen sich bestimmte Eigenschaften des Systems (meist Struktur oder Parameter der Strecke) oder seiner Eingangssignale in nicht vorhersagbarer Weise ändern und sich andere, gezielt beeinflußbare Systemeigenschaften (meist Eigenschaften des Reglers) selbsttätig so darauf einstellen, daß bestimmte Systemeigenschaften erhalten bleiben. Das erfordert

- Identifikation der Regelstrecke bezüglich ihrer aktuellen Parameter und ihrer Struktur
- Entscheidung über die daraus abzuleitenden Veränderungen des Reglers
- Modifikation des Reglers.

Die in Tafel 8.1 zusammengestellten Grundstrukturen beinhalten passive adaptive Regler. Auf der Basis vorgegebener Gesetzmäßigkeiten werden Struktur und Parameter des Reglers, ausgehend von den gemessenen Eigenschaften der Regelstrecke, im Sinne einer Steuerung verstellt. Veränderungen der Regelstrecke oder der an ihr wirksamen Störgrößen, die nicht in dem vorgegebenen Adaptionsgesetz enthalten sind, bleiben prinzipiell unberücksichtigt. Mikrorechner gestatten, besser als analoge Regeleinrichtungen, die Realisierung adaptiver Algorithmen. Parameterberechnung, Steueralgorithmen und modifizierbarer Regler bilden eine Einheit.

Das klassische Verfahren zur Bestimmung der Streckenparameter – (*1*) in Tafel 8.1 – geht aus von der Einleitung eines Testsignals $\tilde{w}$. Die Regelstrecke antwortet darauf mit dem Ausgangssignal $\tilde{x}$, das aus dem Signal x ausgefiltert werden muß:

$$\tilde{x} = f(\tilde{w}; \boldsymbol{k}); \tag{8.5}$$

$\boldsymbol{k}$ Vektor der Parameter der Strecke.

Der Parametervektor wird aus Eingangs- und Ausgangssignal berechnet:

$$\boldsymbol{k} = f_1(\tilde{w}; \tilde{x}). \tag{8.6}$$

Wegen der durch das Testsignal bedingten Störung der Regelgröße x und weil der Parametervektor $\boldsymbol{k}$ nur relativ langsam bestimmt werden kann, ist dieses Verfahren für die Antriebstechnik meist nicht geeignet.

Struktur (*2*) in Tafel 8.1 sieht eine direkte Berechnung der Streckenparameter durch Auswertung der impliziten Gleichung

$$x = f(y; z; \boldsymbol{k}) \tag{8.7}$$

vor. Die Anwendungsgrenzen dieser Struktur ergeben sich aus der Abhängigkeit des so bestimmten Parametervektors $\boldsymbol{k}$ von Störgrößen z und von Meßfehlern der Regelgröße x, so daß ein modelladaptives System allgemein vorzuziehen ist (vgl. Abschn. 8.3).

Besteht eine eindeutige Abhängigkeit der Regelstreckenparameter $\boldsymbol{k}$ von der Stellgröße y, von einer Hilfsstellgröße $\tilde{y}$ oder von der Regelabweichung x_w, kann eine Parameterbestimmung nach der Gleichung

$$\boldsymbol{k} = f(y) \quad \text{bzw.} \quad \boldsymbol{k} = f(\tilde{y}) \quad \text{oder} \quad \boldsymbol{k} = f(x_w) \tag{8.8}$$

erfolgen. Diese Struktur – (*3*) in Tafel 8.1 – ermöglicht eine sehr einfache Parametersteuerung des Reglers und wird praktisch soweit möglich verwendet. Sie arbeitet unverzögert und führt nicht zu Stabilitätsproblemen.

In einem parameteradaptiven Regler (Bild 8.6) werden die aktuellen Reglerparameter in jedem Takt des Rechners neu aus einem Register abgefragt, in dem sie als Funktion eines aus der Regelstrecke abzuleitenden Steuervektors $\boldsymbol{s}$ hinterlegt sind. Auf diese Weise kann bei-

Tafel 8.1. Adaptive Systeme ohne Bezugsmodell

Struktur	Charakteristik

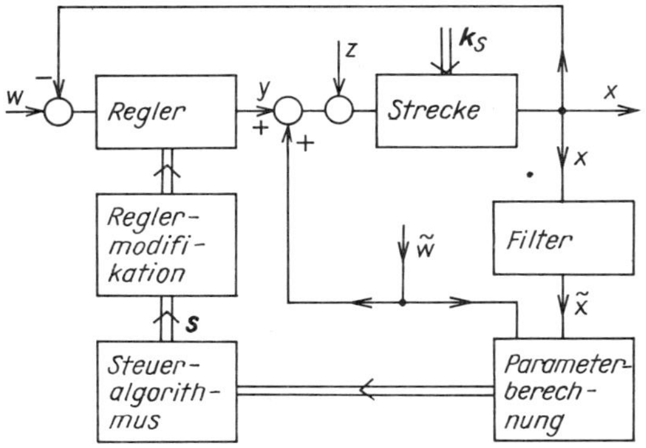

$\tilde{x} = f(\tilde{w}; \boldsymbol{k}; z)$
Die Parameterbestimmung ist langsam und wird durch die Störgrößen z und die begrenzte Auswertegenauigkeit von x gestört.

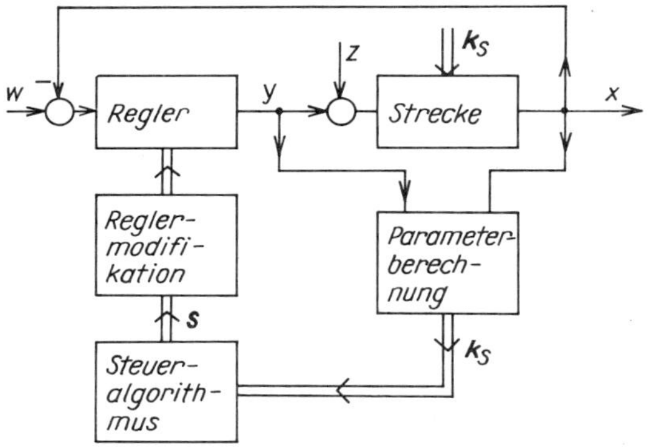

Auswertung der impliziten Funktion
$x = f(y; z; \boldsymbol{k})$
unter Nutzung bekannter Gesetzmäßigkeiten der Strecke

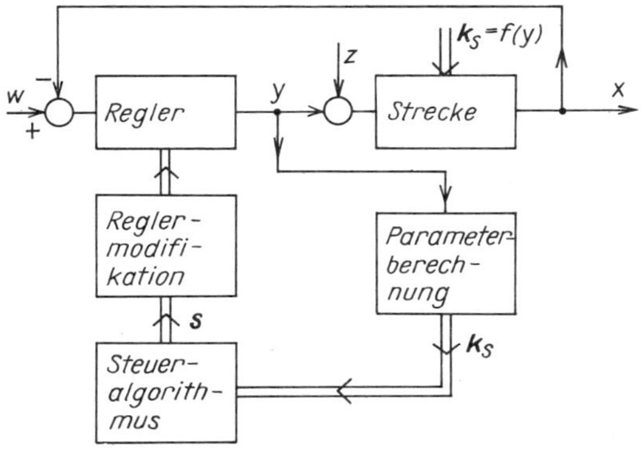

Nutzung der gegebenen Beziehung
$\boldsymbol{k} = f(y)$
zur Parameterberechnung

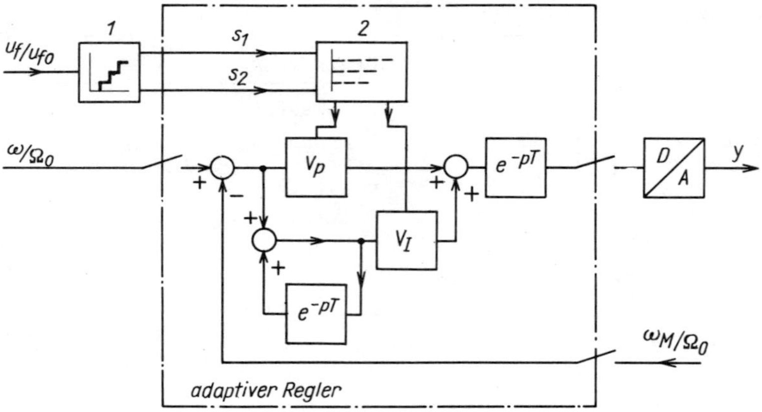

Bild 8.6. Adaptiver Mikrorechnerregler – Signalflußplan
1 Quantisierer; *2* Parameterspeicher

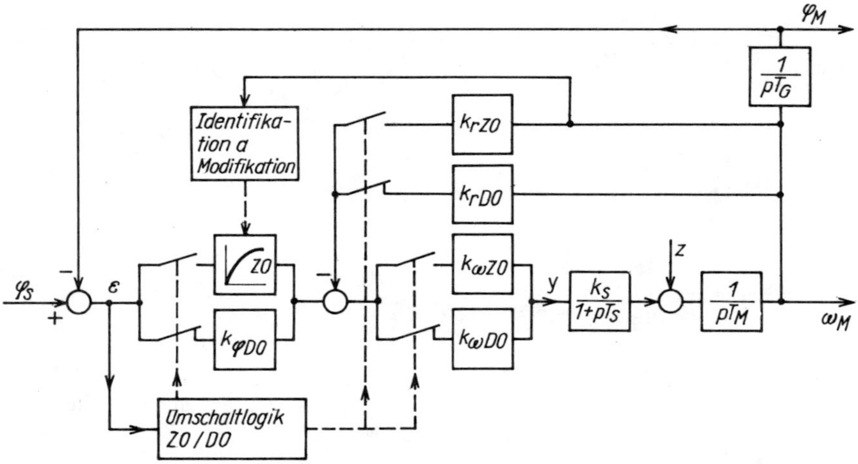

Bild 8.7. Strukturumschaltbare Lageregelung
ZO zeitoptimale Regelung; *DO* dämpfungsoptimale Regelung

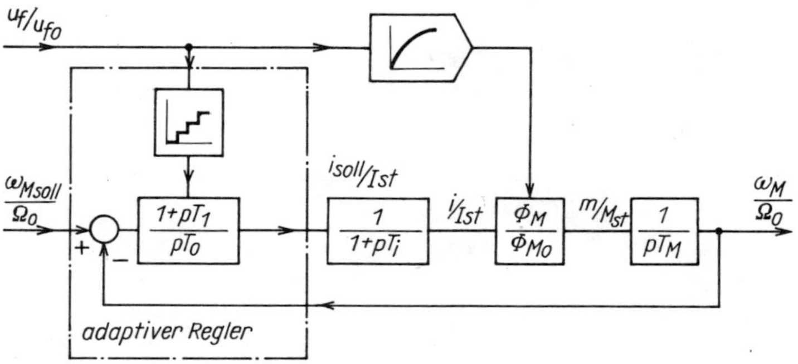

Bild 8.8. Signalflußplan der adaptiven Drehzahlregelung eines Gleichstrommotors

spielsweise die adaptive Drehzahlregelung eines Motors im Feldschwächbereich realisiert werden (vgl. Beispiel 8.2).
Eine strukturumschaltbare Lageregelung (Bild 8.7) ermöglicht eine genaue und schnelle Positionierung von Stellantrieben. Die Umschaltung erfolgt in Abhängigkeit von der Regelabweichung der Lage, die im Regler ohnehin als Signal zur Verfügung steht. Ist die Lageabweichung ε größer als ein kritischer Wert ε_k, arbeitet die Regelung nach zeitoptimalen Gesetzen. Der Lageregler verwirklicht eine entsprechende nichtlineare Gesetzmäßigkeit als Funktion der Beschleunigung a (vgl. Abschn. 4.3).
Für $\varepsilon = \varepsilon_k$ erfolgt eine Umschaltung sowohl des Lagereglers als auch des Drehzahlreglers. Für $\varepsilon < \varepsilon_k$ arbeitet das System dämpfungsoptimal. Dabei wird berücksichtigt, daß die Regelstrecke im Bereich niedriger Drehzahlen einen verminderten Verstärkungsfaktor besitzt.

Beispiel 8.2. Adaptive Regelung der Motordrehzahl im Feldschwächbereich

Die Drehzahlregelung eines Gleichstrommotors wird durch den Signalflußplan im Bild 8.8 beschrieben. Das Motorfeld ist über ein Steuersignal U_f/U_{f0} langsam veränderbar. Im Drehzahlregelkreis ändert sich dadurch die Verstärkung der Regelstrecke. Das wird im Signalflußplan ausgedrückt durch den Erregergrad

$$\varepsilon = \frac{\Phi_M}{\Phi_{M0}}.$$

Es ist

$T_M = 0{,}1\,\text{s}$ mechanische Motorzeitkonstante
$T_i = 0{,}01\,\text{s}$ Ersatzzeitkonstante des geschlossenen Stromregelkreises.

Die Reglereinstellung erfolgt zunächst für Nennerregung $\varepsilon = 1$ nach dem symmetrischen Optimum. Damit wird

$$T_1 = 0{,}04\,\text{s}$$
$$T_0 = 0{,}002\,\text{s}.$$

Der Erregergrad des Motors wird im Bereich

$$0{,}2 \leqq \varepsilon \leqq 1{,}0$$

geändert. Die Parameter des Reglers müssen entsprechend verstellt werden. Da eine bekannte, eindeutige Abhängigkeit zwischen der Steuerspannung U_f/U_{f0} und dem Erregergrad

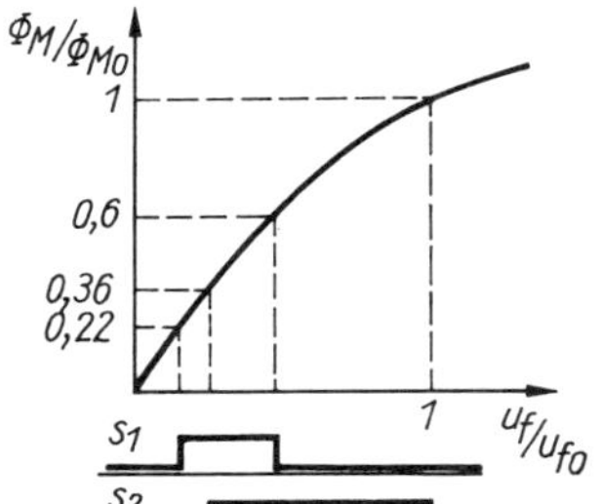

Bild 8.9
Steuerkennlinie des Motors im Feldstellbereich und Zuordnung der Steuersignale s_1, s_2 zu den Bereichen der Steuerspannung U_f/U_{f0}

$\varepsilon = \Phi_M/\Phi_{M0}$ besteht (Bild 8.9), kann das Prinzip der gesteuerten Adaption Anwendung finden. Das Signal zur Verstellung der Reglerparameter wird unmittelbar aus dem Steuersignal U_f/U_{f0} abgeleitet. Mit Triggern werden die Binärsignale s_1 und s_2 gebildet. Den Signalen sind die im Bild 8.10 angegebenen Bereiche des Erregergrads ε zugeordnet. Praktisch ist es ausreichend, die Parameter des Reglers stufig zu verstellen, so daß jedem Wert des Steuersignals s eine feste Reglereinstellung zugeordnet ist, die jeweils einem mittleren Erregergrad ε entspricht.

Die Reglerparameter werden so verstellt, daß der veränderliche Verstärkungsfaktor der Regelstrecke kompensiert wird:

$$\frac{1}{pT_0} \frac{\Phi_M}{\Phi_{M0}} = \text{konst.}$$

Daraus ergeben sich die Verstärkungsfaktoren des digitalen Reglers mit

$$V_p = \frac{T_i}{T_0}, \qquad V_i = \frac{1}{T_0}.$$

Die durch Bild 8.10 gegebene Zuordnung der Reglerparameter zum Steuersignal s wird in einen Parameterspeicher eingeschrieben und vor jedem Rechenschritt abgefragt. Dadurch wird der Regelalgorithmus in jedem Schritt mit den aktuellen Parametern V_p und V_i abgearbeitet. Eine Multiplikation ist nicht notwendig.

ε	$\bar{\varepsilon}$	s_1	s_2	V_p	V_1
< 0,22	0	0	0	0	0
0,22 ... 0,36	0,3	1	0	67	$1760\,s^{-1}$
0,36 ... 0,6	0,5	1	1	40	$1000\,s^{-1}$
0,6 ... 1,0	0,8	0	1	25	$625\,s^{-1}$

eingerahmt: Inhalt des Parameterspeichers

Bild 8.10
Zuordnung der Steuersignale s_1, s_2 zu den Bereichen des Erregergrads ε und zu den Reglerparametern V_p und V_i

8.4. Modelladaptive Systeme mit Signalselbstanpassung

In modelladaptiven Systemen erfolgt ständig ein Vergleich des realen Systems mit einem Modell, das das gewünschte Idealverhalten repräsentiert. Die Differenz der Regelgröße x und der Modellausgangsgröße $\hat{x}$

$$\Delta x = x - \hat{x} \tag{8.9}$$

bewirkt unter Berücksichtigung eines Adaptionsgesetzes die Anpassung des Reglers an die Regelstrecke so, daß sich das reale System an das Modell möglichst weitgehend anpaßt. Nach Tafel 8.2 kann sowohl ein Modell des geschlossenen Kreises als auch ein Modell des offenen Kreises verwendet werden. Praktisch erweist es sich als vorteilhaft, mit einem Modell der Regelstrecke zu arbeiten, dessen Eingangsgröße die Stellgröße y ist. Dieses Modell ist unabhängig von der Begrenzung der Stellgröße und kann meist durch eine einfache lineare Standardübertragungsfunktion repräsentiert werden. Notwendig ist einerseits eine Anpassung des Modells an die Regelstrecke, andererseits eine Anpassung des Reglers an Regelstrecke und Modell.

Modelladaptive Regler sind aktive Regler. Sie sind prinzipiell geeignet, beliebige Änderungen der Regelstrecke oder der an ihr angreifenden Störgrößen zu kompensieren. Sie arbeiten nach dem Prinzip des geschlossenen Wirkungskreises. Es können Stabilitätsprobleme auftreten.

Der adaptive Regler realisiert die Funktion

$$y = f(x_w, \boldsymbol{k}_r(\boldsymbol{s})); \tag{8.10}$$

$\boldsymbol{k}_r(s)$ Vektor der Reglerparameter als Funktion eines Steuersignals $\boldsymbol{s}$.

Der Parametervektor $\boldsymbol{k}_r$ wird als Funktion des Steuersignals $\boldsymbol{s}$ verstellt. Der Parametervektor kann als Überlagerung eines konstanten Anteils und eines vom Steuersignal $\boldsymbol{s}$ abhängigen Anteils aufgefaßt werden:

$$\boldsymbol{k}_r(s) = \boldsymbol{k}_{r0} + \boldsymbol{k}_\Delta \boldsymbol{s}. \tag{8.11}$$

Tafel 8.2. Modelladaptive Systeme

Struktur	Charakteristik
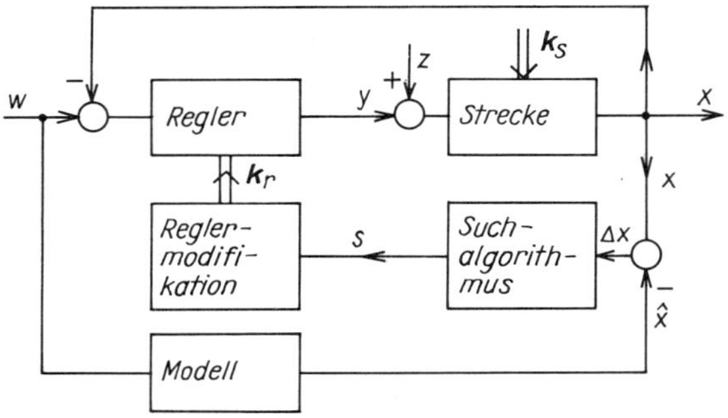	Das Modell repräsentiert die gewünschte Übertragungsfunktion des geschlossenen Kreises.
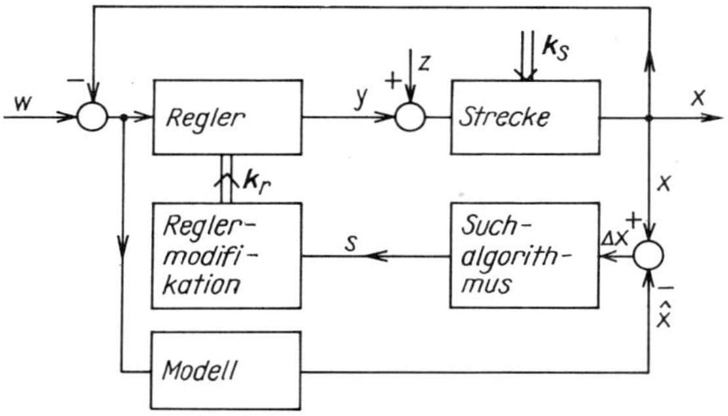	Das Modell repräsentiert die gewünschte Übertragungsfunktion des offenen Kreises.
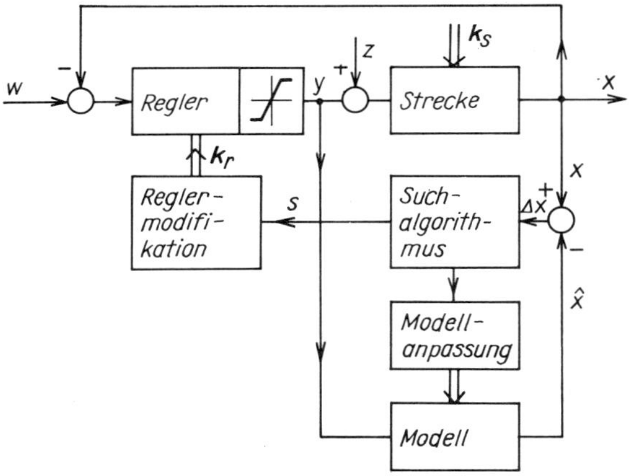	Anpassung des Modells an die Regelstrecke bei gleichzeitiger Anpassung des Reglers

Damit vereinfacht sich das Steuergesetz zu

$$y = f(x_w \boldsymbol{k}_{r0}) + \boldsymbol{k}_\Delta \boldsymbol{s}, \tag{8.12}$$

wobei der Steuervektor $\boldsymbol{s}$ eine Funktion der Regelabweichung x_w sein kann. Setzt man voraus, daß $\boldsymbol{k}_\Delta \boldsymbol{s}$ eine skalare Größe ist, kann diese als Korrektursignal Δy am Reglerausgang aufgeschaltet werden (Bild 8.11):

$$y = f(x_w \boldsymbol{k}_{r0}) + \Delta y. \tag{8.13}$$

Der Regler wird damit zum signaladaptiven Regler.

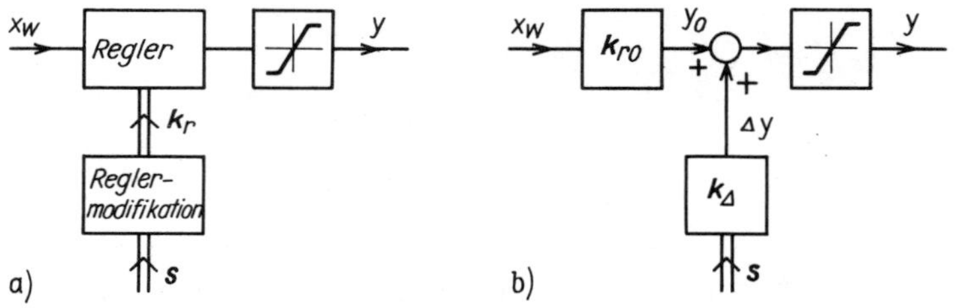

Bild 8.11. Regler mit Parameterselbstanpassung (a) und Signalselbstanpassung (b)

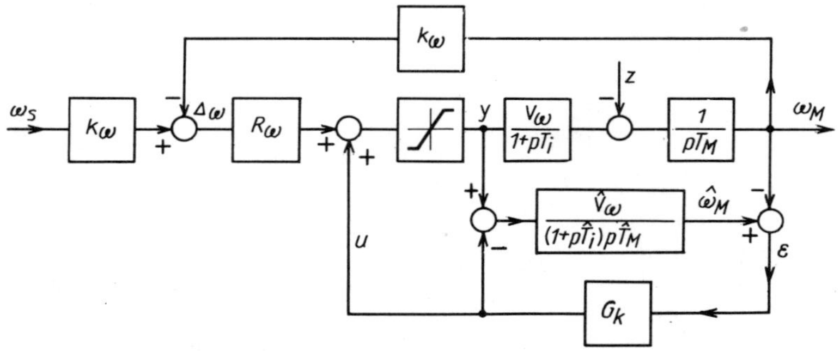

Bild 8.12. Digitale modelladaptive Drehzahlregelung mit Signalselbstanpassung

ω_s Drehzahl-Sollwert; ω_M Drehzahl-Istwert; $\hat{\omega}_M$ Ausgangsgröße des Regelstreckenmodells; $\varepsilon = \hat{\omega}_M - \omega_M$ Modellfehler; u Selbstanpassungssignal

Das Prinzip der Signalselbstanpassung ermöglicht einfache, robuste Regelungen. Bild 8.12 beschreibt eine Drehzahlregelung nach diesem Prinzip. Das Ausgangssignal des Reglers y wird sowohl der Regelstrecke als auch einem Modell der Regelstrecke zugeführt. Die Übertragungsfunktion des Modells wird so gewählt, daß sie der Übertragungsfunktion der Regelstrecke im Nennarbeitspunkt entspricht. Die Ausgangsgröße der Regelstrecke ω_M und des Modells $\hat{\omega}_M$ stimmen dann überein. Die Differenz zwischen beiden

$$\hat{\omega}_M - \omega_M = \varepsilon \tag{8.14}$$

ist Null. Störgrößen z, die an der Regelstrecke angreifen, führen ebenso wie Parameteränderungen der Regelstrecke zu einer Abweichung des Ausgangssignals vom Modell.
Aus dem Differenzsignal ε wird unter Berücksichtigung eines speziellen Adaptionsalgorithmus ein Korrektursignal u abgeleitet, das unmittelbar auf den Reglerausgang wirkt. Die additive Überlagerung eines Korrektursignals zum Reglerausgang ist einer Parameteränderung vergleichbar. Damit eine Beeinflussung des Modelleingangs nicht stattfindet, wird das Korrektursignal am Modelleingang abgezogen. Der Adaptionsalgorithmus ist so festzulegen, daß eine möglichst weitgehende Anpassung der Regelstrecke an das Modell erfolgt, die Stabilität des Systems aber gewahrt bleibt.

Beispiel 8.3. Robuste Regelung eines Stellantriebs

Ein Stellantrieb mit digitaler Regelung der Drehzahl und der Lage soll so aufgebaut werden, daß er unabhängig von der Größe des Trägheitsmoments und des Widerstandsmoments der angekuppelten Last ein nahezu konstantes, gutes Führungs- und Störverhalten besitzt. Es wird das Prinzip der modelladaptiven Regelung mit Signalselbstanpassung angewendet, das mit einem Mikrorechnerregler leicht verwirklicht werden kann.
Der Antrieb entspricht dem im Bild 8.13 angegebenen diskontinuierlichen Signalflußplan. Der Motor wird über einen Transistorpulssteller gespeist, der mit einer schnellen Zweipunkt-Stromregelung ausgerüstet ist. Der geschlossene Stromregelkreis kann als Proportionalglied mit Verstärkungsfaktor V_i beschrieben werden. Der Motor wird ferner durch die mechanische Zeitkonstante T_M gekennzeichnet.

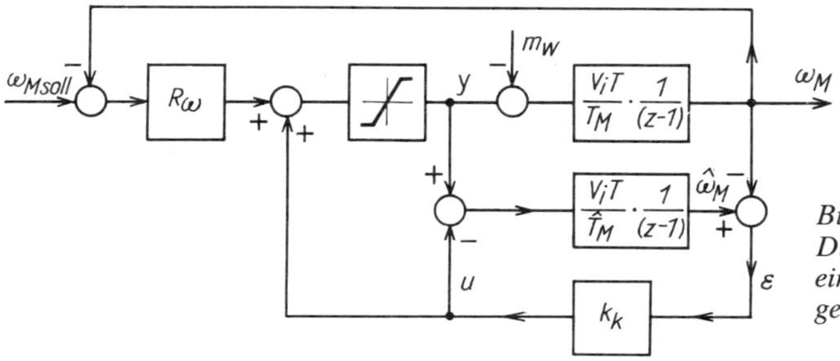

Bild 8.13
Diskontinuierlicher Signalflußplan einer modelladaptiven Drehzahlregelung mit Signalselbstanpassung

Unter Berücksichtigung einer angekoppelten Last und eines arbeitspunktabhängigen Verstärkungsfaktors liegt T_M im Bereich

$$T_M = 0{,}02 \ldots 0{,}10\,\text{s}.$$

Die Motordrehzahl wird mit einem inkrementalen Geber und nachgeschalteter Auswerteelektronik gemessen. Die Geberimpulse werden über eine Abtastperiode integriert (vgl. Abschn. 1.5). Damit hat die Regelstrecke die Übertragungsfunktion

$$G_s(p) = \frac{V_i}{pT_M}\,\frac{(1 - e^{-pT})}{p} = \frac{\omega_M(p)}{y(p)}; \tag{8.15}$$

dem entspricht die diskontinuierliche Übertragungsfunktion

$$G_s(z) = \frac{\omega_M(z)}{y(z)} = \frac{V_i T}{T_M}\,\frac{1}{(z-1)}. \tag{8.16}$$

Die Übertragungsfunktion des in den Rechner einzuschreibenden Regelstreckenmodells wird in Übereinstimmung dazu zu

$$G_M(z) = \frac{\hat{\omega}_M(z)}{y(z)} = \frac{V_i T}{\hat{T}_M}\,\frac{1}{(z-1)} \tag{8.17}$$

gewählt. Die Modellzeitkonstante T_M entspricht dem kleinsten Wert der Regelstreckenzeitkonstante

$$\hat{T}_M = T_{M\min}. \tag{8.18}$$

Die Abweichung der Ausgangsgröße der Regelstrecke ω_M von der Ausgangsgröße des Modells $\hat{\omega}_M$

$$\varepsilon = \hat{\omega}_M - \omega_M \tag{8.19}$$

wird unter Berücksichtigung eines Verstärkungsfaktors k_k als Korrekturgröße u auf den Reglerausgang und zugleich mit negativem Vorzeichen auf den Eingang des Modells aufgeschaltet. Die Drehzahlregelschleife umfaßt die Regelstrecke einschließlich Adaptionseinrichtung. Sie wird auf das das Idealverhalten repräsentierende Regelstreckenmodell eingestellt.

Zur Untersuchung des Kleinsignalverhaltens bleibt die Begrenzung der Stellgröße unberücksichtigt. Die adaptive Struktur kann entsprechend Bild 8.14 zusammengefaßt werden. Abzulesen ist

$$\varepsilon = \frac{V_i}{(z-1)}\left(\frac{T}{\hat{T}_M} - \frac{T}{T_M}\right) y - \frac{V_i}{(z-1)}\frac{T}{T_M}(u - m_w) \tag{8.20}$$

$$u = \frac{k_k V_i\,(T/\hat{T}_M - T/T_M)}{(z-1) + V_i k_k T/T_M}\, y + \frac{V_i k_k T/T_M}{(z-1) + V_i k_k T/T_M}\, m_w \tag{8.21}$$

$$\omega_M = V_i \frac{T}{T_M}\frac{1}{(z-1)}\frac{(z-1) + V_i k_k T/\hat{T}_M}{(z-1) + V_i k_k T/T_M}\, y + V_i \frac{T}{T_M}\frac{1}{z-1}\frac{-(z-1)}{(z-1) + V_i k_k T/T_M}\, m_w \tag{8.22}$$

$$u = \frac{k_k V_i}{(z-1)}\left(\frac{T}{\hat{T}_M} - \frac{T}{T_M}\right) y - \frac{V_i k_k}{(z-1)}\frac{T}{T_M}(n - m_w)$$

$$u = \frac{\dfrac{k_k V_i}{(z-1)}\left(\dfrac{T}{\hat{T}_M} - \dfrac{T}{T_M}\right)}{1 + \dfrac{V_i k_k}{z-1}\dfrac{T}{T_M}}\, y + \frac{\dfrac{V_i k_k \dfrac{T}{T_M}}{(z-1)}}{1 + \dfrac{V_i k_k}{(z-1)}\dfrac{T}{T_M}}\, m_w \tag{8.23}$$

$$\omega_M = \frac{V_i T}{T_M}\frac{1}{(z-1)}(y + u - m_w)$$

$$= \frac{V_i T}{T_M}\frac{1}{z-1}\left[1 + \frac{k_r V_i\left(\dfrac{T}{\hat{T}_M} - \dfrac{T}{T_M}\right)}{(z-1) + V_i k_k \dfrac{T}{T_M}}\right] y + \frac{V_i T}{T_M}\frac{1}{(z-1)} \times \left[\frac{V_i k_k T/T_M}{(z-1) + V_i k_k \dfrac{T}{T_M}} - 1\right] m_w$$

$$= V_i \frac{T}{T_M}\frac{1}{z-1}\frac{(z-1) + V_i k_k T/\hat{T}_M}{(z-1) + V_i k_k T/T_M}\, y + V_i \frac{T}{T_M}\frac{1}{(z-1)}\frac{-(z-1)}{(z-1) + V_i k_k T/T_M}\, m_w. \tag{8.24}$$

Im Interesse einer guten Anpassung der Regelstrecke an das Modell wird ein möglichst großer Verstärkungsfaktor des Korrekturzweigs k_k gefordert.

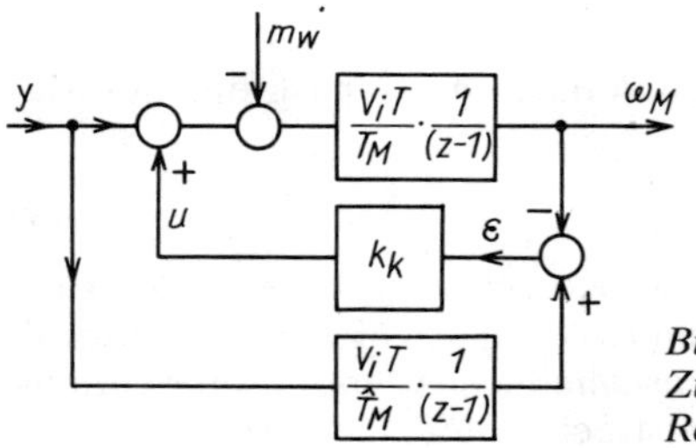

Bild 8.14
Zusammengefaßte Struktur der modelladaptiven Regelung für kleine Änderungen

Eine adaptive Struktur mit konstantem Verstärkungsfaktor k_k ist realisierbar. Der Verstärkungsfaktor muß mit Rücksicht auf die Stabilität der inneren Schleife festgelegt werden. Die charakteristische Gleichung der inneren Schleife ist

$$1 + V_i \frac{T}{T_M} \frac{k_k}{(z-1)} = 0. \tag{8.25}$$

Die Schleife ist stabil für

$$V_i k_k T/T_M \leqq 2. \tag{8.26}$$

Aperiodisches Verhalten wird erreicht für

$$V_i k_k T/T_M = 1. \tag{8.27}$$

Die Adaptionsschleife wird auf

$$k_k = \frac{T_M}{T} \frac{1}{V_i}$$

eingestellt, wobei der Berechnung die kleinste Zeitkonstante der Strecke $T_{M\min} = T_M$ zugrunde gelegt wird. Die im Bild 8.15 dargestellte Sprungantwort der Regelstrecke mit Adaption läßt die Grenzen des Verfahrens erkennen, die letztlich ihre Ursache haben in einem zu kleinen Verstärkungsfaktor k_r. Bei komplizierteren Regelstrecken wäre diese Schwierigkeit noch ausgeprägter.

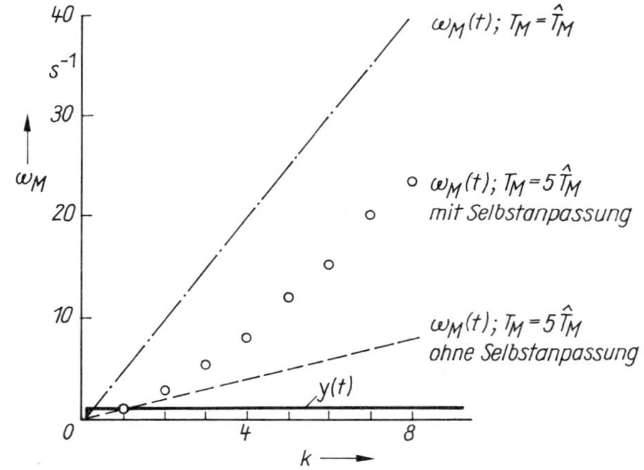

Bild 8.15
Sprungantwort der Regelstrecke mit und ohne Signalselbstanpassung
$u = k_k \varepsilon; \quad k_k = \hat{T}_M/T \cdot V_i$

Eine adaptive Struktur mit $k_k = \infty$ vermindert diese Nachteile. Die Stabilität des Systems als Ganzes wird durch Begrenzung des Korrektursignals auf $u = \pm U_{max}$ gewährleistet. Es erfolgt eine sehr schnelle Anpassung der Regelstrecke an das Modell, wobei jedoch die Ausgangsgröße der Regelstrecke ω_M Schwankungen um einen Mittelwert unterliegt.
Bild 8.16 zeigt das für einen Anlaufvorgang mit $y(t) = 1$ und anschließendem Lauf mit $y(t) = 0$, ω_M = konst. Die durch die Umschaltung des Steuersignals u zwischen dem positiven Grenzwert und Null bzw. zwischen dem positiven und dem negativen Grenzwert auftretenden Schwankungen des Ausgangssignals der Regelstrecke gegenüber dem Ausgangssignal des Modells sind deutlich erkennbar. Es liegt ein System mit „Gleitzustand" vor. Für $u(k) = \pm 6$ werden die Schwankungen im stationären Betrieb zu Null, da sich hierbei ein Grenzfall $\varepsilon = 0$ ergibt.
Die Schwankungen der Regelgröße können den praktischen Betrieb stören, wenn sie durch die überlagerte Drehzahlregelung nur in geringem Maße unterdrückt werden. Eine Kombination des Systems mit Gleitzustand bei großen Abweichungen der Regelgröße vom Sollwert $(\omega_{M\text{soll}} - \omega_M)$ mit einem adaptiven System mit konstantem Verstärkungsfaktor k_k bei kleinen Abweichungen der Regelgröße vom Sollwert führt zu guten Ergebnissen. Der Regler arbeitet nach einem Programmablaufplan gemäß Bild 8.17.

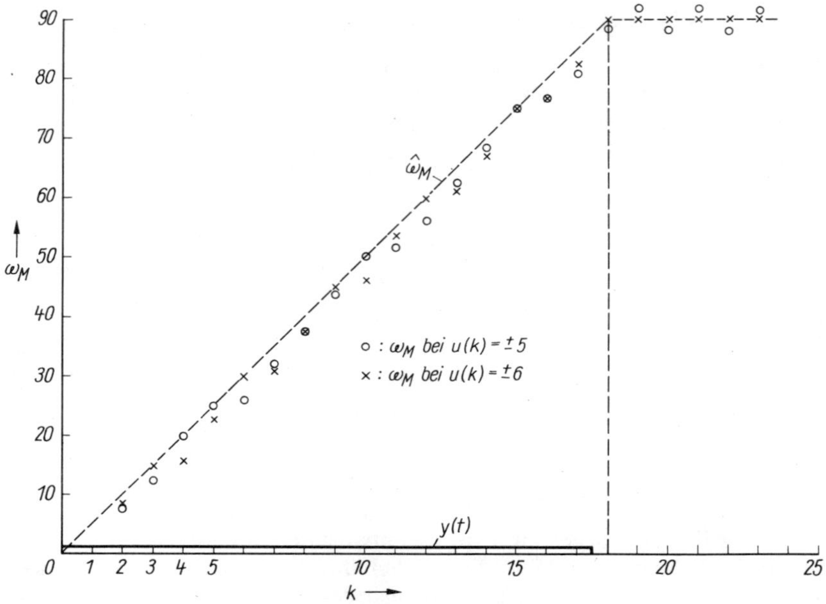

Bild 8.16. Sprungantwort der Regelstrecke mit Signalselbstanpassung $u = \pm U_{\max}$

○ : ω_M bei $u(k) = \pm 5$
× : ω_M bei $u(k) = \pm 6$

START
↓
Vorbereitungsprogramm
↓
Sollwerteingabe
↓
Berechnung der aktuellen Regelabweichung — $\Delta\omega = \omega_{M soll} - \omega_M$
↓
Berechnung, Anpassung und Begrenzung der Stellgröße — $y = k_y \Delta\omega + u$; $|y| \leq Y_{max}$
↓
Ausgabe der Stellgröße
↓
Modellnachbildung — Integration nach Trapezverfahren
↓
Berechnung der Modellfehler und des aktuellen Selbstanpassungssignals — $\varepsilon = \hat{\omega}_M - \omega_M$; $u_Z = k_k \varepsilon + 2(\Delta\omega)\varepsilon$; $|\Delta\omega| \leq |\Delta\omega|_{Grenz}$; $u_Z \leq U_{Z\,max}$
↓
Anzeigefunktionen — Speichern ω_M; $\hat{\omega}_M$; y; u_Z
↓
Interrupt — n (zurück); j ↓
Interruptprogramm — Istwerteingabe

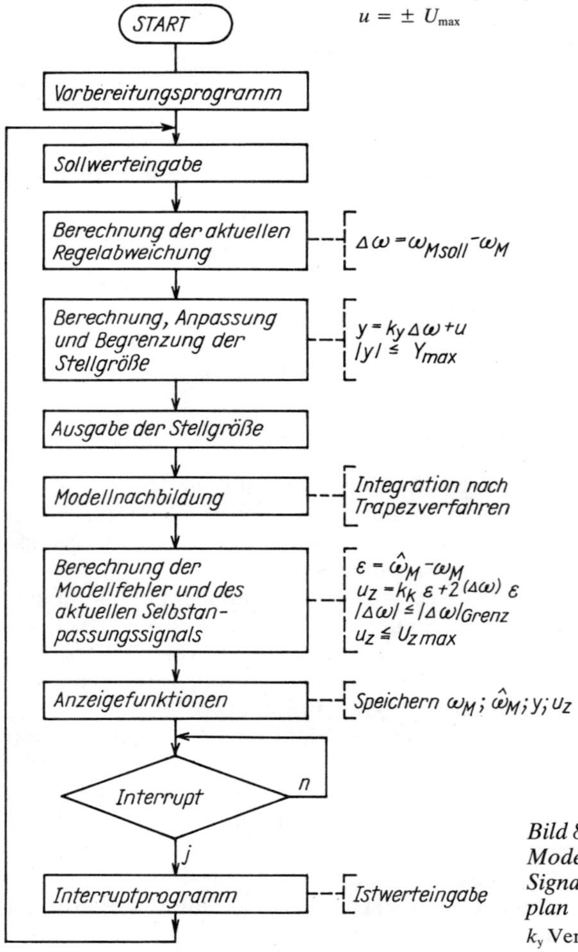

Bild 8.17
Modelladaptive Regelung mit Signalselbstanpassung – Programmablaufplan
k_y Verstärkungsfaktor des Drehzahlreglers

Die im Bild 8.18a angegebenen Übergangsfunktionen des geschlossenen Kreises zeigen die Wirksamkeit des Adaptionsalgorithmus. Zwischen der von der Drehzahlregelschleife geführten echten Motordrehzahl ω_M und der Modellausgangsgröße $\hat{\omega}_M$ besteht eine Proportionalabweichung, die durch das Proportionalverhalten des Adaptionszweiges bedingt ist.

Bei großen Regelabweichungen $\Delta\omega$ wird die Stellgrößenbegrenzung am Reglerausgang wirksam. Die Umformung der Struktur nach Bild 8.13 entsprechend Bild 8.14 ist dann nicht mehr zulässig. Das Korrektursignal u bewirkt, daß das System sich lange Zeit in der Begrenzung befindet, also mit der durch die Begrenzung bedingten höchstmöglichen Beschleunigung arbeitet (Bild 8.18b).

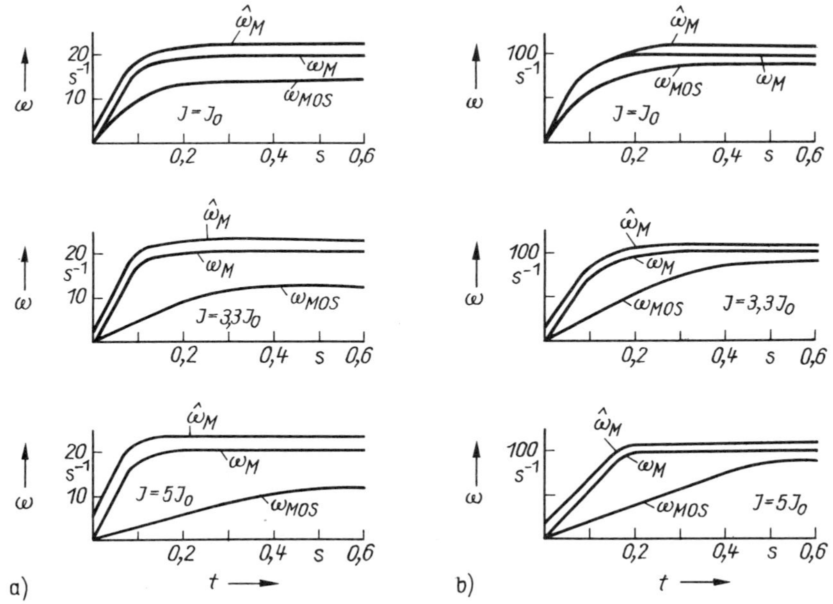

Bild 8.18. Führungsverhalten der adaptiven Drehzahlregelung bei Kleinsignal- (a) und Großsignaländerungen (b)

ω_M Winkelgeschwindigkeit des Motors; $\hat{\omega}_M$ Ausgangssignal des Modells; ω_{MOS} Winkelgeschwindigkeit des Motors ohne Selbstanpassung

8.5. Modelladaptive Systeme mit Parameterselbstanpassung

Modelladaptive Systeme mit Parameterselbstanpassung nach Bild 8.11a ermöglichen die Anpassung des Reglers an die Regelstrecke auch bei Parameteränderungen in großen Bereichen. Betrachtet wird die Regelstrecke des Drehzahlregelkreises, bestehend aus einer Integration, einem mittelwertbildenden Drehzahlmeßglied und gegebenenfalls dem geschlossenen Stromregelkreis, angenähert beschrieben als Laufzeitglied. Die Übertragungsfunktion der Regelstrecke ist

$$G_s(z) = \frac{x(z)}{y(z)} = \frac{B(z^{-1})}{A(z^{-1})} = \frac{z^{-1}}{1 - z^{-1}} \frac{1 + z^{-1}}{2} \frac{z^{-d}}{a}; \tag{8.28}$$

$d = 0$ ohne Stromregelschleife

$d = 1$ bzw. 2 Stromregelschleife, berücksichtigt als Laufzeitglied mit ein bzw. zwei Abtastperioden Laufzeit.

Einziger veränderlicher Parameter der Regelstrecke ist a. Er schließt Änderungen des Verstärkungsfaktors, u. a. auch bedingt durch Änderungen des Motorfeldes, sowie Änderungen der Integrationszeitkonstante, diese u. a. auch bedingt durch Änderungen des angekuppelten Trägheitsmoments, ein. Da die Anpassung des Reglers nur bezüglich dieses einen Parameters erfolgen soll, ergeben sich relativ einfache Adaptionsalgorithmen, die mit einem Mikrorechner geringen Funktionsumfangs in der notwendigen kurzen Abarbeitungszeit verwirklicht werden können. Nur solche werden hier betrachtet. Weitere, über den Parameter *a* hinausgehende Änderungen der Regelstrecke werden als so gering vorausgesetzt, daß sie keine Adaption der Reglerparameter erfordern.

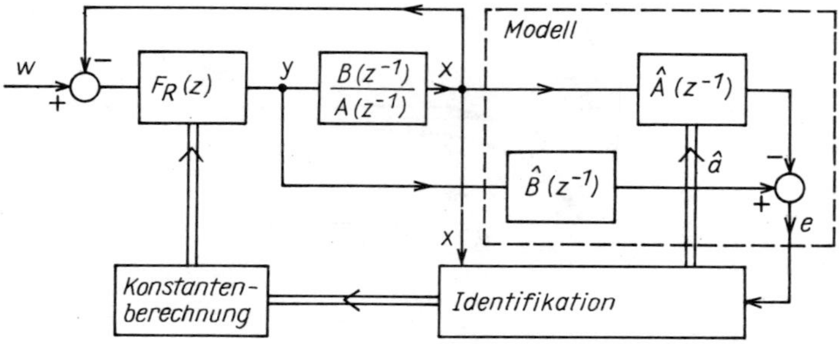

Bild 8.19. Struktur einer modelladaptiven Regelung mit Parameterselbstanpassung

Die Struktur des modelladaptiven Systems geht von der Anwendung eines „geteilten" Regelstreckenmodells aus (Bild 8.19). Das Modell des Nenners der Regelstrecke $A(z^{-1})$ liegt in Reihe zur Regelstrecke; es muß durch Verändern des Verstärkungsfaktors *a* an die Regelstrecke angepaßt werden. Das Modell des Zählers der Regelstrecke $B(z)$ liegt zur Regelstrecke parallel. Ausgewertet wird das Differenzsignal

$$e = y(z)\,\hat{B}(z^{-1}) - x(z)\,\hat{A}(z^{-1}) \tag{8.29}$$

bzw. mit (8.28)

$$e(z) = x(z)\,[A(z^{-1}) - \hat{A}(z^{-1})] - y(z)\,[B(z^{-1}) - \hat{B}(z^{-1})]. \tag{8.30}$$

Ziel der Adaptionsstrategie ist es, den Fehler *e* zwischen Regelstrecke und Modell in möglichst kurzer Zeit zu Null zu machen. Dazu wird eine Gütefunktion $Q(e)$ eingeführt, die eine Funktion von *a* ist und zu einem Minimum gemacht werden soll:

$$Q(e) = \frac{1}{2}\,e^2 = f(\hat{a}) \rightarrow \text{Min.} \tag{8.31}$$

Entsprechend dem Ansatz des Gradientenverfahrens wird der Modellparameter *a* so geändert, daß sich die Gütefunktion entgegen der Richtung ihres steilsten Anstiegs ändert.

$$\hat{a}\,(k+1) = \hat{a}(k) - \lambda\,\frac{\mathrm{d}Q\,(\hat{a})}{\mathrm{d}\hat{a}}\bigg|_{\hat{a}(k)} \tag{8.32}$$

Mit dem Ansatz der Gütefunktion nach (8.31) wird

$$\hat{a}\,(k+1) = \hat{a}(k) - \lambda e\,\frac{\mathrm{d}e}{\mathrm{d}\hat{a}}; \tag{8.33}$$

λ Bewertungskoeffizient des Näherungsverfahrens
$\Delta\hat{a} = \hat{a}\,(k+1) - \hat{a}(k)$ Schrittweite des Näherungsverfahrens.

Nach dem Newton-Raphson-Verfahren wird die Schrittweite so gewählt, daß die Gütefunktion an der Stelle $(k+1)$ ihr Minimum erreicht, der Minimumspunkt also in einem Schritt erreicht wird:

$$\frac{\mathrm{d}Q\,(\hat{a}\,(k+1))}{\mathrm{d}\Delta\hat{a}} = 0. \tag{8.34}$$

Die Taylor-Entwicklung der Funktion $Q(a)$ an der Stelle $\hat{a}(k)$ führt aber auf

$$Q\,(\hat{a}\,(k+1)) = Q\,(\hat{a}(k)) + \Delta\hat{a}\,\frac{\mathrm{d}Q\,(\hat{a}(k))}{\mathrm{d}\hat{a}} + \frac{1}{2}\,\Delta\hat{a}^2\,\frac{\mathrm{d}^2Q\,(\hat{a}(k))}{\mathrm{d}\hat{a}^2}. \tag{8.35}$$

Alle höheren Ableitungen werden bei einer quadratischen Zielfunktion zu Null. Aus (8.34) und (8.35) folgt

$$0 = \frac{\mathrm{d}Q\,(\hat{a}(k))}{\mathrm{d}\hat{a}} + \Delta\hat{a}\,\frac{\mathrm{d}^2Q\,(\hat{a}(k))}{\mathrm{d}\hat{a}^2}$$

oder

$$\hat{a}\,(k+1) = \hat{a}(k)\,\frac{\dfrac{\mathrm{d}Q\,(\hat{a}(k))}{\mathrm{d}\hat{a}}}{\dfrac{\mathrm{d}^2Q\,(\hat{a}(k))}{\mathrm{d}\hat{a}^2}}. \tag{8.36}$$

Für

$$\hat{A} = \hat{a}\,(1 - z^{-1})$$

und

$$\hat{B} = B = \frac{1}{2}\,z^{-1}\,(1 + z^{-1})\,z^{-d}$$

wird daraus mit (8.29) und (8.31)

$$\hat{a}\,(k+1) = \hat{a}(k) + \frac{e(k)}{x(k) - x\,(k-1)} \tag{8.37}$$

$$e(k) = \frac{1}{2}\,(y\,(k-1-d) + y\,(k-2-d)) - \hat{a}\,(x(k) - x\,(k-1)). \tag{8.38}$$

Dieser Algorithmus ist vom Rechner zu realisieren. Das Modell $\hat{A}(z^{-1})$ wird dadurch mit nur einem Takt Verzögerung an die Regelstrecke angepaßt. Ebenso mit einem Takt Verzögerung erfolgt die Anpassung der Verstärkung des Reglers an die Regelstrecke. Für den Parameter $\hat{a}$ muß ein Anfangswert vorgegeben werden. Dieser wird auf Grund von Erfahrungen so eingegeben, daß zunächst stabiler Betrieb möglich ist.

Das begrenzte Auflösungsvermögen digitaler Signale ermöglicht nicht die vollständige Anpassung des Regelstreckenmodells und des Reglers an die Regelstrecke. Die verbleibende Restverstimmung kann jedoch so festgelegt werden, daß sie den praktischen Betrieb nicht stört.

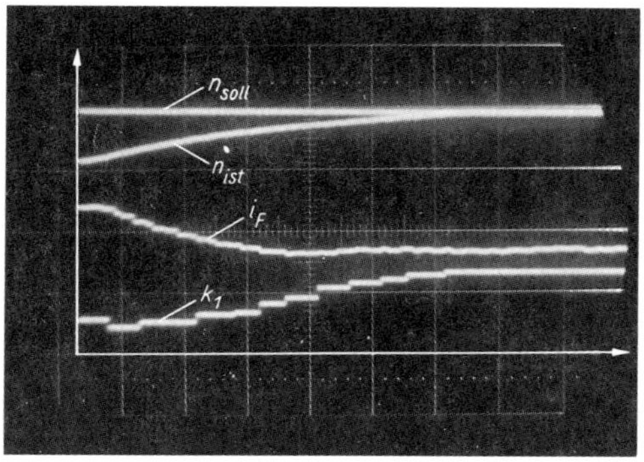

Bild 8.20. Anpassung der Reglerverstärkung k_1 an den während des Übergangsvorgangs geänderten Verstärkungsfaktor der Regelstrecke infolge geänderten Erregerstroms

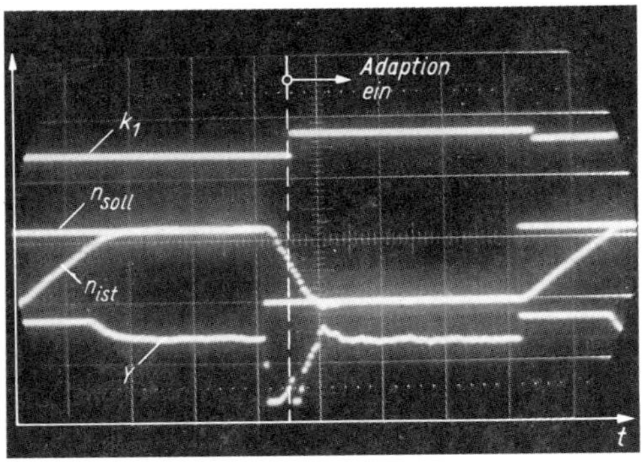

Bild 8.21. Parameteranpassung des Reglers bei falscher Anfangsanpassung

Beispiel 8.4. Adaptive Regelung mit Parameterselbstanpassung

An einem Laborantrieb wird der Verstärkungsfaktor der Regelstrecke stellvertretend für alle anderen praktischen Möglichkeiten dadurch verstellt, daß der Motor mit verändertem Erregerstrom betrieben wird. Ein modelladaptives System erfaßt die Änderung des Verstärkungsfaktors und bewirkt, um einen Takt verzögert, die Nachführung der Proportionalverstärkung k_1 des Reglers. Bild 8.20 zeigt das für einen Übergangsvorgang der Drehzahl, der mit einem Absinken des Erregerstroms verbunden ist. Im Bild 8.21 wird der Adaptionsalgorithmus verspätet eingeschaltet. Die größere Verstärkung k_1 des Reglers bewirkt eine Vergrößerung der Stellgröße y und damit einen schnelleren Ablauf des Verzögerungsvorgangs. Der Beschleunigungsvorgang wird im wesentlichen durch die Stellgrößenbegrenzung bestimmt. Der Einfluß des im zweiten Beschleunigungsabschnitt durch Adaption erhöhten Verstärkungsfaktors k_1 wird nur in der letzten Phase des Beschleunigungsvorgangs deutlich.

9. Regelung und optimale Steuerung von Bewegungsabläufen unter Berücksichtigung von Begrenzungen und elastischen Übertragungen

9.1. Regelung elastischer mechanischer Übertragungssysteme

Die mechanischen Übertragungssysteme elektrischer Antriebe sind elastisch gekoppelte Mehrmassensysteme mit Begrenzungen, Lose sowie linearer und nichtlinearer Reibung.
In dem Maße, wie es gelingt, die Dynamik des elektrischen Teils des Antriebs zu verbessern, wird die Mechanik zur Schwachstelle des Systems. Die Leistungsfähigkeit und Anpaßbarkeit digitaler Regler ermöglicht, das Übertragungsverhalten mechanischer Systeme zu verbessern. Die Analyse von Stellantrieben, Roboterantrieben und ähnlichen dynamisch hoch beanspruchten Antrieben führte zu dem Ergebnis, daß diese durch ein elastisch gekoppeltes Zweimassensystem, gegebenenfalls mit Lose und nichtlinearer Reibung, hinreichend genau beschrieben werden (Bild 9.1). Dem Trägheitsmoment der rotierenden Masse des Motors und der unmittelbar mit ihm verbundenen Maschinenteile J_M steht, elastisch und gegebenenfalls spielbehaftet verbunden, das Trägheitsmoment der rotierenden Masse der Last J_L gegenüber. Es gelten die Zustandsgleichungen

$$\frac{d\omega_M}{dt} = \frac{m_M - m_ü - m_{wM}}{J_M} \tag{9.1}$$

$$\frac{d\varphi_T}{dt} = (\omega_M - \omega_L) \tag{9.2}$$

$$m_ü = C_S\,(\varphi_T \mp \Delta) - m_d \quad \text{für} \quad [\varphi_T] \geqq \Delta \tag{9.3}$$

$$m_ü = 0 \quad \text{für} \quad [\varphi_T] < \Delta \tag{9.4}$$

$$m_d = k_d\,(\omega_M - \omega_L) \tag{9.5}$$

$$\frac{d\omega_L}{dt} = \frac{m_ü - m_{wL}}{J_L}; \tag{9.6}$$

m_M Motormoment
$m_ü$ Übertragungsmoment
m_{wM} an der Motorwelle wirksames Widerstandsmoment $m_{wM} = f_1(\omega_M)$
m_d Dämpfungsmoment
m_{wL} an der Last wirksames Widerstandsmoment $m_{wL} = f_2(\omega_L)$
ω_M Winkelgeschwindigkeit des Motors
ω_L Winkelgeschwindigkeit der Last
φ_T Torsionswinkel der elastischen Übertragung
Δ Losebreite
J_M Motorträgheitsmoment
J_L Lastträgheitsmoment
C_S Federkonstante der elastischen Übertragung
k_d Dämpfungskonstante.

Aus den Zustandsgleichungen ergibt sich der im Bild 9.1b dargestellte Signalflußplan. Er berücksichtigt außerdem den geschlossenen Stromregelkreis mit der Übertragungsfunktion

$$\frac{m_M(p)}{y(p)} = \frac{V_i}{1 + pT_i}. \tag{9.7}$$

Die Regelung der Drehzahl und der Lage kann einerseits von der Messung der Motordrehzahl bzw. Lage, andererseits von einer Messung der Lastdrehzahl bzw. Lage ausgehen. Im ersteren

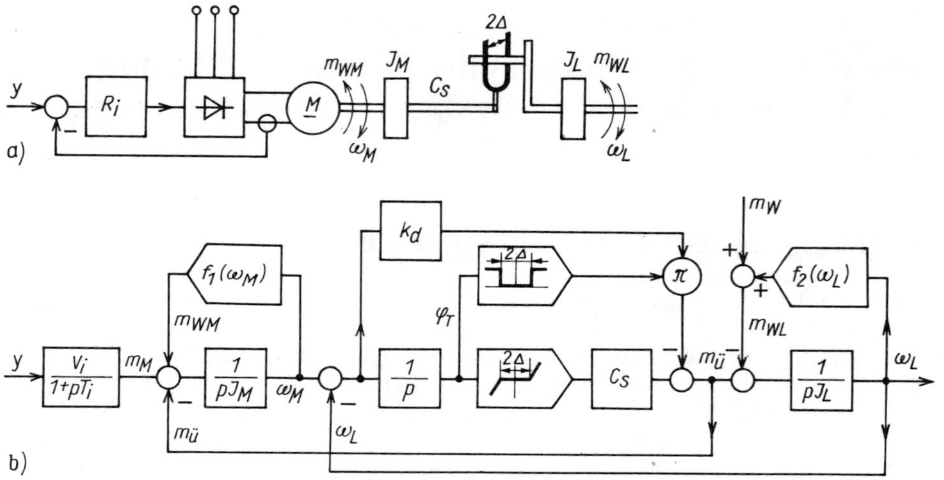

Bild 9.1. Stellantrieb mit elastischem, spielbehaftetem mechanischem Übertragungssystem
a) Prinzip; b) Signalflußplan

Fall ist das mechanische Übertragungssystem nicht direkt Bestandteil des Regelkreises; es wirkt jedoch über das übertragene Moment $m_ü$ auf den Motor zurück. Stabilitätsprobleme entstehen nur in geringem Maße; Lastdrehzahl und Lastwinkel entsprechen nicht genau dem Sollwert, sondern werden durch das mechanische Übertragungssystem verfälscht. Im Falle der Messung der Drehzahl bzw. der Lage an der Last ist das elastische Übertragungssystem Bestandteil des Regelkreises. Die Stabilität des Systems wird ungünstig beeinflußt. Es treten erhöhte mechanische Beanspruchungen am Motor auf. Die Lage an der Last entspricht genau dem Sollwert. Charakteristisch ist die Kombination der Regelung der Motordrehzahl mit der Lage der Last. Bild 9.2 zeigt die Struktur. Die Last besteht aus dem Lastträgheitsmoment J_L, an dem das Widerstandsmoment m_{wL} angreift. Die Lastmasse J_L ist über die Lose 2Δ an die Antriebsmaschine gekoppelt. Es sollen folgende Voraussetzungen gelten:

1. Vernachlässigung der Reibung auf der Antriebsseite ($m_{wM} = 0$).
2. $J_M \gg J_L$, so daß die Bewegung der Lastmasse keinen wesentlichen Einfluß auf die Bewegung der Arbeitsmaschine ausübt (bei Werkzeugmaschinen gegeben).
3. Die Federsteifigkeit zwischen Motor und Lastmasse sei unendlich hoch.
4. Der geschwindigkeitsproportionale Momentanteil m_d sei gleich 0.

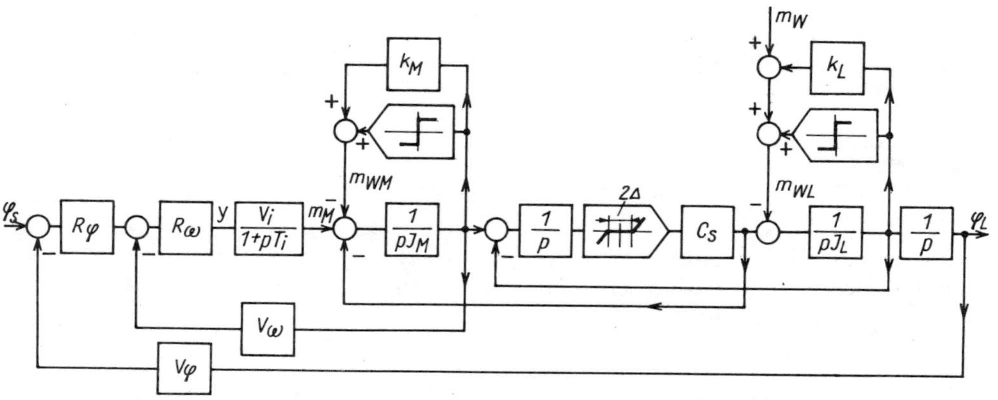

Bild 9.2. Regelung eines Stellantriebs mit elastischer, spielbehafteter mechanischer Übertragung

Damit kann das System in den linearen Drehzahlregelkreis einerseits und das nichtlineare Lastsystem andererseits zerlegt werden. Für diesen Fall gibt das im Bild 9.3 dargestellte Diagramm im Ergebnis von Simulationsuntersuchungen die Einstellgrenzen für dauerschwingungsfreies Positionieren an.

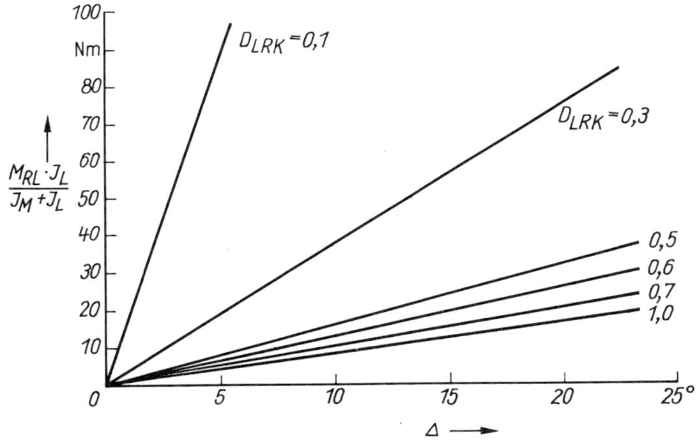

Bild 9.3. Grenzen der Dauerschwingung in Stellantrieben mit Lose

$\frac{M_{RL} J_L}{J_M + J_L}$ Reibmoment an der Last, im Verhältnis der Trägheitsmomente umgerechnet

Δ Losebreite; D_{LRK} Dämpfung des Lageregelkreises bei Annahme eines idealen, starren Systems

Dauerschwingungen treten beim Positionieren nicht auf, wenn das Reibmoment der Last größer als der angegebene Grenzwert ist. Im mechanischen Übertragungssystem muß also, in Abhängigkeit von der Dämpfung des idealen Lageregelkreises, ein bestimmtes Verhältnis zwischen Reibmoment und Lose eingehalten werden. Ist die Federsteifigkeit C_S kleiner als unendlich, praktisch kleiner als 80 N · m/°, ist für schwingungsfreien Betrieb ein größeres Reibmoment bezogen auf die Lose notwendig (Bild 9.4).

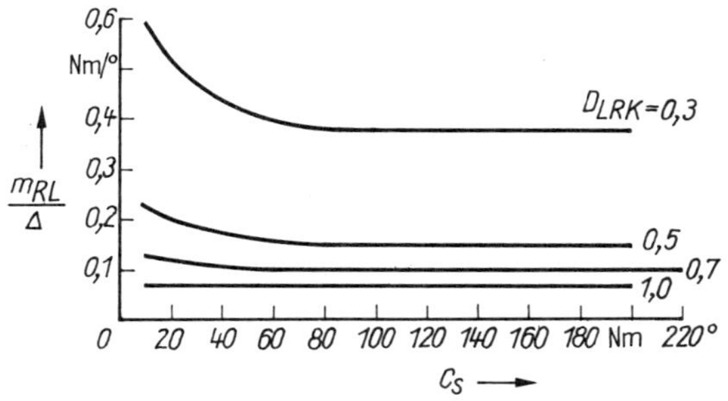

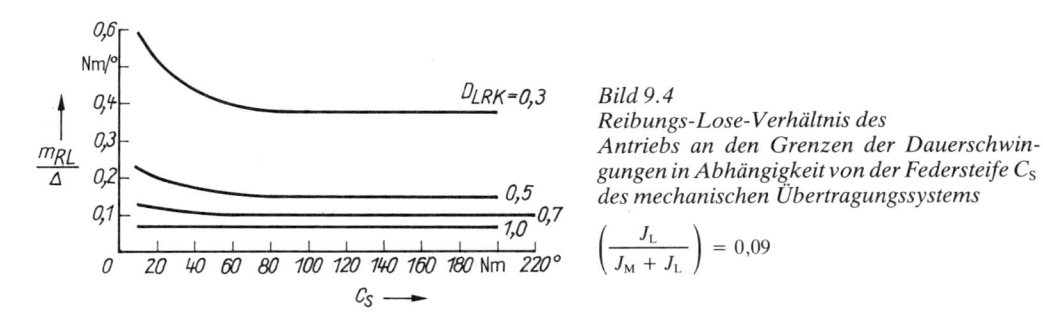

Bild 9.4
Reibungs-Lose-Verhältnis des Antriebs an den Grenzen der Dauerschwingungen in Abhängigkeit von der Federsteife C_S des mechanischen Übertragungssystems

$$\left(\frac{J_L}{J_M + J_L}\right) = 0,09$$

Eine gute Dämpfung weicher mechanischer Systeme kann durch gewichtete Aufschaltung der Drehzahldifferenz $\omega_M - \omega_L$ auf den Eingang des Stromregelkreises entsprechend Bild 9.5 erreicht werden. Mit digitalen Reglern ist das Prinzip technisch zu verwirklichen [9.13]. Notwendig ist eine hochauflösende Drehzahlmessung am Motor und an der Last. Die Drehzahldifferenzbildung und die Bewertung erfolgen im Rechner und erfordern dort eine geringe Programmverlängerung. Mit analoger Signalverarbeitung kann das Prinzip wegen der Welligkeit der Istwertsignale und der überlagerten stochastischen Störungen nicht verwirklicht werden.
Das Korrektursignal Δi wirkt über den geschlossenen Stromregelkreis auf das mechanische System. Der zu wählende Verstärkungsfaktor steht in engem Zusammenhang mit der gefor-

derten Dämpfung des Systems:

$$k_\Delta \leqq \frac{(\alpha^2 - 1)}{\gamma} \frac{T_m T_i}{T_e^2} \tag{9.8}$$

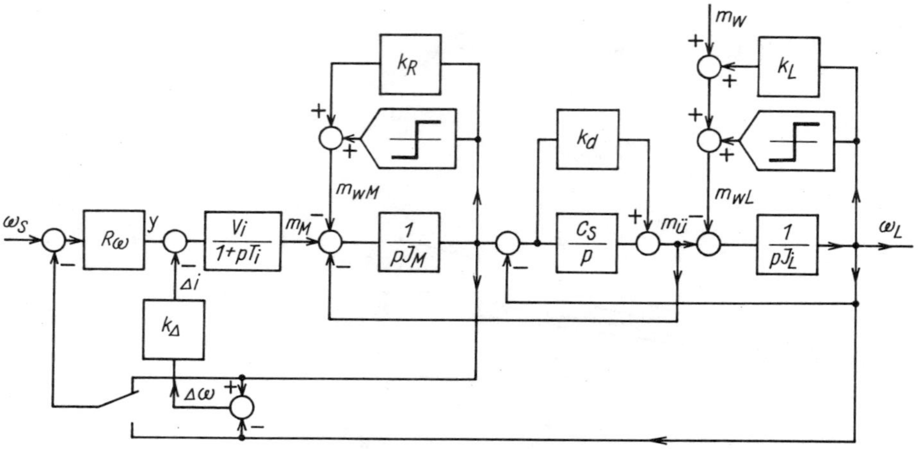

Bild 9.5. Drehzahlregelung eines spielfreien Stellantriebs mit elastischer mechanischer Übertragung – Dämpfung durch gewichtete Drehzahldifferenzaufschaltung

mit

$$\gamma = \frac{J_L + J_M}{J_M} = \frac{T_L + T_M}{T_M} \quad \text{Trägheitsmomentenverhältnis} \tag{9.9}$$

$$T_e = \sqrt{\frac{T_M T_L T_C}{T_M + T_L}} = \frac{1}{2\pi f_e} \quad \text{Eigenzeitkonstante der freien Schwingungen zwischen Motor- und Lastmasse} \tag{9.10}$$

$$T_M = T_L + T_M \quad \text{mechanische Zeitkonstante des Gesamtsystems} \tag{9.11}$$

$$T_i \quad \text{Zeitkonstante des Stromregelkreises} \tag{9.12}$$

$$\alpha = \sqrt{\alpha_1 \alpha_2} \quad \text{mittleres Parameterverhältnis der charakteristischen Gleichung.} \tag{9.13}$$

Die charakteristische Gleichung des Systems mit Drehzahldifferenzaufschaltung in der Form

$$a_0 + a_1 p + a_2 p^2 + \dots a_n p^n = 0 \tag{9.14}$$

wird gekennzeichnet durch die Parameterverhältnisse

$$\alpha_1 = \frac{a_1^2}{a_0 a_2}, \qquad \alpha_2 = \frac{a_2^2}{a_1 a_3}, \dots \tag{9.15}$$

Im Vergleich zur Dämpfung D eines Schwingungsgliedes 2. Ordnung gilt im Bereich $1{,}6 < \alpha < 2{,}4$ angenähert [9.13]

$$\alpha \approx 1{,}4D + 1{,}07. \tag{9.16}$$

Wegen der um T_i verzögerten Wirkung des Korrektursignals Δi ist das Prinzip der Drehzahldifferenzaufschaltung nur wirksam, wenn T_i klein ist gegenüber der Eigenfrequenz des mechanischen Systems f_e. Die Grenzen sind im Bild 9.6 gegeben [9.13].

Die Messung der Winkelgeschwindigkeit an der Last bereitet häufig Schwierigkeiten. In diesen Fällen ist es möglich, ein Regelstreckenmodell als „Beobachter" einzusetzen (Bild 9.7). Das Modell wird im Rechner softwaremäßig realisiert. Die Modellparameter sollen mit den Streckenparametern identisch sein. Die Reibungsmomente bleiben zunächst unberücksich-

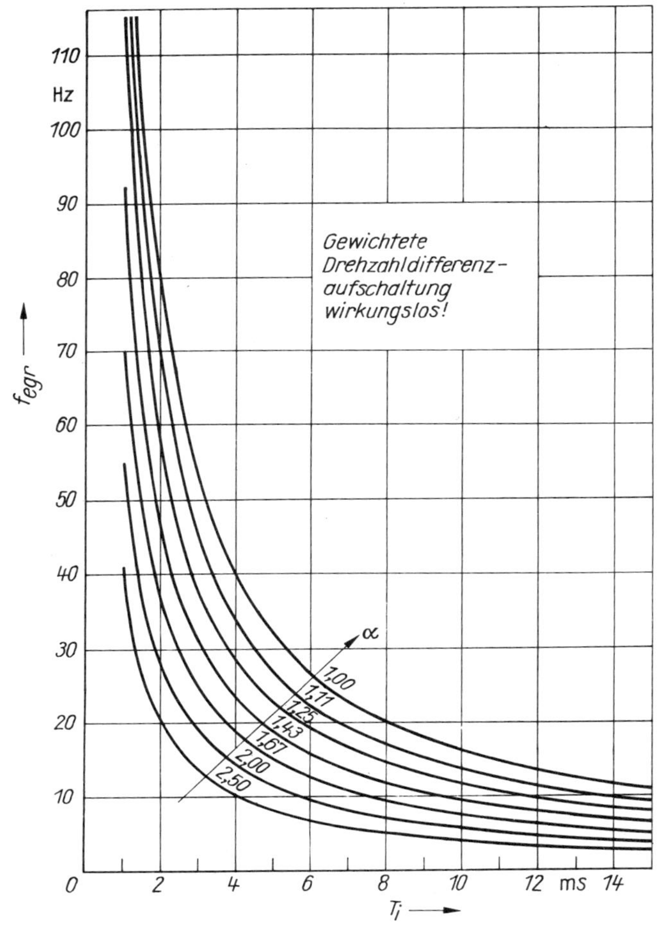

Bild 9.6
Anwendungsgrenzen der gewichteten Drehzahldifferenz-aufschaltung

f_e mechanische Eigenfrequenz des Systems ohne Drehzahldifferenz-aufschaltung
T_i Zeitkonstante des geschlossenen Stromregelkreises
α mittleres Parameterverhältnis der charakteristischen Gleichung

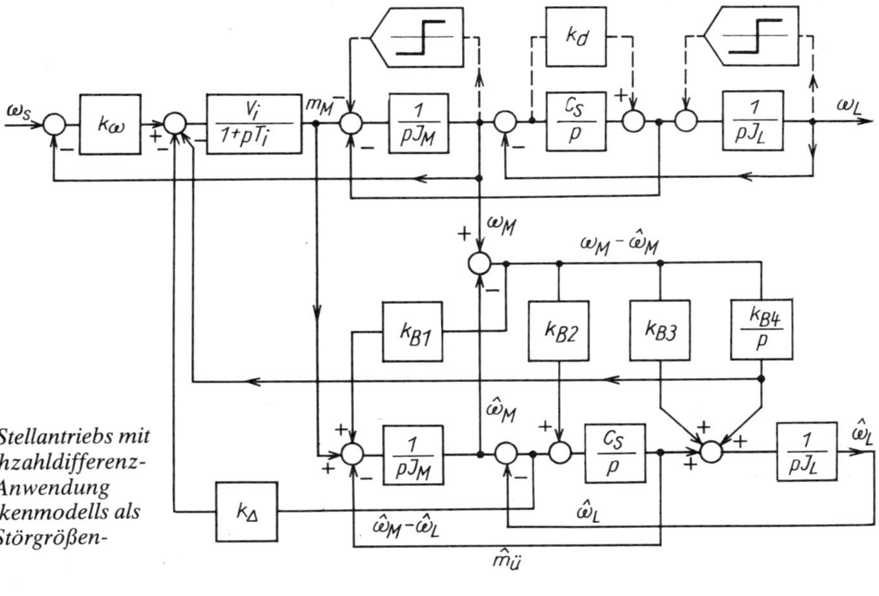

Bild 9.7
Regelung eines Stellantriebs mit gewichteter Drehzahldifferenz-aufschaltung – Anwendung eines Regelstreckenmodells als Zustands- und Störgrößen-beobachter

tigt. Die Streckenparameter müssen als weitgehend konstant vorausgesetzt werden. Das Modell wird mit der Ausgangsgröße des Stromregelkreises angesteuert; die Größen $\hat{\omega}_M$, $\hat{\omega}_L$ ($\hat{\omega}_M - \hat{\omega}_L$) können dem Modell entnommen werden. Es ist also auch problemlos möglich, die gewichtete Drehzahldifferenz $k_\Delta(\hat{\omega}_M - \hat{\omega}_L)$ aus dem Modell abzuleiten und als Korrektursignal auf den Eingang des Stromreglers zu schalten.

Um Parameterschwankungen und Störgrößeneinflüsse der Regelstrecke zu kompensieren, wird das leicht meßbare Signal ω_M der Regelstrecke mit dem Signal $\hat{\omega}_M$ des Modells verglichen. Aus der Differenz $\Delta\omega$ werden Korrektursignale abgeleitet, die unter Beachtung der Bewertungsfaktoren $K_{B1} \dots K_{B4}$ das Modell an die Regelstrecke anpassen. Zur vollständigen Unterdrückung des Fehlers wird auch der I-Anteil der Differenz auf das Modell aufgeschaltet. Zur Unterdrückung von Störgrößeneinflüssen wird ebenfalls das Integral der Drehzahldifferenz $\Delta\omega$ auf den Eingang des Stromreglers geschaltet. Als Drehzahlregler genügt dann ein P-Regler.

Beispiel 9.1. Reglerdimensionierung für ein elastisches mechanisches Übertragungssystem

Es wird ein Stellantrieb mit elastischem mechanischem Übertragungssystem vorausgesetzt, dessen Spiel hinreichend klein gegenüber dem Widerstandsmoment m_{wL} ist, so daß das Spiel

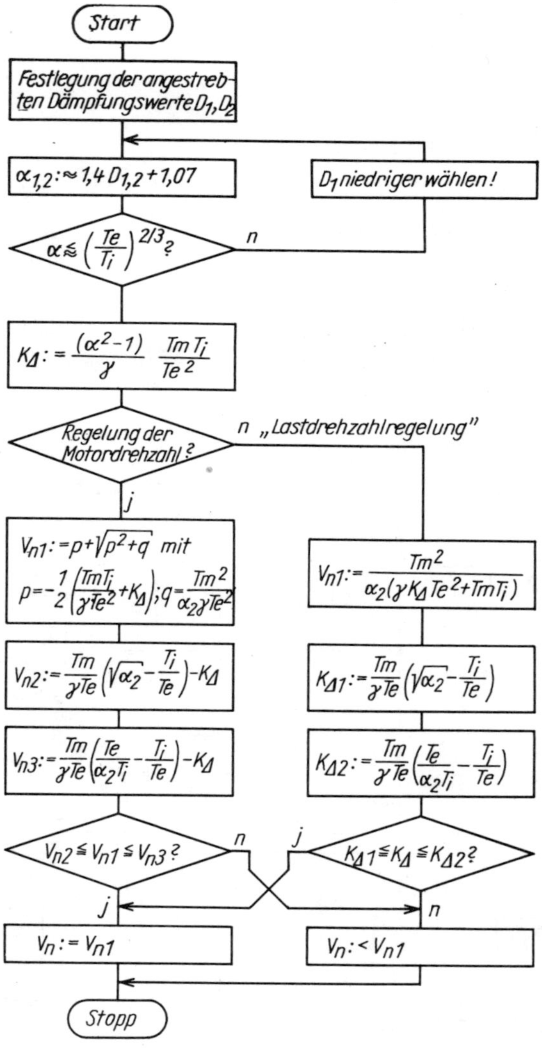

Bild 9.8
Programmablaufplan – Reglerdimensionierung mit gewichteter Drehzahldifferenzaufschaltung

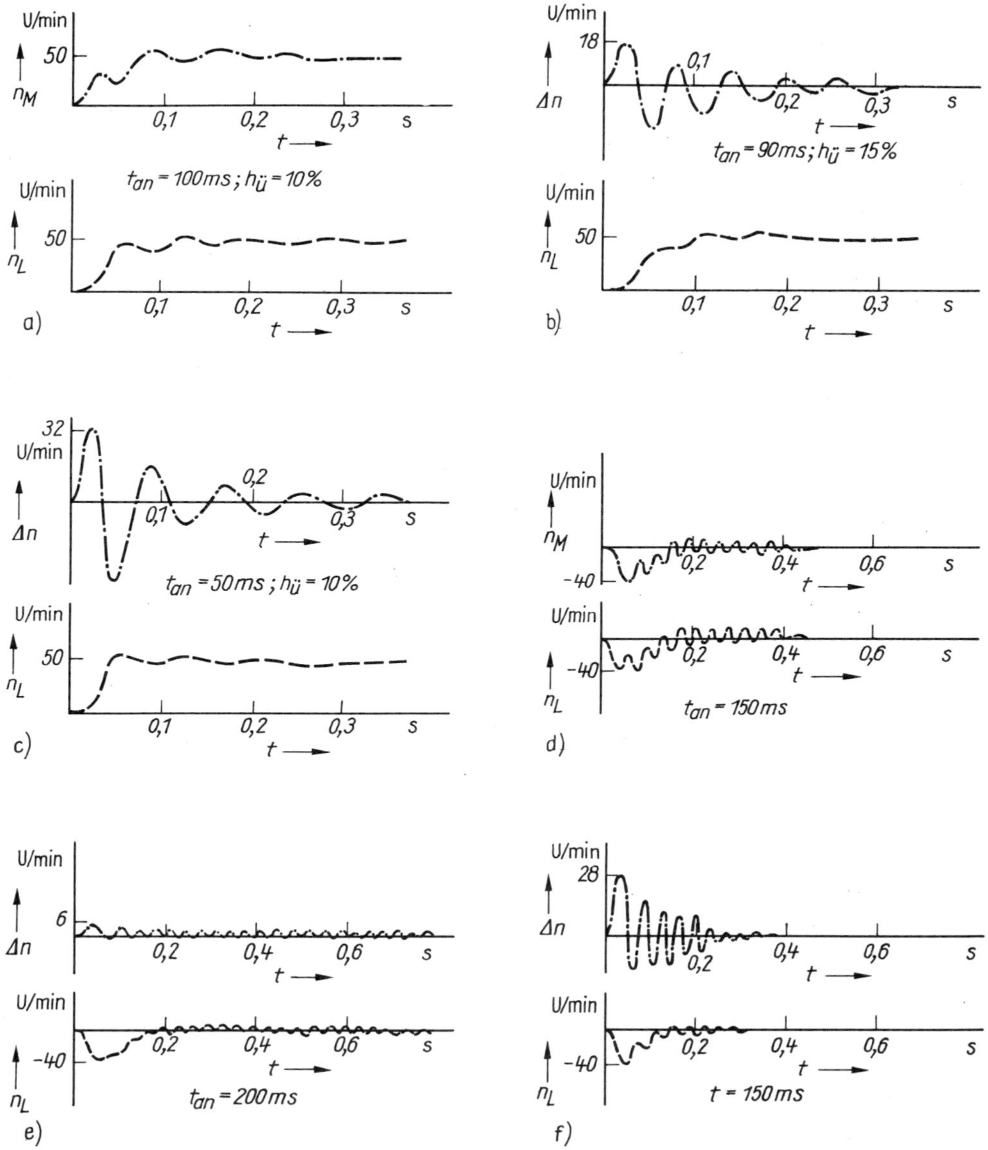

Bild 9.9. Gleichstromantrieb mit gewichteter Drehzahldifferenzaufschaltung ($T_m = 0{,}207$ s; $T_e = 0{,}013$ s; $T_i = 0{,}009$ s; $\gamma = 1{,}8$)

a) Sollwertsprung um 50 U/min; n_M-Regelung; Vergleichskurve
($K_\Delta = 0$; $V_n = 4{,}77$; $T_N = 0{,}207$ s)

b) Sollwertsprung um 50 U/min; n_M-Regelung;
$D_1 = 0{,}15$; $D_2 = 0{,}8$
($K_\Delta = 4$; $V_n = 4$; $T_N = 0{,}207$ s)

c) Sollwertsprung um 50 U/min; n_L-Regelung;
$D_1 = 0{,}15$; $D_2 = 0{,}6$
($K_\Delta = 4$; $V_n = 7{,}5$; $T_N = 0{,}207$ s)

d) Lastsprung um 20 N · m; n_M-Regelung; Vergleichskurve
($K_\Delta = 0$; $V_n = 4{,}77$; $T_N = 0{,}043$ s)

e) Lastsprung um 20 N · m; n_L-Regelung;
$D_1 = 0{,}15$; $D_2 = 0{,}8$
($K_\Delta = 1$; $V_n = 4$; $T_N = 0{,}043$ s)

f) Lastsprung um 20 N · m; n_L-Regelung;
$D_1 = 0{,}15$; $D_2 = 0{,}6$
($K_\Delta = 4$; $V_n = 7{,}5$; $T_N = 0{,}043$ s)

unberücksichtigt bleiben kann. Es findet das Prinzip der gewichteten Drehzahldifferenzaufschaltung Anwendung; der Signalflußplan entspricht Bild 9.5. Einer vereinfachten Dimensionierung wird

$$m_{\mathrm{wM}} \approx 0, \qquad k_{\mathrm{d}} \approx 0$$

zugrunde gelegt. Der Drehzahlregler R_ω sei ein Proportionalregler mit dem Verstärkungsfaktor V_{n}. Der Verstärkungsfaktor des Korrektursignals K_Δ und V_{n} sollen bestimmt werden. Bild 9.8 gibt den Programmablaufplan des Entwurfsgangs für die Regelung der Motordrehzahl oder Regelung der Lastdrehzahl an [Definition der Parameter entsprechend (9.8) bis (9.16)]. Bei Verwendung eines PI-Drehzahlreglers

$$R_\omega = V_{\mathrm{n}} \left(1 + \frac{1}{pT_{\mathrm{N}}}\right) \tag{9.17}$$

ist für dominierendes Störverhalten

$$T_{\mathrm{N}} \approx 2T_{\mathrm{m}}/V_{\mathrm{n}} \tag{9.18}$$

bzw. für Führungsverhalten

$$T_{\mathrm{N}} \approx T_{\mathrm{m}} \tag{9.19}$$

zu bemessen. Im Bild 9.9 sind einige experimentelle Ergebnisse zusammengestellt.

9.2. Zustandsregelung von Bewegungsabläufen

Der Zustand der Bewegung wird gekennzeichnet durch den Zustandsvektor

$$\boldsymbol{q}(t) = [m_{\mathrm{M}}; \omega_{\mathrm{M}}; \varphi_{\mathrm{T}}; \omega_{\mathrm{L}}; \varphi_{\mathrm{L}}]. \tag{9.20}$$

Der Einsatz eines Rechners ermöglicht die Regelung des Zustandsvektors ohne wesentlichen Mehraufwand gegenüber der klassischen Kaskadenstruktur. Er berechnet die Stellgröße y als Differenz der Führungsgröße φ_{s} und den gewichteten Komponenten des Zustandsvektors

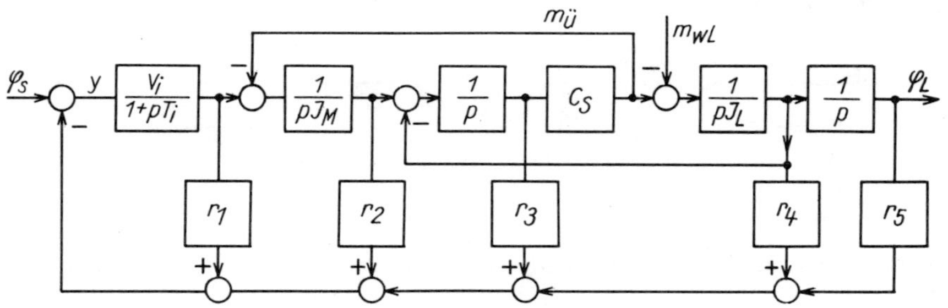

Bild 9.10. Lageregelkreis mit Zustandsrückführung

(Bild 9.10). Die Abtastzeit des Reglers sei hier so klein gegenüber den Eigenzeitkonstanten der Strecke, daß eine quasikontinuierliche Betrachtungsweise gerechtfertigt ist. Im Unterschied zur Kaskadenstruktur, die nicht für alle Parameterkombinationen optimal einstellbar ist, ermöglicht die Zustandsregelung auch für „weiche" mechanische Systeme optimale Bewegungsabläufe.

Die Regelstrecke wird beschrieben durch die Zustandsgleichung

$$\dot{\boldsymbol{q}} = \boldsymbol{A}\boldsymbol{q} + \boldsymbol{B}\boldsymbol{u} \tag{9.21}$$

mit dem Zustandsvektor

$$q = \begin{vmatrix} m_M \\ \omega_M \\ \varphi_T \\ \omega_L \\ \varphi_L \end{vmatrix} \tag{9.22}$$

und dem Steuervektor

$$u = \begin{vmatrix} y \\ m_w \end{vmatrix} \tag{9.23}$$

sowie der Systemmatrix

$$A = \begin{vmatrix} -\dfrac{1}{T_i} & 0 & 0 & 0 & 0 \\ \dfrac{1}{J_M} & 0 & -\dfrac{C_S}{J_M} & 0 & 0 \\ 0 & 1 & 0 & -1 & 0 \\ 0 & 0 & C_S/J_L & 0 & 0 \\ 0 & 0 & 0 & 1 & 0 \end{vmatrix} \tag{9.24}$$

und der Steuermatrix

$$B = \begin{vmatrix} \dfrac{V_i}{T_i} & 0 \\ 0 & 0 \\ 0 & 0 \\ 0 & -\dfrac{1}{J_L} \\ 0 & 0 \end{vmatrix}. \tag{9.25}$$

Der Ausgangsvektor ist mit dem Zustandsvektor identisch

$$x = q. \tag{9.26}$$

Für den geschlossenen Regelkreis gilt

$$y = \varphi_s - Rq \tag{9.27}$$

mit der Reglermatrix

$$R = \begin{vmatrix} r_1 & 0 & 0 & 0 & 0 \\ 0 & r_2 & 0 & 0 & 0 \\ 0 & 0 & r_3 & 0 & 0 \\ 0 & 0 & 0 & r_4 & 0 \\ 0 & 0 & 0 & 0 & r_5 \end{vmatrix}. \tag{9.28}$$

Das Eigenverhalten des geschlossenen Kreises für $\varphi_s = 0$ und $m_w = 0$ wird aus (9.21) und (9.27) beschrieben durch

$$\dot{q} = Aq - \frac{V_i}{T_i} Rq. \tag{9.29}$$

Daraus ergibt sich die charakteristische Gleichung zu

$$\det\left[pI - \boldsymbol{A} + \frac{V_i}{T_i} R\right] = 0; \qquad (9.30)$$

I Einsmatrix

Durch Auflösung der Determinante wird

$$a_0 + a_1 p + a_2 p^2 + a_3 p^3 + a_4 p^4 + a_5 p^5 = 0. \qquad (9.31)$$

Die Parameter der charakteristischen Gleichung können den Erfordernissen entsprechend gewählt werden.
Die Schnelligkeit des Systems wird gekennzeichnet durch die Eigenzeitkonstante

$$T_E = \frac{a_1}{a_0}. \qquad (9.32)$$

Die Dämpfung des Systems wird gekennzeichnet durch das Parameterverhältnis

$$\alpha = \frac{a_1}{a_0 a_2} = \frac{a_2}{a_1 a_3} = \ldots = \frac{a_4}{a_3 a_5}. \qquad (9.33)$$

Theoretisch kann T_E beliebig festgelegt werden. Der Dämpfungsfaktor sollte im Bereich

$$\alpha = 1{,}75 \ldots 2{,}0 \ldots 2{,}5 \qquad (9.34)$$

liegen [9.15].
Die Parameter der Reglermatrix sind aus den Parametern der charakteristischen Gleichung zu bestimmen. Die praktische Anwendung des Prinzips der Zustandsregelung unterliegt einigen Einschränkungen.
Bedingt durch die diskontinuierliche Arbeitsweise des Stellgliedes und die damit verbundene Stromregelung folgt das dem Strom proportionale Motormoment der Führungsgröße nicht unverzögert. Angenähert kann der Stromregelkreis als Proportionalglied mit Verzögerung 1. Ordnung beschrieben werden. Es ist

$$T_i \approx T_{Puls}; \qquad (9.35)$$

T_{Puls} Pulsperiode des Stromregelkreises.

Eine weitere Beeinflussung dieser Zeitkonstante ist nicht möglich; sie tritt als nicht ausregelbare Restzeitkonstante auf und begrenzt die mögliche Dynamik der Zustandsregelung.

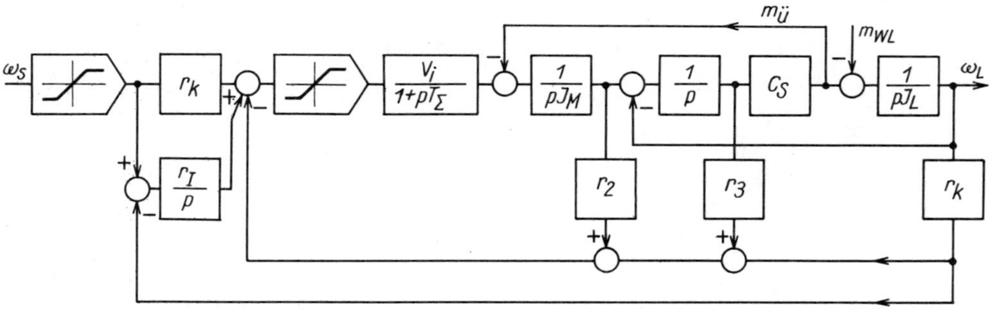

Bild 9.11. Zustandsregelung der Drehzahl

Die Begrenzungen der Zustandsgrößen Motorstrom bzw. Motormoment, Motordrehzahl bzw. Lastdrehzahl schränken die Dynamik des Systems und den Gültigkeitsbereich linearer Optimierungsvorschriften ein. Die Zustandsregelung ist nur auf Abschnitte der Regelstrecke ohne innere Begrenzung anwendbar. Praktikabel ist damit eine Drehzahlregelung nach Bild 9.11. Die Stellgröße ist begrenzt:

$$y \leqq Y_{max}.$$

Das Motormoment folgt der Stellgröße verzögert:

$$\frac{m_M(p)}{y(p)} = \frac{1}{1 + pT_\Sigma}. \tag{9.36}$$

Dabei berücksichtigt T_Σ neben der Ersatzzeitkonstante des geschlossenen Stromregelkreises auch andere parasitäre Zeitkonstanten, die z. B. im Zusammenhang mit der Meßwerterfassung und -verarbeitung auftreten können.
Im Interesse eines günstigen Führungs- und Störungsverhaltens wird neben der Regelgröße ω_L als Komponente des Zustandsvektors das Integral der Regelgröße

$$x = \int (\omega_S - \omega_L)\,dt \tag{9.37}$$

auf den Eingang zurückgeführt.
Der Zustandsvektor ist

$$\boldsymbol{q} = \begin{vmatrix} \omega_M \\ \varphi_T \\ \omega_L \end{vmatrix}, \tag{9.38}$$

der Steuervektor

$$\boldsymbol{u} = \begin{vmatrix} m_M \\ m_w \end{vmatrix}, \tag{9.39}$$

die Systemmatrix

$$\boldsymbol{A}' = \begin{vmatrix} 0 & -C_S/J_M & 0 \\ 1 & 0 & -1 \\ 0 & C_S/J_L & 0 \end{vmatrix} \tag{9.40}$$

und die Steuermatrix

$$\boldsymbol{B} = \begin{vmatrix} 1/J_M & 0 \\ 0 & 0 \\ 0 & -1/J_L \end{vmatrix}. \tag{9.41}$$

Ferner gilt

$$\frac{m_M}{y} = \frac{1}{1 + pT_\Sigma} \tag{9.42}$$

$$y = r_A\omega_S + \frac{r_1}{p}(\omega_S - \omega_L) - \boldsymbol{Rq} \tag{9.43}$$

mit der Reglermatrix

$$\boldsymbol{R} = \begin{vmatrix} r_2 & 0 & 0 \\ 0 & r_3 & 0 \\ 0 & 0 & r_4 \end{vmatrix}. \tag{9.44}$$

Das Eigenverhalten des geschlossenen Kreises für $\omega_S = 0$ und $m_w = 0$ wird aus (9.21) und (9.43) beschrieben durch

$$\dot{\boldsymbol{q}} = \boldsymbol{Aq} - \frac{1}{J_M}\frac{1}{1 + pT_\Sigma}\left(\frac{r_1}{p}\,\omega_L + \boldsymbol{Rq}\right). \tag{9.45}$$

Die zugehörige charakteristische Gleichung

$$a_0 + a_1p + a_2p^2 + a_3p^3 + a_4p^4 + a_5p^5 \tag{9.46}$$

ist von 5. Ordnung.
Durch das Auftreten des Ausdrucks $(1 + pT_\Sigma)$ bestehen Einschränkungen bezüglich der Wahl der Koeffizienten. Die mögliche Dynamik des Systems wird durch die nicht zu kompensie-

rende Zeitkonstante T_Σ begrenzt. Genauere Untersuchungen [9.15] führen im vorliegenden Fall auf

$$T_E = T_\Sigma \alpha_1 \alpha_2 \alpha_3 \alpha_4;$$

$T_E = a_1/a_0$ Eigenzeitkonstante des Systems
$\alpha_1 \dots \alpha_{(n-1)}$ Parameterverhältnisse nach (9.33).

Liegen wesentliche Änderungen der Regelstreckenparameter vor, können mit adaptiven Zustandsregelungen sehr gute Ergebnisse erreicht werden. Bild 9.12 veranschaulicht eine Struktur mit gesteuerter Parameteradaption. Ein Adaptionsalgorithmus I bestimmt den einzigen veränderlichen Parameter der Regelstrecke C_S/J_L aus den im Rechner anstehenden Signalen φ_T und ω_L. In Abhängigkeit von C_S/J_L erfolgt in diskreten Stufen die Umschaltung der extern vorausberechneten und in den Rechner eingespeicherten Reglerparameter $r_2 \dots r_A$.

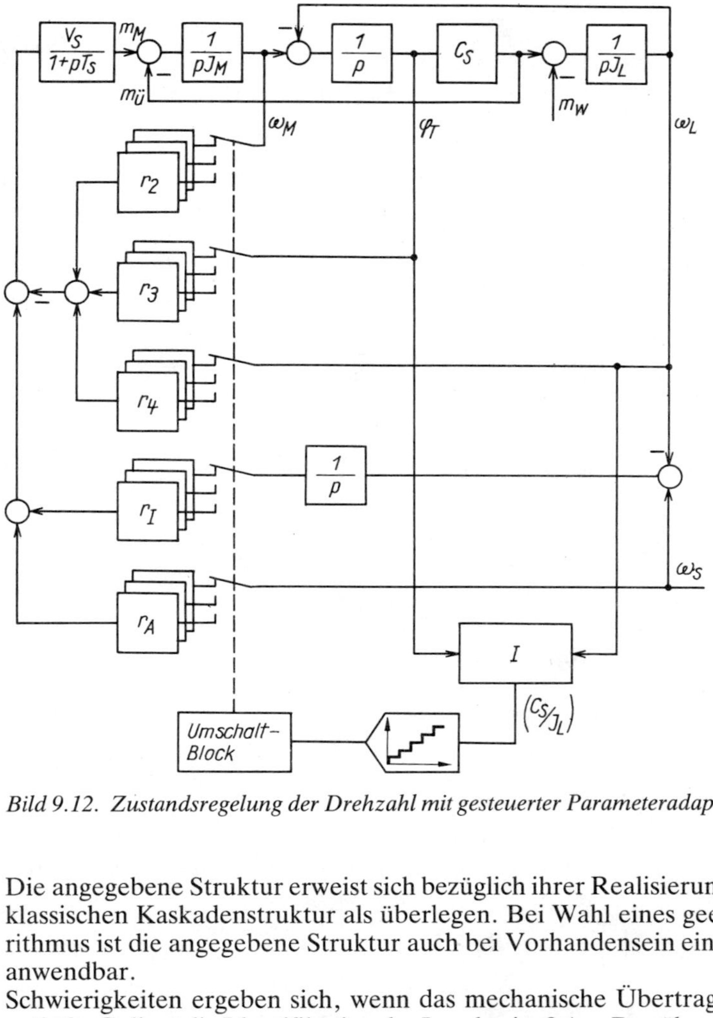

Bild 9.12. Zustandsregelung der Drehzahl mit gesteuerter Parameteradaption

Die angegebene Struktur erweist sich bezüglich ihrer Realisierung im Rechner gegenüber der klassischen Kaskadenstruktur als überlegen. Bei Wahl eines geeigneten Identifikationsalgorithmus ist die angegebene Struktur auch bei Vorhandensein eines Reibmoments an der Last anwendbar.

Schwierigkeiten ergeben sich, wenn das mechanische Übertragungssystem außerdem Spiel enthält. Gelingt die Identifikation der Losebreite 2Δ, z. B. während des Hochlaufvorgangs des Antriebs, können durch Einbau einer Unempfindlichkeitszone 2Δ in den Kanal der φ_T-Rückführung sehr gute Ergebnisse erzielt werden. Die zusammengefaßte Struktur ist im Bild 9.13 dargestellt. Dort ist außerdem eine der Drehzahlregelung überlagerte Lageregelung berücksichtigt. Diese bietet insofern keine besonderen Probleme, als die unterlagerte Drehzahlrege-

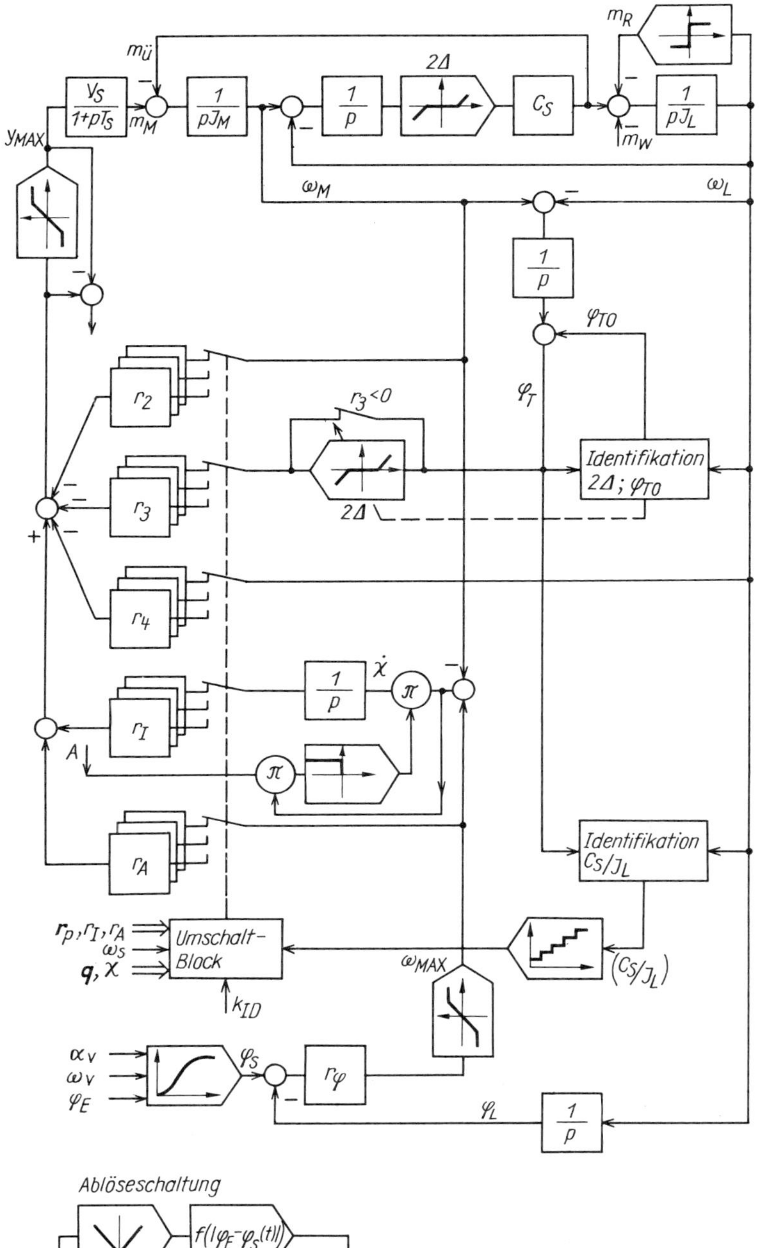

Bild 9.13.
Zustandsregelung der Drehzahl mit C_S/J_L und 2-Δ-Adaption sowie überlagerter Lageregelschleife

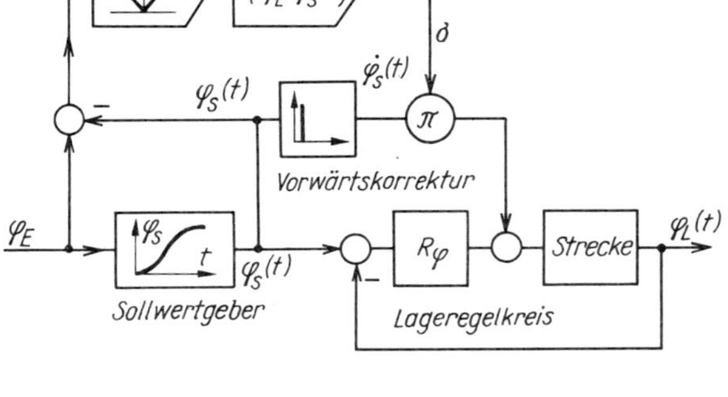

Bild 9.14
Lageregelkreis mit nichtlinearer Vorwärtskorrektur
σ Signal zur Steuerung der Geschwindigkeitsaufschaltung

lung auf Grund der adaptiven Zustandsregelung durch eine Übertragungsfunktion gekennzeichnet wird, die von den Veränderungen der Regelstreckenparameter unabhängig ist.
Durch Aufschalten der bewerteten ersten Ableitung des Lage-Sollwertes ist es in bekannter Weise möglich, den Geschwindigkeitsfaktor der Lageregelung zu kompensieren. Diese Aufschaltung im Sinne einer Vorwärtskorrektur führt jedoch am Ende eines Positioniervorgangs zum Überschwingen der Regelgröße. Der Rechnerregler ermöglicht eine adaptive Vorwärtskorrektur nach Bild 9.14, bei der die $\dot{\varphi}_s$-Aufschaltung unwirksam gemacht wird, wenn die Differenz zwischen Lage-Endwert φ_E und aktuellem Lage-Sollwert φ_s oder zwischen Lage-Endwert φ_E und aktuellem Lage-Istwert φ_L eine bestimmte Grenze ε unterschreitet:

$$(\varphi_E - \varphi_S) \begin{array}{ll} > \varepsilon: & \sigma = 1 \\ \leqq \varepsilon: & \sigma = 0 \end{array} \tag{9.47}$$

oder

$$(\varphi_E - \varphi_L) \begin{array}{ll} > \varepsilon: & \sigma = 1 \\ \leqq \varepsilon: & \sigma = 0. \end{array}$$

Optimales Kleinsignalverhalten wird mit optimalem Großsignalverhalten kombiniert für

$$\begin{aligned} \sigma &= 1 && \text{bei} \quad [\varphi_E - \varphi_s] \geqq \Omega_s T_\omega \\ \sigma &= \frac{(\varphi_E - \varphi_s)}{\Omega_s T_\omega} && \text{bei} \quad [\varphi_E - \varphi_s] < \Omega_s T_\omega; \end{aligned} \tag{9.48}$$

Ω_s Rampenanstieg des Sollwertsignals φ_s
T_ω Anregelzeit des Drehzahlregelkreises.

Beispiel 9.2. Adaptive Zustandsregelung

Ein Stellantrieb mit schwingungsfreier Mechanik soll mit Hilfe einer Zustandsregelung so stabilisiert werden, daß er beliebigen Führungsgrößenänderungen möglichst unverzögert und überschwingungsfrei folgt. Die Eigenfrequenz des mechanischen Systems

$$f_e = \frac{1}{2\pi} \sqrt{C_S \left(\frac{1}{J_L} + \frac{1}{J_M}\right)} \tag{9.49}$$

liegt bei $f_e = 20\,\text{Hz}$. Der Rechner arbeitet mit einer Abtastzeit $T = 0{,}006\,\text{s}$. Dem entspricht eine Abtastfrequenz

$$f_p = 167\,\text{Hz}.$$

Wegen $f_p > 6 f_e$ ist es möglich, das System auf der Grundlage der kontinuierlichen Übertragungsfunktionen zu berechnen (vgl. Abschn. 3.2). Es gilt der im Bild 9.15 dargestellte Signalflußplan. Die Messung der Drehzahlen erfolgt durch Integration von Impulsen eines inkrementalen Gebers und Abtastung mit der Tastzeit T. Der Torsionswinkel φ_T bzw. der Lastwinkel φ_L ergibt sich durch Integration

$$\varphi_T(k) = \varphi_T\,(k-1) + T\,[\omega_m\,(k-1) - \omega_L\,(k-1)] \tag{9.50}$$

$$\varphi_L(k) = \varphi_L\,(k-1) + T\omega_L\,(k-1); \tag{9.51}$$

T Abtastzeit.

Im Interesse einer einfachen Realisierung mit Festkommaarithmetik werden die Reglerkoeffizienten als Potenzen von 2 festgelegt. Das Reglerausgangssignal bildet über ein Halteglied den Strom-Sollwert. Rechner- und Meßzeit T_R und T_M bilden gemeinsam mit der nichtkompensierbaren Zeitkonstante T_i des geschlossenen Stromregelkreises die Summenzeitkonstante des Systems

$$T_\Sigma = T_R + T_m + T_i,$$

die nach (9.46) letztlich die mögliche Dynamik begrenzt.

Die Arbeitspunktabhängigkeit der Regelstrecke wird durch nur einen Parameter J_L/C_S charakterisiert. Die Identifikation dieses Parameters erfolgt im Rechner nach der Beziehung

$$C_S/J_L = \frac{\dot\omega_L}{\dot\varphi_T} + \frac{\dot m_w + \dot m_R}{J_L\dot\varphi_T} \simeq \frac{\dot\omega_L}{\dot\varphi_T}. \tag{9.52}$$

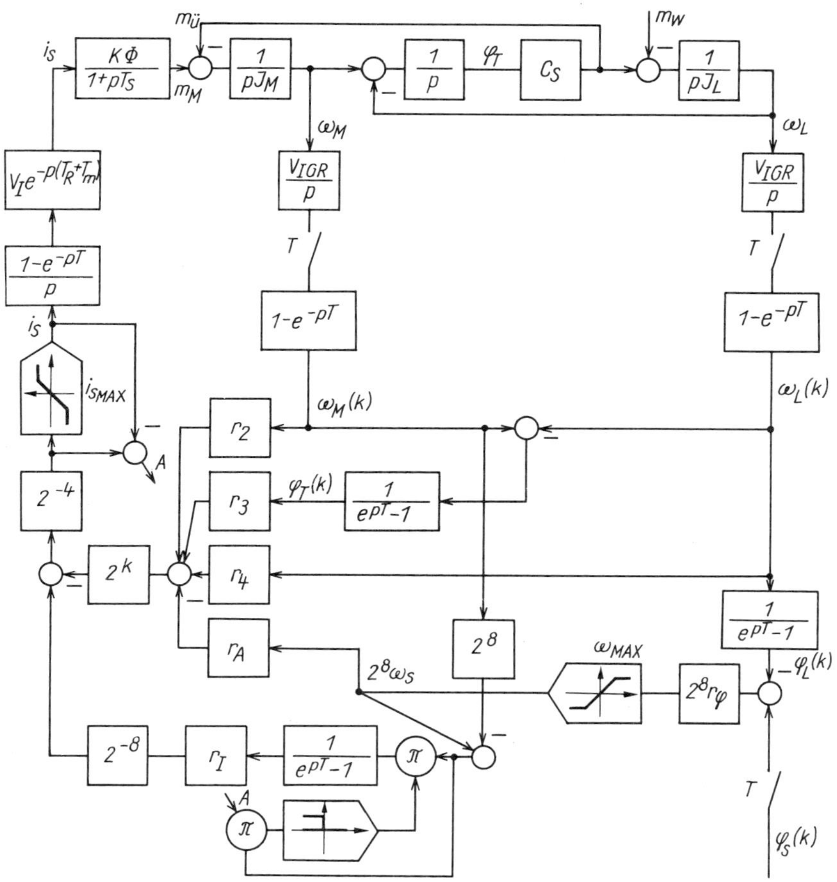

Bild 9.15. Signalflußplan einer adaptiven Zustandsregelung bei quasikontinuierlicher Betrachtung

Eine entsprechend hohe Auflösung der Signale ist erforderlich. Die den zu erwartenden C_S/J_L-Werten zugeordneten Reglerparameter werden off-line vorausberechnet und in einem EPROM hinterlegt. Um unzulässige Sprünge der Zustandsgrößen zu vermeiden, erfolgt in jedem Abtastschritt nur eine begrenzte Parameterverstellung (Programmablaufplan im Bild 9.16). Bei spielbehafteten Regelstrecken wird anstelle der Lastwinkelgeschwindigkeit die Motorwinkelgeschwindigkeit ω_M auf den I-Anteil des Drehzahlreglers geführt.

Eine Identifikation des Spieles, beispielsweise nach dem Einschalten des Antriebs während des Hochlaufvorgangs, ist nach dem im Bild 9.17 dargestellten Programmablaufplan möglich. Es wird geprüft, ob die Winkelbeschleunigung der Last $\dot\omega_L$ größer oder kleiner als ein vorgegebener Grenzwert α_ε ist. Sobald die mechanische Übertragung eine kraftschlüssige Verbindung darstellt, ist die Bedingung $\dot\omega_L > \alpha_\varepsilon$ bzw. $\dot\omega_L < -\alpha_\varepsilon$ gegeben. Dieser Fall wird mit möglicher Genauigkeit erfaßt; der dabei auftretende Winkel

$$\varphi_T = \int (\omega_M - \omega_L)\,dt \tag{9.53}$$

entspricht dem Loseanteil φ_{Δ^+} bzw. φ_{Δ^-}.

Identifikation von $J_L/C_S T^2$

- $\dddot{\omega}_L := \omega_L(k) - 2\omega_L(k-1) + \omega_L(k-2)$
- $\ddot{\omega}_L := \omega_L(k) - \omega_L(k-1)$
- $\dot{\varphi}_T := \omega_M(k) - \omega_L(k)$
- $\dddot{\omega}_L > \dddot{\omega}_{MIN}$?
- $\ddot{\omega}_L > \ddot{\omega}_{MIN}$?
- $\dot{\varphi}_T < \dot{\varphi}_{TGRENZWERT}$?
- $\dfrac{J_L}{C_S T^2} := \dfrac{1}{\lambda}\left\{\left(\dfrac{J_L}{C_S T^2}\right)(\lambda - 1) + \dfrac{\dot{\varphi}_T}{\ddot{\omega}_L}\right\}$
- $\lambda \geq 1$ Wichtungsfaktor

Identifikation von 2Δ

- $i = 1$?
- $\ddot{\omega}_L < -\alpha_\varepsilon$? $\ddot{\omega}_L > \alpha_\varepsilon$?
- $\varphi_{\Delta-} := \varphi_T(k-2)$ $\varphi_{\Delta+} := \varphi_T(k-2)$
- $i := 0$ $i := 1$
- $2\Delta := \dfrac{1}{2}(2\Delta + \varphi_{\Delta+} - \varphi_{\Delta-})$
- $\varphi_T(0) := -\dfrac{1}{2}(\varphi_{\Delta+} + \varphi_{\Delta-})$

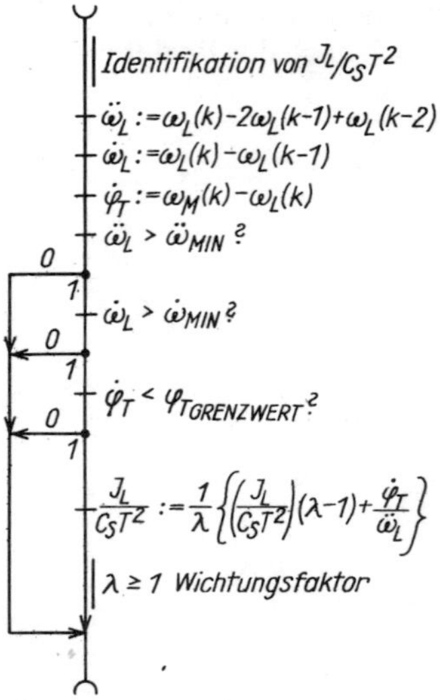

Bild 9.16. Identifikation des Parameters $I_L/C_S \cdot T^2$ und Steuerung der Reglerparameter – Programmablaufplan

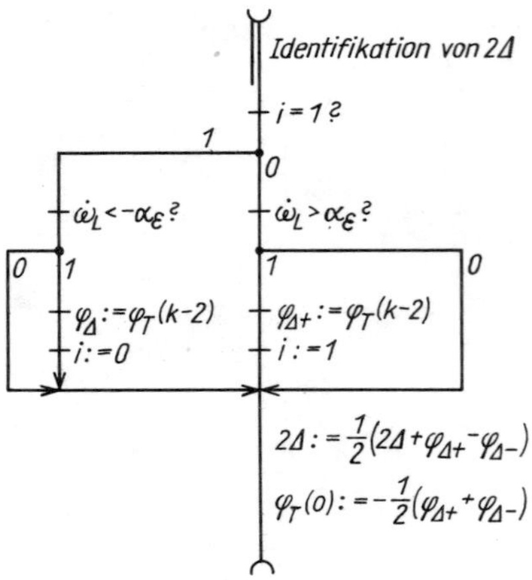

Bild 9.17. Identifikation des Spiels 2Δ – Programmablaufplan

Start

- Ermittlung aller Entwurfsparameter
- Berechnung der Reglerverstärkungen
- Überprüfung:
  1. $r_1 > 0 \wedge T_E = \dfrac{r_2 + r_4}{r_1} \to r_2 + r_4 > 0!$
  2. $r_2 + r_4 > 0 \to r_2 > -r_4$ (Einstellwerte!)
  3. $r_1 \approx 0 \to r_1 := \beta r_1,\ r_2 := \beta r_2,\ r_4 := \beta r_4\ (\beta > 1)$
- experimentelle Ermittlung der Sprungantwort
- Regelkreis stabil?

$$T_\omega \approx 2 \prod_{i=1}^{k-1} d_i \cdot T_S$$

- Schwingungen in der Sprungantwort?

Stop

- Variieren von r_4 und $r_2 = T_E r_1 - r_4$
- experimentelle Ermittlung der Sprungantwort
- bestmögliche Verminderung der Schwingungen erreicht?

- Variieren von r_3
- experimentelle Ermittlung der Sprungantwort
- bestmögliche Verminderung der Schwingungen erreicht?

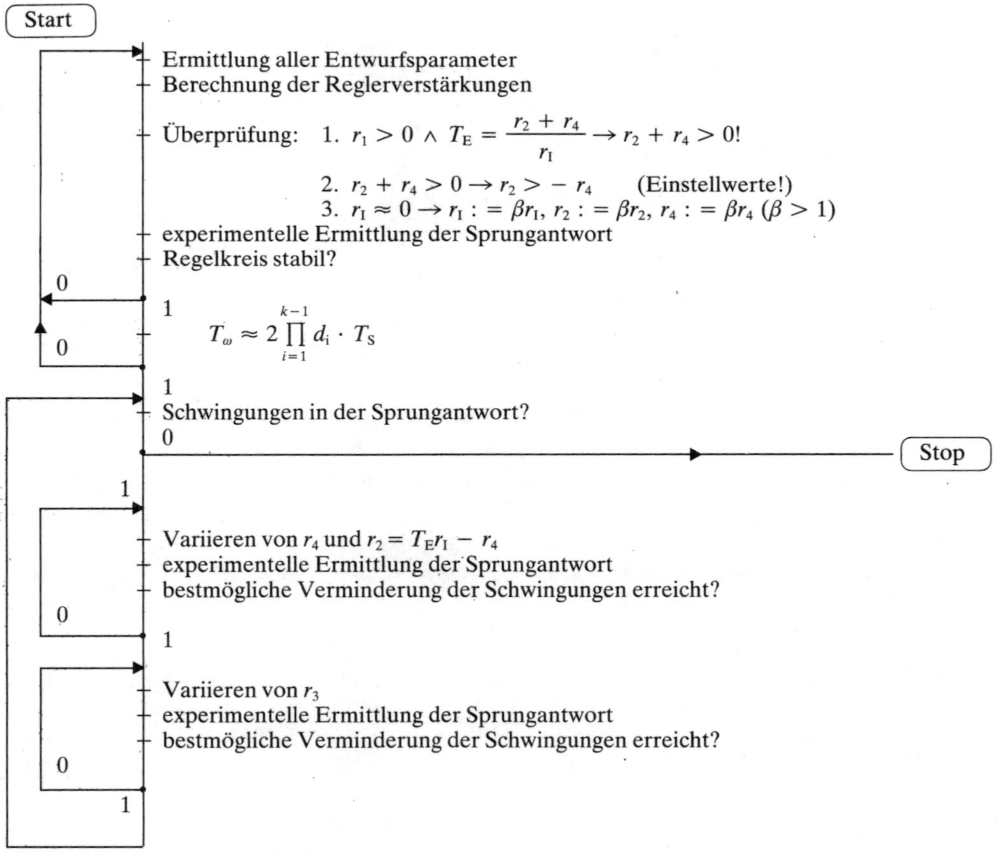

Bild 9.18. Nachoptimierung der Zustandsregelung – Optimierungsstrategie

Unabhängig von der zufälligen Anfangslage ist die gesamte Losebreite

$$2\Delta = \varphi_{\Delta^+} - \varphi_{\Delta^-}. \tag{9.54}$$

Zu ihrer Bestimmung muß also nacheinander das Einsetzen einer positiven Beschleunigung $\dot{\omega}_L > \alpha_\varepsilon$ und einer negativen Beschleunigung $\dot{\omega}_L < \alpha_\varepsilon$ ausgewertet werden. Der Anfangswert des Winkels ergibt sich zu

$$\varphi_T(0) = -\frac{1}{2}(\varphi_{\Delta^+} + \varphi_{\Delta^-}) \tag{9.55}$$

und wird zur Symmetrierung in der Rechnung berücksichtigt. Aus rechentechnischen Gründen wird zur Bestimmung von φ_Δ der zweite Vergangenheitswert von φ_T herangezogen. Die Losebreite 2Δ wird als Mittelwert des vorangegangenen Wertes und des nach (9.54) neu zu bestimmenden Wertes zu

$$2\Delta := \frac{1}{2}(2\Delta + \varphi_{\Delta^+} - \varphi_{\Delta^-}) \tag{9.56}$$

berechnet.

Bei der Inbetriebnahme erfolgt eine Nachoptimierung der Regelung. Die Zustandsregelung erfordert dazu eine spezielle Strategie, die durch den Programmablaufplan im Bild 9.18 wiedergegeben wird.

Die gemessenen Sprungantworten des Drehzahlregelkreises (Bild 9.19) zeigen das erwartet gute dynamische Verhalten. Die Zustandsgröße φ_T ist dem zu übertragenden Moment proportional. Es wird deutlich, daß bei schneller Reglereinstellung ($\alpha_4 = 1{,}2$) eine erhebliche Drehmomentspitze auftritt, die nicht in jedem Falle zulässig ist.

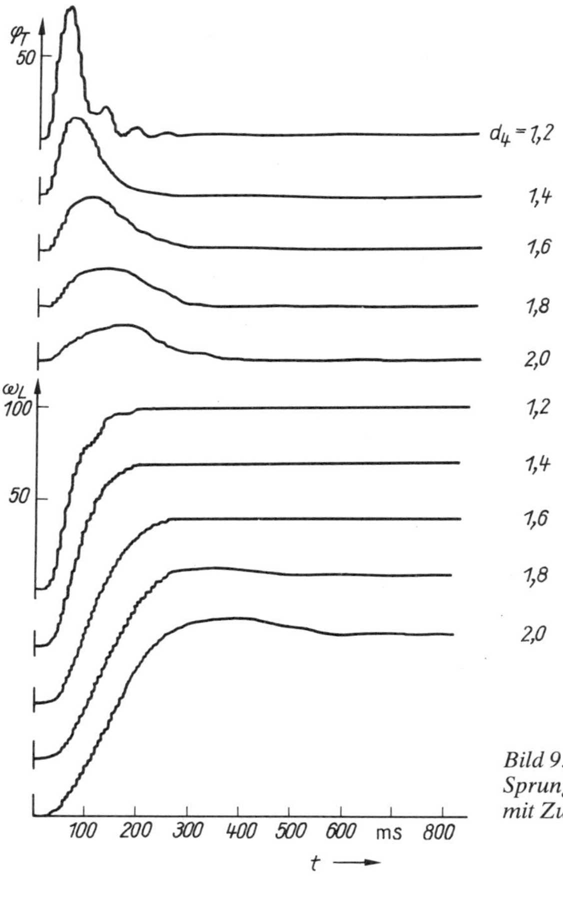

Bild 9.19
Sprungantwort des Drehzahlregelkreises mit Zustandsregelung

9.3. Steuerung von Bewegungsabläufen

Die Regelung der Zustandsgrößen gewährleistet im linearen Bereich weitgehend die Übereinstimmung des Vektors der Regelgröße mit dem Führungsgrößenvektor. Die Zustandsregelung liefert keine befriedigenden Ergebnisse, wenn interne Begrenzungen wirksam werden. Die Aufgabe der Führungsgrößensteuerung (vgl. Abschn. 4.3) besteht darin, den Vektor der Führungsgröße so vorzugeben, daß die inneren Begrenzungen des Systems nicht wirksam werden, jedoch unter guter Ausnutzung des Linearitätsbereichs ein optimaler Bewegungsablauf verwirklicht wird. Die Forderung nach Stoß- und Ruckfreiheit der Vorgabe ist beim zustandsgeregelten Antrieb unnötig. Die Dämpfung der eigenfrequenten Schwingungen erfolgt – solange die Begrenzung der Stellgröße nicht wirksam wird – durch die Regelung und gestattet auch sprungförmige Sollwerte und Störgrößen. Vom Lage-Sollwert wird lediglich erwartet, daß seine erste Ableitung kleiner ist als die mögliche maximale Winkelgeschwindigkeit des Motors und daß seine zweite Ableitung kleiner ist als die mögliche maximale Winkelbeschleunigung der mit dem Motor verkoppelten Massenträgheitsmomente. Es wird also ein Bewegungsablauf gefordert, der bezüglich der Lage aus Rampenabschnitten (ω = konst.) und Parabelabschnitten ($\dot{\omega}$ = konst.) zusammengesetzt ist. Das entspricht einem zeitoptimalen Verlauf der Bewegung.

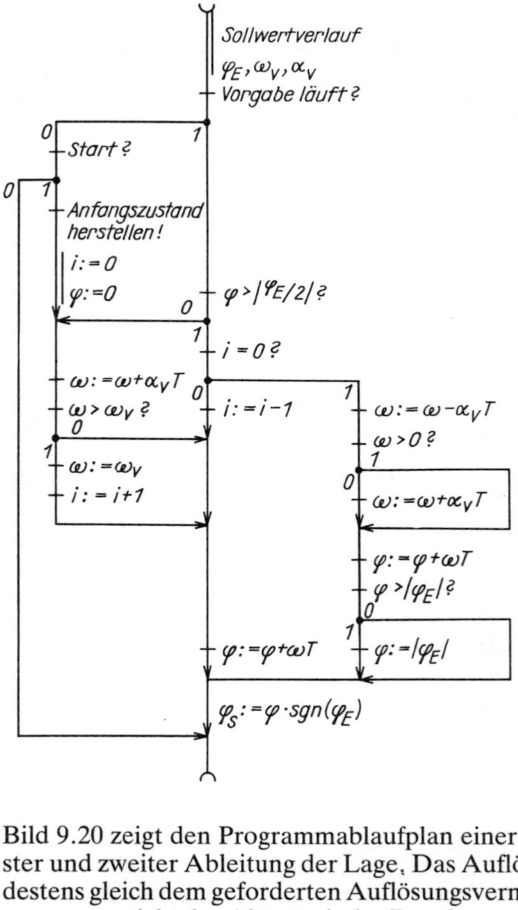

Bild 9.20
Steuerung der Führungsgröße der Lage mit begrenzter erster und zweiter Ableitung – Programmablaufplan

Bild 9.20 zeigt den Programmablaufplan einer Führungsgrößensteuerung mit begrenzter erster und zweiter Ableitung der Lage. Das Auflösungsvermögen der Führungsgröße muß mindestens gleich dem geforderten Auflösungsvermögen der Regelgröße sein. Die zeitliche Abtastung entspricht der Abtastzeit der Regelung.

10. Entwurf, Prüfung und Inbetriebnahme digitaler Regelungen

10.1. Analyse und Beschreibung des Funktionsumfangs

Der Funktionsumfang digitaler Regeleinrichtungen umfaßt die Gesamtheit der dem jeweiligen Antrieb zuzuordnenden Steuerungs-, Regelungs- und Schutzfunktionen sowie die Kommunikation mit dem Bediener und mit der übergeordneten Automatisierungseinrichtung. Die Schnittstellen der Regeleinrichtung zum Stellglied, zu den Meßgliedern, zu externen Bedieneinrichtungen und zum übergeordneten Automatisierungssystem begrenzen die Funktionseinheit gerätemäßig und begrenzen den möglichen Funktionsumfang ebenso wie die innere gerätemäßige Konfiguration (Bild 10.1).

Drehmomenteinprägung		
stromrichterspezifische Funktionen	motorspezifische Funktionen	Primärschutz

Anwendungsfunktionen	
Standardfunktionen	nutzerspezifische Funktionen

Servicefunktionen				
Selbsteinstellung	Diagnose	Kommunikation		
		Mensch-Maschine-Kommunikation	Prozeßeingabe und -ausgabe	Kommunikation mit dem Automatisierungssystem

Bild 10.1. Funktionsumfang eines Antriebs

Digitale Regeleinrichtungen sind Serienerzeugnisse, die in einer bestimmten Variationsbreite unterschiedlichen Anwenderforderungen entsprechen müssen. Grundlage des Hardware- und Softwareentwurfs ist also die Analyse des typischen Funktionsumfangs. Der erreichte Integrationsgrad mikroelektronischer Schaltkreise rechtfertigt es, den typischen Funktionsumfang so reichlich festzulegen, daß eine große Einsatzbreite einer einheitlich zu fertigenden Funktionseinheit möglich wird.

Im Ergebnis der Analyse ist der als notwendig erkannte Funktionsumfang klar zu beschreiben. Das geschieht gerätemäßig durch Angabe

- der Art und Anzahl der Schnittstellen
- der Anzahl der Binär-, Digital-, Analog-Ein- und -Ausgänge
- des Umfangs der Speicher- und Zählbausteine
- der Anzahl und der Art der Prozessoren
- zur Synchronisation und Taktsteuerung
- zur Stromversorgung.

Neben der gerätemäßigen Beschreibung des Funktionsumfangs dient eine funktionelle Beschreibung der Klarstellung typischer Funktionsabläufe.

Eine brauchbare funktionelle Beschreibung muß

- klar und für Nichtspezialisten verständlich sein, sie bedient sich daher vorzugsweise graphischer Funktionsdarstellungen

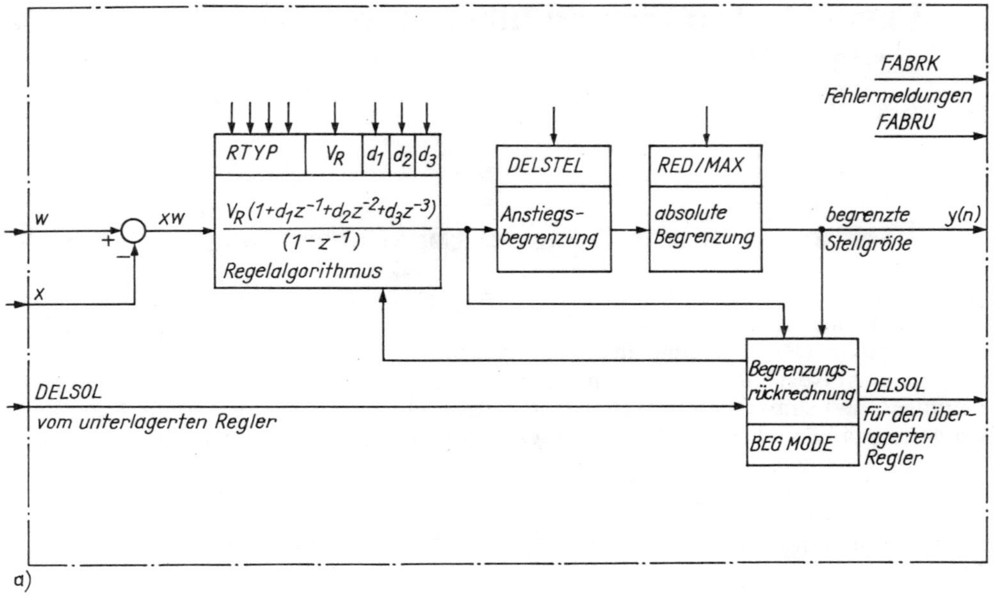

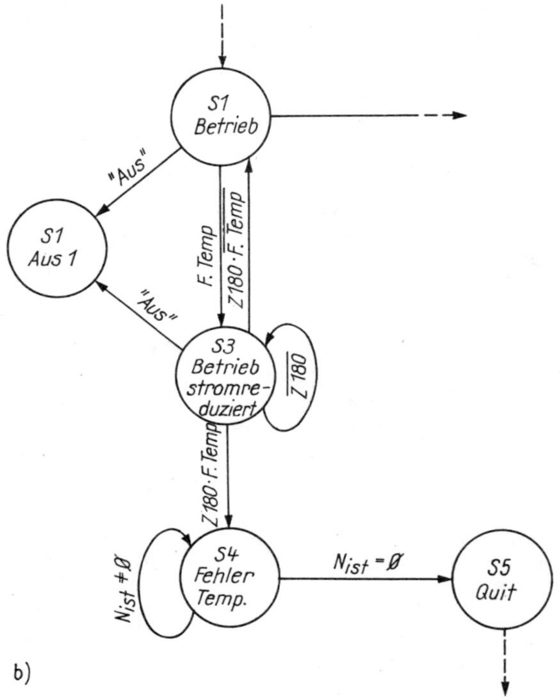

Bild 10.2. Funktionsbeschreibung eines Reglers

a) Blockdarstellung des arithmetischen Funktionsumfangs (Signalflußplan)

b) Ausschnitt aus dem Steuerprogramm des Reglers
– Fehlerüberwachung und Behandlung bei Übertemperatur des Kühlkörpers als Zustandsgraph

c) Ausschnitt aus dem Steuerprogramm des Reglers
– Fehlerüberwachung und Behandlung bei Übertemperatur des Kühlkörpers als sequentieller Funktionsplan

Aktionen: *S1* Normalbetrieb; *S2* $N_{soll} = 0$ vorgeben (Antrieb herunterfahren); *S3* Strombegrenzung absenken, Zeitgeber 180 s starten; *S4* $N_{soll} = 0$ vorgeben, Störungsmeldung ausgeben; *S5* Schütze abschalten, auf Fehlerquittierung warten

- ausgehend von einer Grobdarstellung der Zusammenhänge, schrittweise eine Verfeinerung zulassen
- kontinuierliche und diskontinuierliche Abläufe darzustellen gestatten
- in Inhalt und zeichnerischer Darstellung rechnerfreundlich sein, damit der rechnergestützte Softwareentwurf darauf aufbauen kann.

Die funktionelle Beschreibung der digitalen Regelung erfolgt auf der Basis der Übertragungsfunktionen für digitale Signale (z-Übertragungsfunktionen) durch einen Signalflußplan (vgl. Abschn. 1). Die Möglichkeit der Parametersteuerung der Übertragungsglieder über einen Steuervektor $\boldsymbol{S}_p$ wird gesondert angegeben.

Die funktionelle Beschreibung der Schrittsteuerung (sequence control) erfolgt mit Petrinetzen bzw. in der rechnerfreundlichen Darstellung als Steuergraph (sequential function chart). Den Zuständen des Steuergraphen sind bestimmte Werte der Steuervektoren zugeordnet, die ihrerseits den aktuellen Schaltzustand des Signalflußplans bestimmen. Die Zuordnung der Wertigkeiten der Steuervektoren zu den Zuständen des Steuergraphen erfolgt in einer Kodetabelle.

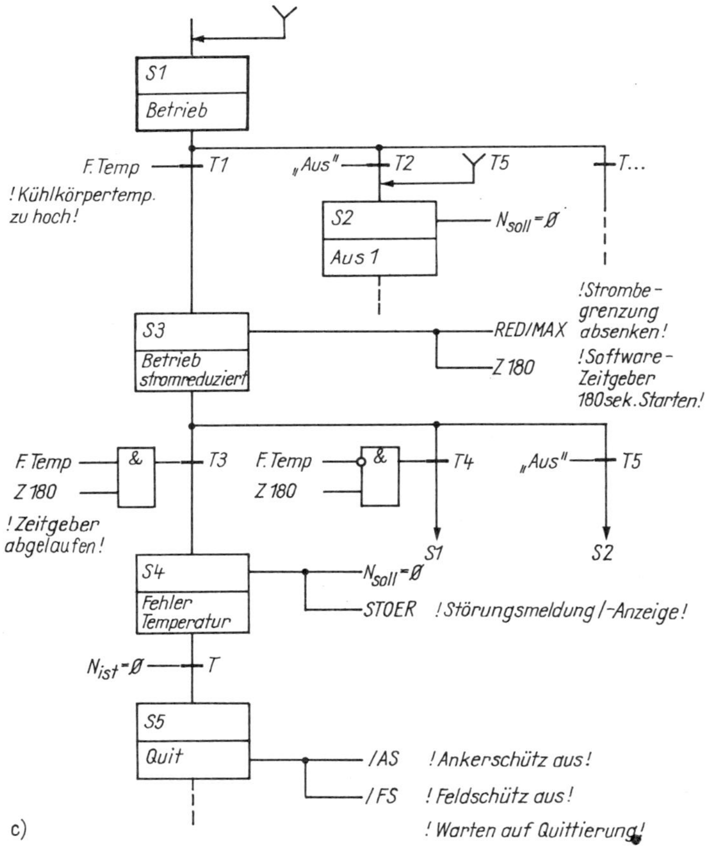

c)

Beispiel 10.1. Funktionsbeschreibung eines Reglers

Abstrahiert aus dem Signalflußplan, dient eine Blockdarstellung zur Beschreibung des arithmetischen Funktionsumfangs und der prinzipiellen Struktur eines Reglers (Bild 10.2a) (vgl. auch Bild 2.13).

Das Speicherfeld des Reglers umfaßt neben internen Arbeitszellen spezielle Speicherplätze, mit deren Hilfe der Regler strukturiert und parametriert werden kann. Diese sind im Bild besonders hervorgehoben. Die Summe der Binärsignale, die auf die Speicherplätze einwirken,

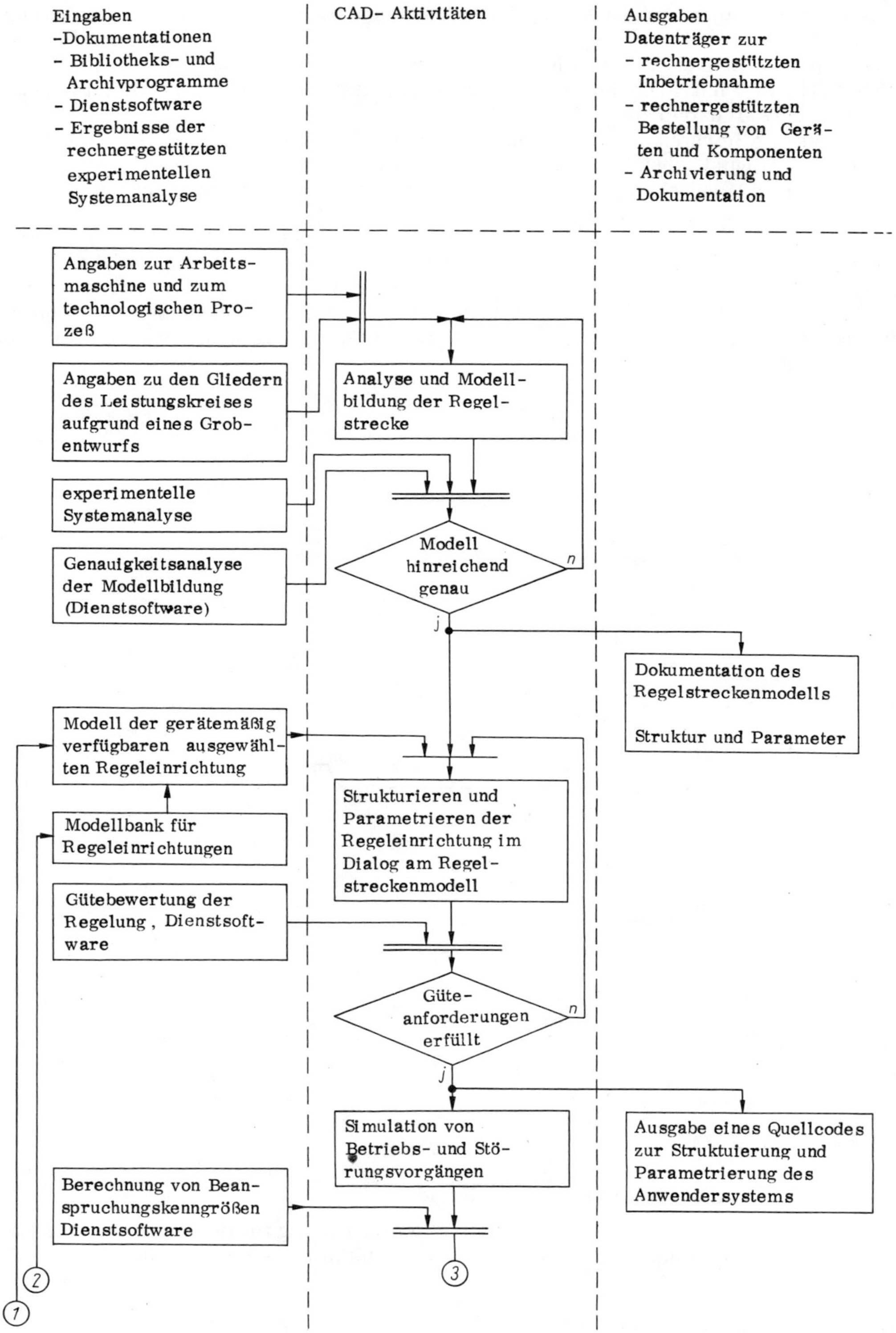
Eingaben
-Dokumentationen
- Bibliotheks- und Archivprogramme
- Dienstsoftware
- Ergebnisse der rechnergestützten experimentellen Systemanalyse
CAD- Aktivitäten
Ausgaben
Datenträger zur
- rechnergestützten Inbetriebnahme
- rechnergestützten Bestellung von Geräten und Komponenten
- Archivierung und Dokumentation
Angaben zur Arbeitsmaschine und zum technologischen Prozeß
Angaben zu den Gliedern des Leistungskreises aufgrund eines Grobentwurfs
Analyse und Modellbildung der Regelstrecke
experimentelle Systemanalyse
Genauigkeitsanalyse der Modellbildung (Dienstsoftware)
Modell hinreichend genau
n
j
Dokumentation des Regelstreckenmodells
Struktur und Parameter
Modell der gerätemäßig verfügbaren ausgewählten Regeleinrichtung
Modellbank für Regeleinrichtungen
Strukturieren und Parametrieren der Regeleinrichtung im Dialog am Regelstreckenmodell
Gütebewertung der Regelung, Dienstsoftware
Güte-anforderungen erfüllt
n
j
Simulation von Betriebs- und Störungsvorgängen
Ausgabe eines Quellcodes zur Struktuierung und Parametrierung des Anwendersystems
Berechnung von Beanspruchungskenngrößen Dienstsoftware
3
2
1

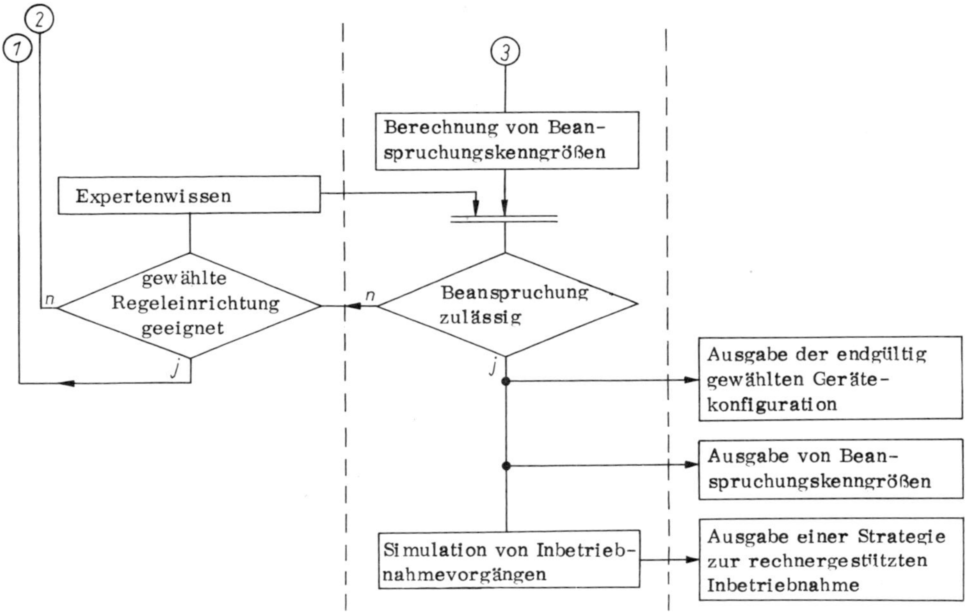

Bild 10.3. Simulation und rechnergestützter Entwurf elektrischer Antriebe

kann als Steuervektor aufgefaßt werden. Der Steuervektor wird bestimmt durch äußere Eingabewerte, durch den zeitlichen Programmablauf sowie durch den funktionellen Ablauf der Zustandsgrößen des Reglers, d.h., er ergibt sich aus dem Steuerprogramm des Reglers. Ein Ausschnitt aus dem Steuerprogramm „Fehlerüberwachung und Fehlerbehandlung bei Übertemperatur des Kühlkörpers" ist im Bild 10.2b als Zustandsgraph und im Bild 10.2c als sequentieller Funktionsplan beschrieben. Der sequentielle Funktionsplan gestattet, explizit die Steuersignale darzustellen, die auf den Signalflußplan einwirken. Im Beispiel bewirkt das Signal REDIMAX die Absenkung der Stellgrößenbegrenzung des Drehzahlreglers. Die Stellgröße entspricht dem Stromsollwert.

10.2. Simulation und rechnergestützter Entwurf

Die Simulation des Antriebssystems auf der Grundlage von Modellvorstellungen der Regelstrecke und der Regeleinrichtung ermöglicht zunächst ein vertieftes Verständnis der stationären und dynamischen Prozesse im System sowie im Vergleich zu experimentellen Ergebnissen aus der echten Anlage eine Präzisierung der Modellvorstellungen.
Die Regeleinrichtung mit ihren Variationsmöglichkeiten ist als Modell nachzubilden. Das Strukturieren und Parametrieren erfolgt am Regelstreckenmodell im Dialog am Bildschirm. Unter Nutzung entsprechender Softwarewerkzeuge zur Gütebewertung der dynamischen Vorgänge erfolgt eine Optimierung des Kleinsignalverhaltens und des Großsignalverhaltens. Die gewählte Reglerstruktur und Parametrierung wird als Quellkode ausgegeben und dient zur Einstellung des Anwendersystems. Die grundsätzlichen Aktivitäten werden durch einen Programmablaufplan beschrieben (Bild 10.3).

10.3. Hardwarekonzeption

Aus den Aufgaben und den Einsatzbedingungen des Antriebs und aus den Notwendigkeiten einer rationellen Fertigung leiten sich spezifische, oft relativ hohe Forderungen an die Elektronik ab. Diese betreffen

- extreme Umgebungsbedingungen, z. B. einen Temperaturbereich von −55 °C ... +50 °C, dynamische mechanische Beanspruchungen
- Beschränkung der zulässigen Verlustleistung einer Leiterkarte
- in einigen Anwendungen spezielle geometrische Abmessungen der Leiterkarten in Anpassung an den vorgesehenen Einbauort
- hohe Verarbeitungsgeschwindigkeit, abgeleitet aus den erforderlichen Taktzeiten (vgl. Abschn. 1.1)
- hohe Störfestigkeit wegen Nähe zu leistungsstarken Störern wie Stromrichter, Motoren
- hohe Anforderungen an die Zuverlässigkeit bei einer beschränkten Möglichkeit von Hardware-Redundanz.

Die Tendenz zur Entwicklung automatisierter Systeme mit verteilter Intelligenz, zugeordnet den einzelnen Antrieben bzw. Antriebsgruppen (vgl. Abschn. 4.5), führt, konstruktiv betrachtet, zur Entwicklung elektronischer Kompaktbaugruppen, die leistungselektronische und informationselektronische Funktionseinheiten in sich vereinigen. Diese Kompaktbaugruppen rücken näher an die zu betreibende Maschine und bilden mit dieser vielfach eine konstruktive Einheit. In einigen Anwendungen, besonders im Bereich kleinerer Leistungen, kann die konstruktive Vereinigung von Motor und Stellglied vorteilhaft sein (Mechatronik).
Hardwareentwurf und Softwareentwurf sind als Einheit zu betrachten. Unter der Prämisse einer rationell zu fertigenden, vereinheitlichten Hardware und einer klar strukturierten Software muß eine effektive „Funktionsaufteilung" angestrebt werden. Natürlich hängt der Hardwareaufbau von den zur Verfügung stehenden Bauelementen ab und unterliegt daher in starkem Maße der technischen Weiterentwicklung. Aus gegenwärtiger Sicht lassen sich folgende Prinzipien für Aufbau und Strukturierung der Hardware angeben:

1. Konzentration der anwendungsspezifisch zu programmierenden Steuerungs-, Regelungs- und Schutzfunktionen auf einem leistungsfähigen Prozessor, programmierfreundliche Gestaltung der Prozessorumgebung.
2. Entlastung des Zentralprozessors durch Auslagern nicht anwendungsspezifisch zu programmierender Funktionen, insbesondere auch zeitkritischer Funktionen wie Meßwertaufbereitung, Zündsignalerzeugung, zeitsynchrone und hochgenaue Prozeßein- und -ausgaben auf spezielle Hardwareschaltungen (ASIC, vgl. Abschn. 2.2).
3. Im Interesse einer übersichtlichen Software und einer raschen zeitlichen Abarbeitung des Programms sollte auf die Anwendung komplizierter Interruptstrukturen im Zentralprozessor möglichst verzichtet werden.
4. Erweiterung der Leistungsfähigkeit des Zentralprozessors durch einen Arithmetikprozessor oder Signalprozessor als Coprozessor, soweit vom geforderten Funktionsumfang und von der geforderten Arbeitsgeschwindigkeit her notwendig (z. B. feldorientierte Regelung von Drehfeldmaschinen, vgl. Abschn. 7).
5. Werden echte Mehrprozessorsysteme angewandt, ist eine Funktionsaufteilung anzustreben, bei der alle Prozessoren annähernd gleichmäßig ausgelastet sind und der Umfang der zwischen den Prozessoren zu übertragenden Daten minimal ist. Die Hardwarestruktur soll die funktionelle Struktur der Regeleinrichtung widerspiegeln. Laufzeiteffekte müssen vermieden werden.

Die heute bekannten technischen Realisierungen lassen sich in drei Gruppen einteilen:

1. Kompaktbaugruppen, spezialisiert für einen begrenzten Anwendungsumfang
2. erweiterte Kompaktbaugruppen für einen begrenzten, jedoch gegenüber 1 erweiterten Anwendungsumfang
3. modulares System von Standard-Baugruppen, flexibel anpaßbar an unterschiedliche Anwendungsaufgaben.

Mit Kompaktreglern können Standardantriebe für Be- und Verarbeitungsmaschinen anwenderfreundlich und kostengünstig aufgebaut werden (Bild 10.4). Gleichstromantriebe und einfache Drehstromantriebe sind mit einem einheitlichen Hardwarekonzept zu realisieren.
Für Antriebe mit verminderten Anforderungen, insbesondere im Konsumgüterbereich, bestehen vereinfachte Lösungsmöglichkeiten.
Die Leistungsfähigkeit der Kompaktregler kann durch Zusatzbaugruppen erweitert werden. Typisch ist eine schnelle Koppeleinheit zum Anschluß des Antriebs an ein lokales Netz oder eine Rechnererweiterungsbaugruppe zur Realisierung spezieller Regelalgorithmen.

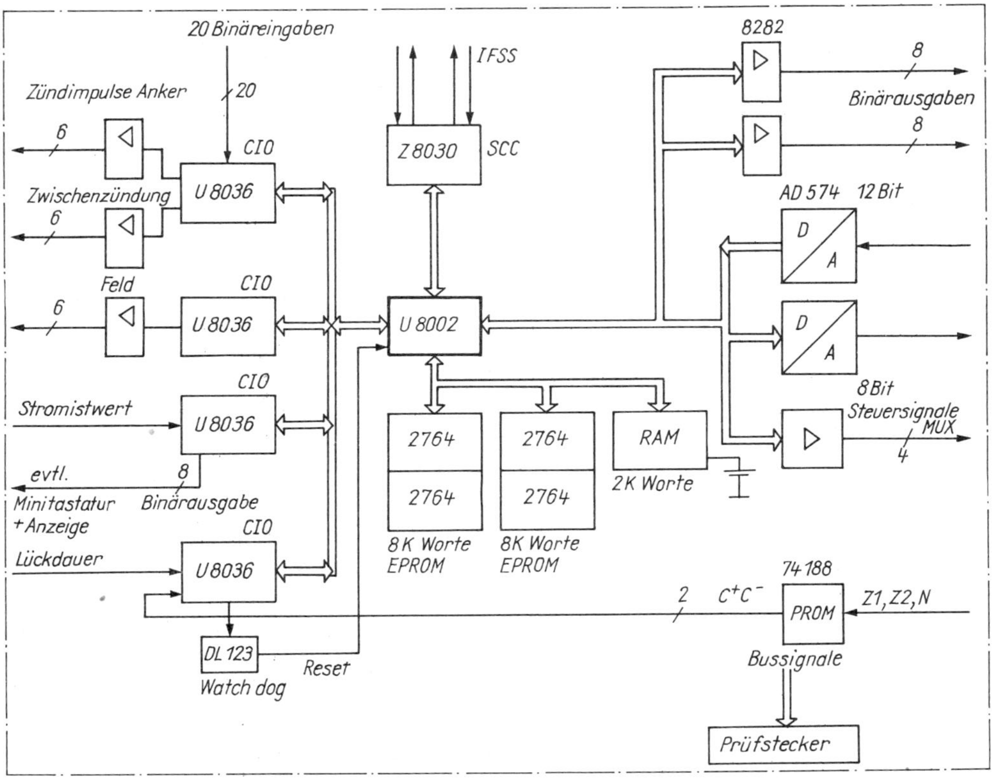

Bild 10.4. Hardwareaufbau eines 16-Bit-Kompaktreglers

Modulare Multiprozessorsysteme sind besonders für die Automatisierung von Großanlagen geeignet. Sie verwirklichen das Prinzip der verteilten Intelligenz (Bild 10.5). Funktionsmodule, bestehend aus Prozeß-Ein-/Ausgabe- und Verarbeitungseinheit bearbeiten weitgehend autonom bestimmte Teilfunktionen, kommunizieren untereinander über ein Bussystem und sind mit übergeordneten Automatisierungsebenen über eine serielle Datenübertragung verbunden. Ein klar funktionell gegliederter Hardwareaufbau ist Voraussetzung für eine übersichtliche Softwarestrukturierung; Forderungen nach Synchronisation bestimmter Abläufe bzw. asynchroner Parallelbearbeitung können durch zweckmäßige Strukturierung erfüllt werden.
Die Entwicklung lokaler Netze für Automatisierungsanlagen wird die Hardwarekonzeption der Regler bestimmen. Perspektivisch müssen sowohl Kompaktlösungen als auch modulare Lösungen die Möglichkeit der Kopplung mit lokalen Netzen auf der Basis international vereinbarter Schnittstellen haben.

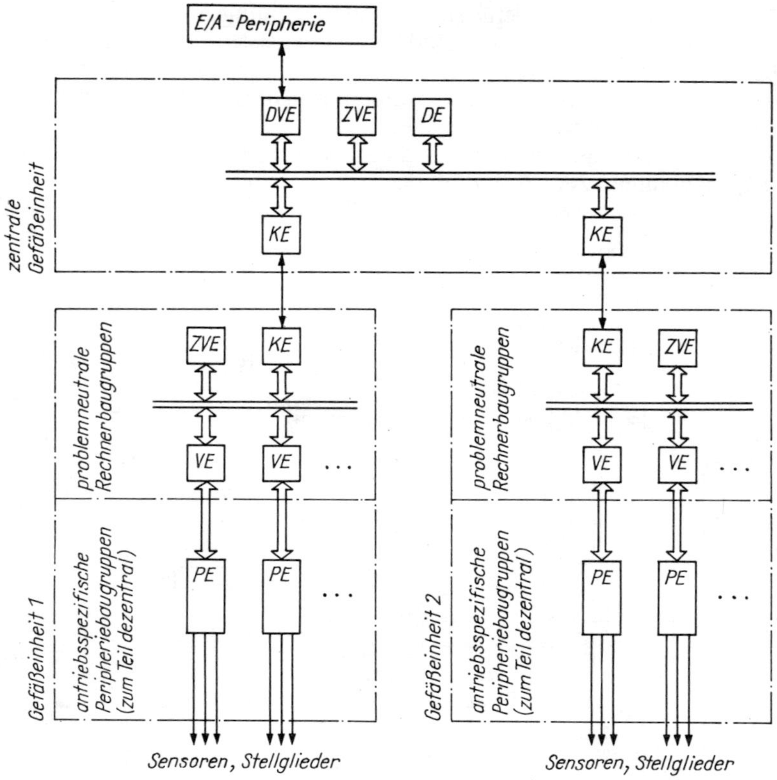

Bild 10.5. Modulares Multiprozessorsystem

PE Prozeß-E/A-Einheit
VE Verarbeitungseinheit
ZVE zentrale Verarbeitungseinheit
KE Koppeleinheit
DVE Datenperipherie-Koppeleinheit
DE Diagnoseeinheit
⇔ parallele Datenübertragung
↔ serielle Datenübertragung

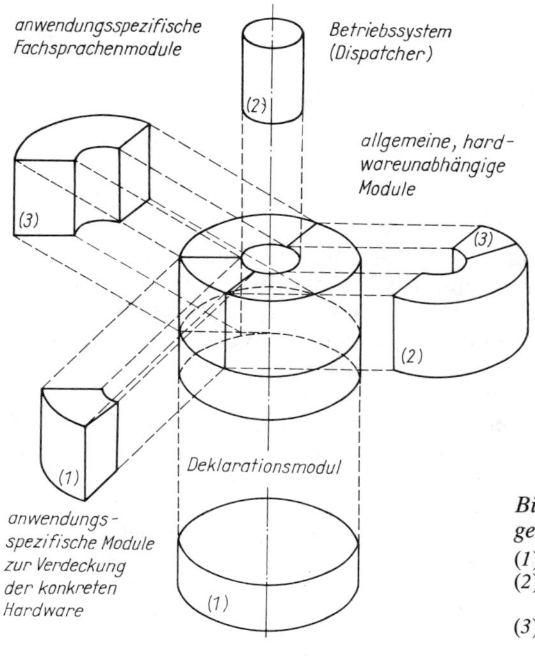

Bild 10.6. Software-Aufbau eines digital geregelten elektrischen Antriebs

(*1*) Erstellung durch Systemprogrammierer
(*2*) Anpassung und Implementierung vorhandener Module durch Systemprogrammierer
(*3*) Erstellung durch Projektanten

10.4. Softwarekonzeption

Ziel ist eine modular aufgebaute, flexible, zuverlässige, robuste und gut wartbare Software bei Einhaltung der Restriktionen, die sich aus dem Einsatz in Antrieben ableiten, wie Laufzeit- und Speicherplatzeffizienz. Die benötigte Software ist durch Hardwarenähe gekennzeichnet. Sie muß für zeitkritische Anwendungen geeignet sein und projektierbare Softwareanteile einschließen. Entsprechend Bild 10.6 sind folgende Teile der Software zu unterscheiden:

1. Betriebssystem (Dispatcher)
2. allgemeine, hardwareunabhängige Module
3. anwendungsspezifische Fachsprachenmodule
4. anwendungsspezifische Module für die Verdeckung der konkreten Hardware
5. Deklarationsmodul (≙ Speicherplatzvereinbarung).

Dabei stellen Implementierung und Anpassung der Module nach 1, 4 und 5 Aufgaben des Systemprogrammierers mit umfassenden Kenntnissen dar. Module entsprechend 2 und 3 sind von der konkreten Systemumgebung relativ unabhängig und können deshalb projektierungsmäßig behandelt werden.

Grundsätze für den Aufbau eines modularen Programms und die Gestaltung seiner Module sind:

1. Trennung der Module in anwendungsspezifische Module, die der Verdeckung der konkreten Hardware dienen oder aus der Anwendung problemspezifischer Fachsprachen gewonnen werden, auf der einen Seite – und in verallgemeinerungsfähige hardwareunabhängige Module auf der anderen Seite. Während erstere für jede konkrete Hardwarekonfiguration bzw. durch die Neuerstellung auf Fachsprachenniveau ggf. auch für jede Anwendung (z.B. Steuergraph) neu erstellt werden müssen, sind letztere in verschiedenen Anwendungen in der gleichen Form nutzbar, eventuell unter Anpassung durch entsprechende Parameter.
2. Aufbau der verallgemeinerbaren Module so, daß alle Angaben, die der Anpassung des Moduls an verschiedene Konstellationen des Gesamtprogramms dienen können (Parameter, Schaltervariable), von außen über Software-Schnittstellen zugeführt werden. Damit ist es möglich, den Objektkode eines solchen Moduls in einer Bibliothek abzuspeichern und den Modul in ein und derselben Form in verschiedenen Anwendungen einzusetzen.
3. Die Datenübertragung zwischen den Modulen erfolgt über globale Speicherzellen bzw. Register. Der Einsatz eines ausgebauten Echtzeit-Betriebssystems, das auch die Kommunikation zwischen den Modulen unterstützt, ist aus Laufzeitgründen nicht möglich.
4. Systematischer Aufbau von Modul- und Schnittstellenbezeichnungen zur Realisierung einer eindeutigen Namensgebung. Neben einer Unterstützung der Klassifikation und Dokumentation der Module werden dadurch beliebige Kombinationen allgemein verwendbarer Module möglich.
5. Die Software-Schnittstellen werden in den Modulen selbst als extern deklariert. Die eigentliche (globale) Deklaration erfolgt für alle Schnittstellen des Gesamtprogramms in einem speziellen Modul, dem Deklarationsmodul. Die Herstellung der Verbindungen zwischen den einzelnen Modulen wird durch das gemeinsame Binden des Deklarationsmoduls mit den Programmodulen erreicht. Der Deklarationsmodul enthält einen kompletten Überblick über alle Datenschnittstellen des Gesamtprogramms. Da jede Variable durch die eindeutige Namensgebung an den jeweiligen Modul gebunden ist und ausschließlich unter diesem Namen innerhalb dieses Moduls verwendet wird, ist eine Kontrolle des Zugriffs auf die globalen Datenübergabespeicher möglich.
6. Fachsprachen sind zweckmäßig für die Implementierungen von Software einsetzbar, die mit einem speziellen Beschreibungsmittel entworfen wurde. Die Fachsprache lehnt sich in ihrer Syntax eng an das entsprechende Beschreibungsmittel bzw. an die Terminologie eines begrenzten Fachgebietes an. Die Anwendung von Fachsprachen für abgegrenzte Teilbereiche der Software ist effektiv, wenn leistungsfähige Entwicklungshilfen zur Verfügung stehen. Für Aufgaben der Regelung sind wichtig die Fachsprachen „Signalflußplan“ und „Zustandsgraph“.

7. Die Software wird vorzugsweise auf Assemblerniveau geschrieben. Für laufzeitrelevante Module ist das gegenwärtig noch unerläßlich. Für nicht laufzeitrelevante Module können Hochsprachen, z. B. die Systemprogrammiersprache C, eingesetzt werden.
8. Als Betriebssystem wird aus Laufzeitgründen ein stark abgerüstetes Echtzeitbetriebssystem unter der Bezeichnung „Dispatcher" eingesetzt. Der Dispatcher realisiert die Zeitsynchronisation sowie einfache Ereignissynchronisationen von Tasks einschließlich der Prozessorzeitverwaltung. Dabei wird besonders die Realisierung zyklischer Abläufe mit Parallelverarbeitung unterstützt. Der Dispatcher arbeitet mit einer Steuertabelle, in der wesentliche Angaben über die zu verwaltenden Tasks sowie deren Abarbeitungszustand enthalten sind. Die Reihenfolge der Tasks in dieser Tabelle bestimmt ihre Priorität. Es wird mit festen Prioritäten gearbeitet, d. h., eine Umsortierung der Tabelle ist nicht vorgesehen.

Die laufende Task wird in festen Zeitabständen unterbrochen, und der Dispatcher rettet die aktuellen Registerinhalte. Anschließend wird die Steuertabelle von der höchsten Priorität an nach aufzurufenden Tasks durchsucht. Nach der Rückgabe der Steuerung an den Dispatcher durch eine Task, d. h. nach dem regulären Ende der Abarbeitung eines Funktionsbausteins, wird die Steuertabelle von dieser Stelle ab weiter durchsucht. Eine unterbrochene Task wird erst dann weiter bearbeitet, wenn keine lauffähigen Tasks höherer Priorität mehr existieren (vgl. Beispiel 10.3).

Die Steuertabelle ist mit Anfangswerten zu initialisieren. Dabei können beim ersten Aufruf des Dispatchers bereits Tasks in den Zuständen „wartend" oder „lauffähig" sein. Es erfolgt keine Unterstützung der Datenkommunikation zwischen Tasks.

Der Dispatcher sowie alle Tasks arbeiten mit einem gemeinsamen Stack.

Für die Zusammenarbeit des Dispatchers mit dem Interruptsystem gibt es mehrere Möglichkeiten. Beide können direkt ineinander integriert sein, indem verschiedene Interrupts Aktivitäten des Dispatchers auslösen und von diesem mit verwaltet werden. Das erhöht jedoch den Verwaltungsaufwand wesentlich. Es ist auch möglich, die Funktion des Interruptsystems soweit zu reduzieren, daß es lediglich dem Dispatcher signalisiert, daß ein Interrupt ausgelöst wurde. Das macht das Interruptsystem praktisch zu einem Polling-System mit unzulässig langen Reaktionszeiten.

Vorteilhaft ist es, Interruptsystem und Dispatcher weitgehend getrennt voneinander arbeiten zu lassen. Dadurch entstehen praktisch drei große Programmebenen: die interruptgesteuerten Programmteile, der Dispatcher selbst sowie die dispatchergesteuerten Programmteile. Zwischen diesen Ebenen existieren Verbindungsstellen.

Die typischen Reaktionszeiten des Dispatchers, bezogen auf einen Taskwechsel, liegen bei 25 ... 50 μs (Prozessor mit 4 MHz Taktfrequenz). Damit lassen sich Abtastzeiten im Regelkreis von $T \geqq 1$ ms sinnvoll realisieren.

Beispiel 10.2. Dispatchergesteuerter Programmablauf

Es wird ein dispatchergesteuerter Programmablauf mit zwei Interruptebenen und vier dispatchergesteuerten Prioritätsebenen angenommen (Bild 10.7). Die Ebenen sind in der Reihenfolge ihrer Priorität dargestellt. *INT2* stellt den Uhrtakt für die Zeit- und Ereignisverwaltung des Dispatchers – *DISP* (*ZEV*) – dar. *P5* ist eine in der untersten Priorität laufende Endlosschleife. Die in den einzelnen Prioritäten definierten Tasks haben folgende Abtastperiode bzw. Einsatzcharakteristika:

P1: Abtastperiode: 1 Zeiteinheit

P2: Abtastperiode: 4 Zeiteinheiten

P3: Die Aktivierung erfolgt durch *INT1* mit Hilfe des Aufrufs eines Systemdienstes (nicht im Bild dargestellt) und der Zeit- und Ereignisverwaltung des Dispatchers. In der Zeiteinheit *T2* geht die Task vom Zustand „ruhend" über „lauffähig" direkt in „laufend" über, da die unterbrochene Task eine niedrigere Priorität besaß. In der Zeiteinheit *T5* verbleibt die Task dagegen zunächst im Zustand lauffähig, da die unterbrochene Task eine höhere Priorität besaß und der Prozessor zunächst wieder an diese vergeben wird. Die Deaktivierung erfolgt selbständig durch den Aufruf eines Systemdienstes vor dem regulären Ende der Task. Damit geht diese am Ende ihrer Bearbeitung in den Zustand „ruhend“ über.

P4: Abtastperiode: 2 Zeiteinheiten
Nach der Abarbeitung des Moduls *4.1* wird dieser durch den Aufruf eines Systemdienstes durch den Modul *4.2* ersetzt.

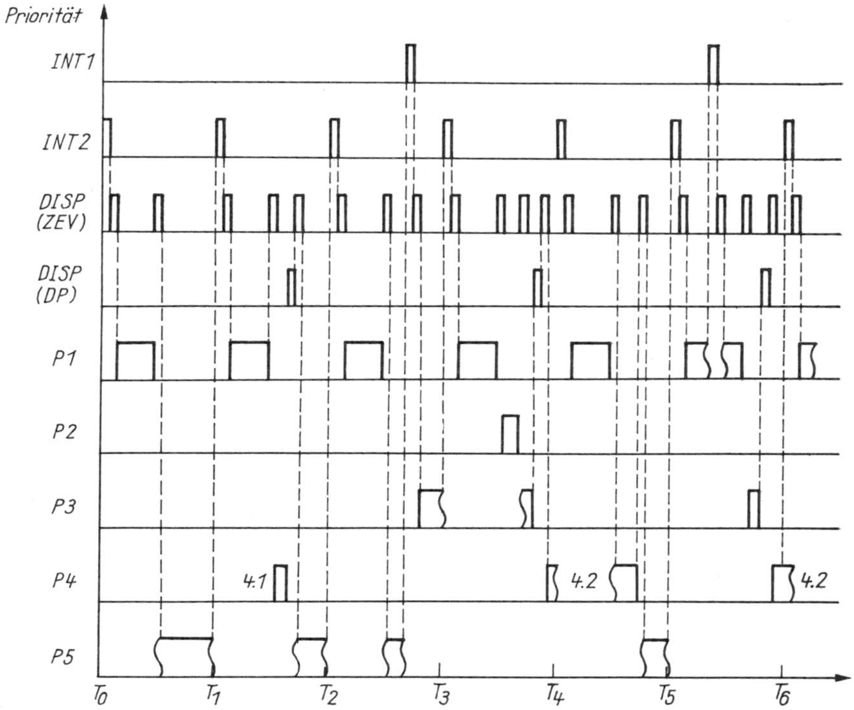

Bild 10.7. Zeitdiagramm eines dispatchergesteuerten Programmablaufs

10.5. Softwareentwicklung, Prüfung und Inbetriebnahme des Antriebs

Das Testen des Programms in der Entwicklungsphase bedeutet

1. Überprüfen aller arithmetischen Funktionen
2. Erprobung aller möglichen Programmwege
3. Kontrolle des richtigen Hardwarezugriffs
4. Überprüfen aller zeitlichen Bedingungen im Real-Zeit-Einsatz (Softwarezeitschleifen, Laufzeit).

Während die Punkte 1 und 2 auf dem Programmentwicklungssystem selbst realisiert werden können, erfordern 3 und 4 einen Testbetrieb unter Einbeziehung des Anwendersystems. Der Anwenderrechner sollte so gesteuert werden können, daß

- Vorgabe einer Haltepunktadresse
- Schrittbetrieb
- Registerinhalte anzeigen und verändern

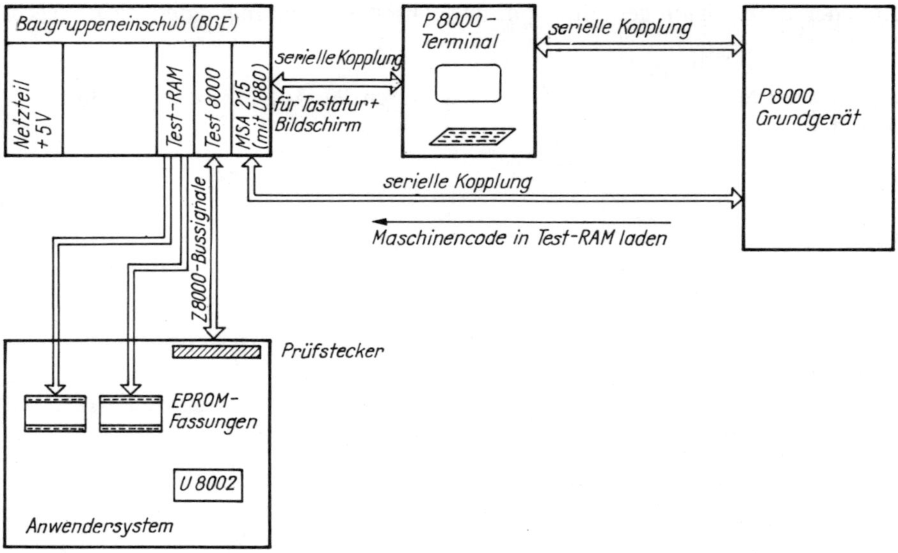

Bild 10.8. Gerätekonfiguration zur Programmentwicklung und -testung mit P8000

Funktionen:

1. Programmentwicklung mit P8000 + Terminal
2. Programmtestung
   - Maschinenprogramm wird in den Test-RAM geladen; dieser ersetzt die EPROMs im Anwendersystem
   - Terminal arbeitet mit MSA 215 zusammen
   - Ein spezielles Programm auf der MSA 215 ermöglicht die Busverwaltung des Anwenderrechners. Ein Buszugriff von der MSA (z. B. zum Lesen der Z8000-Register) unterbricht somit kurzzeitig das laufende Anwenderprogramm

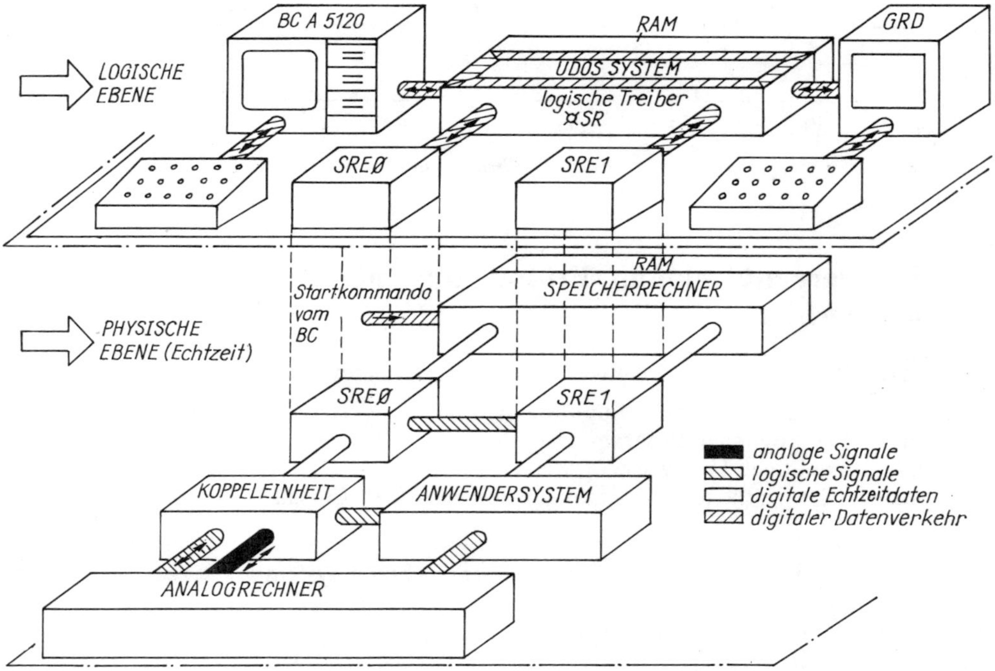

Bild 10.9. Hybrides Echtzeit-Simulationssystem zur Entwicklung und zum Test der Hardware und Software

- Speicherinhalte anzeigen und verändern
- Echtzeitlauf
- Reassemblierung des zuletzt ausgeführten Befehls
- E/A-Port anzeigen und verändern

möglich sind.
Zu diesem Zweck muß ein spezielles Testsystem in Verbindung mit dem Anwendersystem (Versuchsantrieb) aufgebaut werden. Eine Möglichkeit zeigt Bild 10.8.
Eine spezielle Baugruppe dient der Kopplung des Rechners mit dem Anwendersystem. Ein Testprozessor greift unmittelbar auf den Bus des Anwendersystems zu und tritt während der Testphase an die Stelle des Zentralprozessors. Eine Rechnerkarte dient der Kopplung mit dem Entwicklungsrechner über eine serielle Schnittstelle. Die Baugruppe trägt ferner einen Test-RAM, der während der Programmentwicklung an die Stelle des EPROMs des Anwendersystems tritt, zu dem sowohl der Koppelrechner als auch das Anwendersystem Zugriff haben. Das Programm wird auf dem Entwicklungsrechner erstellt und anschließend in den Test-RAM eingeschrieben. Das Anwendersystem arbeitet das über Adapter an seine EPROM-Fassung geführte Programm aus dem Test-RAM ab. Der Testbetrieb wird vom Rechnerterminal über eine serielle Schnittstelle und den Koppelrechner gesteuert.
Günstige Möglichkeiten zum Prüfen der Hardware und Software bietet eine Echtzeitsimulationsanlage. Die Hardware der Regeleinrichtung, das Anwendersystem, wird unmittelbar mit dem Modell der Regelstrecke gekoppelt und am Modell getestet. Gefährliche Beanspruchungen des Stromrichters und des Motors, die im Fehlerfall beim Test an einer echten Versuchsanlage auftreten können, werden so vermieden. Der Stand der Rechentechnik ermöglicht es zur Zeit jedoch nicht, eine Echtzeitsimulationsanlage rein digital aufzubauen. Bewährt hat sich eine Hybridanlage unter Einschluß eines iterativen, echtzeitfähigen Analogrechners [10.39]. Das Arbeitsprinzip wird durch Bild 10.9 erläutert.
Eine vereinfachte Programmierung und Programmtestung wird dann möglich, wenn im EPROM des Anwendersystems ständig ein Monitorprogramm hinterlegt werden kann (dafür wird zum Beispiel ein Speicherraum von 4 KByte benötigt). Da zur Programmtestung die entsprechende Software änderbar sein muß, wird in der Testphase ein genügend großer RAM-Bereich auf dem Anwendersystem benötigt. Er kann dadurch entstehen, daß anstelle der

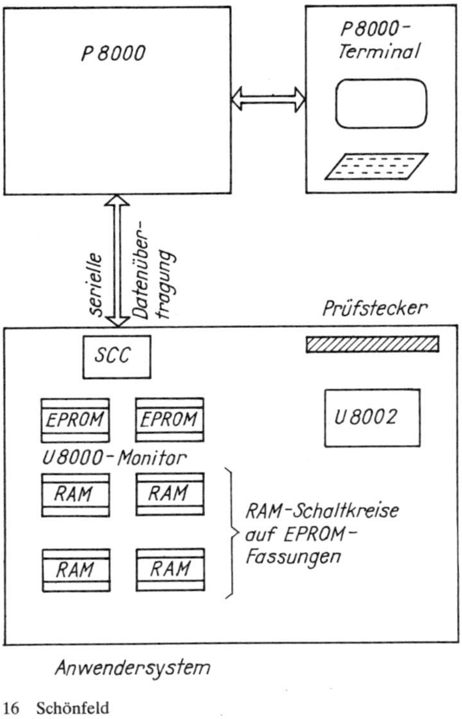

Bild 10.10
Programmentwicklung und Testung im Anwendersystem mit Hintergrundmonitor

EPROMs pinkompatible RAM-Schaltkreise gesteckt werden. Der Prozessor des Anwendersystems muß soviel Zeitreserve haben, daß das Monitorprogramm abgearbeitet werden kann. Ein Anwendungsbeispiel zeigt Bild 10.10. Im Vergleich zu Bild 10.8 werden hier die Funktionen Monitor und RAM vom Anwendersystem selbst übernommen. Eine spezielle Koppelbaugruppe erübrigt sich.
Nach dem Laden des Anwenderprogramms vom Entwicklungsrechner P8000 in den anstelle des EPROM-Bereichs geschaffenen RAM werden Bildschirm und Tastatur des PC dem seriellen Datenstrom des Anwendersystems zugeordnet. Damit kann der ständig mitlaufende Monitor bedient werden, und alle wesentlichen Testfunktionen sind ausführbar.
Wenn der verfügbare Speicherraum es gestattet, kann der im Hintergrund mitlaufende Monitor im System verbleiben. Er bietet dann erweiterte Möglichkeiten zur Fehlerdiagnose.
Bei der Inbetriebnahme eines digital geregelten elektrischen Antriebs sind drei Phasen zu unterscheiden:

1. erstmalige, schrittweise Inbetriebnahme neu aufgebauter Hardware und neu erstellter Software am Versuchsaufbau
2. Inbetriebnahme industriell produzierter Serienerzeugnisse durch das Prüffeld
3. Inbetriebnahme und Einstellung des Antriebs beim Kunden.

Für die Erstinbetriebnahme ist ein leistungsfähiger Testplatz, bestehend aus einem Versuchsantrieb bzw. seinem Simulationsmodell, der Anwenderhardware der Regeleinrichtung, einem Entwicklungsrechner und einer Koppeleinheit entsprechend Bild 10.8 notwendig.
Dienstsoftware zur Darstellung von Übergangsvorgängen, zur Anzeige von Fehlern, zum Aufrollen der Fehlervorgeschichte, zur graphischen Ausgabe der Ergebnisse usw. muß bereitstehen.
Die Prüfung und Inbetriebnahme von Geräten aus der Serienfertigung setzt eine funktionierende Software voraus. Unter Nutzung der serienmäßigen Inbetriebnahmetechnik wie Tastatur, PC als Inbetriebnahmegerät erfolgt der Test der Hauptfunktionen unter Nutzung softwarerealisierter Testalgorithmen. Spezielle Softwarekenntnisse sind dazu nicht erforderlich. Die Strukturierung und Parametrierung der Regeleinrichtung erfolgt durch Einstellen entsprechender Softwareschalter über Tastatur oder Inbetriebnahmegerät.
Die Inbetriebnahme und Einstellung des Antriebs beim Kunden erfolgt grundsätzlich in gleicher Weise wie die Serienprüfung, jedoch mit eingeschränkten Einstell- und Variationsmöglichkeiten. Durch Anwendung selbsteinstellender Regler soll perspektivisch die beim Kunden notwendige Einstellarbeit minimiert werden.

Literaturverzeichnis

Literatur zu Abschnitt 1.

[1] *Ahrens, D.; Wolf, R.*: Aufbau und dynamisches Verhalten von frequenzanalogen digitalen Drehzahlregelungen. Techn. Mitt. AEG-Telefunken 66 (1976), H. 6, S. 276–279
[2] *Bibbero, R. J.*: Microprocessors in Instruments and Control. New York: John Wiley & Sons 1977
[3] *Schatter, G.*: Mikroprogrammsteuerung zur Impulsverteilung für Schrittmotore – Anwendung gespeicherter sequentieller Logik. Der VEM-Elektro-Anlagenbau 15 (1979) H. 2, S. 75
[4] *Matschke, J.*: Von der einfachen Logikschaltung zum Mikrorechner. 3. Aufl. Berlin: VEB Verlag Technik; Heidelberg: Dr. Alfred Hüthig Verlag 1986
[5] *Katz, Paul*: Digital Control using Microprocessors. Prentice-Hall International 1981
[6] *Woschni, E. G.*: Probleme der digitalen Meßgrößenerfassung und Verarbeitung. msr 26 (1983) H. 11, S. 602–606
[7] *Schönfeld, R.*: Grundlagen der Automatischen Steuerung. Berlin: VEB Verlag Technik; Heidelberg: Dr. Alfred Hüthig Verlag 1984
[8] *Hanselmann, H.*: Diskretisierung kontinuierlicher Regler. Regelungstechnik 32 (1984) H. 10, S. 326
[9] *Grausch, F.; Hofer, A.; Schlacher, K.*: Regelkreise mit Mikrorechnern, Beschreibung, Entwurf, Realisierung. Regelungstechnik 32 (1984) H. 11, S. A5; H. 10, S. A1
[10] *Korner, E.*: Process Controller R 5010 – ein neues Erzeugnis der EAW-electronic. msr 28 (1985) H. 6, S. 242–248
[11] *Batovrin, A. A., u. a.*: Steuerung von Elektroantrieben mit digitalen Systemen. Leningrad: Verlag Energija 1977
[12] *Ivanov, V. A., u. a.*: Theorie diskreter Systeme der automatischen Steuerung. Moskau: Verlag Nauka 1983
[13] *Benez, H.; Schneider, F.*: Prozeßdatenübermittlung in lokalen Netzen. etz 107 (1986) H. 16, S. 736–741
[14] *Löffler, H.*: Lokale Netze. Berlin: Akademie-Verlag 1987
[15] *Lindemann, B.*: Lokale Computernetze. Berlin: Verlag Die Wirtschaft 1988
[16] *Isermann, R.*: Digitale Regelsysteme. 2. Aufl. Berlin, Heidelberg, New York: Springer-Verlag 1987

Literatur zu Abschnitt 2.

[1] *Merrit, J. E.; Gocal, G.*: AMD 2901: Application to Signal Processing. IEEE 1979, Mini and Microcomputers
[2] *Veenkauf, R. L.; Goulding, S. N.*: Micro-Vector-Processor: A Modular Approach to Signal processing. IEEE 1979, Mini- and Microcomputers
[3] *Schwarz, W.; Meyer, G.; Eckhardt, D.*: Mikrorechner-Wirkungsweise, Programmierung, Applikation. Berlin: VEB Verlag Technik 1984
[4] *Andreier, N.*: Software driven LSI Chips are key to future AC drives. Control Engineering, New York 28 (1981) H. 12, S. 62–64
[5] *Fleige, N.*: Digitale Filter mit dem Signalprozessor 2920. Elektronik 1981, H. 3, S. 81–85; H. 4, S. 89 bis 94
[6] *Müller, W.*: Softwarerealisierung eines freiprogrammierbaren Mikrorechnerreglers. msr 24 (1981) H. 12, S. 694–698
[7] *Bode, H.*: Systementkopplung, Voraussetzung für den Entwurf dezentraler Regler auf Mikrorechnerbasis. msr 25 (1982) H. 4, S. 181
[8] *Kieser, H.; Meder, M.*: Mikroprozessortechnik. Berlin: VEB Verlag Technik 1985
[9] *Kolb, H.-J.*: Prozessorkonzepte zur digitalen Signalverarbeitung. Elektronik 31 (1982) H. 21, S. 107 bis 114
[10] *Brennenstuhl, H.*: Programmierung des 16-Bit-Mikroprozessorsystems U 8000. Berlin: VEB Verlag Technik 1987 (Reihe Technische Informatik)
[11] *Hanselmann, H.*: Tischrechner programmiert Signalprozessor als digitalen Mehrgrößenregler. Elektronik 31, H. 21, S. 134–138

[12] *Reisig, W.*: Petri-Netze, eine Einführung. Berlin, Heidelberg, New York: Springer-Verlag 1982
[13] *Schloss, J.*: Schneller Vektorprozessor zum Anschluß an 16-Bit-Mikrocomputer. Elektronik, München 31 (1982) H. 21, S. 100–104
[14] *Zanne, C., u. a*: Towards a methodological approach to specify the control of electric drives. Mikroelektronik in der Stromrichtertechnik und bei elektrischen Antrieben, VDE-Verlag GmbH 1982, S. 87
[15] *Geitner, G.-H.; Stoev, A.*: Programmierung bei Echtzeitanwendung. msr 26 (1983) H. 2, S. 73
[16] *Best, R.*: Einsatz eines Digitalfilters als universeller Regler. Regelungstechnik 31 (1983) H. 1, S. 11
[17] *Hanselmann, H.; Loges, W.*: Realisierung schneller digitaler Regler hoher Ordnung mit Signalprozessoren. Regelungstechnik 31 (1983) H. 10, S. 330
[18] *Budde, R.; Neiters, H.*: Einführung in die Netztheorie (Theorie der Petrinetze), Teil 1. Regelungstechnik 32 (1984) H. 3, S. 76
[19] *Buergel, K.*: Mikrorechner ermöglicht neuartige Regelalgorithmen. Elektroniker Aarau 23 (1984) H. 1, S. 64–67
[20] *Eschermann, K. H.*: Mikrorechner-Software-Entwicklungshilfen im Vergleich. Elektronik (1984) H. 9, S. 74–81
[21] *Weiss, M.*: Softwareentwicklung mikrorechnergesteuerter Antriebssysteme. Feingerätetechnik 33 (1984) H. 1, S. 226–228
[22] *Stemmler, H.; Nadalin, W.*: Programmierbarer schneller Regler für leistungselektronische Systeme. Brown Boveri Mitt. 1984, H. 11, S. 516–524
[23] *Matthes, W.*: Multimikrorechnersysteme. rfe 33 (1984) H. 4, S. 231–234; H. 5, S. 299–302; H. 6, S. 367–370; H. 7, S. 435–438; H. 8, S. 503–506; H. 9, S. 571–574; H. 10, S. 639–642; H. 11, S. 707–710; H. 12, S. 773–776; 34 (1985) H. 2, S. 95–98; H. 3, S. 163–166
[24] *Nüchel, W.; Piller, U.*: Entwurf mikrocomputergesteuerter Produkte. ETZ 105 (1984) H. 12, S. 596–599; H. 12, S. 600–601; H. 14, S. 720–725; H. 17, S. 892–896
[25] *Schmidt, D.*: Universelles Entwicklungssystem ermöglicht Test ohne ICE. Elektronik 33 (1984) H. 9, S. 90–92
[26] *Jelsina, M.; Kovac, J.*: Microprocessor System with Parallel Architecture for Control of Robots. 9. World Congress of IFAC 1984, Preprints 04.4-4
[27] *Hanselmann, H.; Loges, W.*: Implementation of very fast State-Space-Controllers using digital Signal Processors. 9. IFAC-World Congress 1984, Preprints 03.1/A-6
[28] *Thary, W.; Walter, F.*: Software-Development for Microprocessor-Applications. 9. IFAC-World Congress, Preprints 04.1-6
[29] Schnelle Arithmetiksteckeinheit für Mikrorechner K 1520. rfe 34 (1985) H. 2, S. 91
[30] Mikroprozessoren und Einrichtungen der Automatik in Systemen gesteuerter Elektroantriebe. Tagungsbroschüre, Ivanovo 1983
[31] Anwendung von Mikroprozessorsystemen in industriellen Elektroantrieben. Tagungsbroschüre, Moskau 1985
[32] *Grafik, W.*: Aufbau und Arbeitsweise von 16-Bit-Mikroprozessoren. Berlin: VEB Verlag Technik 1987 (Reihe Automatisierungstechnik)
[33] *Schmid, H.*: Multi-Mikroprozessor-Systeme. Teil I, II, III, Elektronik 31 (1982) H. 2, S. 87–95; H. 4, S. 55–73; H. 7, S. 67–73
[34] *Gluth, R.*: Integrierte Signalprozessoren, Architekturen und technische Realisierung. Elektronik 35 (1986) H. 9, S. 112–125
[35] *Niemann, M.; Scharf, G.; Weihrich, G.*: Signalprozessor erhöht Rechenleistung des Multi-Mikrocomputersystems SICOMP MMC 216. Siemens Energie u. Automation 8 (1986) H. 6, S. 368–369
[36] *Reinert, G.; Steffen, L.*: Semicustom IC: Kleiner Chip löst große Aufgaben. Siemens Energie u. Automation 8 (1986) H. 6, S. 370–373

Literatur zu Abschnitt 3.

[1] *Reiner, A.; Wiegand, R.*: Überblick über Algorithmen zur digitalen Regelung. Regelungstechnik (1976) H. 6/7, S. 184–188; 227–232
[2] *Janiszowski, K.*: Verallgemeinerter Dead-beat-Regler. msr 24 (1981) H. 2
[3] *Bischoff, H.*: Zum Entwurf von Dead-beat-Reglern. msr 25 (1982) H. 9, S. 499
[4] *Best, R.*: Einsatz eines Digitalfilters als universeller Regler. Regelungstechnik 31 (1983) H. 1, S. 11–18
[5] *Sommer, R.*: Entwurf nichtlinearer Systeme auf endliche Einstellzeit. Regelungstechnik 31 (1983) H. 7, S. 223–230
[6] *Hanselmann, H.; Loges, W.*: Realisierung schneller digitaler Regler hoher Ordnung mit Signalprozessoren. Regelungstechnik 31 (1983) H. 10, S. 330–337

[7] *Ackermann, J.*: Abtastregelung I/II. 2. Aufl. Berlin, Heidelberg, New York: Springer-Verlag 1983
[8] *Gausch, F.; Hofer, A.*: Regelkreise mit Mikrorechnern – Beschreibung, Entwurf, Realisierung. Regelungstechnik Teil I 32 (1984) H. 10, S. A1–A4; Teil II, H. 11, S. A5–A8; H. 12, S. A9–A12
[9] *Geitner, G.-H.; Stoev, A.*: Optimiert auf endliche Einstellzeit Teil I/II/III. msr 28 (1985) H. 2/4/5, S. 60/165/211
[10] *Kassner, U.; Horch, H. J.*: Dead-beat-Algorithmus mit Adaption des statischen Übertragungsfaktors. msr 28 (1985) H. 3, S. 104
[11] *Krug, H.*: Das Betragsoptimum für digitale Regler von elektrischen Antrieben. msr 28 (1985) H. 9, S. 394–399
[12] *Vöckel, E.*: Optimierung regellos gestörter elektrischer Antriebe, bes. bei kleinen Motorleistungen. msr 26 (1983) H. 9, S. 508–512
[13] *Schönfeld, R.; Krug, H.; Geitner, G.-H.; Stoev, A.*: Regelalgorithmen für digitale Regler von elektrischen Antrieben. msr 28 (1985) H. 9, S. 390–394
[14] *Geitner, G.-H.; Krug, H.*: Zur Anwendung des Betragsoptimums für digital geregelte Gleichstromantriebe. msr 31 (1988) H. 3, S. 105–111
[15] *Geitner, G.-H.; Krug, H.*: Dynamische Störoptimierung elektrischer DDC-Antriebe. msr 31 (1988) H. 1, S. 11–17

Literatur zu Abschnitt 4.

[1] *Lerner, J. A.; Rosenman, E. A.*: Optimale Steuerungen. Berlin: VEB Verlag Technik 1973
[2] *Moll, A.*: Schrittmotoren mit hoher Winkelauflösung. Feinwerktechnik und Meßtechnik 86 (1978) H. 4, S. 156–160
[3] *Schatter, G.; Kallenbach, E.; Dittrich, P.*: Besonderheiten der Kopplung von Schrittantrieben an Mikrorechnersysteme. Feingerätetechnik 28 (1979) H. 3, S. 99–102
[4] *Schatter, G.; Winkler, G.*: Mikrorechnereinsatz zur Beschleunigungssteuerung von Schrittmotoren. Feingerätetechnik 28 (1979) H. 3, S. 103–106
[5] *Gruber, M.; Möller-Nehring, P.*: Digitale Geschwindigkeitsregler auf Mikroprozessorbasis im System Modulpac C. Siemens-Energietechnik 1 (1979) H. 4, S. 117–120
[6] *Dittrich, P.; Schatter, G.*: Zur Charakterisierung des Bewegungsverhaltens von Positioniersystemen der Gerätetechnik. Feingerätetechnik 28 (1979) H. 6, S. 254–256
[7] *Teodorescu, D.*: Antriebe mit Schrittmotoren, ein Trend zu speicherprogrammierter Steuerung. messen + prüfen/automatik (1980) H. 12, S. 895–899
[8] *Sax, H.*: Positionierungssystem kommt mit 3 Chips aus. Elektronik (1980) H. 18, S. 47–54
[9] *Richter, Ch.*: Systematisierung der Bewegungsabläufe von Schrittantrieben. Elektrie 34 (1980) H. 11, S. 593–594
[10] *Schneider, G.*: Signalverarbeitende Peripheriebaugruppen für erweiterte Anwendungen des Automatisierungssystems Simatic S5. Siemens-Energietechnik 5 (1981) S. 62–64
[11] *Stute, G., u. a.*: Elektrische Vorschubantriebe für Werkzeugmaschinen, Bearb. v. *H. Groß*. Berlin/München: Siemens-Verlag 1981
[12] *Rosenthal, W., u. a.*: Erprobung einer digitalen Gleichlaufregelung mit Mikrorechnerregler unter praxisnahen Bedingungen. Wiss.-techn. Inf. KAAB 17 (1981) H. 1, S. 28–32
[13] *Patzelt, W.*: Zur Lageregelung von Industrierobotern bei Entkopplung durch das inverse System. Regelungstechnik 29 (1981) H. 12, S. 411
[14] *Ohnishy, E., u. a.*: Automatic Control of an Overhead Crane. IFAC-Congress 1981, Paper 66.3, XIV-37-42
[15] *Kneis, P.; Nijhoff, H.*: Positionierbaugruppe WF625 zur schnellen Lageregelung mit Automatisierungsgeräten des Systems Simatic S5. Siemens-Energietechnik 3 (1981) S. 259–265
[16] *Depping, F.*: Angepaßte Sollwert-Vorgabe bei diskreten Reglern zur Verminderung von Übersteuerungseffekten. Regelungstechnik 29 (1981) H. 11, S. 391–397
[17] *Barth, W.*: Industrierobotersteuerung IRS600. Wiss.-techn. Inf. Kombinat AAB 17 (1981) H. 1, S. 43–45
[18] *Nollau, R.; Röhr, M.*: Digitale Lageregelung einer elektrisch betriebenen Roboterachse. Feingerätetechnik 31 (1982) H. 8, S. 341
[19] *Krause, J.*: Mikrorechner zur Steuerung und Regelung elektrischer Antriebe. Elektrie 36 (1982) H. 1, S. 20
[20] *Richter, Ch.*: Positionierkleinantriebe. Feingerätetechnik 31 (1982) H. 2, S. 76–77
[21] *Rauch, M.*: Gerätetechnische Antriebssysteme. Feingerätetechnik 31 (1982) H. 2, S. 73–75
[22] *Link, W.*: Das dynamische Verhalten des Schrittmotors bei schnellstmöglichen Positioniervorgängen. Teil I, Grundlagen. Archiv f. Elektrotechnik Bd. 65 (1982) H. 6, S. 315

[23] *Küstermann, U.*: Mikrorechnereinsatz zur Automatisierung von Kranen für den Schüttgüterumschlag. Wiss. Z. TH Magdeburg 26 (1982) H. 4, S. 39–42
[24] *Köhler, H.-J.; Cermalych, V. M.; Reining, D.*: Zweikanalsteuersystem für den zeitoptimalen Bewegungsablauf elektrischer Antriebe mit speziellem Sollwertgeber. Elektrie 37 (1982) H. 2, S. 76
[25] *Höger, W.*: Synchronous Speed Control by Microcomputers of Multi-Machine Drive Systems. ETG-Fachberichte 11. Mikroelektronik in der Stromrichtertechnik und bei elektrischen Antrieben. VDE-Verlag GmbH 1982, S. 303
[27] *Dittrich, P.; Döring, G.; Schatter, G.*: Schrittantriebe in Positioniersystemen der Gerätetechnik (Teil 1). Feingerätetechnik 32 (1983) H. 1, S. 6–10; H. 2, S. 51–54
[28] *Link, W.*: Das dynamische Verhalten des Schrittmotors bei schnellstmöglichen Positioniervorgängen, Teil 2. Archiv f. Elektrotechnik 66 (1983) H. 1, S. 19
[29] *Richter, Ch.*: Der Schrittantrieb NSA-S 42 – neues Erzeugnis einer Reihe der VEM-Schrittantriebe. Elektromaschinenbau der DDR 4 (1983) H. 1, S. 3
[30] *Riefenstahl, U.*: Optimale Steuerung von Positionierantrieben. Elektrie 37 (1983) H. 1, S. 10–13
[31] *Schönfeld, R.; Habiger, E.*: Automatisierte Elektroantriebe. 2. Aufl. Berlin: VEB Verlag Technik 1983; Heidelberg: Dr. Alfred Hüthig Verlag 1986
[32] *Klobautschnik, U.*: Steuerungen für Maschinen und Industrieroboter. Wiss.-techn. Inf. KAAB 19 (1983) H. 2, S. 60–63
[33] *Krause, J.*: audatec – mikrorechnergesteuertes Konzept zur Steuerung und Regelung in Automatisierungsanlagen. Elektrie 37 (1983) H. 1, S. 5–9
[34] *Gatti, H.*: Positionieren von Antrieben mit dem Automatisierungssystem Simatic S5. Siemens-Energietechnik 5 (1983) H. 2, S. 65–68
[35] *Kessler, G.; Brandenburg, G.; Schlosser, W.; Wolfermann, W.*: Struktur und Regelung bei Systemen mit durchlaufenden elastischen Bahnen und Mehrmotoren-Antrieben. Regelungstechnik 32 (1984) H. 8, S. 251
[36] *Haberer, N.; Gottschalk, H.-P.*: Antriebsprobleme an einem Brückenrundlaufkran. 10. Wiss. Konferenz d. Sektion Elektrotechnik, Gruppe A, S. 125–130
[37] *Müller, G.*: Einsatzgrenzen zwischen Schrittantrieben und lagegeregelten Gleichstromantrieben. 10. Wiss. Konferenz der Sektion Elektrotechnik der TU Dresden 1984
[38] *Vavilov, A. A., u. a.*: Synthese von programmgesteuerten Positioniersystemen. Leningrad: Verlag Mašinostroenie 1977
[39] *Geitner, G.-H., u. a.*: Technologische Kopplung von DDB-Gleichstromantrieben. Elektrie 42 (1988) H. 3, S. 95–100

Literatur zu Abschnitt 5.

[1] *Schönfeld, R.*: Das dynamische Verhalten des Stromrichterstellgliedes im Lückbereich. msr 20 (1977) H. 2, S. 79–82
[2] *Bühler, E.*: Eine zeitoptimale Thyristor-Stromregelung unter Einsatz eines Mikroprozessors. Regelungstechnik 26 (1978) H. 2, S. 37–43
[3] *Bühler, H.*: Study of a DC Chopper as a sampled system. IFAC-Symposium Leistungselektronik und Antriebe 1979. Preprints S. 67
[5] *Nestler, I.; Senger, K.*: Mikroprozessoren in der Leistungselektronik. Elektronik-Schau Wien 56 (1980) H. 12, S. 26–29
[6] A Microprocessor-controlled fast-response speed regulator with dual mode current loop for dcm drives. IEEE-Trans. I.A. 16 (1980) H. 3, S. 388–394
[7] *Chan, Y. T.*: A Microprocessor-Based Current Controller for SCR-DC Motor Drives. IEEE Trans. IECI 27 (1980) H. 3, S. 169–176
[8] *Groetzbach, M.*: Eigenzeitkonstante netzgeführter Stromrichter infolge natürlicher Kommutierung. ETZ-Archiv 4 (1982) H. 11, S. 355–358
[9] *McMurray, W.*: The closed-loop Stability of Power Converters with an integrating controller. Semiconductor Power Conductor Conference IEEE 1982 S. 184–191
[10] *Güldner, H.; Köhler, U.*: Verwendung eines Einchip-Mikroprozessors in Ansteuergeräten netzgelöschter Stromrichter. Elektrie 37 (1982) H. 2, S. 79
[11] *Nedo, B., u. a.*: Einsatz der Mikrorechentechnik zur Stromregelung und Ansteuerung von Gleichstromantrieben. WTI KAAB 18 (1982) H. 5, S. 216–219
[12] *Magyar, R.; Schnieder, E.; Vollstedt, W.*: Digitale Regelung und Steuerung einer stromrichtergespeisten Gleichstrommaschine mit Mikrorechner. Regelungstechnik 30 (1982) H. 11, S. 378–387
[14] *Pfitscher, G. H.; Aubry, J. F.*: Fault Detection in AC-DC-Converters with Direkt Digital Control. Mikroelektronik in der Stromrichtertechnik und bei elektrischen Antrieben. ETG-Fachberichte Bd. 11 (1982) S. 147–151

[15] *Magyar, P.*: The Dynamic Behavior of the current control loop of a Microcomputer-Controlled DC-Drive in Discontinuous Current Mode Operation. Mikroelektronik in der Stromrichtertechnik und bei elektrischen Antrieben. ETG-Fachberichte Bd. 11 (1982) S. 183

[16] *Farre, J.-P.*: Microprocessor-Based Speed Control of an SCR DC-Motor. Mikroelektronik in der Stromrichtertechnik und bei elektrischen Antrieben. ETG-Fachberichte Bd. 11 (1982) S. 257

[17] *Best, J.; Mutschler, P.*: Methods of Microcomputer Based SCR-DC-Motor Drive Control. Mikroelektronik in der Stromrichtertechnik und bei elektrischen Antrieben. ETG-Fachberichte Bd. 11 (1982) S. 265

[18] *Vollstedt, W.; Magyar, P.*: Adaptive Control of DC Drives by Microcomputers. Mikroelektronik in der Stromrichtertechnik und bei elektrischen Antrieben. ETG-Fachberichte Bd. 11 (1982) S. 289

[19] *Pfaff, H., u. a.*: Einfachantrieb mit Mikrocomputersteuerung für Elektroautos. Siemens-Energietechnik 5 (1983) H. 2, S. 110–113

[20] *Fromme, G.; Haverland, M.*: Selbsteinstellende Digitalregler im Zeitbereich. Regelungstechnik 31 (1983) H. 10, S. 338

[21] *Šipillo, V. I.; Sesjulkin, G. G.*: Impulsnaja model mnogofasnovo ventilnovo preobrasovatelja. Električestvo (1983) H. 7, S. 59

[22] *Dewan, S. B., u. a.*: A microprocessor-based controller for a three-phase controlled rectivier bridge. IEEE, IA 19 (1983) H. 1, S. 113–119 (Komplette Antriebe in Ansteuerschaltung mit M6802)

[23] *Kornhäuser, W.*: Mikrocomputer steuert Thyristoren. Elektronik, München 32 (1983) H. 18, S. 119–122

[24] *Güldner, H.*: Verwendung eines Einchip-Mikroprozessors in Ansteuergeräten netzgelöschter Stromrichter. Elektrie 37 (1983) H. 2, S. 79–82

[25] *Schönfeld, R.; Stoev, A.*: Adaptive Current Control by Application of a Microcomputer-Controller. International Power Electronics Conference, Tokio 1983

[26] *Schönfeld, R.; Habiger, E.*: Automatisierte Elektroantriebe. 2. Aufl. Berlin: VEB Verlag Technik 1983; Heidelberg: Dr. Alfred Hüthig Verlag 1986

[27] *Kennel, R.; Schöder, D.*: Modell-Führungsverfahren zur optimalen Regelung von Stromrichtern. Regelungstechnik 32 (1984) H. 11, S. 359

[28] *Hofer, K.*: Ein Beitrag zur modernen Regelung stromrichtergespeister Gleichstromantriebe. Fortschrittsberichte VDI-Zeitschrift Reihe 8, Nr. 79. Düsseldorf: VDI-Verlag GmbH 1984

[29] *Luo, F. L,; Jackson, R. D.*: Digital controller for thyristor current source. IEE-Proc. 132 (1985) H. 1, S. 46–52

[30] *Bowes, S. R.; Davis, T.*: Microprocessor based development system for PWM variable-speed drives. IEE Proc. B 132 (1985) H. 1, S. 18–45

[31] *Fromme, G.*: Self.-optimising Controller employing Microprocessors. In: ETG-Fachberichte Bd. 11, S. 117–125

[32] *Müller, V.; Dittrich, A.*: Digitale Drehzahlregelung von stromrichtergespeisten Gleichstromantrieben. msr 30 (1987) H. 1, S. 10–14

[33] *Geitner, G.-H.; Krug, H.*: Zur Anwendung des Betragsoptimums für digital geregelte Gleichstromantriebe. msr 31 (1988) H. 3, S. 105–111

[34] *Geitner, G.-H., u. a.*: Technologische Kopplung von DDC-Gleichstromantrieben. Elektrie 42 (1988) H. 3, S. 95–100

Literatur zu Abschnitt 6.

[1] *Harashima, F.*: A Microprocessor-Based PLL Speed Control System Converter-Fed Synchronous Motor. IEEE IECI 27 (1980) H. 3, S. 196–201

[2] *Williams, B. W.*: Microprocessor Control of DC 3-Phase Thyristor-Iverter Circuits. IEEE-Trans IECI 27 (1980) H. 3, S. 223–228

[3] *Busse, A.; Holtz, J.*: A digital space vector modulator for the control of a three-phase power converter. ETG-Fachberichte Mikroelektronik in der Stromrichtertechnik und bei elektrischen Antrieben 1982, S. 189–195

[4] *De Carli, A.; Marola, G.*: Optimal pulse-width modulation for three phase voltage supply. ETG-Fachberichte Mikroelektronik in der Stromrichtertechnik und bei elektrischen Antrieben 1982, S. 197–202

[5] *Gekeler, M.; Joetten, R.*: Control device for pulsed 3-level-inverter feeding a three-phase-machine implemented by EPROMs and MSI digital circuitry. ETG Fachberichte Mikroelektronik (Bd. 11) 1982, S. 207–215

[6] *Eibel, J.; Joetten, R.*: Control of a 3-level-Switching Inverter, feeding a 3-Phase A.C. machine, by a microprocessor. ETG-Fachberichte Mikroelektronik in der Stromrichtertechnik und bei elektrischen Antrieben (Bd. 11) 1982, S. 217–222

[7] *Büsch, G.*: Digital control of PWM-inverter by Microelectronics. ETG-Fachberichte Mikroelektronik in der Stromrichtertechnik und bei elektrischen Antrieben (Bd. 11) 1982, S. 223–229

[8] *Polemann, A.*: Comparison of PWM modulation techniques. ETG-Fachberichte Mikroelektronik in der Stromrichtertechnik und bei elektrischen Antrieben (Bd. 11) 1982, S. 231–236

[9] *Pfaff, G.; Wick, A.*:Direkte Stromregulierung bei Drehstromantrieben mit Pulswechselrichter. Regelungstechnische Praxis 25 (1983) H. 11, S. 472–477

[10] *Čeřovsky, Z.; Valouch, V.*: Analyse einiger Eigenschaften der digitalen Mikrorechnerstromregelung beim Antrieb mit einer Asynchronmaschine. El. Obzor 72 (1983) H. 3, S. 119–127

[11] *Seefried, E.; Müller, R.; Winkler, W.*: Optimierte Steuerungsverfahren für Zwischenkreisumrichter. Elektrie (1983) H. 10, S. 530–533

[12] *Winkler, W.; Neumann, L.; Kohls, M.*: Erfahrungen bei der Bitmustersteuerung von Pulsumrichtern zur verlustarmen Speisung von Asynchronmotoren. 10. Wiss. Konferenz der Sektion Elektrotechnik der TU Dresden 1984, Beitrag A1–03

[13] *Stamberger, A.*: Fortschritte bei Wechselrichtersteuerung für drehzahlveränderbare Antriebe. Elektroniker Aarau 23 (1984) H. 9, S. 55–56

[14] *Bhagwat, P. H.; Stefanovic, V. R.*: Some new aspects in the design of PWM Inverters. IEEE-Trans. IA-20 (1984) H. 4, S. 776–784

[15] *Winkler, W.; Seefried, E.*: Ausführung eines Stromwechselrichters mit einem Einchiprechner. Elektrie 39 (1985) H. 5, S. 181–183

[16] *Bergner, H.; Seefried, E.*: Möglichkeiten der Wechselrichteransteuerung mit Einchiprechnern. Elektrie 39 (1985) H. 7, S. 267–270

[17] *Boost, M. A.; Ziogas, P. D.*: State of the art carrier PWM techniques; A critical evaluation. IEEE Transactions Vol IA-21, No. 2 March/April 88, S. 271

[18] *Broech, Skudelny, Stanke*: Analysis and realization of a PWM based on voltage space vector. IEEE Transactions Vol IA-24, No. 1 Jan/Feb 88, S. 142

[19] *Clos, G.; Söhner, W.; Späth, H.*: Pulsstromrichter als Einspeise- und Kompensationseinrichtung. etz-Archiv 8 (1986) H. 4, S. 137

[20] *Depenbrock, M.*: Direkte Selbstregelung (DSR) für hochdynamische Drehfeldantriebe mit Stromrichterspeisung. etz-Archiv 7 (1985) H. 7, S. 211–218

[21] *Evans, Dodson, Eastham*: Sinusoidal pulswidth modulation strategy for the delta inverter. IEEE Transactions Vol IA-20, No. 3 May/June 1984, S. 65

[22] *Green, T. C.; Salmon, J. C.; Williams, B. W.*: A novel three-phase waveform generator for inverter drives. Second European Conference on Power Electronics and Applications EPE, Grenoble, 24.–26. Sept. 1987 S. 191–196

[23] *Kennel, R.; Schröder, D.*: Modell-Führungsverfahren zur optimalen Regelung von Stromrichtern. Regelungstechnik, Prozeßautomatisierung 32 (1984) H. 11, S. 359–365

[24] *Kiel, E.; Schumacher, W.; Gabriel, R.*: PWM gate-array for ac drives. Second European Conference on Power Electronics and Applications EPE. Grenoble, 24.–26. Sept. 1987, S. 653–658

[25] *Kim; Eksani*: An algebraic algorithm for microcomputer-based inverter pulswidth modulation. IEEE Transactions Vol IA-23 No. 4 Jul/Aug 87, S. 654

[26] *Kohlmeier, Niermeyer, Schröder*: Highly dynamic four-quadrant ac-motor drive with improved power factor and on-line optimized pulse pattern with PROMC. IEEE Transactions Vol IA-23 No. 6 Nov/Dec 87, S. 1001

[27] *Koulischer, J., u. a.*: A full numeric integrated circuit for an ultra high performance PWM modulator. Second European Conference on Power Electronics and Applications EPE. Grenoble, 24.–26. Sept. 1987, S. 301–306

[28] *Leonhard, R.; Schröder, D.*: New precalculating current controller for dc drives. Second European Conference on Power Electronics and Applications EPE. Grenoble, 24.–26. Sept. 1987, S. 659–664

[29] *Mishsiky, Girgis, Selim*: Microcomputer implemented PWM inverter using a unique pattern of switching angles. IEEE Transactions Vol IA-23 No. 1 Jan/Feb 87, S. 85

[30] *Niermeyer, O.; Schröder, D.*: New predictive control strategy for PWM inverters. Second European Conference on Power Electronics and Applications EPE. Grenoble, 24.–26. Sept. 1987, S. 647–652

[31] *Schröder, D.; Kennel, R.*: Model – control – PROMC – a new strategy with microcomputer for drive applications. IEEE Transactions Vol IA-21 No. 5 Sept/Oct 1985, S. 1162–1167

[32] *Stanke, G.; Nyland, B.*: Control for sinusoidal and optimized PWM with pulse pattern changes without current transients. Second European Conference on Power Electronics and Applications EPE. Grenoble, 24.–26. Sept. 1987, S. 293–300

[33] *Zuchesberg, A.; Alexandrovitz, A.*: Determination of commutation sequence with a view to eliminating harmonics in microprocessor controlled PWM voltage inverter. IEEE Transactions Vol IE-33 No. 3 August 1986, S. 262

[34] *Friedrich, G.; Vilain, J. P.*: A comparison between two PWM strategies: natural sampling and instan-

taneous feedback. Second European Conference on Power Electronics and Applications EPE. Grenoble, 24.–26. Sept. 1987, S. 281–286

Literatur zu Abschnitt 7.

[1] *Grotstollen, H.; Pfaff, G.*: Bürstenloser Drehstrom-Servo-Antrieb mit Erregung durch Dauermagnete. ETZ 100 (1979) H. 24, S. 1382
[2] *Gabriel, R.; Leonhard, W.; Nordby, C. J.*: Field-Oriented Control of a Standard AC Motor Using Microprocessors. IEEE-Trans. IA 16 (1980) H. 2, S. 186–192
[3] *Bergmann, D.; Hanitsch, R.; Schüler, D.*: Bürstenloser Gleichstrommotor, digital geregelt. Elektronik 29 (1980) H. 20, S. 67–71
[4] *Wick, H.*: Synchroner Drehstromservoantrieb mit Transistor-Pulsumrichter, Diss. Erlangen 1982
[5] *Baum, E.*: Drehmomentpulsation des Elektronikmotors. Elektrie 36 (1982) H. 1, S. 22–26
[6] *Gabriel, R.; Leonhard, W.*: Microprocessor Control of Induction Motor. Semiconductor Power Converter Conference IEEE 1982, S. 385–396
[7] *Sen, P. C.; Mok, W. S.*: Modelling and Stability Analysis of Microcomputer Control of Induction Motor Drives. Semiconductor Power Converter Conference IEEE 1982, S. 239–251
[8] *Richter, W.*: Regelung eines Stromrichtermotors mit einem Mikrorechner. Regelungstechnik 29 (1982) H. 10, S. 341–350
[9] *Gekeler, M. W.*: Digitales Steuergerät für dreiphasige Pulswechselrichter. Elektronik 31 (1982) H. 18, S. 103–107
[10] *Schumacher, W.*: Microprocessor Controlled AC Servo Drive. Mikroelektronik in der Stromrichtertechnik und bei elektrischen Antrieben. ETG-Fachberichte Bd. 11 (1982) S. 311
[11] *Valouch, V.; Čeřovsky, Z.*: Entwurf einer digitalen Stromregelung beim Asynchronmotorantrieb mit Mikrorechner. El. Obzor (Prag) 72 (1983) H. 12, S. 665–672
[12] *Daroine, J., u. a.*: Operation of a self-controlled synchronous motor without a shaft position sensor. IEEE-Trans IA-19 (1983) H. 2, S. 217–222
[13] *Gauen, K.*: Designing a DC-servo position control using a microcomputer. Control Eng. New York 30 (1983) H. 7, S. 80–83
[14] *Zimmermann, D.*: Bürstenlose Servoantriebe für Werkzeugmaschinen. Werkstattstechnik, Berlin (West) 73 (1983) H. 10, S. 629–632
[15] *Mittal, M.; Ahmed, N.*: Time domain modeling and digital simulation of variable frequency AC motor speed control using PLL-technique. IEEE-Trans. IA-19 (1983) H. 2, S. 174–180
[16] *Leonhard, W.*: Control of AC-Machines with the help of Microelectronics. IFAC Lausanne 1983, S. 769
[17] *Schumacher, W.; Leonhard, W.*: Transistor-fed AC-Servo Drive with Microprocessor Control. Conference Record of International Power Electronics Conference Tokyo 1983
[18] *Hanitsch, R.*: Bürstenlose Gleichstrom-Kleinmotoren. Bull. SEV 74 (1983) H. 23, S. 1344
[19] *Weschta, A.*: Pendelmomente von permanenterregten Synchron-Servomotoren. ETZ-Archiv 5 (1983) H. 4, S. 141
[20] Drehstrom-Servoantriebe für NC-Vorschubaufgaben. Elektro-Anzeiger, Essen 36 (1983) H. 7, S. 46–47
[21] Bosch GmbH: Bürstenlose Antriebe für Werkzeugmaschinen. Antriebstechnik, Mainz 22 (1983) H. 5, S. 36–38
[22] *Zimmermann, P.*: Bürstenlose Servoantriebe für Werkzeugmaschinen. Werkstattstechnik, Berlin (West) 73 (1983) H. 10, S. 629–632
[23] *Zimmermann, P.*: Bürstenlose Servoantriebe für Werkzeugmaschinen. Wt-Z ind. Fertig. 73 (1983) H. 10, S. 629–632
[24] *Grotstollen, H.*: Die Unterdrückung der Oberwellendrehmomente von Synchronmotoren durch Speisung mit oberschwingungsbehaftetem Strom. AfE 67 (1984) H. 1, S. 17
[25] *Chappell, P. H.*: Microprocessor control of a variable reluctance motor. Proceedings IEE-B 131 (1984) H. 2, S. 51
[26] *Gabriel, R.*: Mikrorechnergeregelte Asynchronmaschinen, ein Antrieb für hohe dynamische Anforderungen. Regelungstechnik (München) 32 (1984) H. 1, S. 18–26
[27[*Keehbouch, Th. J.*: Programmable Position Control uses Standard induction Motor as Servo. Control Engg. N. Y. 31 (1984) H. 1, S. 108–110
[28] *Dietrich, D.*: Hohe Leistungssteigerung bestehender Asynchronmaschinenantriebe durch unterlagerte Drehmomentregelung. Elektronik, Aarau 23 (1984) H. 12, S. 61–65
[29] *Fornel, B. D.*: Numerical speed control of a current-fed asynchronous machine by means of supply voltages. IEE Proc.-B. London 131 (1984) H. 4, S. 165–169

[30] Analysis of Power Converters for AC-fed Traction drives and microcomputer-aided optimization of their line response. IEEE-Trans. IA-20 (1984) H. 3, S. 605–614
[31] *Gabriel, R.*: Mikrorechnergeregelte Asynchronmaschine, ein Antrieb für hohe dynamische Anforderungen. Regelungstechnik 32 (1984) H. 1, S. 18
[32] *Leonhard, W.*: Control of Electrical Drives. Berlin, Heidelberg, New York, Tokyo: Springer-Verlag 1985

Literatur zu Abschnitt 8.

[1] *Speth, W.*: Selbstanpassende Regelsysteme in der Antriebstechnik. Diss. TU Braunschweig 1971
[2] *Landau, J. D.*: Adaptive Control – The Model Reference Approach. New York, Basel: Marcel Dekker Inc. 1979
[3] *Dünnwald, J.; Konhäuser, W.; Lange, D.*: Drehzahlregelung eines Gleichstromantriebes mit Mikrocomputer. etz-Archiv 2 (1980) H. 12, S. 341
[4] *Papiernik, W.*: Design and optimization of discrete high resolution position and speed control loops with numerically controlled machine tools. First European Conference on Power Electronics and Applications. Proceedings Vol. 1, p. 2173–2178
[5] *Plant*: Microprocessor Control of Position or Speed of an SCR DC Motor Drive. IEEE-Trans. IECI 27 (1980) H. 3, S. 228–234
[6] *Konishi, T., u. a.*: Performance Analysis of Microprocessor-Based Control System Applied to adjustable speed Motor Drives. IEEE-Trans. IA 16 (1980) H. 3, S. 378–387
[7] *Cao, C. T.*: A simple adaptive concept for the control of an industrial robot. In: Methods and Applications in Adaptive Control. Springer-Verlag 1980, S. 270–271
[8] *Matko, D.*: Some Relations in Discrete Adaptive Control. In: Methods and Applications in Adaptive Control. Springer-Verlag 1980, S. 31–40
[9] *Claussen, U.*: Adaptive Time-Optimal Position Control with Microprocessor. In: Methods and Applications in Adaptive Control. Springer-Verlag 1980, S. 261–269
[10] *Wittenmark, B.; Aström, K. J.*: Simple Self-Tuning Controllers. In: Methods and Applications in Adaptive Control. Springer-Verlag 1980, 21–30
[11] *Clarke, D. W.; Gawthrop, P. J.*: Implementation and Application of Microprocessor-based Self-Tuners. Automatica Oxford 17 (1981) H. 1, S. 233–244
[12] *Dünnwald, J.*: Digitale Drehzahlerfassung elektrischer Antriebe mit Mikrorechner. Techn. Messen 48 (1981) H. 3, S. 83–88
[13] *Pei-Chang Tang*: Design and Implementation of a fully digital dc servo system based an a single-chip microcomputer. IEE-Trans. IE-29 (1982) H. 4, S. 295–298
[14] *Zeman, K.*: Drehzahlregelung des Gleichstromantriebes mit dem Mikrorechner. El. Obzor (1982) H. 1, S. 18–24
[15] *Fromme, G.*: Self-Optimising Controller Employing Microprocessors. In: Mikroelektronik in der Stromrichtertechnik und bei elektrischen Antrieben. ETG-Fachberichte Bd. 11 (1982) S. 117
[16] *Kahl, G.*: Digital Measurements of Transient Angular Speeds with High Resolution. In: Mikroelektronik in der Stromrichtertechnik und bei elektrischen Antrieben. ETG-Fachberichte Bd. 11 (1982) S. 69
[17] *Nollau, R.; Roehr, M.*: Digitale Lageregelung einer elektrisch betriebenen Roboterachse. Feingerätetechnik 31 (1982) H. 8, S. 341–343
[18] *Stein, G.*: Entwurf parameterunempfindlicher Regler auf der Basis eines modifizierten Gleitzustandes in Systemen mit veränderlicher Struktur. msr 25 (1982) H. 10, S. 551
[19] *Konhäuser, W.*: Digitale Regelung der untersynchronen Stromrichterkaskade mit einem Mikrorechner. etz-Archiv 6 (1984) H. 8, S. 287
[20] *Glattfelder, A. H.; Schaufelberger, W.*: Stabilität von Eingrößen-Regelkreisen mit Ausschlags- und Geschwindigkeitsbegrenzung im Stellantrieb. Regelungstechnik 32 (1984) H. 12, S. 393
[21] *Saito, K., u. a.*: Application of fully digital speed regulators to Tandem cold mills. IEEE-Trans. IA-20 (1984) H. 4, S. 1–7
[22] *Miller, T. I.*: DC-drives shrink in size and cost through electronic improvements. Control Engineering, New York 28 (1984) H. 12, S. 68–70
[23] *Maier, H.*: Wegmessung und Lageregelung bei Industrierobotern. Elektronik, München 33 (1984) H. 16, S. 103–107
[24] *Leveringhaus, R.-D.*: Digitale Regelung von Vorschubantrieben. Industrie-Anzeiger, Essen 106 (1984) H. 84, S. 28–29
[25] *Dittrich, J. A.*: Adaptive Drehzahlregelung eines Gleichstromumkehrantriebs mit unterlagerter digitaler Stromregelung. DA, TUD, S. 11, 1985

Literatur zu Abschnitt 9.

[1] *Gottschalk, H.-P.*: Untersuchungen zur Parameterempfindlichkeit lagegeregelter Stellantriebe mit elastischer mechanischer Übertragung. msr 24 (1981) H. 8, S. 433–437
[2] *Schnieder, E.; Kothe, H. H.*: Entwurf von Zustands- und Störgrößenbeobachtern und ihre Anwendung bei Bewegungsvorgängen. Siemens F/E-Berichte Bd. 11 (1982) H. 5, S. 251–257
[3] *Waschatz, U.*: Adaptive Control of Electrical Drives Employing Microprocessors. In: Mikroelektronik in der Stromrichtertechnik und bei elektrischen Antrieben. ETG-Fachberichte Bd. 11 (1982) S. 135
[4] *Kohli, D. R.*: Performance of a chopper-controlled dc-drive with elastic coupling and periodically varying load torque. IEEE Trans. IA-18 (1982) H. 6, S. 712–727
[6] *Truckenbrodt*: Regelung elastischer mechanischer Systeme. Regelungstechnik 30 (1982) H. 8, S. 277
[7] *Haupt, M.*: Mikroprozessoren in Positionsregelungen für Walzwerks-Anlagen. Techn. Mitt. AEG-Telef. 72 (1982) H. 2, S. 63–71
[8] *Hanck, H.*: Dimensionierung von Lage- und Drehzahlregelkreisen bei schwach gedämpften Gleichstromantrieben. Antriebstechnik, Mainz 22 (1983) H. 8, S. 36–38
[9] *Billerbeck, G.*: Modelladaptive Regelung mit Mikrorechner. Tagungsunterlagen, Mikrorechner in der Meß- und Automatisierungstechnik. TH Magdeburg 1983, S. 86–90
[10] *Fromme, G.; Haverland, M.; Ahlers, H.*: Selbsteinstellende Zustandsregler. Regelungstechnik 32 (1984) H. 3, S. 81–90
[11] *Borzow, J. A.; Poljachow, N. D.; Putov, V. V.*: Adaptive automatische Regelung elektromechanischer Systeme. Nach Električestvo (1982) H. 7, S. 51–55; Ref. Elektrie 38 (1984) H. 6, S. 236
[12] *Bengtsson, G.; Egardt, B.*: Experiences with self-tuning Control in the process Industry. 9. IFAC-World Congress, Preprints, Bd. XI C7, S. 132–140
[13] *Gottschalk, H.-P.*: Unterdrückung mechanischer Schwingungen in elektrischen Antrieben durch gewichtete Drehzahldifferenzaufschaltung. Elektrie 39 (1985) H. 5, S. 171–175
[14] *Yoshinori Kishimoto*: Hot Strip Mill Looper Direct Digital Control System IFAC 81, Paper 86.2, Teil XVIII, S. 7–12
[15] *Lappat, A.*: Zustandsregelung eines elektrischen Antriebs mit elastischer, schwach gedämpfter Mechanik. Elektrie 40 (1986) H. 1, S. 25–27

Literatur zu Abschnitt 10.

[1] *Koch, G.*: Stand und Trend der Programmierung von Mikroprozessoren, 2. Teil. Elektronik (1977) H. 2, S. 66–71
[2] *Korn, G.-H.*: High speed block-diagram language for microprocessors and minicomputers in instrumentation, control and simulation. In: Fachtagung Prozeßrechner 1977, pp. 74–108. Berlin: Springer-Verlag
[3] *Syrbe, M.*: Über die Beschreibung fehlertoleranter Systeme. Regelungstechnik 28 (1980) H. 9, S. 280–289
[4] *Haynes, R.; Thompson, W.*: Hardware and software reliability and confidence limits for computer controlled systems. Microelectronics and Reliability 20 (1980) S. 109–121
[5] *Kriesel, W.; Chorchordin, W.*: Problemstellung der Software-Zuverlässigkeit bei Automatisierungssystemen. msr 24 (1981) H. 6, S. 316–319
[6] *Kriesel, W.*: Zuverlässigkeit von Automatisierungsanlagen mit Mikrorechnern. Maschinenbautechnik 30 (1981) H. 5, S. 357–361
[7] *Müller, W.-R.*: Softwarerealisierung eines frei programmierbaren Mikrorechnerreglers. msr 24 (1981) H. 12, S. 694–698
[8] *Hackstern, H.*: Programmieren mit Objekten. Elektronik, München 30 (1981) H. 11, S. 71–74
[9] *Ashkenasi, D.*: Hardware comes to the aid of Modular Highlevel-languages. Electronics, New York 54 (1981) H. 8, S. 175–177
[10] *Coffran, J.*: Practical Troubleshooting Techniques for Microprocessor Systems. Prentice-Hall International 1981
[11] *Bywater, R. E. H.*: Hardware/Software Design of Digital Systems. Prentice-Hall International 1981
[12] *Zypkin, J. S.*: Grundlagen der Theorie automatischer Systeme. Berlin: VEB Verlag Technik 1981
[13] *Oefler, U.; Claßen, L.*: Mikroprozessor-Betriebssysteme. Reihe Automatisierungstechnik, Bd. 201. 1. Aufl., Berlin: VEB Verlag Technik 1982
[14] *Kling, U.; Schrodi, E.*: Redundantes, hochverfügbares Automatisierungssystem AS 220H im dezentralen Prozeßleitsystem Teleperm M. Siemens-Energietechnik 5 (1983) H. 2, S. 73–76
[15] High level language and new Control Methods. IFAC-Symposium Lausanne 1983, Tagungsbericht S. 485–493

[16] Mikrorechner-Programmentwicklung mit programmierbarem Kleinstrechner. rfe 32 (1983) H. 6, S. 392

[17] *Schneider, E.*: Teleperm M heute. Regelungstechnische Praxis 25 (1983) H. 8, S. 329–335

[18] *Demmelmeier, F.*: Betriebssystemfunktionen in fehlertoleranten Multimikrorechnersystemen. Regelungstechn. Praxis 26 (1984) H. 9, S. 408–415

[19] *Stemmler, H., Nadalin, W.*: Programmierbare schnelle Regler für leistungselektronische Systeme. Brown Boveri Mitt. 1984 H. 11, S. 516–524

[20] *Frösch, R.*: Mikrorechner in der modernen Leitelektronik auf Triebfahrzeugen und Reisezugwagen. Brown Boveri Mitt. 1984 H. 12, S. 534–544

[21] *Hoelzler, E.; Meyenburg, U.*: Der Zustandsgraph in der Mikrocomputerprogrammierung Teil I/II. Elektronik 30 (1984) H. 3, S. 55–61; H. 4, S. 73–76

[22] *Hasegawa, T.*: A Microprocessor-Based Thyristor-Leonard System Having powerful RAS-Functions. IEEE-Trans. IE-31 (1984) H. 1, S. 74

[23] *Jelšina, M.; Kovač, J.*: Microprocessor System with parallel Architecture for Control of Robots. 9. IFAC-World Congress Bd. II S. 241 (Gruppe 04.4)

[24] *Pol, B.*: Assemblerprogramme mit Struktur. Elektronik (1984) H. 3, S. 68–77

[25] *Lampe, B.*: Digitale Regelung in Forth. msr 27 (1984) H. 10, S. 463–464

[26] *Rieger, P.*: Anforderungen an ein Programmier-Service- und Inbetriebnahmegerät für einen frei programmierbaren Mikrorechnerregler. msr 24 (1984) H. 12, S. 699–702

[27] *Werner, D.*: Aufbau eines verteilten Echtzeitbetriebssystems KOMINET für Mikrorechnerverbundsysteme. msr 27 (1984) H. 8, S. 338–340

[28] *Bräuer/Ergel/Stenzel*: CP525, ein neues Bedien- und Beobachtungskonzept für das Automatisierungssystem Simatic S5. Siemens-Energietechnik 6 (1984) H. 2, S. 60

[29] *Weiß, M.*: Softwareentwicklung mikrorechnergesteuerter Antriebssysteme. Feingerätetechnik 33 (1984) H. 5, S. 226

[30] *Best, R.*: Der Dialog mit dem Mikrocomputer – die Darstellung von Programmabläufen durch Struktogramme. Elektroniker 23 (1984) H. 11, S. 41–44

[31] *Kroll, E.*: Erhöhung der Software – Zuverlässigkeit durch Entwurfs- und Testmethodik. msr 28 (1985) H. 4, S. 160

[32] *Hoft, R.; Khuwatsamvit, T.; McLaren, R.*: Microprocessor Applications for Power Electronics in North America. In Mikroelektronik in der Stromrichtertechnik und bei elektrischen Antrieben, VDE-Verlag GmbH 1982, S. 29

[33] *Rieger, P.; Will, Th.; Bischoff, H.; Müller, W.-R.*: Ein programmierbarer Mikrorechnerregler – Anwendungsvorbereitung und Inbetriebnahme. msr 28 (1985) H. 3, S. 101

[34] *Hoppe, K.; Ehrlich, H.*: Mikrorechnerarbeitsplatz für regelungstechnische Aufgaben. msr 28 (1985) H. 1, S. 5–6

[35] *Bowes, S. R.; Davies, T.*: Microprocessor-based development system for PWM variable-speed drives. IEE Proc. 132 (1985) H. 1, S. 18–45

[36] *Rieger, P.; Bischoff, H.*: CAD-Hilfsmittel für die Identifikation, Regelkreissynthese und Simulation zur Anwendungsvorbereitung des Process Controller R5010. msr 28 (1985) H. 6, S. 249–252

[37] *Müller, W.-R.; Will, Th.*: Anwenderprogrammentwicklung für den Process Controller R5010. msr 28 (1985) H. 6, S. 252–257

[38] *Rothhardt, G.*: Praxis der Softwareentwicklung. Berlin: VEB Verlag Technik 1987

[39] *Büchner, P.; Kaschel, J.*: Erfahrungen mit der hybriden Echtzeitsimulation von Antrieben. Elektrie 41 (1987) H. 9, S. 336–339

[40] *Siebert, J.*: Simadyn D, ein schnelles digitales Regel- und Steuersystem. Siemens Energie u. Automation 8 (1986) H. 2, S. 112–115

[41] *Schäfer, H.-D.*: Simadyn D, modulare Hardware-Struktur ermöglicht optimale Anpassung. Siemens Energie u. Automation 8 (1986) H. 2, S. 116–118

[42] *Eisenack, H.*: STRUC, die anwendergerechte Projektierungssprache für die Antriebs- und Stromrichter-Regelungstechnik mit Simadyn D. Siemens Energie u. Automation 8 (1986) H. 2, S. 121–126

[43] *Krause, J.*: Mikroelektronik in der Antriebstechnik – Stand und Tendenzen. Elektrie 42 (1988) H. 3, S. 91

[44] *Mutschler, P.; Stein, M.*: Stromrichtergeräte für Gleichstromantriebe. etz 108 (1987) H. 8, S. 322–327

[45] *Mutschler, P.; Voits, M.*: Features of µ-processor-based industrial drive-systems. Tagungsbericht II. EPE, Grenoble 1987, S. 671–676

[46] *Müller, V.; Dittrich, A.*: Simulation von Regelkreisen der Antriebstechnik mit dem digitalen Simulationssystem DS88. Elektrie 42 (1988) H. 2, S. 45–49

Sachwörterverzeichnis